弹性波散射研究与应用系列丛书

复合地层中的弹性波散射

郭 晶 范志宇 吴国辉
齐 辉 褚福庆 编著

国防工业出版社
·北京·

内容简介

本书采用复变函数、坐标平移、大圆弧假设和格林函数等方法研究了复合地层中弹性波的散射问题。本书系统地介绍了复合地层中的弹性波散射问题，其主要内容包括弹性动力学基本理论、基于大圆弧假设法下的波函数展开法、复合地层中圆柱形孔洞对弹性波的散射、SH波作用下地表覆盖层圆形夹杂散射问题、圆柱形衬砌对弹性波的散射、圆柱形脱胶夹杂对SH波的散射及复合地层中多种组合结构对弹性波的散射。

本书可作为高等院校力学类专业研究生教材，也可供兵器、机械、土木等相关专业师生和技术人员使用与参考。

图书在版编目（CIP）数据

复合地层中的弹性波散射 / 郭晶等编著. -- 北京 : 国防工业出版社, 2024. 8. -- (弹性波散射研究与应用系列丛书). -- ISBN 978-7-118-13057-7

Ⅰ. 0347.4

中国国家版本馆 CIP 数据核字第 20249P4N46 号

※

国防工业出版社出版发行

(北京市海淀区紫竹院南路 23 号　邮政编码 100048)

北京凌奇印刷有限责任公司印刷

新华书店经售

*

开本 710×1000　1/16　**插页** 2　**印张** 17¾　**字数** 317 千字

2024 年 8 月第 1 版第 1 次印刷　**印数** 1—1000 册　**定价** 108.00 元

国防书店：(010) 88540777　　书店传真：(010) 88540776

发行业务：(010) 88540717　　发行传真：(010) 88540762

前　言

当某处物质粒子离开平衡位置，即发生应变时，该物质粒子在弹性力的作用下发生振动，同时引起周围粒子的应变和振动，这样形成的振动在弹性介质中的传播过程称为“弹性波”。弹性波散射现象是弹性波在弹性介质中传播时受到介质性质突变、几何间断和夹杂物阻碍等原因出现次生波，从而导致弹性波场在介质内个别地方能量集中的一种力学现象，是导致材料发生局部破坏和损伤积累的主要原因之一。其相关理论在地震工程、地质勘探、无损探伤和海洋工程等领域都有广泛应用。

弹性波散射属于弹性动力学的一个分支，与实际工程应用联系密切。由于理论上仍有许多问题需要进一步研究，同时又有大量的新问题不间断地提出，使得这门古老的弹性动力学分支始终充满着活力和生机，有关这方面的论文研究成果很多，相关专著也已出版很多，如鲍亦兴和毛昭宙合著的 *Diffraction of Elastic Waves and Dynamic Stress Concentrations*、John G. Harris 编写的 *Linear Elastic Waves*、黎在良和刘殿魁合著的《固体中的波》、钟伟芳和聂国华合著的《弹性波的散射理论》、吴世明著的《土介质中的波》等。这些著作都很经典，且都有其编写的侧重点，非常值得研读。从参考文献来看，弹性波散射最主要的理论研究方法是波函数展开法、复变函数法和积分方程法等。其他方法如射线法、传递矩阵法等都是有一定针对性的方法，所有这些方法的具体应用都可以在文献中找到。

本书是《弹性波散射研究与应用系列丛书》之一。除介绍弹性波基本理论外，主要总结了作者近年来在该领域所做的一些研究工作，其中包含了对国内外研究现状的一些分析。

全书共 9 章。绪论简要介绍弹性波散射问题和主要研究方法；第 1 章简要介绍弹性波散射问题研究中用到的一些数学符号和基础内容；第 2 章主要介绍弹性波散射的基本概念、理论和方法；第 3 章介绍基于大圆弧假设法下的波函数展开法；第 4 章介绍复合地层中圆柱形孔洞对弹性波的散射；第 5 章介绍 SH 波作用下地表覆盖层圆形夹杂散射问题，通过对单个圆形夹杂和多个圆形夹杂的散射问题进行分析，最后给出解析解；第 6 章介绍圆柱形衬砌对弹性波的散射问题，通过对覆盖层中和覆盖层下部圆柱形衬砌的散射问题分析，对动应力集中问题给出了相应的解答；第7章介绍圆柱形脱胶夹杂对SH波的散射问题；第8章介绍复合地层中多种组合结构对弹性波的散射；附录给出了本书常见的数学符号及意义。

对写作过程中参考过的文献资料的原创作者不能一一列出，在此深表歉意和谢意。

由于时间较为匆忙，且限于作者的学术水平，书中难免存在不足之处，还望读者提出宝贵的意见和建议。

作　者

2024年6月

目　录

绪　论

0.1　弹性波散射问题简介

波动是自然界中广泛存在的物质运动的重要形式，任何一个宏观的或微观的物理量所受扰动在空间传递时都可以形成波[1]。弹性波的研究在自然探索和技术开发等方面具有广阔的应用前景，在地震、抗震及其相关领域中，弹性波的研究具有极为重大的理论及现实意义，尤其是对于我国这样一个地震多发、震害严重的国家而言，弹性波的相关研究更是非常重要的研究方向，目前已成为爆炸力学、现代声学、地球物理学、地震学以及结构抗震等领域中非常重要的理论基础。

应力波是应力和应变扰动的传播形式，弹性波是应力波的一种，即扰动或外力作用引起的应力和应变在弹性介质中传递的形式。弹性介质中质点间存在着相互作用的弹性力。某一质点因受到扰动或外力的作用而离开平衡位置后，弹性恢复力使该质点发生振动，从而引起周围质点的位移和振动，于是振动就在弹性介质中传播，并伴随有能量的传递。在振动所到之处应力和应变就会发生变化，这样形成的振动在弹性介质中的传播过程称为“弹性波”。弹性波理论已经比较成熟，广泛应用于地震、地质勘探、采矿、材料的无损探伤、工程结构的抗震抗爆、岩土动力学等方面。

某一弹性介质内的弹性波在传播到介质边界以前，边界的存在对弹性波的传播没有影响，如同在无限介质中传播一样，这类弹性波称为体波。体波传播到两个弹性介质的界面上，即发生向相邻弹性介质深部的折射和向原弹性介质深部的反射。此外，还有一类沿着一个弹性介质表面或两个不同弹性介质的界面上传播的波，称为界面波。若和弹性介质相邻的是真空或空气，则界面波称为表面波。弹性波绕经障碍物或孔洞时还会发生复杂的绕射现象。

按传播方向和质点振动方向之间的关系，体波可分为：①纵波，又称为胀缩波，在地震学中也称为初波或 P 波，它的传播方向同质点振动方向一致；②横波，又称为畸变波或剪切波，在地震学中也称为次波或 S 波，它的传播方向同质点振动方向相垂直，小于纵波波速。波传播中所有质点均做水平振动的横波称为SH波；所有质点均做竖直振动的横波称为SV波。横波是偏振波，偏振是指横波的振动矢量垂直于波传播方向但偏于某些方向的现象。纵波只沿波的传播方向振动，故没有偏振。在弹性介质内，从波源发出的扰动向四方传播，在某一瞬间，已被扰动部分和未被扰动部分之间的界面称为波面或波阵面。波面呈封闭的曲面。波面为球面的波称为球面波，波面为柱面的波称为柱面波。波面曲率很小的波可近似地看作平面波。

界面波的一个特征是，质点扰动振幅随着质点离界面距离的增大而迅速衰减，所以界面波实际上只存在于表面或界面附近。常见的界面波有瑞利（Rayleigh）波、勒夫波和斯通利波三种。

瑞利波是指沿着半无限弹性介质自由表面传播的波，因瑞利于1887年首先指出这种波的存在而得名。瑞利波是偏振波，质点在垂直于传播方向的平面内运动。在表层附近，质点的运动轨迹为一个椭圆。在离表面为0.2个波长的深度以下，质点的运动轨迹仍为椭圆，但质点沿椭圆的运动方向与表层相反。在自由表面上，质点沿表面法向的位移大约为切向位移的1.5倍。瑞利波的波速与频率无关，只与介质的弹性常数有关，为同介质中横波波速的86.2%~95.5%。但如果在弹性介质表面上面有一层疏松覆盖层，瑞利波便有频散现象，即波速随频率而改变的现象。在地震学中，瑞利波记作R波或LR波。瑞利波的发现，对地震科学的发展起到了推动作用。在地震过程中，瑞利波按$R/2$而衰减，R为波传播的距离。瑞利波在震中附近不出现，在离开震中一段距离后才能形成。

若弹性介质界面上存在一层等厚度的低波速的弹性覆盖层，则在低波速覆盖层内部和分界面上就会产生SH波，称为勒夫波，因A. E. H·勒夫建立了这种波的数学模型而得名。勒夫波是有频散的波。波长很长的勒夫波的波速与下层弹性介质中的横波波速接近，波长很短的勒夫波的波速与上面低波速覆盖层中的横波波速接近。在有频散时，扰动不是以相速度传播的，而是以群速度传播。相速度是指单色波中对应任一振动相位的状态（如波峰）向前传播的速度，而群速度是指各单色波叠加后的调制振幅的传播速度，它也是合成波传播能量的速度。

在两种不同介质的半空间体的交界面上传播的波称为斯通利波，因斯通利首先发现并研究这种波而得名。它是一种波速与两个介质的性质有关的变态瑞利波。斯通利波的存在与介质的弹性拉梅常数和介质密度有关。在地震学中，理论上已证明斯通利波是存在的，但尚未观测到。

弹性波传播问题的研究可分为理论研究和实验研究两方面。理论研究主要是从波动方程出发进行研究。经典波动方程在直角坐标系中可表示为

$$\Delta\varphi=\frac{1}{\alpha^2}\frac{\partial^2\varphi}{\partial t^2},\quad \Delta\psi_x=\frac{1}{\beta^2}\frac{\partial^2\psi_x}{\partial t^2},\quad \Delta\psi_y=\frac{1}{\beta^2}\frac{\partial^2\psi_y}{\partial t^2},\quad \Delta\psi_z=\frac{1}{\beta^2}\frac{\partial^2\psi_z}{\partial t^2}$$

式中：$\Delta=\frac{\partial^2}{\partial x^2}+\frac{\partial^2}{\partial y^2}+\frac{\partial^2}{\partial z^2}$为拉普拉斯（Laplace）算符；$\alpha$、$\beta$分别为纵波波速和横波波速；$\varphi=\varphi(x,y,z,t)$为标量势；$\psi_x=\psi_x(x,y,z,t)$、$\psi_y=\psi_y(x,y,z,t)$、$\psi_z=\psi_z(x,y,z,t)$为矢量势$\psi(x,y,z,t)$的三个分量。$\psi_x$、$\psi_y$、$\psi_z$统称为波函数，它们和$\varphi$同坐标系中的三个位移分量$u$、$v$、$w$的关系为

$$u=\frac{\partial\phi}{\partial x}+\frac{\partial\psi_x}{\partial y}-\frac{\partial\psi_y}{\partial z},\quad v=\frac{\partial\phi}{\partial y}+\frac{\partial\psi_y}{\partial z}-\frac{\partial\psi_z}{\partial x},\quad w=\frac{\partial\varphi}{\partial z}+\frac{\partial\psi_y}{\partial x}-\frac{\partial\psi_x}{\partial y}$$

上述波动方程是根据下面的假设导出的：①弹性介质中各质点间的相对位移为无穷小量；②介质是完全线弹性的，即应力和应变之间呈均匀线性关系，服从胡克定律；③介质是各向同性的；④不计外力（如重力、体积力、摩擦力等）。理论上解决弹性波问题就是要在定解条件下解出波函数。波动方程是一个二阶常系数线性偏微分方程，可用线性体系的叠加原理、数学变换和分离变量等解析方法求解。若问题中的几何形状或介质的性质比较复杂，则可利用大型计算机进行数值求解。

在弹性介质中往往会存在各种缺陷和障碍物，其形式可能是孔洞、夹杂、夹杂脱胶、裂缝等及其组合。就力学性质而言，缺陷的弹性模量、剪切模量、密度等参数与弹性介质均不相同。当波在一个无限大的各向同性均匀介质中传播时，其速度保持不变并沿着给定的路径不受干扰地向外传播，当弹性波在传播的过程中遇到缺陷时，就会和各种缺陷发生相互作用，其传播路径会发生变化，并且可能会产生新的波动。波函数的惠更斯（Huygens）原理，当弹性波传播到障碍物的边界时，障碍物边界上的每一点都可以看成一个新的波源，也称为次生波源，而这些次生波源会在入射波的作用下产生新的向外传播的波动。其传播路径发生偏离的现象就是衍射现象，而缺陷或障碍物的边界处发出次生波的现象称为散射。而这些由障碍物边界产生的新的弹性波就构成了散射波及其波场，而障碍物称为散射体[2]。

弹性波的衍射理论最早可以追溯到对光的本质的研究。当一束光在通过障碍物或小孔时会或多或少地偏离几何光学中的直线传播定律而绕到障碍物后面继续传播，这就是光的衍射。现在用“衍射”这个术语来描述波在传播时偏离直线的现象，随着各学科的发展传播，当时用来描述这种传播现象的光学理论，后来逐渐影响现在的弹性力学及弹性动力学理论并为之接受。所以，早在弹性力学理论应用于机械部件和结构工程的应力研究之前，弹性波的传播理论就已经建立了。需要特别注意的是，弹性波散射的原始意义不

是十分明确。根据瑞利的理论，散射波应是入射波遇到障碍物后所观察到的总波场大于入射波波场的那一部分。根据瑞利的理论可以判断，散射波包括反射、折射和衍射几部分。因此，就原始含义而言，波的散射要比波的衍射含义更加宽泛一些。在研究波的衍射问题时，一定会包含反射及折射两部分，并且反射与折射相对更容易处理，所以目前除了在分子物理学领域，通常都采用“波的散射”或“波的衍射”来描述当波动遇到障碍物后的变化情况。如果在散射波中衍射成分占据主导位置，尤其是当弹性波遇到一个带有尖角的障碍物时，波的衍射起主导作用，此时用“波的衍射”为宜；但是如果衍射成分只起到次要作用，尤其是障碍物或缺陷不存在尖角时，那么更适宜采用“波的散射”这一名称。

弹性波散射和衍射的结果之一，就是使缺陷或障碍物边界处及其附近的应力与不存在各种缺陷时相同位置处的应力相比产生非常明显的急剧变化，通常情况下应力的变化是突然增大的，这种现象称为动应力集中现象并被大家广为重视。应力分析时一个重要的问题就是有关应力集中的研究。应力集中是弹性力学中的一类问题，是指物体中应力局部增高的现象，一般出现在物体形状急剧变化的地方，如缺口、孔洞、沟槽以及有刚性约束处。目前，通常把各种障碍物周边的实际应力与最大入射应力之比定义为动应力集中因子。动应力的集中和变化与结构在地震时的破坏有着非常重要的关系，并越来越被学术界和工程界所关注。现有的研究已经表明，在地震荷载作用时，地下隧道周边的动应力集中现象是由地表和隧道孔洞对地震波的多重散射而引发的[3]。

1821 年，C. L. M. H. 建立了弹性体平衡和运动的一般方程，弹性波的研究随之展开。1829 年，泊松在研究弹性介质中波的传播问题时，发现在远离波源处有纵波和横波两种类型的波。到 1845 年，弹性波传播的数学理论已经发展成熟，瑞利证明纵波是胀缩波，1849 年又证明横波是畸变波。后来，学者们对拉压、扭转和弯曲三种类型的无限长弹性杆中弹性波的传播问题进行了研究，并得到了精确解。瑞利、兰姆等给出了无限平板中的波动方程的解。兰姆在 1904 年建立了半无限弹性体表面和内部由于扰动线源和点源的作用而引起的波动问题理论，并得到了问题的解，故该问题称为兰姆问题。在地震学里，兰姆问题应用广泛，但只适用于远场（远离扰动源的地方）。

在 19 世纪末和 20 世纪初，在静力学领域，德国的基尔施和俄国科学家科洛索夫分别解决了具有重大意义的圆孔和椭圆孔附近的应力集中问题并给出了相应的表达式。20 世纪 20 年代末期，萨文等人将复变函数引入弹性力学中，将一个不规则且分段光滑的曲线通过保角变换的方法变换为单位圆，并推导出应力及其边界条件的复变函数表达式，从而使一批非圆形孔洞问题得到了精确解答[4]。在20世纪上半叶，有关应力集中的研究逐渐从学术界影响工程界并开始影响工程实践。但受限于当时的技术水平，有关动应力集中问题的研究还仅仅局限在静力相关研究，即力的作用是缓慢加载于结构中或结构的变化已达到稳定，从而使力的作用效果与时间无关。随着时间的推移，在20世纪下半叶，有关应力集中的研究开始向动力学领域扩展。与静力学中的应力集中问题一样，动应力集中问题同样以弹性力学理论为基础。在有关动应力集中问题的研究中，其与弹性波散射理论密切相关，也可以说弹性波的散射理论是动应力问题的基础。1955年，Nishimura和Jimbo[5]研究分析了在动力状态下各向同性介质中球形孔洞的动应力集中问题。1961年，Pao和Mow[6]针对弹性板中刚性圆柱形夹杂的动应力集中问题进行了研究。1963年，Mow和Mente[7]探讨了圆柱不连续面在平面简谐剪切波作用下的应力和位移情况。

弹性波的散射问题在20世纪40年代和50年代开始逐渐成为地质、地震工程及弹性动力学研究中非常重要的研究方向之一。早期的Knopoff、Nagase和Wolf等先后针对球形散射体在弹性波作用下的散射问题开展了基础性研究工作。50年代后，弹性波绕射问题的研究取得成果，但主要限于无限弹性介质内球形、圆柱形空腔等方面。不规则孔洞和结构以及半无限介质中波的绕射问题的解析解较难找到，主要是不规则的边界条件很难满足。弹性波在黏弹性介质中传播是一个重要课题，可以用来解释许多地球物理、声学和工程力学现象。其中，复合材料力学的迅速发展，推动了对复合材料中波的传播理论的研究。1961年，通过波函数展开法和积分变换法，Baron等[8]对弹性介质中圆形孔洞对弹性波的散射问题进行了分析研究，并给出了解析解。1965年和1966年，Mow[9-10]对弹性波作用下刚性圆球夹杂的瞬态响应运动及其反问题进行了研究。1967年，Norwood等[11]研究了瞬态弹性波作用下球形孔洞的响应问题。在1980年前后，Jain和Kanwal[12-13]利用波函数展开法研究了弹性波作用下圆柱形和球形障碍物的散射问题。Sancar等[14]在1981年通过特征函数展开法给出了弹性介质中两个圆柱形洞室对平面谐和压缩波的散射问题解答。基于渐进匹配展开的方法，Datta等[15]对半空间内圆柱形孔洞在SH波、P波和SV波作用下的远场散射问题进行了分析研究，并给出了远场的渐近表达式及相应的数值解。Zitron[16]给出了在平面弹性波作用时，各向同性介质中两个任意圆柱形缺陷的多重散射问题的解答。Gamer[17]通过波函数展开法对弹性半空间中半圆洞室表面的动应力响应问题进行了研究。Batrom等[18]通过转换矩阵的方法（$\boldsymbol{T}$矩阵法）对半空间中瑞利波作用下球形孔洞的散射问题进行了研究分析。

Keller在20世纪50年代中期将光学、电磁学领域中广泛应用的射线理论引入声学领域并发展出了几何射线理论，Gautesen等[19]则进一步将几何射线理论应用到弹性波散射问题的研究之中。20 世纪 80 年代，Pao 等[20]根据广义射线理论对柱体的瞬态波散射问题进行了探讨。1987 年，黎在良等[21]根据几何射线理论，对平面 SH 波作用时各向异性介质中圆柱体缺陷的散射问题进行了研究。

Franssens 等[22]通过有限元方法，并且在所划分的有限元网格边界处建立积分形式的边界条件，对多层介质中的圆柱形障碍物所引起的弹性波散射问题进行了分析研究。Simon 和 Radlinski[23]利用积分方程法对椭圆形球体对弹性波的散射问题进行了研究分析。

波函数展开法对规则的球形、圆柱形等散射体非常有效，通过分离变量使问题得以求解，但是对于形状不规则或多个散射体，由于问题复杂，难以通过分离变量处理，并且边界条件也很难通过某几个简单的函数来表示，波函数展开法的应用受到限制，从而导致问题很难给出解答。为解决实际需求，研究人员探索发展了很多近似解法，等效内含物法便是其中的一种。李灏等[24]通过"等效"的思想对两个椭圆形球体夹杂在平面波作用下的散射现象进行了分析研究，并且基于格廷（Gurtin）变分原理推导出了弹性介质中含有多个任意形状夹杂时的等效方程。其研究表明，在动力学范畴内，要使"等效"成立的条件是用来与弹性夹杂相等效的内含物中必须分布"特征体力"。20 世纪 70 年代中期，Gubernatis 等给出了弹性介质中单个任意形夹杂在弹性波作用下夹杂的散射波波场的体积积分方程，在体积积分中包含有未知的总波场位移[25]。

钟伟芳等[26-28]基于积分方程法，推导出了有限个散射体的位移积分方程，研究结果为分析多个任意形散射体的散射综合效应，以及定量分析散射体之间的相互作用提供了理论支撑。在对于积分方程求解时，Born 近似方法的应用非常有效，这种近似法的基本思路是通过对积分方程的不断迭代并且将入射波波场作为首次迭代项而使问题得到解决。需要指出的是，Born 近似方法的适用条件是弱散射，且入射波为长波长的情况。

刘殿魁等[29]在 1982 年成功地将传统弹性静力学问题中的复变函数方法推广到弹性波的散射问题研究中，根据复变函数方法和保角映射技术，刘殿魁等[30]对平面 SH 波入射时任意形状的圆柱形界面凹陷问题进行了研究，并给出了问题的解析解。盖秉政[31]同样利用复变函数方法，分析了单个及多个任意形孔洞对弹性波散射时的动应力集中问题。Wang 等[32-33]用复变函数方法研究了弹性波在饱和介质中的散射问题。

得益于计算机技术的飞速发展，数值方法（有限元、边界积分方程和边界元等）在弹性动力学领域中的应用得到了长足的发展。大量的研究证明，此类方法已经成为解决波动问题的重要工具，并在工程实践中得到大量应用。

尤其当介质中缺陷的几何形状非常复杂时，数值方法表现出极大的优势。Su 等[34]提出了一种名为有限元特征函数的方法，并利用该方法对任意三维轴对称体在弹性波作用下的散射问题进行了研究。Datta 等[35]综合运用有限元方法和特征函数展开法，对弹性介质中不同横截面的柱形孔洞在弹性波作用下的散射问题进行了分析研究，并探讨了孔洞周边位移和动应力集中的变化情况。基于边界元法，Manolis 等[36]在 2004 年对非均匀连续介质中含有裂纹时弹性波的散射问题进行了研究。

在针对各向同性介质中二维瞬态及稳态波的散射问题研究中，边界积分方程法[37]（边界元法）是一个应用比较广泛的方法。和周围介质区域相比各类缺陷及障碍物要小得多，属于大区域中小边界问题，因此边界元法非常适用于求解此类问题。Rice 等[38]根据边界元法对半空间中孔洞在平面 SH 波作用下的散射问题进行了研究。钟伟芳等[39]通过双重傅里叶（Fourier）变换及反演处理，得到了具有弹性对称面的各向异性介质中平面 SH 波作用时的基本解，并在该基本解的基础上结合边界积分方程（边界元）法，对各向异性介质中多个夹杂在 SH 波作用下的散射问题进行了分析研究，而前面得到的基本解是求解问题的关键因素。Niwz 等[40]同样应用边界元方法对各向异性介质的弹性动力学问题进行了分析研究。钟伟芳等[41-43]根据边界元法并通过运用广义格林（Green）函数和加权残数法对各向异性介质中瞬态及稳态弹性波的散射问题给出解答，根据构造的散射体边界积分方程给出了一系列的数值结果。

与各向同性均匀弹性介质相比较，各种复杂介质问题对工程实践具有更为重要的意义，如各种不规则复杂地形、黏性介质以及饱和土介质等复杂介质中的散射问题，随机分布的散射体在弹性波作用下的散射现象，分层结构中各种缺陷的散射问题以及基本介质具有多个任意边界时的界面及内部缺陷的散射问题等。

1971 年，Trifunac[44]首先得到了半圆柱形冲击河谷在平面 SH 波作用下表面运动的解析解。Sesma 等[45]提出了一种边界元方法来解决半空间中不规则表面对 SH 波的散射问题。1990 年，刘殿魁等[46]根据复变函数方法对各向异性介质中任意横截面形状的圆柱形凹陷在平面 SH 波入射时的散射问题进行了分析。1994 年，刘国利等[47]综合利用了波函数展开法和积分变换法，对平面 SH 波入射时半空间凹陷地形的散射问题进行了研究。梁建文等[48-50]在 2001—2003 年基于大圆弧假设，利用傅里叶-贝塞尔（Fourier-Bessel）级数通过波函数展开法给出了平面波入射时圆弧形层状沉积谷地及圆弧凹陷地形的散射解答。

与此同时，很多学者还研究了饱和介质中各种缺陷及散射体对弹性波的散射问题。20 世纪 80 年代，Mei 等[51-52]采用边界层近似的方法，对饱和介质中任意大小的圆形洞室在 P 波和 SV 波入射下的动应力响应问题进行了分析研究。1985 年，Norris[53]给出了“点源”在无限大饱和介质中作用时的解。Zimmerman 等[54]在 1993 年利用边界元方法（Boundary Element Method，BEM）研究了无限饱和介质中球形孔洞对三维弹性波的衍射问题[59]。Degrande 等[55]对瞬态简谐波在饱和及非饱和多层介质中的传播规律进行了研究。Katties 等[56]运用边界元方法（BEM），对多孔弹性半无限空间饱和土中的隧道在 P 波和 SV 波作用下的散射问题进行了研究。

对于地震波作用时弹性半空间界面及其内部各种缺陷造成的散射问题，半空间界面处的边界条件通常是用笛卡儿坐标系表示的，而障碍物周边的边界条件则通常用极坐标来表示，因此不同坐标系表达的半平面界面和各种缺陷的边界条件的正交性处理就成为用解析方法解决此类问题的关键之一，也是非常大的难点。为了解决这类问题，Gregory 和 Martin[57-60]通过将圆柱坐标系下的汉克尔（Hankel）函数的积分形式转换到直角坐标系中的方法使问题得以解决，但是，为了确定积分解中是否存在奇异性等问题往往需要借助极其复杂的数学工具来完成，因而此类方法的使用受到很大限制。

在早期的研究中，波函数展开法是一个主要的研究手段，问题集中在无限空间中各种缺陷或障碍物的散射问题，而对于半空间的各类问题，半空间界面处同时存在反射波和散射波，并且波函数展开法在半空间界面处难以应用，因此一直是学术界的一个难题。20 世纪末，Lee 教授开创性地提出了大圆弧假设方法，即用半径很大的圆来替换原来的半空间界面，这一假设成功解决了在半无限空间表面无法进行波函数展开的难题。在大圆弧假设的基础上，并且结合多种其他方法，Lee 等[61]对半空间的很多问题展开了研究。1979 年，Lee 等[62]分析了均匀弹性半空间中圆形隧道对平面 SH 波的二维散射和衍射问题，利用该问题的一般解，对隧道附近的应力和变形进行了研究。1989 年，Lee[63]基于大圆弧假设对不同深度的圆形凹陷地形对 SV 波的衍射问题进行了研究。1979 年和 1990 年，Cao 和 Lee[64]分别对 SH 波和 P 波作用下变深宽比的圆柱形峡谷地形的散射及衍射问题进行了研究分析。1993 年，Lee 等[65]对圆形无衬砌隧道在平面 P 波作用下的散射问题进行了研究。1996 年，Lee 等[66]对平面 P 波作用下三维圆柱管的散射和衍射问题进行了研究。2001 年，Davis 等[67]根据大圆弧假设和傅里叶-贝塞尔级数对地下洞室和管道在 SV 波入射时的横向响应问题进行了研究并给出了解析解。2010 年，梁建文等[68]针对半空间饱和多孔介质中浅埋圆弧形峡谷对平面 SV 波的衍射问题进行了研究。

根据贝塞尔（Bessel）函数的性质，用一个大圆弧来代替半平面的近似，实际上是放松了零应力的边界条件，因此就数学理论而言，大圆弧假定存在精度问题，即大圆弧假定不能充分地满足问题的边界条件。

2001 年，在参考借鉴 Lee 等人前期有关大圆弧假设方法研究工作的基础上，Davis 等人通过研究证明，针对半空间界面问题，界面处的散射波由入射波在半空间界面处引发的反射波以及采用大圆弧近似后由圆弧边界引发的散射波两部分构成。在给定入射波的情况下反射波即可确定，但是由于大圆弧假设方法是一种近似方法，会导致结果有一定的误差，所以要想确保计算精度，就必须将反射波部分从大圆弧引发的散射中剔除掉。基于这一结论，Davis 等人对 SV 波作用下弹性半空间中无限长的圆形孔洞和圆形管道的散射问题进行了研究[69]。

1991 年，Todorovska 和 Lee 给出了浅埋圆形冲击谷在平面 SH 波作用下表面运动的解析解，其目的是为更复杂的地形情况研究提供参照[70]。1996 年，Manoogian 和 Lee[71]基于加权余量法对平面 SH 波在二维半空间中任意形状的夹杂散射问题进行了分析。1997 年，Lee 和 Sherif[72]对平面 SH 波作用下楔形弹性半空间中圆形冲积谷的绕射问题进行了研究。梁建文等根据大圆弧假定的方法并联合波函数展开法对 SH 波、P 波和 SV 波作用下层状沉积谷地、凹陷地域等地形的散射问题开展了大量的研究工作[73-75]。

1993 年，Boutin 等[76]通过对波函数展开法的改进，并且在考虑了弹性波传播时的散射、偏振和衰减等问题的基础上，根据单一介质的散射状态对弹性复合材料中瑞利波的散射规律进行了总结。1997 年，Manolis 等[77]根据格林函数法与水平边界处表面应力自由的条件构造了一个可以通用的格林函数，此后结合边界元方法对弹性波在异性层状介质中的散射问题进行了求解分析。基于格林函数法，Manolis 等[78]在 2003 年求解出了平面 SH 波在任意连续系统中的运动状况。2009 年，Smerzini 等[79]对 SH 平面及柱面波作用下线性黏弹性半空间中地下多个孔洞对地表地震动的影响进行了研究。胡超等[80]在 1995 年根据弹性力学平面理论、复变函数法以及保角变换法对无限大平板内任意位置的孔洞对弹性波的散射问题进行了研究。1996 年，刘殿魁等[81-82]又对半空间凹陷地形在剪切波、勒夫波及瑞利波作用下的散射问题进行了研究。2000 年前后，史守峡等[83-87]在前期工作的基础上，通过“契合”的思想以及 SH 波散射的对称性特点，根据复变函数法以及多级坐标移动技术，将半空间中孔洞对平面 SH 波的散射问题转化为全空间中的孔洞问题，从而使问题得到解决。根据这种将半空间问题转化为全空间问题的思想，在同一时期，史守峡等[88]又进一步对衬砌及裂纹在 SH 波作用下的散射问题进行了大量的研究工作。

在非全空间问题中，由于界面的存在使得问题的复杂性远大于全空间问题，而界面处的各种缺陷（孔洞、夹杂、衬砌、脱胶、裂纹及其组合）在弹性波作用下的散射问题更是使问题的复杂程度急剧增大。目前，此类问题的研究已经和物理学、力学、地震地质学、复合材料学、断裂力学等多个领域建立了非常紧密的联系。针对脱胶问题的研究，过去主要集中在静力学领域，而目前针对动态问题的研究逐渐成为新的热点。

就脱胶部分而言，在求解时可以将脱胶结构看作两种材料之间一段不相接触的裂纹。在 20 世纪 70 年代，研究人员开始关注夹杂物与介质连接处存在部分脱开的情况，并且通过研究得到了许多重要的研究成果。1975 年，Parton 等[89]根据波函数展开法对平面 SH 波作用下的介质中刚性固定圆形夹杂的散射问题给出了解答。20 世纪 80 年代，Coussy[90-92]针对圆形、椭圆形夹杂与周围介质存在一处脱胶时的散射情况进行了研究，并对长波作用下的远场问题进行求解。20 世纪 90 年代，Yang 等[93]针对单个弧状裂纹在入射波波长任意的情况下的散射问题进行了研究，并给出了近场和远场的解答。1999 年，Wang 等[94]针对反平面入射波作用下基体中裂纹和夹杂的动态相互作用进行了分析研究。2002 年，Sato 等[95]根据边界元法对复合材料中椭圆形夹杂部分脱胶情况下的单次散射问题进行了分析。

汪越胜等人针对脱胶问题进行了大量的研究工作。从 1993 年开始，汪越胜等人利用波函数展开法、积分方程法等对剪切波作用下的各类脱胶结构物的散射问题进行了研究，包括圆柱形脱胶夹杂、圆柱形脱胶刚性夹杂、椭圆形脱胶夹杂、脱胶衬砌等，提供了较为全面的关于圆柱脱胶结构散射问题的研究成果[96-100]。齐辉、赵嘉嘉等人根据复变函数法、波函数展开法及格林函数法，对 SH 波作用时界面处脱胶圆柱形夹杂及脱胶衬砌的散射问题进行了研究，并针对不同的参数组合时地表震动及脱胶夹杂、脱胶衬砌周边的动应力集中情况进行了分析[101-102]。

弹性波动问题尤其是弹性波散射问题的研究已经取得了大量的科研成果，但实际工程中仍有大量的问题亟待解决。在充分运用现有成果的同时，还需要对现有理论不断改进并寻找发展新的、更加有效和精确的方法，为工程实践服务。

0.2 弹性波散射问题的主要研究方法

目前，针对弹性波散射问题的研究方法可分为解析法和数值法两大类[81]。解析法有波函数展开法、分离变量法、复变函数法、几何射线理论、积分变换法等。解析法对问题条件的要求比较高，而这些条件在大多数的情况下很难满足，因此解析法的应用范围受到极大的限制，但是解析法能够对所研究的问题进行本质性的分析，这是数值法无法比拟的，并且解析法还可以对数值法的结果进行检验。

数值法非常适用于复杂的工程实际问题，随着计算机技术的迅猛发展，数值法计算量大的缺点得到极大解决，从而使数值法的应用范围得到迅速拓展。目前，常用的数值法有边界积分法、有限差分法、有限元法和离散波数法等，但是数值法无法揭示问题的本质，并且解答的精度不好控制，尤其是在高频段时。

下面简要介绍几种主要的研究方法。

0.2.1 波函数展开法

波函数展开法实际上是分离变量法。作为一种经典方法，波函数展开法首先通过对标量波动和矢量波动方程进行有关向径与角度等变量的分离，结果得到各变量的常微分方程，从而获得相应的径向函数和角度函数，它们的乘积即构成波函数。然后，将散射波表示成波函数的级数形式，依据边界条件求解出级数展开式中的系数，这样问题的级数解便最后得到解决。下面介绍一下波函数展开法求解地震工程中三类基本地形的一些主要解析解情况，主要是各向同性弹性介质下的各种单一场地的级数解。

对于 SH 波，在地震工程方面具有开创意义的一个结果是 1971 年 Trifunac[103]得到的弹性半空间下二维半圆形河谷地形的解，该解是采用波函数展开方法得到的精确解析解。1973 年采用类似的方法，Trifunac[104]还得到了半圆形山谷的解；1974 年，Wong 等[105-106]得到了二维半椭圆山谷和半椭圆河谷在平面 SH 波入射下的解。1981 年，Nasser 等[107]得到了半圆形带衬砌沟渠在 SH 波的解。对于浅圆形山谷或河谷地形，1989 年，Cao 等[108]利用“大圆弧假定”得到了浅圆形山谷的近似解析解。

对于 P 波和 SV 波入射的情况，1979 年，Lee[61-62]采用把球波函数展开为幂级数并同时满足所有边界条件的方法，得到了三维半球形沉积山谷或河谷在 SH 波、P 波或 SV 波入射下的解。运用大圆弧假定方法，1989 年及 1990 年，

Cao 和 Lee[63-64]得到了 P 波和 SV 波入射下浅圆形山谷场地下的解。2001 年，梁建文、严林隽等[48,50,75]得到了浅圆沉积河谷在 P 波下、浅圆层状沉积河谷在 P 波下及凹陷表面覆盖层在 SV 波下的解析解。

0.2.2 复变函数法

作为一种数学工具，复变函数最早是由 Filon 提出的，后来由著名学者 Kolosoff 和 Muskhelishvili 等人引入弹性静应力集中问题的分析中，将其发展成为一套较完善的理论。该方法通过采用保角变换（即映射函数）将物体在平面上所占的某一形状的区域变成另一平面上的对应区域（如单位圆域等），因而它可用来处理复杂边界问题，包括单连通和多连通问题。把复变函数成功用于研究二维散射问题最先是我国学者于 20 世纪 80 年代开始的。例如刘殿魁等[84]给出了浅埋圆形孔洞附近的半圆形凸起对平面 SH 波的散射结果，通过辅助函数、复变函数和移动坐标方法研究浅埋圆形结构附近半圆形沉积谷地的地震动以及圆形衬砌结构对平面 SH 波的散射[87]。对于单个和多个任意形状的孔洞，这种方法能有效地解决动应力集中问题[83]，给出动应力集中系数的一般解析表达式。后来刘殿魁等人将其引入弹性动力学问题的研究中，并提出了“域函数”的概念。利用保角变换理论，通过波函数的级数形式来表示波动方程一般形式的解，并且在满足边界条件的前提下利用傅里叶变换来进行后续的求解计算。这种方法能够有效地解决在弹性波作用下单个以及多个任意形孔洞类缺陷的动应力集中问题以及板壳开孔（包括大孔）等问题。

0.2.3 转换矩阵法

T 矩阵法是一种多元分析方法，也称为转换矩阵法或传输矩阵法。由 Waterman 等人借鉴电磁波和声波研究中的散射矩阵理论，并将其引入弹性波散射问题的研究中[96]。这种方法利用基于柱坐标或者球坐标的波函数来表示入射波和散射波，并通过边界条件推导出用来计算系数的 ***T*** 矩阵方程。***T*** 矩阵中各元素仅与材料自身有关，而与其他因素无关，在进行矩阵转换时矩阵不变并且具有某种正定性，矩阵将会大为简化。矩阵中的各个元素可以通过表面积分的数值计算而得以确定。

0.2.4 射线理论法

射线理论法也称为几何射线理论或射线法，射线理论是波动方程，它是一种重要的偏微分方程，它通常表述所有种类的波，如声波、光波和水波。它出现在不同领域，如声学、电磁学和流体力学。波动方程的其他形式可以在量子力学和广义相对论中见到。它是一种近似方法，其来自声学研究，现已应用在弹性动力学中稳态和瞬态散射问题。如果弹性波的参数（波长的长、短以及频率的高、低等）与传播媒介的特征（是否均匀、是否各向同性等）以及散射体的特性（密度、各种模量、几何尺寸等）之间符合某种关系或条件，那么可以通过某些近似的方法来计算求解，并且能够保证结果的准确性。射线理论方法是一种适用于散射体在高频波作用下散射问题的直接渐进方法，其只有在高频时才有意义。射线理论方法可以应用于对任意形状的散射体的分析研究，只要符合高频率这一条件。研究表明，当波长与散射体的特征尺寸相近时，射线理论方法给出的结果具有很高的准确度。

0.2.5 等效内含物法

英国科学家 Eshelby 在分析研究椭圆形球体的弹性波场问题时建立发展了等效内含物方法。该方法将散射体以内含物的形式来替代，Eshelby 通过研究证明了若椭圆形球体的材料常数和椭球形区域的特征应变二者之间存在某种确定的联系，则可以将两个问题归结为一个问题。

0.2.6 积分变换法

积分变换无论在数学理论还是其应用中都是一种非常有用的工具。最重要的积分变换有傅里叶变换和拉普拉斯变换。由于不同应用的需要，还有其他一些积分变换，其中应用较为广泛的有梅林变换和汉克尔变换，它们都可通过傅里叶变换或拉普拉斯变换转化而来。积分变换法将函数经过可逆的积分手段变换成另一类函数，以此来减少自变量的个数并直至成为常微分方程，使问题简化，求出结果后再经过逆变换得到原方程的解。但是由于问题的复杂性，许多逆变换需要通过数值反演来解决并且反演过程复杂、缓慢且不稳定，因而该方法的应用有一定的限制，目前积分变换法多用于处理瞬态波问题。

0.2.7 有限元特征函数法

有限元，通俗地讲就是对一个真实的系统用有限个单元来描述。有限元法，把求解区域看作由许多小的在节点处相互连接的单元（子域）所构成，其模型给出基本方程的分片（子域）近似解，由于单元（子域）可以被分割成各种形状和大小不同的尺寸，所以能很好地适应复杂的几何形状、复杂的材料特性和复杂的边界条件。再加上它有成熟的大型软件系统支持，使其已成为一种非常受欢迎的、应用极广的数值计算方法。有限元特征函数法首先利用一个虚拟的球体来包裹住散射体，在球体的外部应用贝塞尔函数和汉克尔函数等特征函数将入射波和散射波进行展开，而在球体内部采用有限元方法进行离散处理，并且将球体内部的波场表示成特征函数的叠加形式，最后通过与球体外部波场进行匹配来确定相应的系数，从而得到问题的解。

0.2.8 边界元法

边界元法是在有限元法的离散化技术基础上，通过将偏微分方程的边值问题转化为边界积分方程而逐渐发展起来的。边界元法只在求解域的边界上进行离散，在域内采用了物理问题或弹性力学的大量基本解和某些积分运算，数值计算只在边界上进行，属于半解析半数值方法。目前，边界元法已广泛应用于求解各种力学和非力学的线性与非线性问题，边界元法能够自动满足远场辐射条件，因而广泛应用于有关弹性波散射问题的研究中。

除了理论和数值方法，各种实验方法如光弹性法、电测法、云纹法、散斑干涉法等均可应用于应力集中问题的研究。多种手段的综合运用将为弹性波散射与应力集中问题的研究提供强有力的支持。

参 考 文 献

[1] 邵长金，杨振清，周广刚．场与波［M］．青岛：中国石油大学出版社，2015.

[2] 钟伟芳，聂国华．弹性波的散射理论［M］．武汉：华中理工大学出版社，1997.

[3] MOW C C, PAO Y. Diffraction of Elastic Waves and Dynamic Stress Concentrations [J]. Journal of Applied Mechanics, 1973, 40 (4): 213-219.

[4] Г. Н. 萨文．孔附近的应力集中［M］．卢鼎霍，译．北京：科学出版社，1958.

[5] NISHIMURA G, JIMBO Y A. Dynamic Problem of Stress Concentration Stresses in the Vicinity of a Spherical Matter Included in an Elastic Solid Under Dynamical Force [J]. Journal of the Faculty of Engineering, University of Tokyo, 1955, 24: 101.

[6] PAO Y H, MOW C C. Dynamic Stress Concentration in an Elastic Plate with Rigid Circular Inclusion [J]. Density, 1961.

[7] MOW C C, MENTE L J. Dynamic Stresses and Displacements Around Cylindrical Discontinuities Due to Plane Harmonic Shear Waves [J]. Journal of Applied Mechanics, 1963, 30 (4): 598-604.

[8] BARON M L, MATTHEWS A T. Diffraction of a Pressure Wave by a Cylindrical Cavity in an Elastic Medium [J]. Journal of Applied Mechanics, 1961, 28 (1): 205-207.

[9] MOW C C. Transient Response of a Rigid Spherical Inclusion in an Elastic Medium [J]. Journal of Applied Mechanics, 1965, 32 (3): 637-642.

[10] MOW C C. On the Transient Motion of a Rigid Spherical Inclusion in an Elastic Medium and

Its Inverse Problem [J]. Journal of Applied Mechanics, 1966, 33 (4): 807-813.
[11] NORWOOD F R, MIKLOWITZ J. Diffraction of transient elastic waves by a spherical cavity [J]. Journal of Applied Mechanics, 1967, 34 (3): 735-744.
[12] JAIN D L, KANWAL R P. Scattering of elastic waves by circular cylindrical flaws and inclusions [J]. Journal of Applied Physics, 1979, 50 (6): 4067-4109.
[13] JAIN D L, KANWAL R P. Scattering of elastic waves by an elastic sphere [J]. International Journal of Engineering Science, 1980, 18 (6): 1117-1127.
[14] SANCAR S, SACHSE W. Spectral analysis of elastic pulses backscattered from two cylindrical cavities in a solid. Part II [J]. Journal of the Acoustical Society of America, 1981, 69 (6): 1591-1596.
[15] DATTA S K, SHAH A H. Scattering of SH waves by embedded cavities [J]. Wave Motion, 1982, 4 (3): 265-283.
[16] ZITRON N R. Multiple Scattering of Elastic Waves by Two Arbitrary Cylinders [J]. Journal of the Acoustical Society of America, 1967, 42 (3): 620-624.
[17] GAMER U. Dynamic stress concentration in an elastic half space with a semi-circular cavity excited by SH waves [J]. International Journal of Solids and Structures, 1977, 13 (7): 675-681.
[18] BOSTROM A, KRISTENSSON G. Scattering of a pulsed Rayleigh wave by a spherical cavity in an elastic half space [J]. Wave Motion, 1983, 5 (2): 137-143.
[19] GAUTESEN A K, ACHENBACH J D, MCMAKEN H. Surface-wave rays in elastodynamic diffraction by cracks [J]. Journal of the Acoustical Society of America, 1978, 63 (63): 1824-1831.
[20] PAO Y H, KU G C C, ZIEGLER F. Application of the theory of generalized rays to diffractions of transient waves by a cylinder [J]. Wave Motion, 1983, 5 (4): 385-398.
[21] 黎在良，刘殿魁．各向异性介质中圆柱体对 SH 波散射的射线理论 [J]. 地震工程与工程振动，1987，7（1）：1-8.
[22] FRANSSENS G R, LAGASSE P E. Scattering of elastic waves by a cylindrical obstacle embedded in a multilayered medium [J]. Journal of the Acoustical Society of America, 1984, 76 (5): 1535-1542.
[23] SIMON M M, RADLINSKI R P. Elastic wave scattering from elliptical shells [J]. Journal of the Acoustical Society of America, 1982, 71 (2): 273-281.
[24] 李灏，钟伟芳，李功赋．弹性动力学的等效内含物法和两椭球异质体的散射场 [J]. 应用数学和力学，1985，6（6）：489-498.
[25] GUBERNATIS J E, DOMANY E, KRUMHANSL J A. Formal aspects of the theory of the scattering of ultrasound by flaws in elastic materials [J]. Journal of Applied Physics, 1977, 48 (7): 2804-2811.
[26] 钟伟芳．异质体弹性动力学问题的积分方程法和散射场 [J]. 华中工学院学报，

1987，(3)：35-40.
[27] 钟伟芳，聂国华．含两个异质体时弹性动力学问题在 Born 近似下的散射场［J］．华中工学院学报，1987，(3)：41-46.
[28] ZHONG W F，NIE G H. An integral equation of the scattering problem by many inhomogeneities and the scattered effect［J］. Applied Mechanics，1989，2：1003-1008.
[29] LIU D K，GAI B，TAO G. Applications of the method of complex functions to dynamic stress concentrations［J］. Wave Motion，1982，4（3）：293-304.
[30] LIU D K，GAI B Z，TAO G Y. Discussion of the dynamic stress concentration nearby cavity［J］. Acta Mechanica Sinica，1982，12：65-77.
[31] 盖秉政．论弹性波绕射与动应力集中问题［J］．力学进展，1987，17（4）：447-465.
[32] WANG J H，ZHOU X L，LU J F. Dynamic stress concentration around elliptic cavities in saturated poroelastic soil under harmonic plane waves［J］. International Journal of Solids and Structures，2005，42（14）：4295-4310.
[33] WANG J H，LU J F，ZHOU X L. Complex variable function method for the scattering of plane waves by an arbitrary hole in a porous medium［J］. European Journal of Mechanics-A/Solids，2009，28（3）：582-590.
[34] SU J H，VARADAN V V，VARADAN V K. Finite Element Eigenfunction Method（FEEM）for Elastic Wave Scattering by Arbitrary Three-Dimensional Axisymmetric Scatterers［J］. Journal of Applied Mechanics，1984，51（3）：614-621.
[35] DATTA S K，WONG K C，SHAH A H. Dynamic Stresses and Displacements Around Cylindrical Cavities of Arbitrary Shape［J］. Journal of Applied Mechanics，1984，51（4）：798-803.
[36] MANOLIS G D，DINEVA P S，RANGELOV T V. Wave scattering by cracks in inhomogeneous continua using BIEM［J］. International Journal of Solids and Structures，2004，41（14）：3905-3927.
[37] SHAW R P. Boundary integral equation methods applied to wave problems［J］. Applied Science，1979：121-153.
[38] RICE J M，SADD M H. Propagation and Scattering of SH-Waves in Semi-Infinite Domains Using a Time-Dependent Boundary Element Method［J］. Journal of Applied Mechanics，1984，51（3）：641-645.
[39] 钟伟芳，聂国华．各向异性体内多个夹杂对反平面波的散射［J］．固体力学学报，1988，9（1）：1-14.
[40] NIWA Y，HIROSE S，KITAHARA M. Elastodynamic analysis of inhomogeneous anisotropic bodies［J］. International Journal of Solids and Structures，1986，22（12）：1541-1555.
[41] 钟伟芳，钱维平．各向异性体内含任意孔洞对反平面波散射的边界元方法［J］．固体力学学报，1990，11（4）：285-297.

[42] 钟伟芳，林青．各向异性介质的弹性波散射问题的边界元方法 [J]. 固体力学学报，1992，13 (3)：214-224.

[43] 钟伟芳，刘再扬．各向异性体对瞬态 SH 波散射问题的边界元方法 [J]. 力学学报，1993，25 (1)：84-92.

[44] TRIFUNAC M D. Surface motion of a semi-cylindrical Alluvial Valley for incident plane SH waves [J]. Bulletin of the Seismological Society of America, 1971, 61 (6): 1755-1770.

[45] SÁNCHEZ-SESMA F J, HERRERA I, AVILÉS J. A boundary method for elastic wave diffraction. Application o scattering of SH-waves by surface irregularities [J]. Bulletin of the Seismological Society of America, 1981, 72 (2): 473-490.

[46] LIU D K, HAN F. Scattering of plane SH-waves on cylindrical canyon of arbitrary shape in anisotropic media [J]. Acta Mechanica Sinica, 1990, 6 (3): 256-266.

[47] 刘国利，刘殿魁．位移阶跃 SH 波对半圆形凹陷地形的散射 [J]. 力学学报，1994，26 (1)：70-80.

[48] 梁建文，严林隽，LEE V W. 圆弧形层状沉积谷地对入射平面 P 波的散射解析解 [J]. 地震学报，2001，23 (2)：167-184.

[49] 梁建文，张郁山，顾晓鲁．圆弧形层状凹陷地形对平面 SH 波的散射 [J]. 振动工程学报，2003，16 (2)：158-165.

[50] 梁建文，严林隽，LEE V W. 圆弧形凹陷地形表面覆盖层对入射平面 P 波的影响 [J]. 固体力学学报，2002，(4)：397-411.

[51] MEI C C, FODA M A. Wave-induced responses in a fluid-filled poro-elastic solid with a free surface-a boundary layer theory [J]. Geophysical Journal International, 1981, 66 (3): 597-631.

[52] MEI C C, SI B I, CAI D. Scattering of simple harmonic waves by a circular cavity in a fluid-infiltrated poro-elastic medium [J]. Wave Motion, 1984, 6 (3): 265-278.

[53] NORRIS A N. Radiation from a point source and scattering theory in a fluid-saturated porous solid [J]. Journal of the Acoustical Society of America, 1985, 77 (6): 2012-2023.

[54] ZIMMERMAN C, STERN M. Boundary element solution of 3-D wave scatter problems in a poroelastic medium [J]. Engineering Analysis with Boundary Elements, 1993, 12 (4): 223-240.

[55] DEGRANDE G, ROECK G D, BROECK P V D. Wave propagation in layered dry, saturated and unsaturated poroelastic media [J]. International Journal of Solids and Structures, 1998, 35 (34): 4753-4778.

[56] KATTIS S E, BESKOS D E, CHENG A H D. 2D dynamic response of unlined and lined tunnels in poroelastic soil to harmonic body waves [J]. Earthquake Engineering and Structural Dynamics, 2003, 32 (1): 97-110.

[57] GREGORY R D. An expansion theorem applicable to problems of wave propagation in an elastic half-space containing a cavity [J]. Mathematical Proceedings of the Cambridge Phil-

osophical Society, 1967, 63 (4): 1341-1367.

[58] GREGORY R D. The propagation of waves in an elastic half-space containing a cylindrical cavity [J]. Mathematical Proceedings of the Cambridge Philosophical Society, 1970, 67 (3): 689-710.

[59] MARTIN P A. Scattering by a Cavity in an Exponentially Graded Half-Space [J]. Journal of Applied Mechanics, 2009, 76 (3): 540-545.

[60] MARTIN P A. Scattering by defects in an exponentially graded layer and misuse of the method of images [J]. International Journal of Solids and Structures, 2011, 48 (14-15): 2164-2166.

[61] CAO H, LEE V W. Scattering and diffraction of plane P waves by circular cylindrical canyons with variable depth-to-width ratio [J]. European Journal of Obstetrics and Gynecology and Reproductive Biology, 1979, 9 (3): 141-150.

[62] Lee V W, Trifunac M D. Response of tunnels to incident SH-waves [J]. Journal of Engineering Mechanics, ASCE, 1979, 105 (4), 643-659.

[63] LEE V W, CAO H. Diffraction of SV Waves by Circular Canyons of Various Depths [J]. Journal of Engineering Mechanics, 1989, 115 (9): 2035-2056.

[64] CAO H, LEE V W. Scattering of plane SH waves by circular cylindrical canyons with variable depth-to-width ratio [J]. Soil Dynamics and Earthquake Engineering1990, 9 (3): 141-150.

[65] LEE V W, KARL J. Diffraction of Elastic Plane P Waves by Circular, Underground Unlined Tunnels [J]. 1993, 6 (1): 29-36.

[66] LEE V W, GHOSH T, SABBAN M S. Scattering and Diffraction of Plane P Waves by 3-D Cylindrical Canals [J]. 1996, 4 (3): 12-22.

[67] DAVIS C A, LEE V W, BARDET J P. Transverse response of underground cavities and pipes to incident SV waves [J]. Earthquake Engineering and Structural Dynamics, 2001, 30 (3): 383-410.

[68] 梁建文, 罗昊, LEE V W. 任意圆弧形凸起地形中隧洞对入射平面SH波的影响 [J]. 地震学报, 2004, 26 (5): 495-508.

[69] DAVIS C A, LEE V W, BARDET J P. Transverse response of underground cavities and pipes to incident SV waves [J]. Earthquake Engineering and Structural Dynamics, 2001, 30 (3): 383-410.

[70] TODOROVSKA M I, LEE V W. Surface motion of shallow circular alluvial valleys for incident plane SH waves-analytical solution [J]. Soil Dynamics and Earthquake Engineering, 1991, 10 (4): 192-200.

[71] MANOOGIAN M E, LEE V W. Diffraction of SH-Waves by Subsurface Inclusions of Arbitrary Shape [J]. Journal of Engineering Mechanics, 1996, 122 (2): 123.

[72] LEE V W, SHERIF R. Diffraction around a Circular Alluvial Valley in a Wedge-Shaped

Elastic Half-Space due to Plane SH-Waves [J]. European Earthquake Engineering, 1997, 5 (3): 21-28.

[73] LIANG J, BA Z, LEE V W. Diffraction of plane SV waves by a shallow circular-arc canyon in a saturated poroelastic half-space [J]. Soil Dynamics and Earthquake Engineering, 2010, 26 (6-7): 582-610.

[74] 梁建文，罗昊，LEE V W. 任意圆弧形凸起地形中隧洞对入射平面 SH 波的影响 [J]. 地震学报，2004, 26 (5): 495-508.

[75] 梁建文，严林隽，LEE V W. 圆弧形层状沉积谷地对入射平面 SV 波散射解析解 [J]. 固体力学学报，2003, 24 (2): 235-243.

[76] BOUTIN C, AURIAULT J L. Rayleigh scattering in elastic composite materials [J]. International Journal of Engineering Science, 1993, 31 (12): 1669-1689.

[77] MANOLIS G D, SHAW R P. Harmonic elastic waves in continuously heterogeneous random layers [J]. Engineering Analysis with Boundary Elements, 1997, 19 (3): 181-198.

[78] MANOLIS G D, KARAKOSTAS C Z. A Green's function method to SH-wave motion in a random continuum [J]. Engineering Analysis with Boundary Elements, 2003, 27 (2): 93-100.

[79] SMERZINI C, AVILES J, PAOLUCCI R. Effect of underground cavities on surface earthquake ground motion under SH wave propagation [J]. Earthquake Engineering and Structural Dynamics, 2009, 38 (12): 1441-1460.

[80] 胡超，刘殿魁．无限大板开孔弹性波的散射及动应力集中 [J]. 力学学报，1995, 27 (2): 125-134.

[81] 刘殿魁，刘宏伟．曲线坐标在弹性波散射研究中的应用—SH 波对不等深度凹陷地形的散射 [J]. 地震工程与工程振动，1996, (2): 14-24.

[82] 刘国利，刘殿魁．隆起或凹陷的非均匀介质起伏地形中的表面波 [J]. 岩石力学与工程学报，1996, (4): 370-377.

[83] 史守峡，刘殿魁．SH 波与界面多圆孔的散射及动应力集中 [J]. 力学学报，2001, 33 (1): 半空间及覆盖层中多个椭圆形及圆形缺陷对 SH 波的散射．

[84] 刘殿魁，刘宏伟．SH 波散射与界面圆孔附近的动应力集中 [J]. 力学学报，1998, 30 (5): 597-605.

[85] 林宏，史文谱，刘殿魁．SH 波入射时浅埋结构的动力分析 [J]. 哈尔滨工程大学学报，2001, 22 (6): 83-87.

[86] 史守峡，杨庆山，刘殿魁．SH 波对圆形夹杂与裂纹的散射及其动应力集中 [J]. 复合材料学报，2000, 17 (3): 107-112.

[87] 刘殿魁，史守峡．界面上圆形衬砌结构对平面 SH 波散射 [J]. 力学学报，2002, 34 (5): 796-803.

[88] 史守峡，刘殿魁，杨庆山．SH 波对内含裂纹衬砌结构的散射及动应力集中 [J]. 爆炸与冲击，2000, 20 (3): 228-234.

[89] PARTON V Z, KUDRYAVTSEV B A. Dynamic problem of fracture mechanics for a plane with an inclusion [J]. Mechanics of deformable bodies and constructions, 1975: 379-384.

[90] COUSSY O. Scattering of SH-waves by a Cylindrical Inclusion Presenting an Interface Crack [J]. Comptes Rendus De L Academie Des Sciences Serie II, 1982, (13): 1043-1046.

[91] COUSSY O. Scattering of elastic waves by an inclusion with an interface crack [J]. Wave Motion, 1984, 6 (3): 223-236.

[92] COUSSY O. Scattering of SH-waves by a rigid elliptic fiber partially debonded from its surrounding matrix [J]. Mechanics Research Communications, 1986, 13 (1): 39-45.

[93] YANG Y, NORRIS A. Shear-wave Scattering from a debonded fiber [J]. Journal of the Mechanics and Physics of Solids, 1991, 39 (2): 273-294.

[94] WANG X D, MEGUID S A. Dynamic interaction between a matrix crack and a circular inhomogeneity with a distinct interphase [J]. International Journal of Solids and Structures, 1999, 36 (4): 517-531.

[95] SATO H, SHINDO Y. Influence of microstructure on scattering of plane elastic waves by a distribution of partially debonded elliptical inclusions [J]. Mechanics of Materials, 2002, 34 (7): 401-409.

[96] 汪越胜, 王铎. 剪切波作用下圆弧形界面裂纹的动强度因子 [J]. 固体力学学报, 1993, 14 (4): 362-367.

[97] WANG Y S, WANG D. Dynamic analysis of a buried rigid elliptic cylinder partially debonded from surrounding matrix under shear waves [J]. Acta Mechanica Solida Sinica, 1995, 8 (1): 51-63.

[98] YU G L, WANG Y S. Scattering of seismic waves from a circular cavity with a partially debonded liner [J]. ISET Journal of Earthquake Technology, 2006, 43 (1): 1-9.

[99] WANG X D, MEGUID S A. Dynamic interaction between a matrix crack and a circular inhomogeneity with a distinct interphase [J]. International Journal of Solids and Structures, 1999, 36 (4): 517-531.

[100] WANG X D, MEGUID S A. Micromechanical modeling of FRCs containing matrix cracks and partially debonded fibers [J]. Journal of Engineering Materials and Technology, Transactions of the ASME, 1999, 121 (4): 445-452.

[101] 赵嘉喜, 齐辉, 杨在林. 含有部分脱胶的浅埋圆夹杂对 SH 波的散射 [J]. 岩土力学, 2009, 30 (5): 1297-1302.

[102] 赵嘉喜, 齐辉, 刘殿魁, 李宏亮. 含有部分脱胶的浅埋圆衬砌对 SH 波的散射 [J]. 固体力学学报, 2008 (3): 301-306.

[103] TRIFUNAC, M. D. Surface motion of a semi-cylindrical alluvial valley for incident plane SH wave, Bulletin of Seismological and Society of America, Vo1.61, No.6, 1755-1770, 1971.

[104] TRIFUNAC, M. D. Scattering of plane SH wave Earthquake Engineering and Structural

Dynamics, by a semi-cylindrical canyon, Vol. 1, 267-281, 1973.

[105] ALONG H L, TRIFUNAC M D. Scattering of plane SH waves by a semi-elliptical canyon, Earthquake Engineering and Structural Dynamics, Vol. 3, 157-169, 1974.

[106] WONG H L, TRIFUNAC M D. Surface motion of a semi-elliptical alluvial valley for incident plane SH waves, Bulletin of the Seismological Society of America, V01. 64, 1389-1408, 1974.

[107] NASSER M V, TRIFUNAC M D. A note on the Vibrations of a Semi-Circular Canal Excited by Plane SH-Wave, Bulletin of the Indian Society of Earthquake Technology, Vol. 18, No. 2, 88-100, 1981.

[108] CAO H, LEE V W. Scattering of plane SH waves by circular cylindrical canyons with various depth-to-width ratio, European Journal of Earthquake Engineering, Vol. 3, No. 2, 29-37, 1989.

第1章　弹性波散射数学基础

1.1　平面坐标系

弹性波散射问题研究涉及许多物理量的定量计算，这需要在合适的坐标系中进行。不同的问题具有不一样的边界，为此，需要做出不同的坐标系选择，合适的坐标系常使得问题的定解方程描述变得简单明了，给问题分析求解带来很大方便。其中，最常用的平面坐标系有实平面坐标系和复平面坐标系两种。

1.1.1　实平面坐标系

如图 1.1 所示，建立空间直角坐标系，相应的位移分量用 u、v、w 表示；建立与空间直角坐标系相对应的柱坐标系 $or\theta z$，相应的位移分量表示为 u_r、u_θ、w。对于同一个位移矢量 $\boldsymbol{u}$，在空间直角坐标系和柱坐标系中，z 方向的位移分量是一样的，只有在平面 xoy 内的位移分量因坐标系而不同。

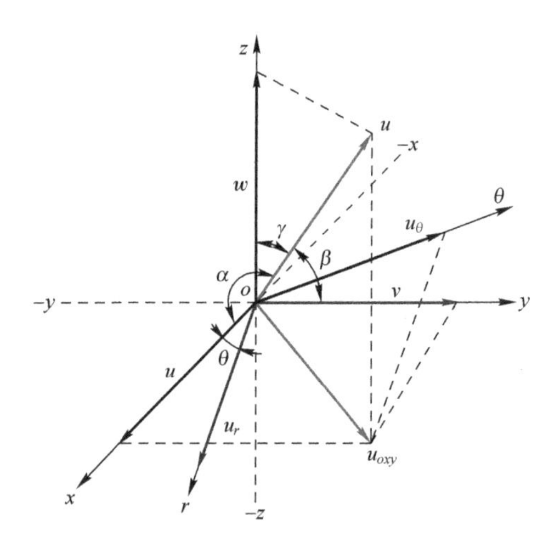

图 1.1　坐标系示意图

两个坐标系基本坐标之间的变换关系为

$$\begin{cases} x = r\cos\theta \\ y = r\sin\theta \\ z = z \end{cases} \tag{1-1}$$

$$\begin{cases} r = \sqrt{x^2+y^2} \\ \theta = \arctan \dfrac{y}{x} \\ z = z \end{cases} \tag{1-2}$$

式中：$0 \leqslant r \leqslant +\infty$；$0 \leqslant \theta \leqslant 2\pi$；$-\infty \leqslant z \leqslant +\infty$。

如图 1.2 所示，设位移矢量 $\boldsymbol{u}$ 在 xoy 平面内的投影为 u_{oxy}，对同一个位移矢量 u_{oxy}，柱坐标系与空间直角坐标系之间位移分量的变换关系为

$$\begin{cases} u = u_r\cos\theta - u_\theta\sin\theta \\ v = u_r\sin\theta + u_\theta\cos\theta \end{cases} \tag{1-3}$$

$$\begin{cases} u_r = u\cos\theta - v\sin\theta \\ u_\theta = -u\sin\theta + v\cos\theta \end{cases} \tag{1-4}$$

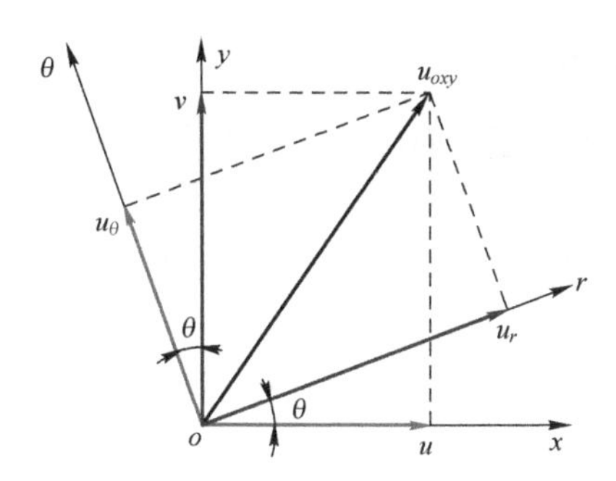

图 1.2　坐标系变换示意图

在 xoy 平面内，两个坐标系对坐标的一阶偏导数转换式为

$$\begin{cases} \dfrac{\partial}{\partial r} = \cos\theta \dfrac{\partial}{\partial x} + \sin\theta \dfrac{\partial}{\partial y} \\ \dfrac{\partial}{\partial \theta} = -y \dfrac{\partial}{\partial x} + x \dfrac{\partial}{\partial y} \end{cases} \tag{1-5}$$

$$\begin{cases} \dfrac{\partial}{\partial x} = \cos\theta \dfrac{\partial}{\partial r} - \dfrac{1}{r}\sin\theta \dfrac{\partial}{\partial \theta} \\ \dfrac{\partial}{\partial y} = \sin\theta \dfrac{\partial}{\partial r} + \dfrac{1}{r}\cos\theta \dfrac{\partial}{\partial \theta} \end{cases} \tag{1-6}$$

在 xoy 平面内，两个坐标系对坐标的二阶偏导数转换式为

$$\begin{cases}\dfrac{\partial^2}{\partial r^2}=\cos^2\theta\dfrac{\partial^2}{\partial x^2}+\sin(2\theta)\dfrac{\partial^2}{\partial x\partial y}+\sin^2\theta\dfrac{\partial^2}{\partial y^2}\\ \dfrac{\partial^2}{\partial r\partial\theta}=-\dfrac{1}{2}r\sin(2\theta)\dfrac{\partial^2}{\partial x^2}-\sin\theta\dfrac{\partial}{\partial x}+r\cos(2\theta)\dfrac{\partial^2}{\partial x\partial y}+\cos\theta\dfrac{\partial}{\partial y}+\dfrac{1}{2}r\sin(2\theta)\dfrac{\partial^2}{\partial y^2}\\ \dfrac{\partial^2}{\partial\theta^2}=r^2\sin^2\theta\dfrac{\partial^2}{\partial x^2}-r\cos\theta\dfrac{\partial}{\partial x}-r^2\sin(2\theta)\dfrac{\partial^2}{\partial x\partial y}-r\sin\theta\dfrac{\partial}{\partial y}+r^2\cos^2\theta\dfrac{\partial^2}{\partial y^2}\end{cases}\tag{1-7}$$

$$\begin{cases}\dfrac{\partial^2}{\partial x^2}=\cos^2\theta\dfrac{\partial^2}{\partial r^2}-\dfrac{\sin(2\theta)}{r}\dfrac{\partial^2}{\partial r\partial\theta}+\dfrac{\sin^2\theta}{r}\dfrac{\partial}{\partial r}+\dfrac{\sin(2\theta)}{r^2}\dfrac{\partial}{\partial\theta}+\dfrac{\sin^2\theta}{r^2}\dfrac{\partial^2}{\partial\theta^2}\\ \dfrac{\partial^2}{\partial y^2}=\sin^2\theta\dfrac{\partial^2}{\partial r^2}-\dfrac{\sin(2\theta)}{r}\dfrac{\partial^2}{\partial r\partial\theta}+\dfrac{\cos^2\theta}{r}\dfrac{\partial}{\partial r}-\dfrac{\sin(2\theta)}{r^2}\dfrac{\partial}{\partial\theta}+\dfrac{\cos^2\theta}{r^2}\dfrac{\partial^2}{\partial\theta^2}\\ \dfrac{\partial^2}{\partial x\partial y}=\dfrac{\sin(2\theta)}{2}\dfrac{\partial^2}{\partial r^2}+\dfrac{\cos(2\theta)}{r}\dfrac{\partial^2}{\partial r\partial\theta}-\dfrac{\sin(2\theta)}{2r}\dfrac{\partial}{\partial r}-\dfrac{\cos(2\theta)}{r^2}\dfrac{\partial}{\partial\theta}-\dfrac{\sin(2\theta)}{2r^2}\dfrac{\partial^2}{\partial\theta^2}\end{cases}\tag{1-8}$$

1.1.2 复平面坐标系

针对实平面 xoy，引入复平面$(z,\bar{z})$，以代替实平面 xoy。引用复变数 $z=x+\mathrm{i}y$ 及其共轭复变数 $\bar{z}=x-\mathrm{i}y$ 来代替实变数 x 和 y。

复平面与实平面直角坐标系间的坐标关系为

$$\begin{cases}z=x+\mathrm{i}y\\ \bar{z}=x-\mathrm{i}y\end{cases}\tag{1-9}$$

$$\begin{cases}x=\dfrac{z+\bar{z}}{2}\\ y=\dfrac{z-\bar{z}}{2\mathrm{i}}\end{cases}\tag{1-10}$$

复平面与实平面极坐标系之间的坐标变换关系为

$$\begin{cases}z=r\mathrm{e}^{\mathrm{i}\theta}\\ \bar{z}=r\mathrm{e}^{-\mathrm{i}\theta}\end{cases}\tag{1-11}$$

$$\begin{cases}\mathrm{e}^{\mathrm{i}\theta}=\dfrac{z}{|z|}\\ r=|z|\\ \mathrm{e}^{-\mathrm{i}\theta}=\dfrac{\bar{z}}{|z|}\end{cases}\tag{1-12}$$

实平面直角坐标系与复平面的一阶求导关系为

$$\begin{cases}\dfrac{\partial}{\partial x}=\dfrac{\partial}{\partial z}+\dfrac{\partial}{\partial z}\\[2mm] \dfrac{\partial}{\partial y}=\mathrm{i}\left(\dfrac{\partial}{\partial z}-\dfrac{\partial}{\partial z}\right)\end{cases} \tag{1-13}$$

$$\begin{cases}\dfrac{\partial}{\partial z}=\dfrac{1}{2}\left(\dfrac{\partial}{\partial x}-\mathrm{i}\dfrac{\partial}{\partial y}\right)\\[2mm] \dfrac{\partial}{\partial \bar{z}}=\dfrac{1}{2}\left(\dfrac{\partial}{\partial x}+\mathrm{i}\dfrac{\partial}{\partial y}\right)\end{cases} \tag{1-14}$$

实平面直角坐标系与复平面的二阶求导关系为

$$\begin{cases}\dfrac{\partial^2}{\partial x^2}=\dfrac{\partial^2}{\partial z^2}+2\dfrac{\partial^2}{\partial z\partial \bar{z}}+\dfrac{\partial^2}{\partial \bar{z}^2}\\[2mm] \dfrac{\partial^2}{\partial x\partial y}=\mathrm{i}\left(\dfrac{\partial^2}{\partial z^2}-\dfrac{\partial^2}{\partial \bar{z}^2}\right)\\[2mm] \dfrac{\partial^2}{\partial y^2}=-\left(\dfrac{\partial^2}{\partial z^2}-2\dfrac{\partial^2}{\partial z\partial \bar{z}}+\dfrac{\partial^2}{\partial \bar{z}^2}\right)\end{cases} \tag{1-15}$$

$$\begin{cases}\dfrac{\partial^2}{\partial z^2}=\dfrac{1}{4}\left(\dfrac{\partial^2}{\partial x^2}-\dfrac{\partial^2}{\partial y^2}\right)-\dfrac{\mathrm{i}}{2}\dfrac{\partial^2}{\partial x\partial y}\\[2mm] \dfrac{\partial^2}{\partial z\partial \bar{z}}=\dfrac{1}{4}\left(\dfrac{\partial^2}{\partial x^2}+\dfrac{\partial^2}{\partial y^2}\right)\\[2mm] \dfrac{\partial^2}{\partial \bar{z}^2}=\dfrac{1}{4}\left(\dfrac{\partial^2}{\partial x^2}-\dfrac{\partial^2}{\partial y^2}\right)+\dfrac{\mathrm{i}}{2}\dfrac{\partial^2}{\partial x\partial y}\end{cases} \tag{1-16}$$

柱坐标系在实平面与复平面之间的一、二阶求导关系为

$$\begin{cases}\dfrac{\partial}{\partial r}=\mathrm{e}^{\mathrm{i}\theta}\dfrac{\partial}{\partial z}+\mathrm{e}^{-\mathrm{i}\theta}\dfrac{\partial}{\partial \bar{z}}\\[2mm] \dfrac{\partial}{\partial \theta}=\mathrm{i}z\dfrac{\partial}{\partial z}-\mathrm{i}\bar{z}\dfrac{\partial}{\partial \bar{z}}\end{cases} \tag{1-17}$$

$$\begin{cases}\dfrac{\partial}{\partial z}=\dfrac{1}{2}\mathrm{e}^{-\mathrm{i}\theta}\left(\dfrac{\partial}{\partial r}-\dfrac{\mathrm{i}}{r}\dfrac{\partial}{\partial \theta}\right)\\[2mm] \dfrac{\partial}{\partial \bar{z}}=\dfrac{1}{2}\mathrm{e}^{\mathrm{i}\theta}\left(\dfrac{\partial}{\partial r}+\dfrac{\mathrm{i}}{r}\dfrac{\partial}{\partial \theta}\right)\end{cases} \tag{1-18}$$

$$\begin{cases}\dfrac{\partial^2}{\partial r^2}=\dfrac{z}{\bar{z}}\dfrac{\partial^2}{\partial z^2}+2\dfrac{\partial^2}{\partial z\partial\bar{z}}+\dfrac{\bar{z}}{z}\dfrac{\partial^2}{\partial\bar{z}^2}\\ \dfrac{\partial^2}{\partial r\partial\theta}=\mathrm{i}\dfrac{z^2}{|z|}\dfrac{\partial^2}{\partial z^2}+\mathrm{i}\dfrac{z}{|z|}\dfrac{\partial}{\partial z}-\mathrm{i}\dfrac{\bar{z}}{|z|}\dfrac{\partial}{\partial\bar{z}}-\dfrac{\bar{z}^2}{|z|}\dfrac{\partial^2}{\partial\bar{z}^2}\\ \dfrac{\partial^2}{\partial\theta^2}=-z^2\dfrac{\partial^2}{\partial z^2}+2|z|^2\dfrac{\partial^2}{\partial z\partial\bar{z}}-\bar{z}^2\dfrac{\partial^2}{\partial\bar{z}^2}-z\dfrac{\partial}{\partial z}-\bar{z}\dfrac{\partial}{\partial\bar{z}}\end{cases}\tag{1-19}$$

$$\begin{cases}\dfrac{\partial^2}{\partial z^2}=\dfrac{\mathrm{e}^{-\mathrm{i}2\theta}}{4}\dfrac{\partial^2}{\partial r^2}-\dfrac{\mathrm{e}^{-\mathrm{i}2\theta}}{4r^2}\dfrac{\partial^2}{\partial\theta^2}-\dfrac{\mathrm{ie}^{-\mathrm{i}2\theta}}{2r}\dfrac{\partial^2}{\partial r\partial\theta}-\dfrac{\mathrm{e}^{-\mathrm{i}2\theta}}{4r}\dfrac{\partial}{\partial r}+\dfrac{\mathrm{ie}^{-\mathrm{i}2\theta}}{2r^2}\dfrac{\partial}{\partial\theta}\\ \dfrac{\partial^2}{\partial\bar{z}^2}=\dfrac{\mathrm{e}^{\mathrm{i}2\theta}}{4}\dfrac{\partial^2}{\partial r^2}-\dfrac{\mathrm{e}^{\mathrm{i}2\theta}}{4r^2}\dfrac{\partial^2}{\partial\theta^2}+\dfrac{\mathrm{ie}^{\mathrm{i}2\theta}}{2r}\dfrac{\partial^2}{\partial r\partial\theta}-\dfrac{\mathrm{e}^{\mathrm{i}2\theta}}{4r}\dfrac{\partial}{\partial r}-\dfrac{\mathrm{ie}^{\mathrm{i}2\theta}}{2r^2}\dfrac{\partial}{\partial\theta}\\ \dfrac{\partial^2}{\partial z\partial\bar{z}}=\dfrac{1}{4}\dfrac{\partial^2}{\partial r^2}+\dfrac{1}{4r^2}\dfrac{\partial^2}{\partial\theta^2}+\dfrac{1}{4r}\dfrac{\partial}{\partial r}\end{cases}\tag{1-20}$$

1.2 场论的概念及定理

1.2.1 标量梯度、矢量场的散度和旋度

在弹性波散射问题研究中，经常遇到力、位移、速度和加速度等矢量，也会遇到位移势这样的标量。对于反平面问题（SH 波散射问题），位移也可看作代数量。对于这些量有时需要计算标量的梯度、矢量的散度和旋度。例如，位移势的梯度就是位移矢量，位移的散度就是体积应变（膨胀率），位移的旋度就是旋转张量。

梯度是一个向量，它表示函数在某个点处往哪个方向走变化最快，即梯度等于方向导数的最大值，并且只有标量函数才有梯度。标量的梯度可以认为标量在给定坐标系下的变化率，数学上简单讲就是这个标量对于坐标的导数。nabla 是一个矢量算符，直接作用在矢量上会产生一个二阶张量，其物理意义就是这个矢量的各个分量在给定坐标系下的变化率，对于三维空间来说，梯度算符作用在矢量上会产生 9 个量，可写成一个矩阵，这 9 个量就是矢量的三个分量在三个坐标方向上的变化率[1]。

散度是一个标量，它表示一个闭合曲面内单位体积的通量。散度的作用对象是一个矢量函数。为了方便记忆，可以将散度类比于线性代数中的向量内积，两个向量的内积是一个标量，而散度的结果也是一个标量。设

想有一包围 P 点的闭合曲面，逐渐收缩到 P 点附近，则该闭合曲面所包含的体积将逐渐减少，且矢量场穿过闭合曲面的通量也逐渐减少。但在一般情况下，两者之比（通量与体积之比）有一极值，该极值与闭合曲面的形状无关，称为矢量场的散度。

旋度是一个向量，它表示单位面积的环量，即环量面密度。旋度的作用对象是一个矢量函数，旋度是向量分析中的一个向量算子，可以表示三维向量场对某一点附近的微元造成的旋转程度。这个向量提供了向量场在这一点的旋转性质。旋度向量的方向表示向量场在这一点附近旋转度最大环量的旋转轴，它和向量旋转的方向满足右手定则。旋度向量的大小是绕着这个旋转轴旋转的环量与旋转路径围成的面元的面积之比。举例来说，假设一台滚筒洗衣机运行时，从前方看来，内部的水流是逆时针旋转，那么中心水流速度向量场的旋度就是朝前方向外的向量。

梯度的旋度恒为 0，旋度的散度恒为 0。这里的两个“0”意义不同，前者是零向量，后者是标量 0。

对于标量 ψ，其梯度 $\nabla\psi$ 定义为

$$
\begin{cases}
\nabla\psi = \mathrm{grad}\psi = \dfrac{\partial\psi}{\partial x}\boldsymbol{i}+\dfrac{\partial\psi}{\partial y}\boldsymbol{j}+\dfrac{\partial\psi}{\partial z}\boldsymbol{k} & \text{（直角坐标系）}\\
\nabla\psi = \dfrac{\partial\psi}{\partial\rho}\boldsymbol{\rho}_0+\dfrac{\partial\psi}{\rho\,\partial\phi}\boldsymbol{\phi}_0+\dfrac{\partial\psi}{\partial z}\boldsymbol{k} & \text{（柱坐标系）}\\
\nabla\psi = \dfrac{\partial\psi}{\partial r}\boldsymbol{r}_0+\dfrac{\partial\psi}{r\sin\theta\,\partial\phi}\boldsymbol{\phi}_0+\dfrac{\partial\psi}{r\,\partial\theta}\boldsymbol{\theta}_0 & \text{（球坐标系）}
\end{cases}
$$

式中：$\boldsymbol{i}$、$\boldsymbol{j}$、$\boldsymbol{k}$ 为直角坐标系 x、y、z 轴方向的单位矢量；$\boldsymbol{\rho}_0$、$\boldsymbol{\varphi}_0$、$\boldsymbol{k}$ 为柱坐标系下极半径方向、极角方向和 z 轴方向的单位矢量；$\boldsymbol{r}_0$、$\boldsymbol{\varphi}_0$、$\boldsymbol{\theta}_0$ 为球坐标系下极半径方向、经度角方向和纬度角方向的单位矢量。

对于矢量 $\boldsymbol{u}$，其散度 $\mathrm{div}\boldsymbol{u}$ 和旋度 $\mathrm{rot}\boldsymbol{u}$ 分别定义为

$$
\begin{cases}
\mathrm{div}\boldsymbol{u} = \dfrac{\partial u_x}{\partial x}+\dfrac{\partial u_y}{\partial y}+\dfrac{\partial u_z}{\partial z} & \text{(直角坐标系)}\\
\mathrm{div}\boldsymbol{u} = \dfrac{1}{\rho}\dfrac{\partial}{\partial\rho}(\rho u_\rho)+\dfrac{1}{\rho}\dfrac{\partial u_\phi}{\partial\phi}+\dfrac{\partial u_z}{\partial z} & \text{(柱坐标系)}\\
\mathrm{div}\boldsymbol{u} = \dfrac{1}{r^2}\dfrac{\partial}{\partial r}(r^2u_r)+\dfrac{1}{r\sin\theta}\dfrac{\partial}{\partial\theta}(\sin\theta\cdot u_\theta)+\dfrac{1}{r\sin\theta}\dfrac{\partial u_\phi}{\partial\phi} & \text{(球坐标系)}
\end{cases}
$$

$$
\begin{cases}
\mathrm{rot}\boldsymbol{u}=\begin{vmatrix} i & j & k \\ \dfrac{\partial}{\partial x} & \dfrac{\partial}{\partial y} & \dfrac{\partial}{\partial z} \\ u_x & u_y & u_z \end{vmatrix}\text{（直角坐标系）} \\
\mathrm{rot}\boldsymbol{u}=\left(\dfrac{1}{\rho}\dfrac{\partial u_z}{\partial \phi}-\dfrac{\partial u_\phi}{\partial z}\right)\boldsymbol{\rho}_0+\left(\dfrac{\partial u_\rho}{\partial z}-\dfrac{\partial u_z}{\partial \rho}\right)\boldsymbol{\phi}_0+\dfrac{1}{\rho}\left[\dfrac{\partial}{\partial \rho}(\rho u_\phi)-\dfrac{\partial u_\rho}{\partial \phi}\right]\boldsymbol{k}\text{（柱坐标系）} \\
\mathrm{rot}\boldsymbol{u}=\dfrac{1}{r\sin\theta}\left[\dfrac{\partial}{\partial \theta}(u_\phi\sin\theta)-\dfrac{\partial u_\theta}{\partial \phi}\right]\boldsymbol{r}_0+\dfrac{1}{r}\left[\dfrac{1}{\sin\theta}\dfrac{\partial u_r}{\partial \phi}-\dfrac{\partial}{\partial r}(ru_\phi)\right]\boldsymbol{\theta}_0 \\
\qquad +\dfrac{1}{r}\left[\dfrac{\partial}{\partial r}(ru_\theta)-\dfrac{\partial u_r}{\partial \theta}\right]\boldsymbol{\phi}_0\text{（球坐标系）}
\end{cases}
$$

式中：$\boldsymbol{u}=(u_x,u_y,u_z)=(u_r,u_\theta,u_\varphi)=(u_\rho,u_\varphi,u_z)$。

1.2.2 散度定理、格林定理和奥斯特罗格拉茨基公式

高斯（Gauss）定理也称为高斯通量理论，或称为散度定理、高斯散度定理、高斯-奥斯特罗格拉茨基公式、奥氏定理或高-奥公式（通常情况的高斯定理都是指该定理，也有其他同名定理）。

假设在一个空间中有界闭合区域 Ω，其边界 $\partial\Omega$ 为一个分片光滑闭合曲面。同时函数及 $P(x,y,z)$，$Q(x,y,z)$，$R(x,y,z)$ 其一阶偏导数在 Ω 上连续，那么有

$$
\iiint_{\Omega}\left(\frac{\partial P}{\partial x}+\frac{\partial Q}{\partial y}+\frac{\partial R}{\partial z}\right)\mathrm{d}v=\oiint_{\partial\Omega}P\mathrm{d}x+Q\mathrm{d}z\mathrm{d}x+R\mathrm{d}x\mathrm{d}y \tag{1-21}
$$

式中：$\partial\Omega$ 的正侧即向外为正，即矢量穿过任意闭合曲面的通量等于矢量的散度对闭合面所包围的体积的积分。

在物理应用中高斯定理十分重要，同时也是矢量分析的重要定理之一。它可以表述为

$$
\iiint_{V}\mathrm{div}F\mathrm{d}v=\oiint_{\partial v}F\cdot\mathrm{d}s \tag{1-22}
$$

式（1-22）与坐标系的选取无关。

$$
\mathrm{div}(F)=\frac{\partial P}{\partial x}+\frac{\partial Q}{\partial y}+\frac{\partial R}{\partial z} \tag{1-23}
$$

称为向量场 $F=P\boldsymbol{i}+Q\boldsymbol{j}+R\boldsymbol{k}$ 的散度。

设闭区域 D 由分段光滑的曲线 L 围成，函数 $P(x,y)$ 及 $Q(x,y)$ 在 D 上具有一阶连续偏导数，则有

$$
\iint_{D}\left(\frac{\partial Q}{\partial x}-\frac{\partial P}{\partial y}\right)\mathrm{d}x\mathrm{d}y=\oint_{L}P\mathrm{d}x+Q\mathrm{d}y \tag{1-24}
$$

式中：L 为 D 取正向的边界曲线。该公式称为格林公式。

格林公式是一个数学公式，它描述了平面上沿闭曲线 L 对坐标的曲线积分与曲线 L 所围成闭区域 D 上的二重积分之间的密切关系。一般用于二元函数的全微分求积。

在采用格林函数法研究弹性波散射问题时，要用到格林公式。假设函数 $u(x,y,z)$、$v(X,Y,Z)$ 在区域 Ω 上直到边界 S 上具有连续的一阶导数，而在 V 内要具有二阶连续可微性，则由高斯公式可得格林第一公式：

$$\iint_S u\nabla v\cdot \mathrm{d}S=\iiint_\Omega \nabla\cdot(u\nabla v)\mathrm{d}V=\iiint_\Omega u\nabla^2 v\mathrm{d}V+\iiint_\Omega \nabla u\cdot\nabla v\mathrm{d}V \tag{1-25}$$

同样，有

$$\iint_S v\nabla u\cdot \mathrm{d}S=\iiint_\Omega v\nabla^2 u\mathrm{d}V+\iiint_\Omega \nabla v\cdot\nabla u\mathrm{d}V \tag{1-26}$$

式（1-25）和式（1-26）相减，可得格林第二公式：

$$\iint_S (u\nabla v-v\nabla u)\cdot \mathrm{d}S=\iiint_\Omega (u\nabla^2 v-v\nabla^2 u)\cdot\mathrm{d}V \tag{1-27}$$

即

$$\iint_S \left(u\frac{\partial v}{\partial n}-v\frac{\partial u}{\partial n}\right)\cdot \mathrm{d}S=\iiint_\Omega (u\nabla^2 v-v\nabla^2 u)\cdot\mathrm{d}V \tag{1-28}$$

式中：n 代表边界面 S 外的法线方向。

对于任何具有连续一阶可微性的矢量 $\boldsymbol{A}$，都满足奥斯特罗格拉茨基（Ostrogradsky）公式：

$$\oint_S \boldsymbol{A}\cdot\mathrm{d}S=\iiint_\Omega(\nabla\cdot\boldsymbol{A})\mathrm{d}V \tag{1-29}$$

对于任何具有旋度的一阶可微矢量函数 $\boldsymbol{B}$，都满足斯托克斯（Stokes）公式：

$$\oint_l \boldsymbol{B}\cdot\mathrm{d}l=\iint_S(\nabla\cdot\boldsymbol{B})\cdot\mathrm{d}S \tag{1-30}$$

式中：$\nabla=\frac{\partial}{\partial x}\boldsymbol{i}+\frac{\partial}{\partial x}\boldsymbol{j}+\frac{\partial}{\partial x}\boldsymbol{k}$，为哈密顿（Hamilton）算子。

1.3　位置矢量的表达方式

位置矢量是在某一时刻，以坐标原点为起点，以运动质点所在位置为终点的一条有向线段。位移和位置矢量虽然都是矢量，但二者是两个不同的概念。位置矢量是指在某一时刻，以坐标原点为起点，以运动质点所在位置为终点的一条有向线段；而位移是在一段时间间隔内，从质点的起始位置引向质点的终止位置的一条有向线段。弹性波散射问题中弹性介质的空间点 M 在建立的坐标系中有多种标记方法，其中最主要的就是采用从坐标系原点 o 到该点的位置矢量 r_M。

$$r_M = x\boldsymbol{i} + y\boldsymbol{j} + z\boldsymbol{k}\text{（直角坐标系）}$$

$$r_M = \rho\boldsymbol{\rho}_0 + zk\text{（柱坐标系）}$$

$$r_M = r\boldsymbol{r}_0\text{（球坐标系）}$$

式中：$\boldsymbol{\rho}_0$是指从坐标系原点 o 点指向空间一点 M 到 xy 坐标面投影点的单位矢量，其中 $\boldsymbol{\rho}_0 = \cos\varphi\boldsymbol{i} + \sin\varphi\boldsymbol{j}$；$\boldsymbol{r}_0$是指从坐标系原点 o 点到空间一点 M 的单位矢量，其中 $\boldsymbol{r}_0 = \sin\theta\cos\varphi\boldsymbol{i} + \sin\theta\sin\varphi\boldsymbol{j} + \cos\theta\boldsymbol{k}$。

对于平面上的点，除了上述表示方法，也可采用复数表示法，复数平面即是 $z = a + b\mathbf{i}$，它对应的坐标为(a,b)。其中，a 表示的是复平面内的横坐标，b 表示的是复平面内的纵坐标，表示实数 a 的点都在 x 轴上，所以 x 轴又称为“实轴”；表示纯虚数 b 的点都在 y 轴上，所以 y 轴又称为“虚轴”。y 轴上有且仅有一个实点即为原点“0”。这在平面应力和平面应变场合非常方便，因为复数的许多运算特点是其他方法不能代替的。

弹性介质受到外界扰动后，其空间点就会产生相应的运动位移 $\boldsymbol{u}$，可以说，位移就是点位置矢量的变化。正是由于这种位移，使得弹性介质发生刚体移动和变形，在变形体的计算中一般不考虑这种刚体移动，仅仅研究变形。因为介质有惯性演量，在弹性介质中就会发生弹性振动和波的传播现象。

上述三个公式中是等价的，根据不同的研究需要，对于其中任何一个微分求导，都能得到速度和加速度。

1.4　张量标记和张量表示法简介

张量是一个定义在一些向量空间和一些对偶空间的笛卡儿积上的多重线性映射，其坐标是$|n|$维空间内，有$|n|$个分量的一种量，其中每个分量都是坐标的函数，而在坐标变换时，这些分量也依照某些规则作线性变换。张量是基于标量和矢量向更高维度的推广，它通过将一系列具有某种共同特征的数进行有序的组合来表示一个更加广义的“数”。其中，二阶张量在形式和性质上与二维矩阵有着高度的一致性。

在多重线性代数里，并矢张量是一个以特别标记法写出的二阶张量，是由成对的向量并置形成的。针对这种特别标记法，有一套专门计算表达式，类似于矩阵代数规则的方法。并矢张量的每一对向量的并置称为并矢。两个单位基底向量的并矢积称为单位并矢。标量与单位并矢的乘积就是并矢。在连续介质力学（包括弹性波散射问题）研究中，定解方程和本构关系等的数学表述非常烦琐，采用张量标记往往用一个式子即可表达清楚。此外，张量分析本身由于与坐标系的选择无关故更具有代表性，也更能反映问题的客观本质。下面仅以笛卡儿张量为例，给出常用的张量表示方法和意义[2]。

在表示各个分量时，如果一个一个地列出来是非常麻烦的，因此通过下标索引符号，如 i，j，k，引入了更为简洁的张量表示法。三维空间中任意一点 M 在笛卡儿坐标系中的位置坐标为(x_1, x_2, x_3)，在张量分析中记为 $x_j(j=1,2,3)$。对于一般的常数列 $a_1, a_2, \cdots, a_n$ 和变量列 $x_1, x_2, \cdots, x_n$，分别记为 a_j、x_j（$j=1,2,\cdots,n$，其中 n 是维数）。

首先，标量在张量表示法中没有下标或者说下标个数为 0，如 a 和 ϕ。其余张量采用下标索引，其中矢量有一个下标，如 $\boldsymbol{x}_i$，$\boldsymbol{v}_i$；二阶张量有两个下标，如 $\boldsymbol{\tau}_{ij}$；更一般地，n 阶张量有 n 个下标。在三维笛卡儿坐标系下，下标 $i=1$、2、3，则三个坐标轴可以表示为 $x_1=x$，$x_2=y$，$x_3=z$；三个方向的速度分量可以表示为 $v_1=u$，$v_2=v$，$v_3=w$。

1.4.1　张量的自由标

在张量表示法中，当一个下标符号仅出现一次时，则该下标为自由标，须遍历该下标所有的取值。若有且仅有一个自由标，则表示的是矢量，如坐标矢量 $\boldsymbol{x}$ 和速度矢量 $\boldsymbol{v}$ 可以分别表示为 x_i，v_i：

$$\boldsymbol{x}=x_i=x_1 i+x_2 j+x_3 k=xi+yj+zk \tag{1-31}$$

$$\boldsymbol{v}=v_i=v_1 i+v_2 j+v_3 k=ui+vj+wk \tag{1-32}$$

当有且仅有两个自由标时，则表示的是二阶张量，如黏性应力 τ_{ij}，此时我们需要对 i 和 j 均进行遍历取值，从而得到 9 项分量：

$$\tau_{ij}=\begin{bmatrix}\tau_{11} & \tau_{12} & \tau_{13}\\ \tau_{21} & \tau_{22} & \tau_{23}\\ \tau_{31} & \tau_{32} & \tau_{33}\end{bmatrix}=\begin{bmatrix}\tau_{xx} & \tau_{xy} & \tau_{xz}\\ \tau_{yx} & \tau_{yy} & \tau_{yz}\\ \tau_{zx} & \tau_{zy} & \tau_{zz}\end{bmatrix} \tag{1-33}$$

因此，只要写出 τ_{ij} 即可表示等式右边的 9 个分量。对于更高阶的张量也可依次类推，极大地简化了矢量的表达。自由指标的取值原则是：遍历问题中维数大小以内的任何值，每取定一个数值，就得到一个独立方程。

1.4.2　哑标与爱因斯坦求和约定

根据爱因斯坦求和约定，当下标重复出现两次时，则对该下标的索引项进行求和，该下标称为哑标。当有且仅有一个哑标时，表示的是一个标量，如前文中介绍的散度表达式：

$$\frac{\partial v_i}{\partial x_i}=\frac{\partial u}{\partial x}+\frac{\partial v}{\partial y}+\frac{\partial w}{\partial z}=\nabla \cdot v=\mathrm{div}\boldsymbol{v} \tag{1-34}$$

式（1-34）中由于 i 重复了两次，是一个哑标，因此对两个 i 同时进行索引，并对索引项进行求和。再举一个例子：$a_ib_i=a_1b_1+a_2b_2+a_3b_3$

当有且仅有一个自由标和一个哑标时，自由标和哑标均进行遍历，最终表示的是一个矢量，如：

$$\frac{\partial(v_iv_j)}{\partial x_j}=\begin{bmatrix}\dfrac{\partial(uu)}{\partial x}+\dfrac{\partial(uv)}{\partial y}+\dfrac{\partial(uw)}{\partial z}\\ \dfrac{\partial(vu)}{\partial x}+\dfrac{\partial(vv)}{\partial y}+\dfrac{\partial(vw)}{\partial z}\\ \dfrac{\partial(wu)}{\partial x}+\dfrac{\partial(wv)}{\partial y}+\dfrac{\partial(ww)}{\partial z}\end{bmatrix} \tag{1-35}$$

式中：i 为自由标，表示会有三个分量；j 为哑标，表示在每个分量中要进行求和。事实上，自由标的个数决定了该张量的阶数。当自由标个数为 0 时，该张量为 0 阶，即标量；当自由标个数为 1 时，该张量为一阶，即矢量；当自由标个数为 2 时，该张量为二阶；依次类推。

当有多个自由标和多个哑标时，张量展开的原则与上述情况相同，只是更加复杂，通常的展开顺序是首先对哑标索引项进行连续展开求和，然后对自由标进行展开，如：

$$\begin{aligned}\varepsilon_{ijk}\frac{\partial v_k}{\partial x_j}=&\varepsilon_{i11}\frac{\partial v_1}{\partial x_1}+\varepsilon_{i12}\frac{\partial v_2}{\partial x_1}+\varepsilon_{i13}\frac{\partial v_3}{\partial x_1}+\varepsilon_{i21}\frac{\partial v_1}{\partial x_2}+\\ &\varepsilon_{i22}\frac{\partial v_2}{\partial x_2}+\varepsilon_{i23}\frac{\partial v_3}{\partial x_2}+\varepsilon_{i31}\frac{\partial v_1}{\partial x_3}+\varepsilon_{i32}\frac{\partial v_2}{\partial x_3}+\varepsilon_{i33}\frac{\partial v_3}{\partial x_3}\end{aligned} \tag{1-36}$$

式（1-36）先对两个哑标 j、k 进行了展开，得到 9 项连续求和。然后继续对自由标 i 进行展开得到三个分量，因此表示的是一个矢量，事实上它表示的是流场的旋度$\nabla \cdot v$。

张量的表示法中所说的下标个数的统计均是在一个独立的项之内完成的，如 a_ib_j。通过+/-号连接的表达式不可合并在一起进行展开，如 a_i+b_j，这个表达式包含两个独立的项，应该各自按照规则展开，i 和 j 没有任何关系。

$$a_i+b_j=a_1i+a_2j+a_3k+b_1i+b_2j+b_3k \tag{1-37}$$

对于 $S=a_1x_1+a_2x_2+\cdots+a_nx_n=\sum\limits_{j=1}^{n}a_jx_j$，可约定为 $S=a_jx_j$。其中，下标 j 只能重复一次，且可以更换为其他字母。对双重求和可标记为

$$\sum_{i=1}^{3}\sum_{j=1}^{3} A_{ij}x_i y_j = A_{ijk}x_i y_j z_k \tag{1-38}$$

式（1-38）中有两个重复指标，这两个指标均可以更换为其他字母，运算性质不变。

综合上述说明，任何在单项中重复出现两次的指标都称为哑指标。

1.4.3　矢量的并矢积和张量的运算

两个矢量的并矢积可以写作 $\boldsymbol{vv}$，它是将两个矢量的各个方向进行并置，从而得到一个二阶张量：

$$\begin{aligned}\boldsymbol{v}\otimes\boldsymbol{v}=\boldsymbol{vv}&=(ui+vj+wk)(ui+vj+wk)\\&=\begin{bmatrix} uu & uv & uw \\ vu & vv & vw \\ wu & wv & ww \end{bmatrix}=u_i u_j\end{aligned} \tag{1-39}$$

也可以将并矢积看作一个列向量与一个行向量相乘所得的矩阵：

$$\boldsymbol{v}\otimes\boldsymbol{v}=\boldsymbol{vv}=\begin{bmatrix} u \\ v \\ w \end{bmatrix}\cdot\begin{bmatrix} u & v & w \end{bmatrix}=\begin{bmatrix} uu & uv & uw \\ vu & vv & vw \\ wu & wv & ww \end{bmatrix} \tag{1-40}$$

根据这一运算规则，可以得到矢量的梯度，其结果是一个张量：

$$\nabla\otimes\boldsymbol{v}=\nabla\,\boldsymbol{v}=\begin{bmatrix} \dfrac{\partial}{\partial x} \\ \dfrac{\partial}{\partial y} \\ \dfrac{\partial}{\partial z} \end{bmatrix}\cdot\begin{bmatrix} u & v & w \end{bmatrix}=\begin{bmatrix} \dfrac{\partial u}{\partial x} & \dfrac{\partial v}{\partial x} & \dfrac{\partial w}{\partial x} \\ \dfrac{\partial u}{\partial y} & \dfrac{\partial v}{\partial y} & \dfrac{\partial w}{\partial y} \\ \dfrac{\partial u}{\partial z} & \dfrac{\partial v}{\partial z} & \dfrac{\partial w}{\partial z} \end{bmatrix}=\frac{\partial u_j}{\partial x_i} \tag{1-41}$$

（1）张量的加法：对于两个不同的张量 $\boldsymbol{A}$ 和 $\boldsymbol{B}$，有

$$\boldsymbol{T}=\boldsymbol{A}+\boldsymbol{B}=(A_{ij}+B_{ij})e_i e_j=T_{ij}e_i e_j \tag{1-42}$$

（2）矢量与张量的点积：矢量与张量点积的结果仍为张量，新张量 $\boldsymbol{b}$ 比原张量 $\boldsymbol{T}$ 的阶数降低 1 阶。

左点乘（矢量在左）：

$$\boldsymbol{a}\cdot\boldsymbol{T}=(a_i e_i)\cdot(T_{jk}e_j e_k)=a_i T_{jk}\delta_{ij}e_k=\boldsymbol{b} \tag{1-43}$$

右点乘（矢量在右）：

$$\boldsymbol{T}\cdot\boldsymbol{a}=(T_{ij}e_i e_j)\cdot(a_k e_k)=T_{ij}a_k e_i\delta_{jk}=T_{ij}a_j e_i=\boldsymbol{c} \tag{1-44}$$

由此看来，一般情况下，$\boldsymbol{a}\cdot\boldsymbol{T}\neq\boldsymbol{T}\cdot\boldsymbol{a}$，除非 $\boldsymbol{T}$ 是对称张量。

（3）矢量与张量的叉积：矢量与张量叉积的结果仍为张量，新张量与原张量同阶。

左叉乘（矢量在左）：

$$\boldsymbol{a}\times\boldsymbol{T}=(a_i e_i)\cdot(T_{jk}e_j e_k)=a_i T_{jk}e_{ijr}e_r e_k=e_{ijr}T_{jk}e_r e_k=\boldsymbol{A} \tag{1-45}$$

右叉乘（矢量在右）：

$$\boldsymbol{T}\times\boldsymbol{a}=(T_{ij}e_i e_j)\cdot(a_k e_k)=T_{ij}a_k e_i e_{ikr}e_r=e_{jkr}T_{ij}a_k e_i e_r=\boldsymbol{B} \tag{1-46}$$

（4）两个张量的点积：两个张量点积的结果仍然是张量，新的张量阶数是原来两个张量的阶数之和减 2。

$$\boldsymbol{A}\cdot\boldsymbol{B}=(A_{ij\cdots k}e_i e_j\cdots e_k)\cdot(B_{rs\cdots t}e_r e_s\cdots e_t)=A_{ij\cdots k}B_{ks\cdots t}e_i e_j\cdots e_s\cdots e_t=\boldsymbol{S} \tag{1-47}$$

因此，两个二阶张量点积的结果为一个新的二阶张量，相当于矩阵相乘。

（5）张量的双点积：两个张量双点积的结果仍然是张量，新张量的阶数是原来两个张量的阶数之和减 4。

$$\boldsymbol{A}:\boldsymbol{B}=(A_{ij\cdots k}e_i e_j e_k)\cdot(B_{rs\cdots t}e_r e_s e_t)=A_{ijk}B_{rst}\delta_{jk}\delta_{ks}e_i e_t=A_{ijk}B_{jkt}e_i e_t=\boldsymbol{S} \tag{1-48}$$

（6）张量的双叉乘：

$$\begin{cases}\boldsymbol{A}\overset{\times}{\underset{\times}{}}\boldsymbol{B}=(A_{ijk}e_i e_j e_k)\cdot(B_{rst}e_r e_s e_t)=A_{ijk}e_i e_{jrm}e_m B_{rst}e_{ksn}e_n e_t=e_{jrm}e_{ksn}A_{ijk}B_{kst}e_i e_m e_n e_t=\boldsymbol{S}\\ S_{imnt}=e_{jrm}e_{ksn}A_{ijk}B_{rst}\end{cases} \tag{1-49}$$

（7）张量的缩并：在张量的不变性记法中。将某两个基矢量点乘，其结果是一个较原张量低二阶的新张量，这种运算称为缩并。假设 $\boldsymbol{A}=A_{ij}e_i e_j$，则有

$$\boldsymbol{A}=A_{ij}e_i e_j=A_{ij}\delta_{ij}=A_{ii}=A_{11}+A_{22}+A_{33} \tag{1-50}$$

（8）指标置换：假设张量 $\boldsymbol{A}=A_{ijk}e_i e_j e_k$，则若对该张量的分量中任意两个指标交换次序，得到一个与原张量同阶的新张量，即

$$A_{ijk}e_i e_j e_k=B_{ijk}e_i e_j e_k \tag{1-51}$$

$$A_{ijk}e_j e_i e_k=A_{jik}e_i e_j e_k=B_{ijk}e_i e_j e_k \tag{1-52}$$

（9）对称化和反对称化：若张量的任意两个指标经置换后所得的张量与原张量相同，则称该张量关于这两个指标为对称，即有 $T_{ij}=T_{ji}$，此张量将有 6 个独立分量；若与原张量相差一符号，即 $W_{ij}=-W_{ji}$，则称该张量关于这两个指标为反对称，该张量将有 3 个独立分量。

对称化：对已知张量的 N 个指标进行 $N!$ 次不同的置换，并取所得的 $N!$ 个新张量的算术平均值的运算。其结果是张量关于参与置换的指标为对称。将指标放在圆括弧内表示对称化运算，如：

$$A_{(ij)}=\frac{1}{2!}(A_{ij}+A_{ji}) \tag{1-53}$$

$$A_{(ijk)}=\frac{1}{3!}(A_{ijk}+A_{jki}+A_{kij}+A_{kji}+A_{jik}+A_{ikj}) \tag{1-54}$$

反对称化：对已知张量的 N 个指标进行 $N!$ 次不同的置换，并将其中指标经过奇次置换的新张量取反号，再求算术平均值，这种运算称为张量的反对称化。其结果是张量关于参与置换的指标为反对称。将指标放在方括弧内表示反对称运算，如：

$$A_{[ij]}=\frac{1}{2!}(A_{ij}-A_{ji}) \tag{1-55}$$

$$A_{[ijk]}=\frac{1}{3!}(A_{ijk}+A_{jki}+A_{kij}-A_{kji}-A_{jik}-A_{ikj}) \tag{1-56}$$

1.4.4　张量分析简介

张量分析是微分几何中研究张量场的微分运算的一个分支。张量分析是用共变微分表示各种几何量和微分算子性质的运算方法，可以看作微分流形上的“微分法”，是研究流形上的几何和分析的一种重要工具。张量分析起源于德国数学家格拉斯曼的超复数理论和英国数学家哈密顿建立的四元数理论。格拉斯曼在《线性扩张论》中独立给出 n 个分量的超复数，称为扩张的量，该书论述了超复数作为向量的运算法则及几何意义，之后又进行了总结。另外，爱因斯坦的工作也促进了张量分析的发展，“张量分析”这一名称就是他一开始使用的。在空间所论区域内，每点定义的同阶张量构成了张量场。一般张量场中，被考察的张量随位置而变化。研究张量场因位置而变化的情况使人们从张量代数的领域进入张量分析的领域。

简单来说，张量是一种这样的数学结构：它能够“吃掉”一群向量，并且“吐出”一个标量。张量分析的关键就在这普通到几乎微不足道的事实中：坐标变换不会影响标量。从这个微不足道的事实中，能获得张量分析的主要结果：一个用张量形式写成的方程式在任何坐标系中都是有效的。下面说明一下笛卡儿坐标系中的张量分析。

（1）哈密顿算子（梯度算子）：设有标量场 $\varphi(x)$，当位置点 $r(x)$ 变到 $r(x+\mathrm{d}x)$ 时，φ 的增量 $\mathrm{d}\varphi$ 为

$$\mathrm{d}\varphi=\frac{\partial\varphi}{\partial x}\mathrm{d}x+\frac{\partial\varphi}{\partial y}\mathrm{d}y+\frac{\partial\varphi}{\partial z}\mathrm{d}z=\partial_i\varphi\mathrm{d}x_i=\partial_i\varphi e_i\cdot e_j\mathrm{d}x_j=\nabla\varphi\cdot\mathrm{d}\boldsymbol{r} \tag{1-57}$$

（2）标量场中的梯度：

$$\mathrm{grad}\varphi=\frac{\partial\varphi}{\partial x}e_1+\frac{\partial\varphi}{\partial y}e_2+\frac{\partial\varphi}{\partial z}e_3=\nabla\varphi \tag{1-58}$$

（3）矢量场 $\boldsymbol{u}$ 的散度：

$$\mathrm{div}\boldsymbol{u}=\frac{\partial u_x}{\partial x}+\frac{\partial u_y}{\partial y}+\frac{\partial u_z}{\partial z}=u_{j,j}=e_i\partial_i\cdot u_je_j=\nabla\cdot\boldsymbol{u} \tag{1-59}$$

（4）矢量场 $\boldsymbol{u}$ 的旋度：

$$\mathrm{rot}\boldsymbol{u}=\begin{vmatrix} e_1 & e_2 & e_3 \\ \dfrac{\partial}{\partial x} & \dfrac{\partial}{\partial y} & \dfrac{\partial}{\partial z} \\ u_1 & u_2 & u_3 \end{vmatrix}=e_{ijk}\partial_i u_j e_k=e_i\times e_j\partial_i u_j=e_i\partial_i\times u_je_j=\nabla\times u \tag{1-60}$$

（5）散度定理：对于矢量 $\boldsymbol{V}$，有

$$\int_V\left(\frac{\partial V_x}{\partial x}+\frac{\partial V_y}{\partial y}+\frac{\partial V_z}{\partial z}\right)\mathrm{d}v=\oint_S(V_x\cos\alpha+V_y\cos\beta+V_z\cos\gamma)\mathrm{d}s \tag{1-61}$$

$$\int_V V_{i,i}\mathrm{d}v=\oint_S V_in_i\mathrm{d}s \tag{1-62}$$

对于任意阶张量 $\boldsymbol{A}$，有

$$\int_V A_{ijk,k}\mathrm{d}v=\oint_S A_{ijk}n_k\mathrm{d}s \tag{1-63}$$

$$\int_V A\cdot\nabla\,\mathrm{d}v=\oint_S A\cdot n\mathrm{d}s \tag{1-64}$$

$$\int_V \nabla\cdot A\mathrm{d}v=\oint_S n\cdot A\mathrm{d}s \tag{1-65}$$

1.5 数学物理问题分类及常用求解方法简介

数学物理是以研究物理问题为目标的数学理论和数学方法。它探讨物理现象的数学模型，即寻求物理现象的数学描述，并对模型已确立的物理问题研究其数学解法，然后根据解答来诠释和预见物理现象，或者根据物理事实来修正原有模型。“数学物理”也称为“数理”，是数学和物理学的交叉领域，指应用特定的数学方法来研究物理学的某些部分。对应的数学方法也称为数学物理方法。

物理问题的研究一直和数学密切相关。例如在牛顿力学中，质点和刚体的运动用常微分方程来描述，求解这些方程就成为牛顿力学中的重要数学问题。

18 世纪以来，在连续介质力学、传热学和电磁场理论中，归结出许多偏微分方程，通称为数学物理方程。20 世纪初，数学物理方程的研究开始成为数学物理的主要内容。此后基于等离子体物理、固体物理、非线性光学、空间技术、核技术等方面的需要，又出现许多新的偏微分方程问题，如孤立子波、间断解、分歧解、反问题等，它们使数学物理方程的内容进一步丰富起来。20 世纪以来，由于物理学内容的更新，数学物理也有了新的面貌。伴随着对电磁理论和引力场的深入研究，人们对时空观念发生了根本的变化。这使得闵科夫斯基空间和黎曼空间的几何学成为爱因斯坦狭义相对论和广义相对论所必需的数学理论。在探讨大范围时空结构时，还需要整体微分几何。量子力学和量子场论的产生，使数学物理添加了非常丰富的内容。物理对象中揭示出的多种多样的对称性使得群论显得非常有用。晶体的结构就是由欧几里得空间运动群的若干子群给出的。正交群和洛伦兹群的各种表示对讨论具有时空对称性的许多物理问题有很重要的作用。对基本粒子相互作用的内在对称性研究更导致了杨-米尔斯理论的产生。这个理论以规范势为出发点，是数学家所研究的纤维丛上的联络。有关纤维丛的拓扑不变量也开始对物理学发挥作用。微观的物理对象往往有随机性。在经典的统计物理学中需要对各种随机过程的统计规律有深入的研究。随着计算机技术的发展，数学物理里的许多问题都能通过数值计算来解决。由此发展起来的计算力学、计算物理都发挥着越来越大的作用。科学的发展表明，数学物理的内容越来越丰富，解决物理问题的能力也越来越强。数学物理的研究对数学也有很大的促进作用，它是产生数学的新思想、新对象、新问题以及新方法的一个源泉。

数学物理的主要内容如下。

(1) 微分方程的解算：很多物理问题，如在经典力学和量子力学中求解运动方程，都可以被归结为求解一定边界条件下的微分方程。因此，求解微分方程成为数学物理的最重要组成部分。相关的数学工具包括常微分方程的求解、偏微分方程求解、特殊函数、积分变换、复变函数论。

(2) 场的研究（场论）：场是现代物理的主要研究对象。电动力学研究电磁场；广义相对论研究引力场；规范场论研究规范场。对不同的场要应用不同的数学工具，包括矢量分析、张量分析、微分几何。

(3) 对称性的研究：对称性是物理中的重要概念。它是守恒定律的基础，在晶体学和量子场论中都有重要应用。对称性由对称群或相关的代数结构描述，研究它的数学工具是群论和表示论。

(4) 作用量理论：被广泛应用于物理学的各个领域，如分析力学和路径积分。相关的数学工具包括变分法和泛函分析。

对一个物理问题的处理，通常需要三个步骤：①利用物理定律将物理问题翻译成数学问题；②解该数学问题；③将所得的数学结果翻译成物理，即讨论所得结果的物理意义。

因此，物理是以数学为语言的，而“数学物理方法”正是联系高等数学和专业课程的重要桥梁。

1.5.1 数学物理问题分类

数学物理问题分类是很丰富的，在一般数学、物理教科书中都有不同程度的介绍。①数学物理方程：研究某个物理量在空间的某个区域中的分布情况，以及其怎样随时间而变化；②泛定方程：物理规律用偏微分方程表达出来，与具体条件无关；③定解条件：边界条件和初始条件的总称；④数学物理定解问题：在给定的定解条件下，求解数学物理方程。

常见的数学物理方程类型有：

波动方程 $u_{tt}-c^2\Delta u=0$

热传导方程 $u_{tt}-a^2\Delta u=0$

泊松方程 $\Delta u=r$（拉普拉斯方程 $r=0$）

以上三类数学物理方程分别用于三类偏微分方程（双曲型、抛物型、椭圆型）；不仅如此，常见的数学物理方程还有亥姆霍兹（Helmholtz）方程、薛定谔方程等；值得一提的是，无须过分强调泛定方程本身的推导，随意翻开一本物理教材，任何具备熟练高等数学变换技巧的人都不难推导出相应的泛定方程，我们在意的是泛定方程在定解条件下的求解方法，故本书省略以下方程的推导过程。

（1）波动方程[3]的导出。

（2）热传导方程的导出。

（3）泊松方程的导出。

定解条件的初始条件：物理过程初始状况的数学表达式为$u|_t=f$。

定解条件的边界条件：物理过程边界状况的数学表达式如下。

第一类边界条件$u|_x=f$；

第二类边界条件 $u_{x|x}=f$；

第三类边界条件（混合）$(u+hu_x)|_x=f$。

1.5.2 常用求解方法简介

在数学上求解数学物理方程定解问题的方法除数值求解外，最常见的理论分析法有分离变量法（波函数展开法）、行波法、积分变换法和格林函数法。

1. 分离变量法

分离变量法是将一个偏微分方程分解为两个或多个只含一个变量的常微分方程。将方程中含有各个变量的项分离开来，从而将原方程拆分成多个更简单的只含一个自变量的常微分方程。运用线性叠加原理，将非齐次方程拆分成多个齐次的或易于求解的方程。数学上，分离变量法是一种解析常微分方程或偏微分方程的方法。使用这种方法，可以借代数来将方程式重新编排，让方程式的一部分只含有一个变量，而剩余部分则跟此变量无关。这样，隔离出的两个部分的值，都分别等于常数，并且两个部分值的代数和等于零。分离变量法的主要思想是：将问题的解分解为自变量函数的乘积形式，代入原来的定解方程组中，得到多个常微分方程定解问题（其中包括变量分离过程中出现的定解常数，以及需要求解固有值问题），求得固有函数和固有值后，再利用问题的线性特点，通过叠加原理得到问题的形式解，最后利用边界条件或初始条件确定其中的未知系数。需要注意的是：利用分离变量法时，需要将问题边界条件齐次化。分离变量法仅适合于有限域内的数学物理定解问题的求解[4]。

如果仅需要将未知函数 $u(x,t)$ 分解为两个函数的乘积形式，即为一个空间变量函数 $X(x)$ 与另一个时间变量函数 $T(t)$ 的乘积形式，则对于原来的定解问题可以将其转化为时间函数 $T(t)$ 满足的常微分方程和 $X(x)$ 满足的亥姆霍兹方程：

$$T''(t)+K^2V^2T(t)=0 \tag{1-66}$$

$$\nabla^2X(x)+K^2X(x)=0 \tag{1-67}$$

然后，将 $u(x,t)=X(x)T(t)$ 代入问题的定解条件中，就可以得到方程（1-66）和方程（1-67）所满足的定解条件。一般来说，方程（1-66）的定解问题容易求得方程解；而方程（1-67）的定解问题需要针对问题不同边界形状再进行相应的处理。例如，长方体适合于直角坐标系，圆柱体或圆管等适合于柱坐标系，球形区域适合于球坐标系等。

2. 行波法

行波法又称达朗贝尔解法，它表示弦上的任意扰动总是以行波的形式向相反的两个方向传播出去，故达朗贝尔解法又称为行波解法。同时，张力越大，或者说弦拉得越紧，波就传播得越快；密度越小或者说弦越轻细，波也传播得越快。它对于下面的无界弦的一维波动方程的柯西（Cauchy）问题可得到理论解，即

$$\begin{cases} u_t=a^2u_{xx}, x\in(-\infty,\infty), t>0 \\ u|_{t=0}=\varphi(x), x\in(-\infty,\infty) \\ u_t|_{t=0}=\psi(x), x\in(-\infty,\infty) \end{cases} \tag{1-68}$$

对于该问题，行波法的求解思路是：令 $\varepsilon=x+at$，$\eta=x-at$，并将其代入式（1-68）得，$u_{\varepsilon\eta}=0$，对式（1-68）进行两次积分，有 $u(x,t)=f_1(x+at)+f_2(x-at)$，利用问题的初始条件，易得

$$\begin{cases} f_1(x)=\dfrac{1}{2}\varphi(x)+\dfrac{1}{2a}\displaystyle\int_{x_0}^{x}\psi(s)\mathrm{d}s+\dfrac{c}{2} \\ f_2(x)=\dfrac{1}{2}\varphi(x)-\dfrac{1}{2a}\displaystyle\int_{x_0}^{x}\psi(s)\mathrm{d}s-\dfrac{c}{2} \end{cases} \tag{1-69}$$

故有

$$u(x,t)=\frac{1}{2}[\varphi(x+at)+\varphi(x-at)]+\frac{1}{2a}\int_{x-at}^{x+at}\psi(s)\mathrm{d}s \tag{1-70}$$

对于如下的非齐次一维定解问题，可预先利用杜阿梅尔积分进行预处理，即

$$\begin{cases} u_{tt}=a^2u_{xx}+f(x,t), \quad x\in(-\infty,\infty),t>\tau \\ u|_{t=\tau}=0,u_t|_{t=\tau}=0, \quad x\in(-\infty,\infty) \end{cases} \tag{1-71}$$

令 $u(x,t)=\int_0^t U(x,t,\tau)\mathrm{d}\tau$ 代入式（1-68），得

$$\begin{cases} U_{tt}=a^2U_{xx}, \quad x\in(-\infty,\infty),t>\tau \\ U|_{t=\tau}=0, \quad x\in(-\infty,\infty) \\ u_t|_{t=0}=f(x,\tau), \quad x\in(-\infty,\infty) \end{cases} \tag{1-72}$$

式中：函数 $U(x,t,\tau)$ 具有二次连续可微性。

最后指出，在求解二阶方程线性常微分方程时，通解中包括两个任意常数，因此，只需两个定解条件，就能完全从中确定一个特解。而对于线性偏微分方程，如对弦振动方程，在求得解答式时则又添了两个边界条件，一共用了4个边界条件。

3. 积分变换法

积分变换法是通过对数理方程的积分变换来减少自变量的个数，直至化为常微分方程，使求解问题大为简化。积分变换法求解数学物理方程定解问题的主要思路是：利用傅里叶变换和拉普拉斯变换对原来的定解方程进行预处理。一般来说，采用拉普拉斯变换可将瞬态问题转化为频域内的定解问题，采用傅里叶积分变换可将原来的问题转化为降阶的定解问题。当然，作为一种积分变换技术，拉普拉斯变换也可用于处理非时间变换的问题，只要被变换量的取值范围在$[0,\infty)$内变化即可。

当得到变换后定解问题的解后，再进行反变换处理，不过该反演过程常是病态的，但对于一些个别问题可以得到问题的解析解。

在利用积分变换对定解问题进行预处理和后处理的过程中，需要用到两种积分变换的性质，有时可能要用到两种积分的变换表（在一般数学手册中都有详细介绍）。

4. 格林函数法

在数学中，格林函数是一种用来解有初始条件或边界条件的非齐次微分方程的函数。在物理学的多体理论中，格林函数是指各种关联函数，有时并不符合数学上的定义。从物理上看，一个数学物理方程是表示一种特定的“场”和产生这种场的“源”之间的关系。例如，热传导方程表示温度场和热源之间的关系，泊松方程表示静电场和电荷分布的关系等。这样，当源被分解成很多点源的叠加时，如果能设法知道点源产生的场，利用叠加原理，就可以求出同样边界条件下任意源的场，这种求解数学物理方程的方法就称为格林函数法，点源产生的场就称为格林函数[5]。

格林函数法是求解数学物理方程定解问题的一种重要方法；它不仅适用于无界区域的求解，也适用于有界区域的求解；不仅适用于稳态问题的求解，也适合于瞬态问题的求解。

在具体讨论格林函数法之前，需要说明两个概念：一是调和函数，即满足拉普拉斯方程的函数；二是格林公式。假设 Ω 是以足够光滑的曲面 S 为边界的有解区域，函数 $P(x,y,z)$、$Q(x,y,z)$、$R(x,y,z)$ 在 $\overline{\Omega}=\Omega+S$ 上连续，在 Ω 内由连续偏导数得任意函数，则可得到奥斯特罗格拉茨基-高斯公式（简称奥-高公式），即

$$\oiiint_{\Omega}\left(\frac{\partial P}{\partial x}+\frac{\partial Q}{\partial y}+\frac{\partial R}{\partial z}\right)\mathrm{d}V=\iint_{S}[P\cos(n,x)+Q\cos(n,y)+R\cos(n,z)]\mathrm{d}S \tag{1-73}$$

式中：n 为区域 Ω 表面上点的外法线方向。

若令 $P=u\dfrac{\partial v}{\partial x},Q=u\dfrac{\partial v}{\partial y},R=u\dfrac{\partial v}{\partial z}$，则式（1-73）可变为

$$\iiint_{\Omega}u\,\nabla^2 v\mathrm{d}V=\iint_{S}u\frac{\partial v}{\partial n}\mathrm{d}S-\iiint_{\Omega}\left(\frac{\partial u}{\partial x}\frac{\partial v}{\partial x}+\frac{\partial u}{\partial y}\frac{\partial v}{\partial y}+\frac{\partial u}{\partial z}\frac{\partial v}{\partial z}\right)\mathrm{d}V \tag{1-74}$$

或

$$\iiint_{\Omega}u\,\nabla^2 v\mathrm{d}V=\iint_{S}u\frac{\partial v}{\partial n}\mathrm{d}S-\iiint_{\Omega}(\mathrm{grad}u\cdot\mathrm{grad}v)\mathrm{d}V \tag{1-75}$$

式（1-75）称为格林第一公式。

在格林第一公式中交换 u、v，则有

$$\iiint_{\Omega} v\,\nabla^2 v \mathrm{d}V = \iint_{S} v\frac{\partial v}{\partial n}\mathrm{d}S - \iiint_{\Omega}(\mathrm{grad}v\cdot\mathrm{grad}u)\mathrm{d}V \tag{1-76}$$

用式（1-75）减去式（1-76），得

$$\iiint_{\Omega}(u\,\nabla v - v\,\nabla u)\mathrm{d}V = \iint_{S}\left(u\frac{\partial v}{\partial n} - v\frac{\partial u}{\partial n}\right)\mathrm{d}S \tag{1-77}$$

式（1-77）称为格林第二公式。

在空间区域 Ω 内，有一点 $M_0\in\Omega$，则在 Ω 内，函数 $W(M,M_0)=\dfrac{1}{r_{MM_0}}$是三维调和函数；而 $W(M,M_0)=\ln\left(\dfrac{1}{r_{MM_0}}\right)$是二维调和函数，条件是 $M_0\notin\Omega$。

为了给出调和函数的积分表达形式，也为了正确合理地应用格林第二公式，按照如下方式进行：由于函数$\dfrac{1}{r_{MM_0}}$在区域 Ω 内存在奇点 M_0，故挖去 M_0点，并以小正数 ε 为半径作一个小球 Ω_ε，设该球边界面为 S_ε。假设函数 u 是其他任意个调和函数，令 $v=\dfrac{1}{r}$，则在区域 $\Omega-\Omega_\varepsilon$ 上应用格林第二公式，即

$$\begin{aligned}\iiint_{\Omega-\Omega_\varepsilon}\left(u\,\nabla^2\frac{1}{r} - \frac{1}{r}\nabla^2 u\right)\mathrm{d}V &= \iint_{S+S_\varepsilon}\left[u\frac{\partial}{\partial n}\left(\frac{1}{r}\right) - \frac{1}{r}\frac{\partial u}{\partial n}\right]\mathrm{d}S \\ &= \iint_{S}\left[u\frac{\partial}{\partial n}\left(\frac{1}{r}\right) - \frac{1}{r}\frac{\partial u}{\partial n}\right]\mathrm{d}S + \\ &\quad \iint_{S_\varepsilon}\left[u\frac{\partial}{\partial n}\left(\frac{1}{r}\right) - \frac{1}{r}\frac{\partial u}{\partial n}\right]\mathrm{d}S\end{aligned} \tag{1-78}$$

因为

$$\frac{\partial}{\partial n}\left(\frac{1}{r}\right)\bigg|_{S_\varepsilon} = -\frac{\mathrm{d}}{\mathrm{d}r}\left(\frac{1}{r}\right)\bigg|_{S_\varepsilon} = \frac{1}{\varepsilon^2} \tag{1-79}$$

$$\iint_{S_\varepsilon}\left[u\frac{\partial}{\partial n}\left(\frac{1}{r}\right)\right]\mathrm{d}S = \frac{1}{\varepsilon^2}\iint_{S_\varepsilon}u\mathrm{d}S = 4\pi\bar{u} \tag{1-80}$$

式中：$\bar{u}$ 为 u 在 S_ε 上的平均值。

$$\iint_{S_\varepsilon}\left[\frac{1}{r}\frac{\partial u}{\partial n}\right]\mathrm{d}S = 4\pi\varepsilon\left(\overline{\frac{\partial u}{\partial n}}\right) \tag{1-81}$$

式中：$\overline{\dfrac{\partial u}{\partial n}}$为$\dfrac{\partial u}{\partial n}$在 S_ε 上的平均值。

而在区域 $\Omega-\Omega_\varepsilon$ 内，$\nabla^2 u=0$，$\nabla^2\left(\dfrac{1}{r}\right)=0$，故式（1-81）可变为

$$\iint_S \left[u \frac{\partial}{\partial n}\left(\frac{1}{r}\right) - \frac{1}{r}\frac{\partial u}{\partial n} \right] dS + 4\pi \bar{u} - 4\pi u \left(\overline{\frac{\partial u}{\partial n}}\right) = 0 \tag{1-82}$$

而

$$\lim_{\varepsilon \to 0} \bar{u} = u(M_0), \lim_{\varepsilon \to 0} 4\pi\varepsilon \overline{\frac{\partial u}{\partial n}} = 0 \tag{1-83}$$

对式（1-83）两边取极限，可得

$$u(M_0) = \frac{1}{4\pi}\iint_S \left[\frac{1}{r_{M_0M}}\frac{\partial u}{\partial n} - u\frac{\partial}{\partial n}\left(\frac{1}{r_{M_0M}}\right) \right] dS \tag{1-84}$$

式（1-84）即为调和函数的积分表达式。

对于二维情形，有

$$u(M_0) = \frac{1}{4\pi}\int_l \left[\ln\frac{1}{r_{M_0M}}\frac{\partial u}{\partial n} - u\frac{\partial}{\partial n}\left(\ln\frac{1}{r_{M_0M}}\right) \right] dS \tag{1-85}$$

上述积分表达式的意义在于，若 $M_0 \in \Omega$ 是一个任意固定点，则对于 $\bar{\Omega}=\Omega+S$ 上具有一阶连续可微性的调和函数 u 来说，它在 Ω 内任何一点处的值都可由该函数在边界 S 上的函数值及其法向导数值完全确定。这说明拉普拉斯边值问题的解是存在的。

参考文献

[1] 谢树艺．矢量分析与场论［M］．2 版．北京：高等教育出版社，1985.
[2] 吕盘明．张量算法简明教程［M］．合肥：中国科学技术大学出版社，2004.
[3] 钟伟芳，聂国华．弹性波的散射理论［M］．武汉：华中理工大学出版社，1997.
[4] 郭玉翠．数学物理方法［M］．北京：北京邮电大学出版社，2003.
[5] 史文谱．线弹性 SH 波散射理论及几个问题研究［M］．北京：国防工业出版社，2013.

第2章　弹性动力学基本理论

弹性动力学是理论物理学的重要分支学科之一，其任务是在力学实验定律的基础上，进一步引进数学方法来研究弹性物体受力与变形间的静、动态关系问题，被广泛应用于地震勘探、建筑工程、海洋勘测以及爆破技术等众多领域，成为某些新学科的支撑点。弹性动力学实际上是在更普遍的意义上研究线性动力学系统的力学行为[1]。下面从多个方面为读者介绍弹性动力学的基本理论。

2.1　弹性动力学的基本概念与基本假设

2.1.1　连续介质的概念

在力学系统中，最基本的概念是连续介质。物体从宏观上看是稠密的、无间隙的，称为连续介质。固体、液体、气体等各种形态的物体一般都可认为是连续介质。严格地说，从微观角度看，这种假设并不成立。但研究物体的运动规律和变形规律等力学行为是它的外部现象，并不涉及它的内部分子结构，连续介质假设已有足够的精确度[2]。

如果要描述一个物体，就需要确定它的构型。物体在三维欧几里得空间内占据的一般是一个有界区域，它的内部区域用 V 来表示，边界用 S 表示。连续介质可由 $V+S$ 给出其构型。连续介质内任意点 P 的位置由欧几里得空间中的三个坐标来给出，即

$$P(x_i)=P(x_1,x_2,x_3)\in V+S \tag{2-1}$$

当连续介质进行力学分析时，取其微体作为基本元件。微体是在各个方向上取微分长度的微小物体。这种基元在宏观上是无限小，在微观上是无限大的。它们的集合是稠密的、无间隙的，因此构成了连续介质。

2.1.2　基本假设

弹性动力学是在更普遍的意义上研究线性动力学系统的力学行为。它的理论基础是建立在连续介质力学的基础之上。连续介质的基本假设有[3]：

（1）连续性假设。这是连续介质的基本属性，是几何变形方面的假设。物体在任一瞬时的构型都是稠密的、无间隙的。

（2）均匀性假设。均匀性是指连续介质各处力学性能都相同，是物理方面的假设。金属材料在宏观上是满足均匀性假设的，而且还具有各向同性，即在连续介质同一地点不同方向上力学性能皆相同。新材料的出现，如复合材料等多相材料，缺乏这种均匀性，更没有各向同性。在这种情况下一般仍假设宏观上的均匀性，但须引入各向异性的概念。在本书内不做特殊的说明时，都认为均匀性假设是成立的。

（3）线性化假设。力学现象本质是非线性的，不论几何上、物理上，还是边界上都存在着非线性因素。工程上大量问题都作线性化假设。在几何方面，若物体的变形比较小，几何上的非线性可以忽略不计，认为位移与应变之间存在线性关系。在物理方面，材料的本构关系及其工作段的特性决定了物理上的线性化程度。一般弹性材料在小变形情况下存在应力与应变的线性关系。

2.1.3　场变量的概念

连续介质的各种力学量，如位移 u_i、作用力 f_i 等，都是位置 x_i 的函数，称为场变量，记作 $u_i(x_i)$，$f_i(x_i)$ 等。

连续介质是由无限多个基元构成的，描述连续介质的位移场变量有无限多个独立变量，故连续介质是一个无限自由度力学系统。连续介质的稠密性和无间隙性决定了位移场变量的连续性，以保证在发生位移后仍然是稠密和无间隙的。故位移场变量在空间域内是位置 x_i 的单值、连续函数。

位移场变量有三种表示形式：

（1）向量形式：连续介质内点 P 的位置用它的向径 $\boldsymbol{r}$ 表示，$\boldsymbol{r}=x_1\boldsymbol{e}_1+x_2\boldsymbol{e}_2+x_3\boldsymbol{e}_3$；其中，$\boldsymbol{e}_1$，$\boldsymbol{e}_2$，$\boldsymbol{e}_3$ 是笛卡儿坐标系的单位向量。位移场变量表示为 $\boldsymbol{u}=u(r)$，所有的向量均用粗体字表示。

（2）张量形式：连续介质内点 P 位置用张量表示为 x_j，下标 j 是循环变量，j 分别取值为 1、2、3，由它表示笛卡儿坐标系内的三个坐标值。则位移场变量为 $u_i=u_i(x_j)$，所有的张量均用带循环下标变量的细体字表示。

（3）矩阵形式：连续介质内点 P 的位置用列阵 $\{x\}$ 表示，即 $\{x\}=[x_1 \quad x_2 \quad x_3]^{\mathrm{T}}$，列阵又称为列向量。位移场变量可表示为 $\{u\}=[u_1 \quad u_2 \quad u_3]^{\mathrm{T}}$，所有的矩阵用括号括起来。

上述三种表示形式有各自优点，它们既然表示同一个量，就可以相互转换，甚至混用。

2.2 位移、变形与应变分析

2.2.1 位移与变形梯度

弹性体在不同瞬时占据空间的不同位置，形成不同的构型。为分析弹性体的位移，必须有一个参考构型。取运动开始时的初始构型为参考构型，通常它是未变形的自然构型。在某个瞬时的构型称为瞬时构型，它是变形构型。弹性体上某点的位移是从初始构型上点到瞬时构型上对应点构成的向量 $u_i(i=1,2,3)$。

由于引入小变形线性化假设，采用以初始构型为参考构型表示弹性体位移的拉格朗日方法，则弹性体的位移场变量定义为 $u_i=u_i(x_j,t)$，位移向量在欧几里得空间内选用笛卡儿坐标系来描述，它的单位向量为 $\boldsymbol{e}_i$，即 $\boldsymbol{u}=u_i\boldsymbol{e}_i$，等式右端是张量表示形式，其中，下标变量相乘表示循环相乘求和。

在初始构型中微体是以 P 点为顶点，在坐标方向 $\boldsymbol{e}_i$ 上取微分长度 $\mathrm{d}x_i$ 所组成的微小长方体。当弹性体发生位移后，在瞬时构型中的微体改变为以 P 点为顶点的一个变形体。在第一个坐标方向上的线段 $\mathrm{d}x_1\boldsymbol{e}_1$ 变形后为 $\mathrm{d}X_1$，用笛卡儿坐标系内的三个投影分量表示为

$$\mathrm{d}X_1=\begin{cases}(1+u_{1,1})\mathrm{d}x_1e_1\\ u_{2,1}\mathrm{d}x_1e_2\\ u_{3,1}\mathrm{d}x_1e_3\end{cases} \tag{2-2}$$

式中：$u_{i,j}$ 表示的是位移分量 u_i 对坐标 x_j 的偏导数，即 $u_{i,j}=\dfrac{\partial u_i}{\partial x_j}$，其他两个坐标方向上有类似的公式，综合写为

$$F=\begin{bmatrix}1+u_{1,1} & u_{1,2} & u_{1,3}\\ u_{2,1} & 1+u_{2,2} & u_{2,3}\\ u_{3,1} & u_{3,2} & 1+u_{3,3}\end{bmatrix} \tag{2-3}$$

式中由 9 个量组成的张量称为变形梯度张量。

2.2.2 微体的应变分析与几何方程

在 2.1 节变形梯度分析的基础上，由小变形线性化假设，认为 $u_{i,j}\ll 1$，来定义微体的应变分量。线应变是沿坐标轴 $\boldsymbol{e}_i$ 方向的单位长度改变量 ε_{ii}，而剪应变是两个相互垂直坐标轴 $\boldsymbol{e}_i$、$\boldsymbol{e}_j$ 的角度改变量 ε_{ij}。微体的应变分量构成为一个应变张量：

$$\boldsymbol{\varepsilon}=\begin{bmatrix}\varepsilon_{11} & \varepsilon_{12} & \varepsilon_{13}\\ \varepsilon_{21} & \varepsilon_{22} & \varepsilon_{23}\\ \varepsilon_{31} & \varepsilon_{32} & \varepsilon_{33}\end{bmatrix} \tag{2-4}$$

式（2-4）描述了弹性体内该处的应变状态。它的各个应变分量 ε_{ij}选取不同坐标轴是取不同数值的。根据式（2-3）及其性质，给出应变分量与位移分量的一般关系式为 $\varepsilon_{ij}=u_{i,i}$。

综合 $\varepsilon_{ij}=u_{i,i}$和变形梯度张量，得应变分量和位移分量的一般关系式为

$$\varepsilon_{ij}=\frac{u_{i,j}+u_{j,i}}{2} \tag{2-5}$$

式（2-5）称为几何方程。

2.2.3　主应变与应变不变量

初始构型中任意方向上线段的边长为 $\mathrm{d}s=(\mathrm{d}x_i\mathrm{d}x_j)^{\frac{1}{2}}$，由变形梯度式（2-3）知，瞬时构型中该边长改变为

$$\begin{aligned}\mathrm{d}s'&=[(\delta_{ki}+u_{k,j})(\delta_{kj}+u_{k,j})\mathrm{d}x_i\mathrm{d}x_j]^{\frac{1}{2}}\\&=[(\delta_{ij}+u_{i,j}+u_{j,i}+u_{k,i}u_{k,j})\mathrm{d}x_i\mathrm{d}x_j]^{\frac{1}{2}}\end{aligned} \tag{2-6}$$

式中：δ_{ij}为克罗内克 δ 函数，当 $i=j$ 时，$\delta_{ij}=1$；当 $i\neq j$ 时，$\delta_{ij}=0$。在任意方向上线段的伸长率，根据小变形线性化假设，略去位移导数的互乘项，可近似为

$$\varepsilon_L=\frac{\mathrm{d}s'-\mathrm{d}s}{\mathrm{d}s}\approx\frac{(\mathrm{d}s')^2-(\mathrm{d}s)^2}{2(\mathrm{d}s)^2}\approx\varepsilon_{ij}\alpha_i\alpha_j \tag{2-7}$$

式中：$\alpha_i=\dfrac{\mathrm{d}x_i}{\mathrm{d}s}$为该线段的方向余弦。

伸长率取极值的主值与主方向由下式决定：

$$\begin{bmatrix}\varepsilon_{11}-\varepsilon_L & \varepsilon_{12} & \varepsilon_{13}\\ \varepsilon_{12} & \varepsilon_{22}-\varepsilon_L & \varepsilon_{23}\\ \varepsilon_{13} & \varepsilon_{23} & \varepsilon_{33}-\varepsilon_L\end{bmatrix}\begin{bmatrix}\alpha_1\\ \alpha_2\\ \alpha_3\end{bmatrix}=0 \tag{2-8}$$

它的主应变是由特征方程解出，即

$$\varepsilon_L^3-\mathrm{I}_E\varepsilon_L^2+\mathrm{II}_E\varepsilon_L-\mathrm{III}=0$$

由它解出的三个主应变设为 ε_1、ε_2、ε_3。此方程还给出了应变的三个不变量，它们是不随坐标轴的不同选择而改变的。这三个应变不变量为

$$\begin{cases} \mathrm{I}_E=\varepsilon_{11}+\varepsilon_{22}+\varepsilon_{33}=\varepsilon_1+\varepsilon_2+\varepsilon_3 \\ \mathrm{II}_E=\varepsilon_{11}\varepsilon_{22}+\varepsilon_{22}\varepsilon_{33}+\varepsilon_{33}\varepsilon_{11}+\varepsilon_{12}\varepsilon_{12}+\varepsilon_{23}\varepsilon_{23}+\varepsilon_{13}\varepsilon_{13} \\ \quad =\varepsilon_1\varepsilon_2+\varepsilon_2\varepsilon_3+\varepsilon_3\varepsilon_1 \\ \mathrm{III}_E=\det(\varepsilon)\varepsilon_1\varepsilon_2\varepsilon_3 \end{cases} \tag{2-9}$$

它的主方向 α_i 由式（2-8）给出。其线应变取极值，剪应变等于零。

2.2.4 应变协调方程

弹性体的位移函数是连续函数，保证了弹性介质的连续性。位移场唯一地确定弹性体的应变分量。反之，则不然。为保证介质的连续性，弹性体的 6 个应变分量是不能任意给定的，6 个应变分量之间必须满足相容性条件，由几何方程式（2-5）中消去三个位移分量后，得出应变协调方程（相容性条件），它保证应变分量之间的相容。

2.3 作用力、内力与应力分析

2.3.1 作用力的分类

物体的力学行为主要来自作用力。作用力的产生有多种物理原因，如机械的、气动的、温度的，等等。这些物理原因决定了作用力的不同性质和不同量值。

作用力可按外力与内力来分。由于外部原因对物体所施加的力称为外力。物体受到外部作用，在体内各部分之间产生相互作用的力称为内力。分析物体力学行为的一个重要内容是对内力的分析。按其分布，作用力可分为体积力、面积力和集中力。体积力是在单位体积上作用的力，如重力、惯性力等。面积力是在表面的单位面积上作用的力，如气体压力等。集中力是一种点载荷，如连接件的作用力等。一般来说，内力是一种面积力。

作用力的另一种分类是按主动力与约束反作用力来分。主动力是一种独立存在、在量值上与物体力学状态之间无相依关系的力。一般施加于物体上的载荷大都属于主动力。从能量观点来分析，它将做功而使能量有所变更。约束是对物体运动的一种限制，它所产生的约束反作用力将由物体运动的力学原理来确定，随着状态的不同而不同。一般认为它是理想约束，约束反作用力不做功，不耗散能量。

从能量观点，作用力可分为保守力与非保守力。保守力是具有位的场变量，它所做的功与路径无关，使力学系统机械能守恒，只发生位能与动能之间的转换，而不与外界产生能量交换，构成为一种自治系统。例如，由于物体弹性产生的弹性力是一种保守力，理想约束反作用力也是保守力。非保守力则不然，它将对力学系统输入或耗散能量。例如，施加在物体上的激振力将对力学系统输入能量，结构阻尼力将耗散能量，它们都是非保守力。

作用力的分类不是绝对的，根据分析的不同需要可作不同的分类。

2.3.2 内力与应力分析

弹性体受到外力作用不仅要产生位移和运动，而且要产生变形与内力。弹性体上作用的外力有作用在单位体积上的体积力，用 f 表示。弹性体内产生的内力是作用在体内表面上的面积力，用 p 表示。内力 p 可分解为垂直于表面的法向分量 p_n 和表面内的切向分量 p_t。此外，弹性体边界上将产生有边界力，用 t 表示。它一般也是一种表面力，可分解为法向和切向两个分量。

如图 2.1 所示，现取其微体来进行内力分析。在法向为 $\boldsymbol{e}_1$ 的正轴向的截面 $\mathrm{d}x_2\mathrm{d}x_3$ 上的内力有：沿 $\boldsymbol{e}_1$ 方向的拉压力 $\mathrm{d}p_{11}$，沿 $\boldsymbol{e}_2$、$\boldsymbol{e}_3$ 的剪切力 $\mathrm{d}p_{21}$、$\mathrm{d}p_{31}$，它们都取与坐标轴同向为正。在法向为 $\boldsymbol{e}_1$ 的负轴向的截面 $\mathrm{d}x_2\mathrm{d}x_3$ 上有同样的内力，但取与坐标轴反向为正。其他的两对截面上可作同样的内力分析。

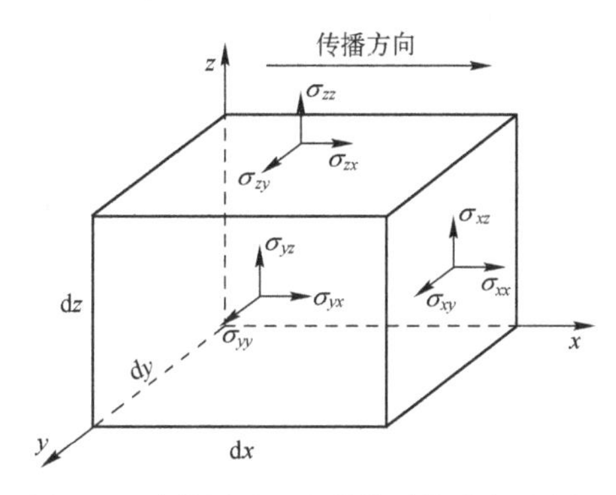

图 2.1　波传播过程中的微元体受力示意图

微体上的应力定义为单位面积上的内力。弹性体发生变形后，其构型发生变化，微体的截面积也随之改变。初始构型的截面积为 $\mathrm{d}A_{23}=\mathrm{d}x_2\mathrm{d}x_3$，瞬时构型的截面积为

$$\mathrm{d}A'_{23}=\begin{vmatrix}\boldsymbol{e}_1 & \boldsymbol{e}_2 & \boldsymbol{e}_3\\ u_{1,2} & 1+u_{2,2} & u_{3,2}\\ u_{1,3} & u_{2,3} & 1+u_{3,3}\end{vmatrix}\mathrm{d}x_2\mathrm{d}x_3 \tag{2-10}$$

由于做了小变形线性化假设，可近似地认为 $\mathrm{d}A'_{23} \approx \mathrm{d}A_{23}$，即变形前后取同样的截面积。这样，大大地简化了应力的定义，即

$$\sigma_{ij} = \frac{\mathrm{d}p_{ij}}{\mathrm{d}A_{ij}}$$

构成的应力张量为

$$\sigma = \begin{bmatrix} \sigma_{11} & \sigma_{12} & \sigma_{13} \\ \sigma_{21} & \sigma_{22} & \sigma_{23} \\ \sigma_{31} & \sigma_{32} & \sigma_{33} \end{bmatrix} \tag{2-11}$$

式中：σ_{ii} 为正应力；$\sigma_{ij}(i \neq j)$ 为剪应力。弹性体内微体应力状态是由它的应力张量给出的。弹性体应力状态是由应力场变量来描述决定的。

2.3.3 主应力与应力不变量

分析微体任意截面上的应力，设截面外法线 n 的方向余弦为 n_1，n_2，n_3，截面上的总应力在直角坐标系上的分量是 $\sigma_i = \sigma_{ij} n_j$，则总应力大小是 $\sigma_n = \sqrt{\sigma_i \sigma_i}$，总应力在垂直于截面方向上的正应力为 $\sigma_m = \sigma_{ij} n_i n_j$，在截面内的剪应力为 $\sigma_{nl} = \sqrt{\sigma_n^2 - \sigma_{nn}^2}$。

由上列各式可见，在不同截面上应力是不同的。正应力取极值的主应力及其主方向为

$$\begin{bmatrix} \sigma_{11}-\sigma_n & \sigma_{12} & \sigma_{13} \\ \sigma_{21} & \sigma_{22}-\sigma_n & \sigma_{23} \\ \sigma_{31} & \sigma_{32} & \sigma_{33}-\sigma_n \end{bmatrix} \begin{Bmatrix} n_1 \\ n_2 \\ n_3 \end{Bmatrix} = 0 \tag{2-12}$$

它的极值（主应力）由特征方程给出，即

$$\sigma_n^3 - \mathrm{I}_S \sigma_n^2 + \mathrm{II}_S \sigma_n - \mathrm{III}_S = 0$$

由它解出的三个主应力，设为 σ_1，σ_2，σ_3。此方程也给出不随坐标轴改变的三个应力不变量，即

$$\begin{cases} \mathrm{I}_S = \sigma_{11} + \sigma_{22} + \sigma_{33} = \sigma_1 + \sigma_2 + \sigma_3 \\ \mathrm{II}_S = \sigma_{11}\sigma_{22} + \sigma_{22}\sigma_{33} + \sigma_{33}\sigma_{11} + \sigma_{12}\sigma_{21} + \sigma_{23}\sigma_{23} + \sigma_{13}\sigma_{31} \\ \quad\ = \sigma_1\sigma_2 + \sigma_2\sigma_3 + \sigma_3\sigma_1 \\ \mathrm{III}_S = \det(\sigma) = \sigma_1\sigma_2\sigma_3 \end{cases} \tag{2-13}$$

在这些主方向上，正应力取极值，剪应力等于零。

定义偏斜应力张量：

$$S=\begin{bmatrix} \sigma_{11}-\frac{\theta}{3} & \sigma_{12} & \sigma_{13} \\ \sigma_{21} & \sigma_{22}-\frac{\theta}{3} & \sigma_{23} \\ \sigma_{31} & \sigma_{32} & \sigma_{33}-\frac{\theta}{3} \end{bmatrix}=\sigma_{ij}-\frac{\theta}{3}\delta_{ij} \tag{2-14}$$

式中：$\theta=\frac{1}{3}(\sigma_1+\sigma_2+\sigma_3)$为平均应力。

2.3.4　弹性体的运动方程

弹性体是由无限多个微体构成的，它们应满足力学基本原理。从动力学方面来看，应满足动量定理和动量矩定理。

微体动量定理是微体动量对时间导数等于作用在微体上的力，包括作用在弹性体上的体积力f_i和截面上的内力（应力）σ_{ij}的合力，即$\frac{\mathrm{d}}{\mathrm{d}t}\rho\dot{u}_i=f_i+\sigma_{ij,j}$，这就是微分形式的动力学方程。

弹性体动量定理是弹性体总动量对时间的导数等于作用在弹性体上的外力，包括弹性体内的体积力和边界上的表面合力，即

$$\frac{\mathrm{d}}{\mathrm{d}t}\int_V\rho\dot{u}_i\mathrm{d}V=\int_V f_i\mathrm{d}V+\int_S t_i\mathrm{d}S \tag{2-15}$$

由$\sigma_i=\sigma_{ij}n_j$可知，边界面S（外法线是n_j）上的力为$t_i=\sigma_{ij}n_j$，将它代入式（2-15），由奥斯特罗格拉茨基公式可得

$$\frac{\mathrm{d}}{\mathrm{d}t}\int_V\rho\dot{u}_i\mathrm{d}V=\int_v(f_i+\sigma_{ij,j})\mathrm{d}V \tag{2-16}$$

式（2-16）是积分形式的动力学方程。

微体动量矩定理是微体对某轴动量矩的时间导数等于作用在微体上的力，包括弹性体内的体积力和截面上的内力（应力）对该轴的合力矩。该方程略去高阶小量化简后，得

$$\sigma_{ij}=\sigma_{ji} \tag{2-17}$$

式（2-17）就是剪应力互等定理。由分析得出，应力张量是对称张量，它只有 6 个独立的应变分量。

2.4　弹性理论基本方程

2.4.1　弹性理论的几何方程

空间直角坐标系下几何方程为

$$\begin{cases}\varepsilon_x=\dfrac{\partial u}{\partial x}\\[2ex]\varepsilon_y=\dfrac{\partial v}{\partial y}\\[2ex]\varepsilon_z=\dfrac{\partial w}{\partial z}\end{cases}\tag{2-18}$$

$$\begin{cases}\gamma_{xy}=\dfrac{\partial u}{\partial y}+\dfrac{\partial v}{\partial x}\\[2ex]\gamma_{yz}=\dfrac{\partial v}{\partial z}+\dfrac{\partial w}{\partial y}\\[2ex]\gamma_{zx}=\dfrac{\partial w}{\partial x}+\dfrac{\partial u}{\partial z}\end{cases}\tag{2-19}$$

柱坐标系下几何方程为

$$\begin{cases}\varepsilon_r=\dfrac{\partial u_r}{\partial r}\\[2ex]\varepsilon_\theta=\dfrac{1}{r}\dfrac{\partial u_\theta}{\partial \theta}+\dfrac{u_r}{r}\\[2ex]\varepsilon_z=\dfrac{\partial w}{\partial z}\end{cases}\tag{2-20}$$

$$\begin{cases}\gamma_{r\theta}=\dfrac{\partial u_\theta}{\partial r}+\dfrac{1}{r}\dfrac{\partial u_r}{\partial \theta}-\dfrac{u_\theta}{r}\\[2ex]\gamma_{z\theta}=\dfrac{1}{r}\dfrac{\partial w}{\partial \theta}+\dfrac{\partial u_\theta}{\partial z}\\[2ex]\gamma_{zr}=\dfrac{\partial u_r}{\partial z}+\dfrac{\partial w}{\partial r}\end{cases}\tag{2-21}$$

2.4.2　弹性理论的物理方程

空间直角坐标系下物理方程为

$$\begin{cases}\sigma_x=\lambda\Xi+2G\varepsilon_x\\ \sigma_y=\lambda\Xi+2G\varepsilon_y\\ \sigma_z=\lambda\Xi+2G\varepsilon_z\end{cases}\tag{2-22}$$

$$\begin{cases}\tau_{xy}=G\gamma_{xy}\\ \tau_{yz}=G\gamma_{yz}\\ \tau_{zx}=G\gamma_{zx}\end{cases}\tag{2-23}$$

式中：$v=\dfrac{E-2G}{2G}$；$\lambda=\dfrac{vE}{(1+v)(1-2v)}$；$G=\dfrac{E}{2(1+v)}$；$\Xi$ 为体应变。

$$\Xi=\varepsilon_x+\varepsilon_y+\varepsilon_z=\frac{\partial U}{\partial x}+\frac{\partial V}{\partial y}+\frac{\partial W}{\partial z}=\mathrm{div}U=\nabla\cdot U\tag{2-24}$$

式（2-18）和式（2-19）也可以表示为

$$\begin{cases}\varepsilon_x=\dfrac{1}{E}[(1+v)\sigma_x-v\Theta]\\ \varepsilon_y=\dfrac{1}{E}[(1+v)\sigma_y-v\Theta]\\ \varepsilon_z=\dfrac{1}{E}[(1+v)\sigma_z-v\Theta]\end{cases}\tag{2-25}$$

$$\begin{cases}\gamma_{xy}=\dfrac{1}{G}\tau_{xy}\\ \gamma_{yz}=\dfrac{1}{G}\tau_{yz}\\ \gamma_{zx}=\dfrac{1}{G}\tau_{zx}\end{cases}\tag{2-26}$$

式中：Θ 为体积应力；$\Theta=\sigma_x+\sigma_y+\sigma_z$；$\Xi=\dfrac{1-2v}{E}\Theta$。

柱坐标下物理方程为

$$\begin{cases}\sigma_r=\lambda\Xi+2G\varepsilon_r\\ \sigma_\theta=\lambda\Xi+2G\varepsilon_\theta\\ \sigma_z=\lambda\Xi+2G\varepsilon_z\end{cases}\tag{2-27}$$

$$\begin{cases}\tau_{r\theta}=G\gamma_{r\theta}\\ \tau_{z\theta}=G\gamma_{z\theta}\\ \tau_{zr}=G\gamma_{zr}\end{cases}\tag{2-28}$$

式中：$\Xi=\varepsilon_r+\varepsilon_\theta+\varepsilon_z=\dfrac{\partial U_r}{\partial r}+\dfrac{1}{r}\dfrac{\partial U_\theta}{\partial\theta}+\dfrac{U_r}{r}+\dfrac{\partial W}{\partial z}$。

2.4.3 应力–位移关系

下面根据几何方程和物理方程建立应力与位移的关系。

$$\begin{cases}\sigma_x=(\lambda+2G)\dfrac{\partial u}{\partial x}+\lambda\dfrac{\partial v}{\partial y}+\lambda\dfrac{\partial w}{\partial z}\\ \sigma_y=\lambda\dfrac{\partial u}{\partial x}+(\lambda+2G)\dfrac{\partial v}{\partial y}+\lambda\dfrac{\partial w}{\partial z}\\ \sigma_z=\lambda\dfrac{\partial u}{\partial x}+\lambda\dfrac{\partial v}{\partial y}+(\lambda+2G)\dfrac{\partial w}{\partial z}\end{cases}\tag{2-29}$$

$$\begin{cases}\tau_{xy}=G\left(\dfrac{\partial u}{\partial y}+\dfrac{\partial v}{\partial x}\right)\\ \tau_{yz}=G\left(\dfrac{\partial v}{\partial z}+\dfrac{\partial w}{\partial y}\right)\\ \tau_{zx}=G\left(\dfrac{\partial w}{\partial x}+\dfrac{\partial u}{\partial z}\right)\end{cases}\tag{2-30}$$

$$\begin{cases}\sigma_r=(\lambda+2G)\dfrac{\partial u_r}{\partial r}+\dfrac{\lambda}{r}\dfrac{\partial u_\theta}{\partial\theta}+\lambda\dfrac{\partial w}{\partial z}+\dfrac{\lambda}{r}u_r\\ \sigma_\theta=\lambda\dfrac{\partial u_r}{\partial r}+\dfrac{\lambda+2G}{r}\dfrac{\partial u_\theta}{\partial\theta}+\lambda\dfrac{\partial w}{\partial z}+\dfrac{\lambda+2G}{r}u_r\\ \sigma_z=\lambda\dfrac{\partial u_r}{\partial r}+\dfrac{\lambda}{r}\dfrac{\partial u_\theta}{\partial\theta}+(\lambda+2G)\dfrac{\partial w}{\partial z}+\dfrac{\lambda}{r}u_r\end{cases}\tag{2-31}$$

$$\begin{cases}\tau_{r\theta}=G\dfrac{\partial u_\theta}{\partial r}+\dfrac{G}{r}\dfrac{\partial u_r}{\partial\theta}-\dfrac{G}{r}u_\theta\\ \tau_{zr}=G\dfrac{\partial w}{\partial r}+G\dfrac{\partial u_r}{\partial z}\\ \tau_{z\theta}=\dfrac{G}{r}\dfrac{\partial w}{\partial\theta}+G\dfrac{\partial u_\theta}{\partial z}\end{cases}\tag{2-32}$$

式（2–29）和式（2–30）表示直角坐标系下应力与位移的关系，式（2–31）和式（2–32）表示极坐标系下应力与位移的关系。

2.4.4 运动微分方程

直角坐标系和极坐标系的运动平衡微分方程为

$$\begin{cases}\dfrac{\partial \sigma_{xx}}{\partial x}+\dfrac{\partial \tau_{yx}}{\partial y}+\dfrac{\partial \tau_{zx}}{\partial z}+\rho F_x=\rho\dfrac{\partial^2 u}{\partial t^2}\\ \dfrac{\partial \tau_{xy}}{\partial x}+\dfrac{\partial \sigma_{yy}}{\partial y}+\dfrac{\partial \tau_{zy}}{\partial z}+\rho F_y=\rho\dfrac{\partial^2 v}{\partial t^2}\\ \dfrac{\partial \tau_{xz}}{\partial x}+\dfrac{\partial \tau_{yz}}{\partial y}+\dfrac{\partial \sigma_{zz}}{\partial z}+\rho F_z=\rho\dfrac{\partial^2 w}{\partial t^2}\end{cases} \tag{2-33}$$

$$\begin{cases}\dfrac{\partial \sigma_r}{\partial r}+\dfrac{1}{r}\dfrac{\partial \tau_{r\theta}}{\partial \theta}+\dfrac{\partial \tau_{zr}}{\partial z}+\dfrac{\sigma_r-\sigma_\theta}{r}+\rho F_r=\rho\dfrac{\partial^2 u_r}{\partial t^2}\\ \dfrac{\partial \tau_{r\theta}}{\partial_x}+\dfrac{1}{r}\dfrac{\partial \sigma_\theta}{\partial \theta}+\dfrac{\partial \tau_{r\theta}}{\partial z}+\dfrac{2\tau_{r\theta}}{r}+\rho F_\theta=\rho\dfrac{\partial^2 u_\theta}{\partial t^2}\\ \dfrac{\partial \tau_{zr}}{\partial r}+\dfrac{1}{r}\dfrac{\partial \tau_{z\theta}}{\partial z}+\dfrac{\partial \sigma_{zz}}{\partial z}+\dfrac{\tau_{zr}}{r}+\rho F_z=\rho\dfrac{\partial^2 w}{\partial t^2}\end{cases} \tag{2-34}$$

式中：ρ 为物体密度。

2.4.5　均匀各向同性介质中的位移方程

$$\begin{cases}(\lambda+G)\dfrac{\partial \Xi}{\partial x}+G\nabla^2 u+\rho F_x=\rho\dfrac{\partial^2 u}{\partial t^2}\\ (\lambda+G)\dfrac{\partial \Xi}{\partial y}+G\nabla^2 v+\rho F_y=\rho\dfrac{\partial^2 v}{\partial t^2}\\ (\lambda+G)\dfrac{\partial \Xi}{\partial z}+G\nabla^2 w+\rho F_z=\rho\dfrac{\partial^2 w}{\partial t^2}\end{cases} \tag{2-35}$$

式（2-35）称为位移方程（空间直角坐标系）或拉梅方程。其矢量形式为

$$(\lambda+G)\Delta\Xi+G\Delta u+\rho F=\rho\frac{\partial^2 u}{\partial t^2} \tag{2-36}$$

$$(\lambda+2G)\nabla(\nabla\cdot u)-G\nabla\times(\nabla\times u)+\rho F=\rho\frac{\partial^2 u}{\partial t^2} \tag{2-37}$$

式中：等号左端第一项对应于胀缩波；第二项对应于剪切波；第三项是体力项，表示震源。

2.5 弹性动力学问题的适定性

弹性力学问题的完整提法由基本方程和定解条件构成，且需研究其解的适定性。这一概念最初由 Hadamard 于 1903 年给出，包括解的存在性、唯一性和稳定性（对边界值的连续依赖性）。当满足基本方程以及定解条件的应力、应变和位移（相差一个刚性位移）解仅存在一个时，称为解满足唯一性。然而，解的唯一性定理在弹性力学中的研究和应用开始得更早。Venant 采用半逆解法求解了线弹性梁的扭转和弯曲问题，并试图证明所求解的唯一性。虽然 Venant 对这一问题的证明并不严格正确，但他的方法为复杂的偏微分方程的求解提供了思路。若解的唯一性成立，则无论采用什么方法求得的解，以及无论解为何种形式，所得解的正确性以及完整性得以保证。若解的唯一性不成立，则还存在其他解，并需要判断和选择真实的应力和应变状态。解的唯一性定理是否成立是弹性理论最基本的重要问题之一。在经典线弹性理论中，研究材料的动态力学性能，无论是对于探讨已有材料的力学性能还是研究开发新型材料都是必不可少的，在这方面除必要的实验和定性研究外，定量研究是不可或缺且至关重要的，尤其是计算机及其技术的高速发展更为定量研究提供了可能。但在定量研究前，首先要根据有关物理学定律、材料本构关系问题的受载条件、边界条件和初始条件等建立问题的数学模型，这就涉及问题数学模型的适定性研究。模型的适定性是指该模型：①是否有解；②有解的情况下解是否唯一；③当问题的边界条件或（和）初始条件发生微小变动时解是否也发生微小变化，或者说，解是否连续依赖于问题的边界条件和初始条件的变化（当然定解方程本身存在的误差也会导致解的变化）。若满足上述三个条件，就说该问题是适定的，又称为阿德玛适定。

弹性动力学问题的数学模型是从实际问题中经过一定的假设和简化步骤建立起来的，难免存在一定的误差和近似，况且有许多参数由仪器测量得到，测量误差更是不可避免的，因此判定问题定解模型的适定性非常重要。但弹性动力学问题的数学模型有许多是不适定的（如弹性波反演问题），在过去这是不可理解的。目前，关于不适定问题的研究已取得许多研究成果，这些成果在地球物理学、地震学以及无损探伤等领域都有成功的应用。

下面证明具有弹性支撑边界条件和初始条件的弹性动力学定解问题解的唯一性。

假设弹性体 V 的表面 S 上有弹性支撑条件：

$$p_i+\boldsymbol{k}_{ij}u_j=0 \tag{2-38}$$

式中：$p_i(i=1,2,3)$为外部面力集度；$u_j(j=1,2,3)$为弹性体表面质点的位移；$\boldsymbol{k}_{ij}(i,j=1,2,3)$为弹性支撑的刚度矩阵，它是一个对称矩阵。

假设问题有两组解：$u_i^{(1)}$、$\boldsymbol{\varepsilon}_{ij}^{(1)}$、$\boldsymbol{\sigma}_{ij}^{(1)}$和$u_i^{(2)}$、$\boldsymbol{\varepsilon}_{ij}^{(2)}$、$\boldsymbol{\sigma}_{ij}^{(2)}$。

令$u_i=u_i^{(1)}-u_i^{(2)}$，$\boldsymbol{\varepsilon}_{ij}=\boldsymbol{\varepsilon}_{ij}^{(1)}-\boldsymbol{\varepsilon}_{ij}^{(2)}$，$\boldsymbol{\sigma}_{ij}=\boldsymbol{\sigma}_{ij}^{(1)}-\boldsymbol{\sigma}_{ij}^{(2)}$。显然，上述定义的$u_i$、$\boldsymbol{\varepsilon}_{ij}$、$\boldsymbol{\sigma}_{ij}$满足几何方程和本构关系。其中：

$$\frac{\partial \boldsymbol{\sigma}_{ij}}{\partial x_j}=\rho\frac{\partial^2 u_i}{\partial t^2} \tag{2-39}$$

初始条件变成：

$$u_i(x_j,t_0)=0,\quad i,j=1,2,3 \tag{2-40}$$

$$\frac{\partial u_i(x_j,t_0)}{\partial t}=0,\quad i,j=1,2,3 \tag{2-41}$$

在式（2-41）两边分别乘以$\frac{\partial u_i}{\partial t}(i=1,2,3)$，并在体积$V$和时间$t_0\sim t$内进行积分，得

$$\int_{t_0}^{t}\int_V \frac{\partial u_i}{\partial t}\frac{\partial \boldsymbol{\sigma}_{ij}}{\partial x_j}\mathrm{d}V\mathrm{d}t=\int_{t_0}^{t}\int_V \frac{\partial \boldsymbol{\omega}_{ij}}{\partial t}\boldsymbol{\sigma}_{ij}\mathrm{d}V\mathrm{d}t \tag{2-42}$$

上述推导过程中，用到了高斯定理以及

$$\frac{\partial}{\partial x_j}\left(\frac{\partial u_i}{\partial t}\right)=\frac{\partial \boldsymbol{\varepsilon}_{ij}}{\partial t}+\frac{\partial \boldsymbol{\omega}_{ij}}{\partial t} \tag{2-43}$$

式中：$\boldsymbol{\omega}_{ij}$为反对称旋转张量（对角线元素皆为 0，其他元素正负反对称）。

此外，问题中涉及的弹性刚度矩阵$\boldsymbol{k}_{ij}$对于两组位移场是一样的。

两组结果的边界面力差为

$$\boldsymbol{p}_i=-\boldsymbol{k}_{ij}(u_j^{(1)}-u_j^{(2)})=-\boldsymbol{k}_{ij}u_j \tag{2-44}$$

两组位移场引起的弹性体表面处的张量差$\boldsymbol{\sigma}_{ij}$和表面外法线单位矢量$\boldsymbol{n}_j$以及表面处的面力矢量（差）$\boldsymbol{p}_i$之间存在关系：

$$\boldsymbol{\sigma}_{ij}\boldsymbol{n}_j=\boldsymbol{p}_i \tag{2-45}$$

式中：$\boldsymbol{\sigma}_{ij}=\boldsymbol{\sigma}_{ij}^{(1)}-\boldsymbol{\sigma}_{ij}^{(2)}$。

在上式中，第二项是弹性体内的应变能U_e；第三项积分由于旋转张量$\boldsymbol{\omega}_{ij}$的反对称性以及应力张量$\boldsymbol{\sigma}_{ij}$的对称性而为 0。将上式代入式（2-42）中的第一项积分内就得到了弹性支撑弹性势能的负值$-U_S$。

将方程（2-39）的右边乘以$\frac{\partial u_i}{\partial t}(i=1,2,3)$后做类似的积分处理和推导，结果为

$$\int_{t_0}^{t}\int_V \rho\,\frac{\partial u_i}{\partial t}\,\frac{\partial^2 u_i}{\partial t^2}\mathrm{d}V\mathrm{d}t=\int_V\int_{t_0}^{t}\rho\,\frac{\mathrm{d}}{\mathrm{d}t}\left[\frac{1}{2}\left(\frac{\partial u_i}{\partial t}\right)^2\right]\mathrm{d}t\mathrm{d}V$$
$$=\int_V \frac{1}{2}\rho\left(\frac{\partial u_i}{\partial t}\right)^2\mathrm{d}V=E_k \tag{2-46}$$

式中：E_k 为讨论的弹性体部分的动能。

综合上述结果可得

$$E_k+U_e+U_S=0 \tag{2-47}$$

由于式（2-47）中的三项能量都是非负量，为了满足式（2-47），只有一种可能，即它们都分别为0。动能为0意味着该弹性体各个质点的速度为0，表明弹性体的位移场是常量场；弹性支撑势能为0意味着弹性体边界各点的位移为0，利用问题的初始条件，不难推出整个弹性体的位移场为0。再由位移、应变及应力之间的关系可得结论：整个弹性体处于无应变和无应力状态，这说明该弹性动力学问题只有唯一解。

2.6 弹性体动力学基本方程

2.6.1 位移形式的弹性体动力学基本方程

描述弹性体动力学行为的变量有：位移场变量 u_i，速度场变量 v_i 等运动变量；应变场变量 ε_{ij}，应力场变量 σ_{ij} 等变形内力变量。在前几节里，对这些变量从三个方面进行了分析：

（1）运动学方面，主要分析位移与应变的关系：

$$\varepsilon_{ij}=\frac{1}{2}(u_{i,j}+u_{j,i})$$

（2）物理学方面，主要分析线弹性材料（各向同性体）的本构关系：

$$\sigma_{ij}=\lambda\theta\delta_{ij}+2\mu\varepsilon_{ij}$$

（3）动力学方面，主要给出动量定理：

$$\sigma_{ij,j}+f_i=\frac{\mathrm{d}}{\mathrm{d}t}\rho\dot{u}_i$$

弹性动力学问题多数采用位移解法，因为它在运动学和动力学方面分析其速度与加速度是比较方便的。现取位移场变量 $u(x_i,t)$ 为基本变量，它是三维欧几里得空间域 $x_i(i=1,2,3)$ 和一维时间 t 域内的变量。将上面三个公式结合，得出用位移表示的基本方程（为便于书写，用向量形式写出）：

$$\rho\frac{\partial^2 u}{\partial t^2}=(\lambda+\mu)\nabla(\nabla\cdot u)+\mu\nabla^2 u+f \tag{2-48}$$

式中：$\nabla=\frac{\partial e_1}{\partial x_1}+\frac{\partial e_2}{\partial x_1}+\frac{\partial e_3}{\partial x_1}$，它是时、空域内的非齐次线性偏微分方程组。在时间域和空间域内都是二阶。

2.6.2　边界条件与初始条件

弹性体动力学基本方程（2-48）是非齐次偏微分方程组，它的定解条件是空间域的边界条件和时间域的初始条件，是一个初边值问题。

（1）空间域边界条件。弹性体构型的边界用 S 表示，其上给定的有两类基本边界条件。一类是位移边界条件，在边界 S_u 上，它的位移值给定为$\overline{u_i}$，即 $u_i=\overline{u_i}$；另一类是力的边界条件，在边界 S_t 上，边界力给定为$\overline{t_i}$，即 $\sigma_{ij}u_j=\overline{t_i}$。除了上述基本形式，还可以有综合形式的边界条件，如弹性边界等。

（2）时间域初始条件。弹性体运动的时间历程定义在时间域 $[0,t_m]$。瞬时 $t=0$ 是初始瞬时，其位移值 u_{i0}和动量值 ρv_{i0}是初始条件，即在 $t=0$ 时 $u_i=u_{i0}$，$\rho v_i=\rho v_{i0}$。有的情况下要求时间条件，即初始瞬时（$t=0$）和结束瞬时($t=t_m$)的位移值 $u_i(0)=u_{i0}$，$u_i(t_m)=u_{im}$。

2.6.3　弹性动力学的基本问题及基本解法

弹性动力学问题归结为偏微分方程组的初边值问题。根据是否有外力作用可分为两类：一类是无外力作用的齐次偏微分方程组的边值问题，即弹性体动特性问题；另一类是有外力作用的非齐次偏微分方程组的初边值问题，即弹性体动响应问题。弹性动力学的基本解法有下列三种：

1. 分离变量法

弹性体动特性问题($f=0$)的方程为

$$\rho\frac{\partial^2 u}{\partial t^2}=(\lambda+\mu)\nabla(\nabla\cdot u)+\mu\nabla^2 u \tag{2-49}$$

由偏微分方程（2-49）的性质可见，它的稳态解是把空间变量 x_i 和时间变量 t 分离，采用分离变量法求解，设

$$u=X(x_1,x_2,x_3)T(t) \tag{2-50}$$

将式（2-50）代入偏微分方程（2-49），可得

$$\frac{1}{T}\frac{\partial^2 T}{\partial t^2}=\frac{(\lambda+\mu)\nabla(\nabla\cdot X)}{\rho X}=-\omega^2 \tag{2-51}$$

式（2-51）左边只是时间变量 t 的函数，右边只是空间变量的函数，则它们

必等于一个常数，设为$-\omega^2$，则时间域内的方程为

$$\frac{d^2 T}{dt^2}+\omega^2 T=0 \tag{2-52}$$

式（2-52）给出弹性体在无外力作用时的自由振动是以频率为 ω 的简谐振动。

空间域内的方程为

$$(\lambda+\mu)\nabla(\nabla \cdot X)+\mu \nabla^2 X=-\rho\omega^2 X \tag{2-53}$$

式（2-53）归结为特征值问题，它的定解条件是弹性体的边界条件。

2. 拉普拉斯变换法

将方程（2-48）作拉普拉斯变换，设拉普拉斯变量为 s，拉普拉斯变换后的方程为

$$\rho(s^2 u-su_0-v_0)=(\lambda+\mu)\nabla(\nabla \cdot u)+\mu \nabla^2 u+f \tag{2-54}$$

其中，u 是位移函数 u 的拉普拉斯变换式。当无外载荷作用时它的初值为零，可得出与式（2-53）相同的结果来分析弹性体的动特性问题。引入弹性体的初值条件可分析它的自由振动规律。弹性体的动响应问题是个非齐次线性偏微分方程组的初边值问题。经拉普拉斯变换后，把初值条件转化为外力，得

$$\rho s^2 u-(\lambda+\mu)\nabla(\nabla \cdot u)-\mu \nabla^2 u=f+\rho su_0-\rho v_0 \tag{2-55}$$

把初边值问题转化为边值问题，转化为空间域的微分方程组来进行求解。

3. 波传播法

作用在弹性体上的任意力向量 $\boldsymbol{f}$ 总可分解为两部分：一是具有标量位函数 $\boldsymbol{P}$ 的力向量，一是具有向量位函数 $\boldsymbol{R}$ 的力向量，即

$$\boldsymbol{f}=\nabla P+\nabla\times R \tag{2-56}$$

在这种情况下，它的位移解同样相应地可由两部分组成，即

$$\boldsymbol{u}=\nabla \Phi+\nabla\times R \tag{2-57}$$

于是，基本方程（2-48）化为两个方程：

（1）标量方程（梯度方程）是无旋转的体积变化波动方程：

$$\rho\frac{\partial^2 u}{\partial t^2}=(\lambda+2\mu)\nabla^2\Phi+P \tag{2-58}$$

式中：$c_1^2=\dfrac{(\lambda+2\mu)}{\rho}$为体积膨胀波的波速平方。

（2）向量方程（旋度方程）是无体积变化的剪切波动方程：

$$\rho\frac{\partial^2 u}{\partial t^2}=\mu \nabla^2\Psi+R \tag{2-59}$$

式中：$c_2^2=\dfrac{\mu}{\rho}$为剪切波的波速平方。

上列方程为初值问题，采用弹性介质中波传播法来研究弹性体动力学问题。弹性动力学问题可以灵活地采用上述的基本解法来求解。上面着重分析时间域内的解法，把时间看作连续变化的参数，分析的是时间域内的微分方程。在空间域内的解法将在后面章节作进一步的分析。

2.7 弹性动力学问题的定解方程

在连续介质力学中，仅考虑低速（与光速比）情形，考虑到物理场和介质场的非均匀性，常采用取微元的办法研究问题。在这里，对于选取的微元体（多为平行正六面体）进行受力分析，利用牛顿定律可得张量形式的微分方程（对应三个标量方程）：

$$\frac{\partial \sigma_{ij}}{\partial x_j}+\rho f_i=\rho \frac{\partial^2 u_i}{\partial t^2} \tag{2-60}$$

式中：$\sigma_{ij}(i,j=1,2,3)$为应力张量；ρ 为弹性体质量密度；$\mu_i(i=1,2,3)$为位移；$f_i(i=1,2,3)$为弹性体单位质量的体积力。

若假定弹性体发生的是小变形，则通过单元体的连续小变形几何位移分析，可推导出弹性体内应变场和位移场之间的微分几何关系为

$$\varepsilon_{ij}=\frac{1}{2}\left(\frac{\partial u_i}{\partial x_j}+\frac{\partial u_j}{\partial x_j}\right) \tag{2-61}$$

式中：$\varepsilon_{ij}(i,j=1,2,3)$为应变张量；$x_i(i,j=1,2,3)$为质点的位置坐标。

对于均质、连续且各向同性的线弹性体而言，由胡克定律可知其线性本构关系为

$$\sigma_{ij}=\lambda\varepsilon_{kk}\delta_{ij}+2\mu\varepsilon_{ij} \tag{2-62}$$

式中：λ、μ 分别为弹性介质材料的拉梅常数和剪切模量；δ_{ij}为单位脉冲函数，即

$$\delta_{ij}=\begin{cases}1, i=j\\0, i\neq j\end{cases} \tag{2-63}$$

式中：ε_{kk}为弹性体内的体积应变，可表示为 $\varepsilon_{kk}=\theta=\varepsilon_{xx}+\varepsilon_{yy}+\varepsilon_{zz}=\varepsilon_{11}+\varepsilon_{22}+\varepsilon_{33}$；对单元体列出动量矩守恒方程组，容易证明应力张量 σ_{ij}是二阶对称张量。从式（2-61）可看出，应变张量 ε_{ij}也是二阶对称张量。

要从上述偏微分方程组确定未知的位移 $u_i(i=1,2,3)$、应力张量 σ_{ij}和应变张量 ε_{ij}，还要考虑实际问题的边界条件和初始条件；当问题涉及无穷大弹性体时，尚需要给出无穷远条件（指辐射条件）。在弹性动力学问题中，最常见的边界条件有：

(1) 边界位移已知的位移边界条件。

(2) 边界应力已知的应力边界条件。

(3) 边界面力和边界位移满足的弹性支撑条件。

(4) 混合边界条件，即考察的弹性体边界的不同部分或同一部分具有上述三种边界条件的不同组合形式。

线弹性动力学问题初始条件一般给定的是弹性体的局部或整体在初始时刻的位移分布和速度分布，有时也可能给出弹性体在初始时刻其他形式的条件(如碰撞或爆炸的冲量条件等)，但最终均可等效为初始位移分布和初始速度分布的条件。总之，具有边界表面 S 的均质、各向同性的线弹性体的动力学定解问题的数学模型可归结为由式（2-60）、式（2-62）组成的泛定方程及如下形式的边界条件和初始条件。

边界条件：

$$\begin{cases} u_i\,|_S = u_i^{(S)}, & i=1,2,3 \\ \sigma_{ij} n_j\,|_S = p_i^{(S)}, & i,j=1,2,3 \\ (p_i + k_{ij} u_j)\,|_S = 0 \end{cases} \tag{2-64}$$

式中：$p_i(i=1,2,3)$ 为问题边界上的外部分布面力；$n_j(j=1,2,3)$ 为问题考虑的弹性体外部边界上点的外法线方向余弦或方向数；$k_{ij}(i,j=1,2,3)$ 为弹性体边界上的弹性约束分布系数；$u_i^{(S)}$ 、$p_i^{(S)}(i=1,2,3)$ 分别为 S 面上的已知位移和已知面力。

初始条件：

$$u_i(x_j, t_0) = u_i^{(0)}(x_j), \quad i,j=1,2,3 \tag{2-65}$$

$$\frac{\partial u_i(x_j, t_0)}{\partial t} = v_i^{(0)}(x_j), \quad i,j=1,2,3 \tag{2-66}$$

式中：$u_i^{(0)}$ 、$v_i^{(0)}(i=1,2,3)$ 分别为初始时刻 t_0 时弹性介质的位移分布场和速度分布场。

2.8 弹性动力学中的基本波

2.8.1 常见的简单波

从理论上讲，当波的相位面或波的波阵面是一个无限大平面时，这类波就是平面波。例如，假设空间函数 $S(x)$ 只与一个直角坐标分量 x 有关，则约化方程就变成了一个一元函数的常微分方程：

$$\frac{d^2S}{dx^2}+K^2S=0 \tag{2-67}$$

其解 $S(x)=\exp(\pm iKx)$，与时间因子 $\exp(\pm i\omega t)$ 组合起来，就得到了波动方程的波函数解：

$$\psi(x,t)=A\exp[\pm(Kx\pm\omega t)] \tag{2-68}$$

式中：A 是常数，表示波的振幅。

方程（2-68）是简谐波，代表着两种传播方向相反的平面波。同时，它又是一个单色波，因为它只有一个频率。容易证明，该波的传播速度就是相速度，即等相面在介质中的传播速度。此外，简谐波是周期性波，也是最简单的波，其他任何复杂形式的周期波都可以借助于傅里叶级数展开分解为这种具有不同频率简谐波的叠加，该过程也称频谱分析。作为最简单的波，简谐波几乎包含了波的所有特征和概念。下面对简谐波的主要概念作一简单介绍。

（1）波速：波在其传播方向上单位时间内走过的距离。它与周期 T 和波长 λ 之间存在关系：$c=\lambda/T$。

（2）相位：一种反映波动状态的物理量，代表了波动现象每一时刻的状态。

（3）振幅：波在其振动方向上的最大幅值。

（4）周期：波在其传播方向上前进一个波长的距离所需要的时间。

（5）波长：在一个周期内振动状态传播的距离，即在同一波线上两个相邻的、相位差为 2π 的质点之间的距离。

（6）波矢：矢量，代表了波的传播方向，从数量上说，它表示在波的传播方向上单位长度内所含有的波长数。通常，把在 2π 长度内所含有的波长数称为角波数，简称为波数，用 $\boldsymbol{K}$ 表示，定义为

$$\boldsymbol{K}=2\pi/\lambda=\omega/c$$

（7）圆周频率：在研究简谐振动和波动现象时，有时用一个动点以一定的半径和角速度做圆周运动来说明问题，即采用动点在 x 轴或 y 轴上的投影来表示介质质点的周期性振动。其中，动点的圆周角速度即为简谐振动或波动的圆频率。它与周期 T、频率 v 的关系为

$$\omega=2\pi/T=2\pi v$$

（8）频率：介质质点或某种物理量在单位时间内完成的周期性运动（或变化）的次数。

另外，容易看出，当波的传播方向并不是沿着某一坐标轴而是沿着空间任意方向时，在方程（2-68）中，复指数项里的 Kx 应该代换为以波数矢量 $\boldsymbol{K}$ 与点的位置矢量 $\boldsymbol{x}$ 或 $\boldsymbol{r}$ 的点乘积 $\boldsymbol{K}\cdot\boldsymbol{x}$ 或 $\boldsymbol{K}\cdot\boldsymbol{r}$，这也说明了波数矢量的确代表了

波的传播方向。

对于柱面波，则说明其相位面或波振面一定是柱面，这也就意味着波函数与其中的一个空间坐标无关。假设该坐标为 z，这样空间坐标函数 $S(x,y,z)$ 在柱坐标系 (r,θ,z) 下，将只是极径 r 和极角 θ 的函数。其中，极径 r 和极角 θ 与直角坐标 x、y 之间的关系为

$$\begin{cases} r=\sqrt{x^2+y^2} \\ \theta=\arctan\dfrac{y}{x} \end{cases} \tag{2-69}$$

方程（2-67）可变换为

$$\frac{\partial^2 S}{\partial r^2}+\frac{1}{r}\frac{\partial S}{\partial r}+\frac{1}{r^2}\frac{\partial^2 S}{\partial \theta^2}+K^2S=0 \tag{2-70}$$

为讨论方便，下面仅考虑轴对称的情况，此时空间函数（约化波函数）S 仅与极径 r 有关，与极角 θ 无关。方程（2-70）简化为

$$\frac{\partial^2 S}{\partial r^2}+\frac{1}{r}\frac{\partial S}{\partial r}+K^2S=0 \tag{2-71}$$

上述方程是以 K_r 为宗量的零阶贝塞尔方程，其两个线性无关解分别是零阶第一类汉克尔函数和零阶第二类汉克尔函数，这两个函数与时间因子的组合称为方程的时间谐和柱面波。当 r 很大时，汉克尔函数的渐近表达式为

$$\begin{cases} H_0^{(1)}(kr)=\sqrt{\dfrac{2}{(\pi kr)}}\mathrm{e}^{\mathrm{i}\left(kr-\frac{\pi}{4}\right)}+0(r^{-\frac{2}{3}}) \\ H_0^{(2)}(kr)=\sqrt{\dfrac{2}{(\pi kr)}}\mathrm{e}^{-\mathrm{i}\left(kr-\frac{\pi}{4}\right)}+0(r^{-\frac{2}{3}}) \end{cases}$$

从上面两式容易看出：

（1）当 r 很大时，柱面波与平面波有类似的表达形式。

（2）两者均表示由坐标原点向外传播的波，又称发散波。

（3）两者均表示由无穷远向坐标原点会聚的波，又称会聚波。

（4）上述汉克尔函数的渐近表达式在波的远场分析和散射截面的近似分析计算中具有重要应用。

对于非对称情形，应采用分离变量法对极径 r 和极角 θ 再进行分离，分别得到关于极径 r 和极角 θ 的未知函数满足的常微分方程；再利用问题的已知条件确立它们满足的定解问题，求得其解后，采用线性叠加原理得到原问题的空间函数解。

众所周知，现实中的波都是三维波，详细研究三维空间中的波动现象更具有包容性和代表意义，但难度也是比较大的。当问题涉及的边界是球形或球弧

面时，在球坐标系下研究问题是方便的。假设在球坐标系中，点的位置矢量 $\boldsymbol{x}$ 的模是 R；矢量 $\boldsymbol{x}$ 与 z 轴的夹角为 0°；矢量 $\boldsymbol{x}$ 在 (x,y) 平面上的投影分量与 x 轴的夹角为 φ。则由直角坐标系 (x,y,z) 与球坐标系 (r,φ,z) 之间的变换关系：

$$\begin{cases} x=r\sin\theta\cos\phi \\ y=\sin\theta\sin\phi \\ z=r\cos\phi \end{cases} \tag{2-72}$$

可知，方程（2-71）可变换为

$$\frac{1}{r^2}\frac{\partial}{\partial r}\left(R^2\frac{\partial S}{\partial r}\right)+\frac{1}{r^2\sin\theta}\frac{\partial}{\partial\theta}\left(\sin\theta\frac{\partial S}{\partial\theta}\right)+\frac{1}{r^2\sin^2\phi}\frac{\partial^2 S}{\partial\phi^2}+K^2S=0 \tag{2-73}$$

方程（2-73）仍可采用分离变量法求解。下面仅以中心球对称的特殊情形为例来考虑球面波的特点。在这种情况下，空间坐标函数 $S(r,\varphi,\theta)$ 只与 r 有关，而与 φ、θ 无关。此时方程（2-73）转化为

$$\frac{1}{r^2}\frac{\mathrm{d}}{\mathrm{d}r}\left(r^2\frac{\mathrm{d}S}{\mathrm{d}r}\right)+K^2S=0 \tag{2-74}$$

方程（2-74）的两个线性无关解为 $\frac{1}{r}\mathrm{e}^{\mathrm{i}Kr}$ 和 $\frac{1}{r}\mathrm{e}^{-\mathrm{i}Kr}$。它们与时间因子 $\mathrm{e}^{\pm\mathrm{i}\omega t}$ 组合成的时间谐和球面波分别表示由坐标原点向外传播的发散波和由无穷远向坐标原点会聚的波。从前面柱面波部分和此处的球面波部分都能看出：它们两者的波函数中都含有振幅衰减因子。这主要是波源发射出来的能量被逐步扩大的波阵面分散了的缘故。

同样，当涉及的球面波问题是非球对称的，则波函数与 (r,φ,z) 都有关系，应采用分离变量法进行讨论，这会涉及球贝塞尔函数和勒让德函数等特殊函数。

2.8.2　位移位表示的波动方程

若不计体力项，则式（2-19）和式（2-20）满足齐次波动方程：

$$(\lambda+G)\nabla(\nabla\cdot u)+G\Delta u=\rho\frac{\partial^2 u}{\partial t^2} \tag{2-75}$$

$$(\lambda+2G)\nabla(\nabla\cdot u)-G\nabla\times(\nabla\times u)=\rho\frac{\partial^2 u}{\partial t^2} \tag{2-76}$$

根据分解亥姆霍兹定理，任何一个矢量场都可以分解为两个矢量场之和：

$$\boldsymbol{u}=\boldsymbol{u}_{\mathrm{P}}+\boldsymbol{u}_{\mathrm{S}} \tag{2-77}$$

式中

$$\begin{cases}\boldsymbol{u}_{\mathrm{P}}=\mathrm{grad}\boldsymbol{\Phi}=\nabla\ \boldsymbol{\Phi}\\ \boldsymbol{u}_{\mathrm{S}}=\mathrm{rot}\boldsymbol{\Psi}=\nabla\times\boldsymbol{\Psi}\end{cases}\tag{2-78}$$

式中：$\boldsymbol{\Phi}$ 和 $\boldsymbol{\Psi}$ 分别称为位移矢量 $\boldsymbol{u}$ 的标量位和矢量位；$\boldsymbol{u}_{\mathrm{P}}$为标量位的梯度，其旋度为零，称为无旋场；$\boldsymbol{u}_{\mathrm{S}}$为矢量位的旋度，其散度为零。

若矢量位 $\boldsymbol{\Psi}=\boldsymbol{\Psi}_X i+\boldsymbol{\Psi}_Y j\boldsymbol{\Psi}_Z k$，则可得直角坐标系中位移分量为

$$\begin{cases}u=\dfrac{\partial\boldsymbol{\Phi}}{\partial x}+\dfrac{\partial\boldsymbol{\Psi}_z}{\partial y}-\dfrac{\partial\boldsymbol{\Psi}_y}{\partial z}\\ v=\dfrac{\partial\boldsymbol{\Phi}}{\partial y}+\dfrac{\partial\boldsymbol{\Psi}_x}{\partial z}-\dfrac{\partial\boldsymbol{\Psi}_z}{\partial x}\\ w=\dfrac{\partial\boldsymbol{\Phi}}{\partial z}+\dfrac{\partial\boldsymbol{\Psi}_y}{\partial x}-\dfrac{\partial\boldsymbol{\Psi}_x}{\partial y}\end{cases}\tag{2-79}$$

2.8.3 纵波与横波

在均匀各向同性完全弹性介质中，存在着两种相互独立的弹性波。图 2.2 为波在时间和空间的分布示意图。

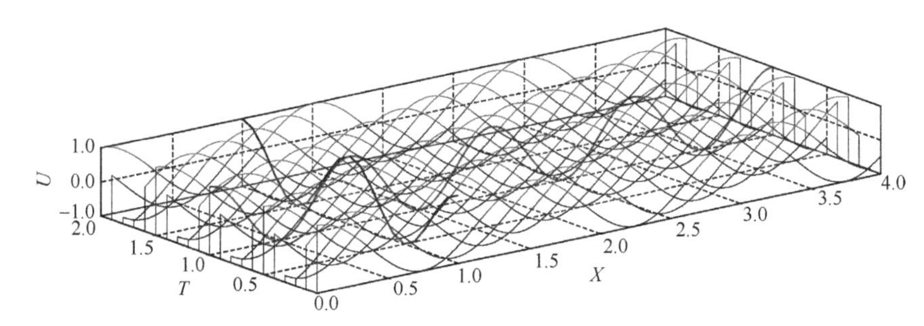

图 2.2　波在时间和空间的分布示意图

一种波的传播速度是 c_{P}。这种波传播时，介质某一区域的体积变化，即膨胀或压缩，在这种状态下介质质点围绕其平衡位置往返运动，单元体不旋转，这种类型的波动称为无旋波或纵波。

另一种波的传播速度是 c_{S}。这种波传播时，运动形式是弹性介质单元体旋转，而不是发生膨胀或压缩现象，这种波称为旋转波。这种类型的波动，介质质点位移方向与振动传播方向相互垂直，因而也称为横波、剪切波。图 2.3 为剪切波即 SH 波的传播示意图。

纵波与横波传播速度之比可以表示为

$$\gamma=\frac{c_{\mathrm{P}}}{c_{\mathrm{S}}}=\sqrt{\frac{\lambda+2G}{G}}=\sqrt{\frac{2(1-c)}{1-2c}}\tag{2-80}$$

由于 $0<c<0.5$，因此 $\gamma>1$，即 $c_P>c_S$，可见纵波速度大于横波速度，纵波总是先于横波到达，所以又称纵波为 P 波，横波为 S 波。在均匀各向同性完全弹性介质中，纵波和横波分别以速度 v_P 和 v_S 独立地传播。纵波不能激发横波，横波也不能激发纵波。

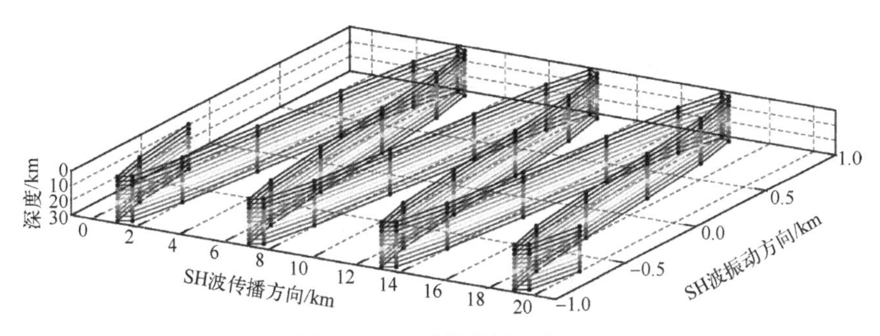

图 2.3　SH 波的传播示意图

2.8.4　波动方程的一般形式

各种形式的非齐次波动方程可以归纳为统一形式，即

$$\nabla^2 w-\frac{1}{c^2}\frac{\partial^2 w}{\partial t^2}=-F \tag{2-81}$$

式中：$w=w(x,y,z,t)$ 为波函数，可以代表纵波和横波的各种物理量，如位移位、位移、体变系数、转动矢量等；c 表示波的传播速度。

当外力作用停止以后或者在没有外力作用的介质部分，讨论已经发生的弹性振动在介质中的传播情况，使用齐次波动方程：

$$\nabla^2 w-\frac{1}{c^2}\frac{\partial^2 w}{\partial t^2}=0 \tag{2-82}$$

2.8.5　初值条件与边值条件

$$\begin{cases} w(x,y,z,t)\big|_{t=0}=w_0(x,y,z) \\ \left.\dfrac{\partial w(x,y,z,t)}{\partial t}\right|_{t=0}=w_0'(x,y,z) \end{cases} \tag{2-83}$$

称为初值条件。若在 $t=0$ 时刻以前介质是静止的，其位移和速度均为零，则初值条件可表示为

$$\begin{cases} w_0(x,y,z,t)=0 \\ w_0'(x,y,z)=0 \end{cases} \tag{2-84}$$

给定边界条件的方法有三种：

（1）在函数求解区域的边界 S 上给定 $t\geqslant 0$ 时待求解的函数值为

$$w(x,y,z,t)\mid_S = w_1(x,y,z,t),\quad t\geqslant 0$$

（2）在函数求解区域的边界 S 上给定 $t\geqslant 0$ 时待求函数对边界外法线 n 的导数值为

$$\frac{\partial w(x,y,z,t)}{\partial n}\mid_S = w_1'(x,y,z,t),\quad t\geqslant 0$$

（3）在部分边界 S_1 上给定位移边界条件，在另一部分边界 S_2 上给定应力边界条件，则有

$$\begin{cases} w(x,y,z,t)\mid_{S_1} = w_1(x,y,z,t), & t\geqslant 0 \\ \left.\dfrac{\partial w(x,y,z,t)}{\partial t}\right|_{S_2} = w_1'(x,y,z,t), & t\geqslant 0 \end{cases}$$

2.8.6 Sommerfeld 辐射条件

在分界面上，两边介质的应力应该相等。在空间直角坐标系 $oxyz$ 内，取 $z=0$ 为两种弹性不同的介质分界面，xoy 面在各个点上与分界面相切，$z=0$ 时的应力连续条件可以写成

$$\begin{cases} \tau_{zx}^1 = \tau_{zx}^2 \\ \tau_{zy}^1 = \tau_{zy}^2 \\ \sigma_{zz}^1 = \sigma_{zz}^2 \end{cases} \tag{2-85}$$

式中：上标 1、2 表示 $z=0$ 的两侧。

如果弹性体的体积趋于无穷大，必须在无穷远处满足索末菲（Sommerfeld）辐射条件。根据分离变量法，式（2-82）的解需要满足条件为

$$\lim_{r\to\infty} r^{\frac{n-1}{2}} |\Gamma| \leqslant A \tag{2-86}$$

式中：r 表示 n 维空间中的位置矢径；A 表示有限常数；Γ 为方程的解。

辐射条件可表示为

$$\lim_{r\to\infty} r^{\frac{n-1}{2}} \left(\frac{\partial \Gamma}{\partial r} - \mathrm{i}k\Gamma\right) = 0 \tag{2-87}$$

当 r 非常大时，波可以近似看成向外传播的平面波。

2.9 SH 波的应力-位移关系

当波前面与一个坐标轴平行时，如与 z 轴平行，此时，方向余弦 $\cos\gamma = 0$。

这样波前面在 z 轴的方向上无限延伸，波函数与坐标 z 无关，即

$$\frac{\partial}{\partial z}=0$$

此时，式（2-79）中对 z 的导数项变为零，则式（2-79）变为

$$\begin{cases} u=\dfrac{\partial \boldsymbol{\Phi}}{\partial x}+\dfrac{\partial \boldsymbol{\Psi}_z}{\partial y} \\ v=\dfrac{\partial \boldsymbol{\Phi}}{\partial y}-\dfrac{\partial \boldsymbol{\Psi}_z}{\partial x} \\ w=\dfrac{\partial \boldsymbol{\Psi}_y}{\partial x}-\dfrac{\partial \boldsymbol{\Psi}_x}{\partial y} \end{cases} \tag{2-88}$$

2.9.1　直角坐标系下 SH 波应力-位移关系

当波函数与坐标 z 无关，即满足公式$\dfrac{\partial}{\partial z}=0$时，应力-位移关系可简化为

$$\begin{cases} \sigma_{xx}=(\lambda+2G)\dfrac{\partial u}{\partial x}+\lambda\dfrac{\partial v}{\partial y} \\ \sigma_{yy}=\lambda\dfrac{\partial u}{\partial x}+(\lambda+2G)\dfrac{\partial v}{\partial y} \\ \sigma_{zz}=\lambda\dfrac{\partial u}{\partial x}+\lambda\dfrac{\partial v}{\partial y} \end{cases} \tag{2-89}$$

$$\begin{cases} \tau_{xy}=G\left(\dfrac{\partial u}{\partial y}+\dfrac{\partial v}{\partial x}\right) \\ \tau_{yz}=G\dfrac{\partial w}{\partial y} \\ \tau_{zx}=G\dfrac{\partial w}{\partial x} \end{cases} \tag{2-90}$$

对于 SH 波，只有 w 方向的位移，u 和 v 方向的位移都是 0，则根据式（2-89）和式（2-90）可得 SH 波的应力-位移关系为

$$\begin{cases} \tau_{zx}^{\mathrm{SH}}=G\dfrac{\partial w}{\partial x} \\ \tau_{zy}^{\mathrm{SH}}=G\dfrac{\partial w}{\partial y} \end{cases} \tag{2-91}$$

即对于 SH 波，只有两个方向的应力有意义，其余恒为零。

2.9.2 柱坐标系下 SH 波应力-位移关系

当波函数与坐标 z 无关，即满足公式$\frac{\partial}{\partial z}=0$时，应力-位移关系可以表示为

$$\begin{cases}\sigma_r=(\lambda+2G)\frac{\partial u_r}{\partial r}+\frac{\lambda}{r}\frac{\partial u_\theta}{\partial\theta}+\frac{\lambda}{r}u_r\\ \sigma_\theta=\lambda\frac{\partial u_r}{\partial r}+\frac{\lambda+2G}{r}\frac{\partial u_\theta}{\partial\theta}+\frac{\lambda+2G}{r}u_r\\ \sigma_z=\lambda\frac{\partial u_r}{\partial r}+\frac{\lambda}{r}\frac{\partial u_\theta}{\partial\theta}+\frac{\lambda}{r}u_r\end{cases}\tag{2-92}$$

$$\begin{cases}\tau_{r\theta}=G\frac{\partial u_\theta}{\partial r}+\frac{G}{r}\frac{\partial u_r}{\partial\theta}-\frac{G}{r}u_\theta\\ \tau_{zr}=G\frac{\partial w}{\partial r}\\ \tau_{z\theta}=\frac{G}{r}\frac{\partial w}{\partial\theta}\end{cases}\tag{2-93}$$

柱坐标系下质点运动与坐标系如图 2.4 所示。

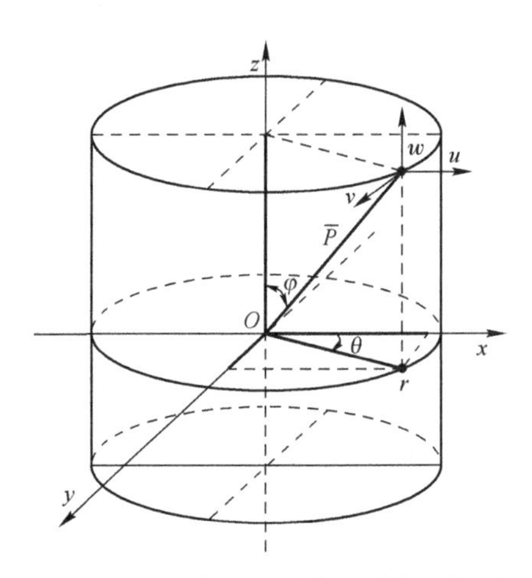

图 2.4　柱坐标系下质点运动与坐标系

对于 SH 波，因为只有 z 方向的位移分量 w，根据式（2-88）可知 $u_r=0$、$u_\theta=0$。所以由式（2-92）和式（2-93）可得

$$\begin{cases} \tau_{zr}^{\mathrm{SH}} = G\dfrac{\partial w}{\partial r} \\ \tau_{z\theta}^{\mathrm{SH}} = \dfrac{G}{r}\dfrac{\partial w}{\partial \theta} \end{cases} \tag{2-94}$$

2.9.3 复平面内 SH 波应力-位移关系

1. 复平面内直角坐标系应力-直角坐标系位移关系

根据式（2-88），将式（2-91）表示为复平面$(z,\bar{z})$内 SH 波的直角坐标系应力-位移表达式：

$$\begin{cases} \tau_{zx,(z,\bar{z})}^{\mathrm{SH}} = G\left(\dfrac{\partial w}{\partial z}+\dfrac{\partial w}{\partial \bar{z}}\right) \\ \tau_{zy(z,\bar{z})}^{\mathrm{SH}} = \mathrm{i}G\left(\dfrac{\partial w}{\partial z}-\dfrac{\partial w}{\partial \bar{z}}\right) \end{cases} \tag{2-95}$$

2. 复平面内极坐标系应力-直角坐标系位移关系

根据式（2-88）和式（2-94）可得，在复平面$(z,\bar{z})$内 SH 波的极坐标系应力-直角坐标系位移的表达式为

$$\begin{cases} \tau_{zx,(z,\bar{z})}^{\mathrm{SH}} = G\left(\dfrac{\partial w}{\partial z}\mathrm{e}^{\mathrm{i}\theta}+\dfrac{\partial w}{\partial \bar{z}}\mathrm{e}^{-\mathrm{i}\theta}\right) \\ \tau_{zy(z,\bar{z})}^{\mathrm{SH}} = \mathrm{i}G\left(\dfrac{\partial w}{\partial z}\mathrm{e}^{\mathrm{i}\theta}-\dfrac{\partial w}{\partial \bar{z}}\mathrm{e}^{-\mathrm{i}\theta}\right) \end{cases} \tag{2-96}$$

2.10 亥姆霍兹方程和保角变换

2.10.1 直角坐标系下的亥姆霍兹方程

根据拉普拉斯算符在直角坐标系(o,x,y)下的运算法则，得到亥姆霍兹方程：

$$\frac{\partial^2 w(x,y)}{\partial x^2}+\frac{\partial^2 w(x,y)}{\partial y^2}+k^2 w(x,y)=0 \tag{2-97}$$

由弹性理论的有关知识可知，直角坐标系下弹性体的本构方程如下：

$$\begin{cases} \tau_{xy} = \mu\left(\dfrac{\partial u}{\partial y}+\dfrac{\partial v}{\partial x}\right) \\ \tau_{yz} = \mu\left(\dfrac{\partial v}{\partial z}+\dfrac{\partial w}{\partial y}\right) \\ \tau_{zx} = \mu\left(\dfrac{\partial w}{\partial x}+\dfrac{\partial u}{\partial z}\right) \end{cases} \tag{2-98}$$

将位移条件式（2-97）代入式（2-98），可以得到直角坐标系下的应力分量：

$$\begin{cases}\tau_{xz}=\mu\dfrac{\partial w(x,y)}{\partial x}\\\tau_{yz}=\mu\dfrac{\partial w(x,y)}{\partial y}\end{cases}\tag{2-99}$$

2.10.2 柱坐标系下的亥姆霍兹方程

由于出平面波动的特性，其波阵面为一平面或者柱面，其位移函数与空间坐标 z 无关，空间坐标在柱坐标系(o,r,θ,z)下将只是极坐标系中半径和角度的函数，可以简化为极坐标中的问题。

根据拉普拉斯算符在极坐标系(o,r,θ)下的运算法则，得到亥姆霍兹方程：

$$\frac{\partial^2 w(r,\theta)}{\partial r^2}+\frac{1}{r}\frac{\partial w(r,\theta)}{\partial r}+\frac{1}{r^2}\frac{\partial^2 w(r,\theta)}{\partial\theta^2}+k^2w(r,\theta)=0\tag{2-100}$$

由弹性理论的有关知识可知，柱坐标系下弹性体的本构方程如下：

$$\begin{cases}\tau_{r\theta}=\mu\dfrac{\partial w_\theta}{\partial r}+\dfrac{\mu}{r}\dfrac{\partial w_r}{\partial\theta}-\dfrac{\mu}{r}w_\theta\\\tau_{rz}=\mu\dfrac{\partial w}{\partial r}\\\tau_{\theta z}=\dfrac{\mu}{r}\dfrac{\partial w}{\partial\theta}\end{cases}\tag{2-101}$$

式中：w_r 为径向位移；w_θ 为切向位移，两者在 SH 波的传播平面均为 0，因此，柱坐标系下的应力分量为

$$\begin{cases}\tau_{rz}=\mu\dfrac{\partial w(r,\theta)}{\partial r}\\\tau_{\theta z}=\dfrac{\mu}{r}\dfrac{\partial w(r,\theta)}{\partial\theta}\end{cases}\tag{2-102}$$

2.10.3 复平面下的亥姆霍兹方程

根据本章中给出的复变函数与直角坐标系和柱坐标系的对应关系与复平面$(z,\bar{z})$的求导法则式（2-95），可得到 SH 波复平面下的亥姆霍兹方程（2-103）和相对应的应力分量式（2-104）与式（2-105）：

$$\frac{\partial^2 w(z,\bar{z})}{\partial z\partial\bar{z}}+\frac{1}{4}k^2w(z,\bar{z})=0\tag{2-103}$$

$$\begin{cases}\tau_{xz}=\mu\left(\dfrac{\partial w(z,\bar{z})}{\partial z}+\dfrac{\partial w(z,\bar{z})}{\partial \bar{z}}\right)\\ \tau_{yz}=\mu\mathrm{i}\left(\dfrac{\partial w(z,\bar{z})}{\partial z}-\dfrac{\partial w(z,\bar{z})}{\partial \bar{z}}\right)\end{cases}\tag{2-104}$$

$$\begin{cases}\tau_{rz}=\mu\left[\dfrac{\partial w(z,\bar{z})}{\partial z}\left(\dfrac{z}{\bar{z}}\right)^{\frac{1}{2}}+\dfrac{\partial w(z,\bar{z})}{\partial \bar{z}}\left(\dfrac{\bar{z}}{z}\right)^{\frac{1}{2}}\right]\\ \tau_{\theta z}=\mu\mathrm{i}\left[\dfrac{\partial w(z,\bar{z})}{\partial z}\left(\dfrac{z}{\bar{z}}\right)^{\frac{1}{2}}-\dfrac{\partial w(z,\bar{z})}{\partial \bar{z}}\left(\dfrac{\bar{z}}{z}\right)^{\frac{1}{2}}\right]\end{cases}\tag{2-105}$$

直角坐标系、极坐标系与复平面的一阶求导法则：

$$\begin{cases}\dfrac{\partial}{\partial z}=\dfrac{1}{2}\left(\dfrac{\partial}{\partial x}-\mathrm{i}\dfrac{\partial}{\partial y}\right)=\dfrac{1}{2}\left(\dfrac{\partial}{\partial r}-\dfrac{\mathrm{i}}{r}\dfrac{\partial}{\partial \theta}\right)\mathrm{e}^{-\mathrm{i}\theta}\\ \dfrac{\partial}{\partial \bar{z}}=\dfrac{1}{2}\left(\dfrac{\partial}{\partial x}+\mathrm{i}\dfrac{\partial}{\partial y}\right)=\dfrac{1}{2}\left(\dfrac{\partial}{\partial r}+\dfrac{\mathrm{i}}{r}\dfrac{\partial}{\partial \theta}\right)\mathrm{e}^{\mathrm{i}\theta}\end{cases}\tag{2-106}$$

$$\begin{cases}\dfrac{\partial}{\partial x}=\dfrac{\partial}{\partial z}+\dfrac{\partial}{\partial \bar{z}}\\ \dfrac{\partial}{\partial y}=\mathrm{i}\left(\dfrac{\partial}{\partial z}-\dfrac{\partial}{\partial \bar{z}}\right)\end{cases}\tag{2-107}$$

$$\begin{cases}\dfrac{\partial}{\partial r}=\dfrac{z}{|z|}\dfrac{\partial}{\partial z}+\dfrac{\bar{z}}{|z|}\dfrac{\partial}{\partial \bar{z}}\\ \dfrac{\partial}{\partial \theta}=\mathrm{i}z\dfrac{\partial}{\partial z}-\mathrm{i}\bar{z}\dfrac{\partial}{\partial \bar{z}}\end{cases}\tag{2-108}$$

直角坐标系、极坐标系与复平面的二阶求导法则：

$$\begin{cases}\dfrac{\partial^2}{\partial z^2}=\dfrac{1}{4}\left(\dfrac{\partial^2}{\partial x^2}-\dfrac{\partial^2}{\partial y^2}\right)-\dfrac{\mathrm{i}}{2}\dfrac{\partial^2}{\partial x\partial y}=\dfrac{\mathrm{e}^{-\mathrm{i}2\theta}}{4}\dfrac{\partial^2}{\partial r^2}-\dfrac{\mathrm{e}^{-\mathrm{i}2\theta}}{4r^2}\dfrac{\partial^2}{\partial \theta^2}-\dfrac{\mathrm{i}\mathrm{e}^{-\mathrm{i}2\theta}}{2r}\dfrac{\partial^2}{\partial r\partial \theta}-\dfrac{\mathrm{e}^{-\mathrm{i}2\theta}}{4r}\dfrac{\partial}{\partial r}+\dfrac{\mathrm{i}\mathrm{e}^{-\mathrm{i}2\theta}}{2r^2}\dfrac{\partial}{\partial \theta}\\ \dfrac{\partial^2}{\partial z\partial \bar{z}}=\dfrac{1}{4}\left(\dfrac{\partial^2}{\partial x^2}+\dfrac{\partial^2}{\partial y^2}\right)=\dfrac{1}{4}\dfrac{\partial^2}{\partial r^2}+\dfrac{1}{4r^2}\dfrac{\partial^2}{\partial \theta^2}+\dfrac{1}{4r}\dfrac{\partial}{\partial r}\\ \dfrac{\partial^2}{\partial \bar{z}^2}=\dfrac{1}{4}\left(\dfrac{\partial^2}{\partial x^2}-\dfrac{\partial^2}{\partial y^2}\right)+\dfrac{\mathrm{i}}{2}\dfrac{\partial^2}{\partial x\partial y}=\dfrac{\mathrm{e}^{\mathrm{i}2\theta}}{4}\dfrac{\partial^2}{\partial r^2}-\dfrac{\mathrm{e}^{\mathrm{i}2\theta}}{4r^2}\dfrac{\partial^2}{\partial \theta^2}+\dfrac{\mathrm{i}\mathrm{e}^{\mathrm{i}2\theta}}{2r}\dfrac{\partial^2}{\partial r\partial \theta}-\dfrac{\mathrm{e}^{\mathrm{i}2\theta}}{4r}\dfrac{\partial}{\partial r}-\dfrac{\mathrm{i}\mathrm{e}^{\mathrm{i}2\theta}}{2r^2}\dfrac{\partial}{\partial \theta}\end{cases}\tag{2-109}$$

$$\begin{cases}\dfrac{\partial^2}{\partial x^2}=\dfrac{\partial^2}{\partial z^2}+2\dfrac{\partial^2}{\partial z\partial \bar{z}}+\dfrac{\partial^2}{\partial \bar{z}^2}\\ \dfrac{\partial^2}{\partial x\partial y}=\mathrm{i}\left(\dfrac{\partial^2}{\partial z^2}-\dfrac{\partial^2}{\partial \bar{z}^2}\right)\\ \dfrac{\partial^2}{\partial y^2}=-\left(\dfrac{\partial^2}{\partial z^2}-2\dfrac{\partial^2}{\partial z\partial \bar{z}}+\dfrac{\partial^2}{\partial \bar{z}^2}\right)\end{cases}\tag{2-110}$$

$$
\begin{cases}
\dfrac{\partial^2}{\partial r^2}=\dfrac{z}{\bar{z}}\dfrac{\partial^2}{\partial z^2}+2\dfrac{\partial^2}{\partial z\partial\bar{z}}+\dfrac{\bar{z}}{z}\dfrac{\partial^2}{\partial\bar{z}^2}\\
\dfrac{\partial^2}{\partial r\partial\theta}=\mathrm{i}\dfrac{z^2}{|z|}\dfrac{\partial^2}{\partial z^2}+\mathrm{i}\dfrac{z}{|z|}\dfrac{\partial}{\partial z}-\mathrm{i}\dfrac{\bar{z}}{|z|}\dfrac{\partial}{\partial\bar{z}}-\mathrm{i}\dfrac{\bar{z}^2}{|z|}\dfrac{\partial^2}{\partial\bar{z}^2}\\
\dfrac{\partial^2}{\partial\theta^2}=-z^2\dfrac{\partial^2}{\partial z^2}+2|z|^2\dfrac{\partial^2}{\partial z\partial\bar{z}}-\bar{z}^2\dfrac{\partial^2}{\partial\bar{z}^2}-z\dfrac{\partial}{\partial z}-\bar{z}\dfrac{\partial}{\partial\bar{z}}
\end{cases}
\tag{2-111}
$$

2.10.4 保角变换

如图 2.5 所示，z 平面为原平面，η 平面为映射平面。设 z 平面上有一个位移矢量 $\boldsymbol{A}$，起点在 $z=\hbar(\eta)=\hbar(\rho\mathrm{e}^{\mathrm{i}\varphi})$，$A_x$、$A_y$ 表示 $\boldsymbol{A}$ 在 x 轴和 y 轴上的投影，A_ρ、A_φ 表示 $\boldsymbol{A}$ 在 ρ 轴和 φ 轴上的投影，ρ 轴和 x 轴的夹角为 λ，可得

$$
A_x+\mathrm{i}A_y=(A_\rho+\mathrm{i}A_\phi)\mathrm{e}^{\mathrm{i}\lambda}
\tag{2-112}
$$

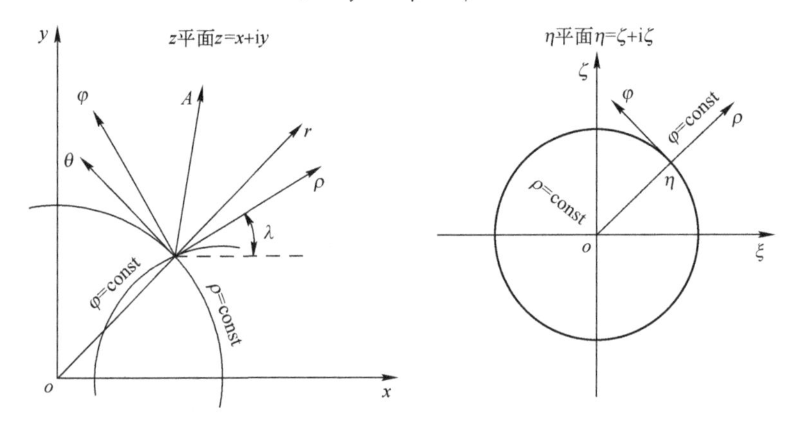

图 2.5　保角变换示意图

假想沿 ρ 轴方向给 z 点以位移 $\mathrm{d}z$，得到对应点 η 沿径线 ρ 方向位移：

$$
\begin{cases}
\mathrm{d}\eta=|\mathrm{d}\eta|(\cos\phi+\mathrm{i}\sin\phi)=\mathrm{e}^{\mathrm{i}\phi}|\mathrm{d}\eta|\\
\mathrm{d}z=|\mathrm{d}z|(\cos\lambda+\mathrm{i}\sin\lambda)=\mathrm{e}^{\mathrm{i}\lambda}|\mathrm{d}z|
\end{cases}
\tag{2-113}
$$

可得

$$
\mathrm{e}^{\mathrm{i}\lambda}=\frac{\mathrm{d}z}{|\mathrm{d}z|}=\frac{\hbar(\eta)\mathrm{d}\eta}{|\hbar(\eta)|\cdot|\mathrm{d}\eta|}=\mathrm{e}^{\mathrm{i}\phi}\frac{\hbar_\eta(\eta)}{|\hbar_\eta(\eta)|}=\frac{\eta}{\rho}\frac{\hbar_\eta(\eta)}{|\hbar(\eta)|}
\tag{2-114}
$$

取式（2-114）两端的共轭复数，即得

$$
\mathrm{e}^{-\mathrm{i}\lambda}=\frac{\bar{\eta}}{\rho}\frac{\overline{\hbar_\eta(\eta)}}{|\hbar(\eta)|}
\tag{2-115}
$$

因此，在新的映射复平面$(\eta,\bar{\eta})$中，亥姆霍兹方程为

$$\frac{4}{\hbar'(\eta)\overline{\hbar'(\eta)}}\frac{\partial^2 w}{\partial \eta \partial \overline{\eta}}+k^2 w=0 \tag{2-116}$$

在新的映射复平面$(\eta,\overline{\eta})$中，极坐标系应力-直角坐标系位移表达式为

$$\begin{cases}\tau_{Z\rho,(\eta,\overline{\eta})}^{\mathrm{SH}}=\dfrac{G}{\rho|\hbar'(\eta)|}\left(\eta\dfrac{\partial w}{\partial \eta}+\overline{\eta}\dfrac{\partial w}{\partial \overline{\eta}}\right)\\ \tau_{Z\varphi(\eta,\overline{\eta})}^{\mathrm{SH}}=\dfrac{\mathrm{i}G}{\rho|\hbar'(\eta)|}\left(\eta\dfrac{\partial w}{\partial \eta}-\overline{\eta}\dfrac{\partial w}{\partial \overline{\eta}}\right)\end{cases} \tag{2-117}$$

2.11 弹性波散射横截面或散射横截线的问题

无论是自然界中的材料还是工程中的材料，其内部或边界上都普遍存在分界面、缺陷、夹杂、裂纹、孔洞等几何不连续性，材料本身组成成分的复杂性也会带来物理特性的不连续性，所有这些都将使得材料和结构在承受动态载荷作用时出现动态应力的集中。究其原因是：上述不连续性将使得材料中的散射场产生重新分布和异常，这种现象一方面导致了应力的集中，容易造成材料的破坏；另一方面也携带了材料的性质、尺寸、形状、成分，以及缺陷的位置形状、大小和方位角信息，这种信息为弹性波散射反演提供了依据和资料，尤其是远场信息对弹性波反演是非常重要的，如地质勘探无损检测遥感、水下探测和目标识别等。

理论上，人们一般通过散射波的远场位移模式和散射截面来描述几何不连续性对弹性波散射的影响特性。散射波的远场位移模式是指散射波的位移场中与几何间断有关的部分在远场时的一种渐近表达式，它包含几何不连续性的信息；散射截面是指散射波在远场时的总能量与入射波在单位面积上的时间平均能通量之比。

弹性波的传播过程实际上是伴随着能量传递的，当波遇到障碍物（夹杂、孔洞、裂纹等）时由于障碍物的特性不同，它们对波能量的传递将有不同程度的阻碍，这种散射效应和衍射效应分布一般是方向的函数。在实际应用中，人们常关心的问题是探测与入射波能量相关的某一个方向散射的能量。把度量波的这种散射效应的物理量称为散射体的散射横截面或散射微分横截面[4]。

首先，能流强度矢量定义为

$$I_q=-\sigma_{qi}u_j,\quad q,j=1,2,3 \tag{2-118}$$

式中：$u_j=\dfrac{\mathrm{d}u_j}{\mathrm{d}t}$。

假设波传播方向单位矢量的方向余弦为$n_i(n_1、n_2、n_3)$，则单位时间内在垂

直于波传播方向单位面积上传递的能量为

$$I=I_i n_i \tag{2-119}$$

式中：I 为能量强度。

通过一个包含散射体封闭曲面 S 的能流通量 E 定义为

$$\dot{E}=\oiint_S I_i l_i \mathrm{d}S=-\oiint_S \sigma_{ij} u_j l_i \mathrm{d}S \tag{2-120}$$

式中：l_i 为曲面 S 的外法线方向的单位方向矢量的方向余弦。

对应的时间平均能流通量定义为

$$<\dot{E}>=\frac{1}{T}\int_0^T \dot{E}\mathrm{d}t \tag{2-121}$$

式中：T 为波周期；符号“<>”表示对时间的平均。

散射横截面定义为与散射场（位移和应力）相对应的平均能流通量和与入射场相对应的能量强度的比值，其物理意义是反映了散射体的总体散射效果，其量纲与面积的量纲相同，故称为散射截面。

为了度量散射体某个方向的散射程度，与辐射度学和光度学中辐射强度及发光强度的定义类似，可采用相对散射强度（即散射微分横截面）来衡量，即

$$\frac{\mathrm{d}\eta}{\mathrm{d}\Omega}=\lim_{r\to\infty}\frac{\langle r^2\sigma_{ij}^{(S)}u_j^{(S)}l_i\rangle}{\langle n_p\sigma_{pq}^{(i)}u_q^{(i)}\rangle} \tag{2-122}$$

式中：$\mathrm{d}\Omega=\mathrm{d}s/r^2$，为立体角微分元；$r$ 为观察点与散射体之间的距离，由于该距离非常大，通常需要讨论其极限结果，又由于球面度（立体角）无量纲，所以散射微分横截面量纲仍然是面积量纲。

对于时间谐和的稳态波来说，因为物理量 η、$\frac{\mathrm{d}\eta}{\mathrm{d}\Omega}$都是实数，所以在其表达式中的应力和位移均需取实数。这样，散射微分横截面可表达为

$$\frac{\mathrm{d}\eta}{\mathrm{d}\Omega}=\lim_{r\to\infty}\frac{r^2 l_i \mathrm{Im}[\sigma_{ij}^{(S)}\overline{u}_j^{(S)}]}{n_p \mathrm{Im}[\sigma_{pq}^{(i)}\overline{u}_q^{(i)}]} \tag{2-123}$$

总的散射横截面可通过积分叠加的形式表示为

$$\eta=\int\frac{\mathrm{d}\eta}{\mathrm{d}\Omega}\mathrm{d}\Omega \tag{2-124}$$

式（2-123）、式（2-124）中的位移场和应力场是相应物理量的幅度，它们仅是位置坐标的函数，与时间没有关系。

考虑到第一类贝塞尔、第二类贝塞尔函数及第三类汉克尔函数在其宗量的模取较大数值时的渐近性质，散射波远场一般取为

$$w(r,\theta)\approx\sqrt{\frac{8\pi}{Kr}}\exp\left[\mathrm{i}\left(Kr-\frac{\pi}{4}\right)\right]F(\theta) \tag{2-125}$$

式中：$w(r,\theta)$为场物理量幅度；K为波数；(r,θ)为平面内点的极坐标。

能量密度表示单位体积中蕴含的能量。在交变振动场合，人们总是关注能量密度的时间平均值，故称为平均能量密度。假设时间周期为 T，则

$$\bar{w}=\frac{1}{T}\int_0^T w(x,t)\,\mathrm{d}t=\frac{1}{2}\rho\omega^2A^2 \tag{2-126}$$

伴随着波动有能量的传输而形成能流。能流密度定义为单位时间内通过单位正截面（垂直能流方向的截面）的能量。人们注重平均能流密度，考虑到能量传输速度为 V，则平均能流密度为

$$I=\bar{w}V=\frac{1}{2}\rho\omega^2A^2V \tag{2-127}$$

能流通量是能流密度的线积分或面积积分。假设入射弹性波沿着某一个方向传播，为了度量远离散射体时观察到的散射效果，定义散射横截面为 η，其数学表达式为

$$\eta=\frac{\frac{1}{T}\int_0^T P^{(S)}\,\mathrm{d}t}{\frac{1}{T}\int_0^T I^{(i)}\,\mathrm{d}t}=\frac{\langle P^{(S)}\rangle}{\langle I^{(i)}\rangle} \tag{2-128}$$

式中：$P^{(S)}$为通过包围散射体的封闭曲面或其横截面的封闭曲线的能流通量；$I^{(i)}$为入射波的能量强度。

能流强度和能量强度的具体计算公式为

$$\begin{cases}P^{(S)}=-\oint_C l_q\sigma_{qj}^{(S)}\,\dot{u}_j^{(S)}\,\mathrm{d}S\\ I^{(i)}=-n_q\sigma_{qj}^{(i)}\,\dot{u}_j^{(i)}\\ \langle P^{(S)}\rangle=\dfrac{1}{T}\displaystyle\int_0^T P^{(S)}\,\mathrm{d}t\\ \langle I^{(i)}\rangle=\dfrac{1}{T}\displaystyle\int_0^T I^{(i)}\,\mathrm{d}t\end{cases}$$

散射横截线定义为

$$\frac{\mathrm{d}\eta}{\mathrm{d}\theta}=\frac{\langle rl_q\sigma_{qj}^{(S)}\,\dot{u}_j^{(S)}\rangle}{\langle n_\alpha\sigma_{\alpha j}^{(i)}\,u_j^{(i)}\rangle} \tag{2-129}$$

式（2-126）~式（2-129）是根据散射横截线、能流通量、能流密度及应力坐标变换公式得到的。其中，应力坐标变换公式要特别留意，如对于反平面

问题，当建立好直角坐标系后，并且已知以 x 轴和 y 轴为法线的坐标面的应力 $\boldsymbol{\tau}_{xz}\boldsymbol{\tau}_{yz}$，对于以任意方向 $l=(\cos\theta,\sin\theta)$ 为法线的面上的剪切应力 $\boldsymbol{\tau}_{lz}$，可利用三角单元体的静力平衡条件来确定。

由于散射截线 η 和散射截线的微分式$\dfrac{\mathrm{d}\eta}{\mathrm{d}\theta}$都是实数，反平面稳态问题对应的散射微分横截线可取为

$$\frac{\mathrm{d}\eta}{\mathrm{d}\theta}=\lim_{r\to\infty}r\cdot\frac{\mathrm{Im}[\,(\tau_{xz}^{(S)}\cos\theta+\tau_{yz}^{(S)}\sin\theta)\,\overline{u}^{(S)}\,]}{\mathrm{Im}[\,(\tau_{xz}^{(i)}\cos\theta+\tau_{yz}^{(i)}\sin\theta)\,\overline{u}^{(i)}\,]} \tag{2-130}$$

其中，位移和应力仅是位置坐标的函数，与时间无关。上方带有“—”的物理量是相应物理量的共轭复数。

平均能流密度 I 在声学中称为声强，在光学中称为光强，统称为波强度。研究能量密度的目的是推导出平均能流密度 I，至少从实际意义讲是有意义的。因为对于一列行波，其作用于观测者或传感器的正是它的平均能流密度(波强度)，或与波强度直接相关的物理量，如人耳感受的是声压强波的幅值。

参 考 文 献

[1] 黎在良，刘殿魁．固体中的波［M］．北京：科学出版社，1995.
[2] 杨宝俊，王宝昌．弹性波理论［M］．长春：东北师范大学出版社，1990.
[3] 钟伟芳，聂国华．弹性波的散射理论［M］．武汉：华中理工大学出版社，1997.
[4] 史文谱．线弹性 SH 波散射理论及几个问题研究［M］．北京：国防工业出版社，2013.

第3章　基于大圆弧假设法下的波函数展开法

地下结构广泛应用在城市建设、交通运输、能源开发和国防工程等领域。地下结构在地震作用下的响应是结构工程学、地震工程学、弹性波动理论中令人关注的课题之一。弹性介质中孔洞、夹杂、裂纹和衬砌等异质物对弹性波的散射影响问题研究一直备受学者们的关注，且已得到了较好的分析并形成了一系列成熟的理论和方法。20世纪末，Lee教授创造性地提出了大圆弧假设原理，这一假设解决了在半无限空间表面无法进行波函数展开的难题。之后他又和很多学者应用该方法研究了很多问题。我国学者刘殿魁等人在1982年成功地将弹性静力学中的复变函数法推广到二维散射问题的分析之中，大大地拓广了传统波函数展开法的应用[1]。

本章即基于大圆弧假设法下的波函数展开法，首先介绍波函数展开法和大圆弧假设法，其次借助亥姆霍兹定理给出一般问题下的波函数展开的一般形式解，再次求得该问题的近似解析解。最后，通过算例讨论了地表覆盖层及圆孔对浅埋圆柱形夹杂动应力集中的影响。为了克服直接构造波函数场的困难，采用一个半径很大的圆孔边界来拟合半空间的直边界，因而原来问题就转化为半空间内大圆孔和小圆孔及圆柱形夹杂对入射平面SH波的散射问题，即采用大圆弧假设法求解。

3.1　基于大圆弧假设法的波函数展开法简介

3.1.1　波函数

在量子力学中，为了定量地描述微观粒子的状态，量子力学中引入了波函数，并用Ψ表示。一般来讲，波函数是空间和时间的函数，并且是复函数，即$\Psi=\Psi(x,y,z,t)$。将爱因斯坦的“鬼场”和光子存在的概率之间的关系加以推广，玻恩假定$\Psi * \Psi$（波函数的卷积）就是粒子的概率密度，即在时刻t，在点(x,y,z)附近单位体积内发现粒子的概率。因此，波函数Ψ的绝对值的平方就称为概率幅。电子在屏上各个位置出现的概率密度并不是常数：有些地方出现的概率大，即出现干涉图样中的“亮条纹”；而有些地方出现的概率却可以为零，没有电子到达，显示“暗条纹”。

由此可见，在电子双缝干涉实验中观察到的，是大量事件所显示的一种概率分布，这正是玻恩对波函数物理意义的解释，即波函数模的平方对应于微观粒子在某处出现的概率密度，即是说，微观粒子在各处出现的概率密度才具有明显的物理意义。

据此，可以认为波函数所代表的是一种概率的波动。这虽然是人们对物质波所能做出的一种理解，但是波函数概念的形成正是量子力学完全摆脱经典观念、走向成熟的标志；波函数和概率密度，是构成量子力学理论的最基本概念。

波函数是量子力学中描写微观系统状态的函数。在经典力学中，用质点的位置和动量（或速度）来描写宏观质点的状态，这是质点状态的经典描述方式，它突出了质点的粒子性。由于微观粒子具有波粒二象性，粒子的位置和动量不能同时有确定值，因而质点状态的经典描述方式不适用于对微观粒子状态的描述，物质波于宏观尺度下表现为对概率波函数的期望值，不确定性失效可忽略不计。

由此可以知道，波函数可以向一组完备基函数集合展开，通常基函数选取为单电子波函数。例如：对于一个粒子，有一个完全的基函数集合电子波函数，就可向 N 个单电子函数乘积所组成的 N 个粒子基函数集合展开，表示为这些乘积基函数的线性组合。

3.1.2 SH 波的波函数

作为一种经典方法，波函数展开法实际上是一个分离变量法。其首先通过对标量和矢量波动方程进行有关向径和角度等变量的分离，结果得到各变量的常微分方程，从而获得相应的径向函数和角度函数，它们的乘积即构成波函数。其次，将散射波表示成波函数的级数形式，依据边界条件求解出级数展开式中的系数，这样问题的级数解便最后得到。

通过分离变量，把数学物理方程中定解问题的未知多元函数分解成若干个一元函数乘积的形式，根据已知的齐次偏微分方程以及齐次的边界条件和初始条件，从而把求解偏微分方程的定解问题转化为求解若干个常微分方程定解的问题。波函数展开法是对标量、矢量波动方程在曲线坐标系中对于径向、角度等分离。首先，通过求得满足变量的常微分方程得到径向、角度函数，最终二者相乘为波函数。其次，通过边界以及初始条件对散射波级数形式中的未知系数进行求解，从而求得问题的解。稳态问题和瞬态问题的求解方式不同，前者可以通过其边界条件直接求得数值解，后者则需要首先把方程和初始边界条件变换成为求解域内的边值问题，再利用波函数展开法求解。由于曲线坐标的局限性，虽然曲线坐标有 11 种，但是矢量波动方程只有 6 种坐标可以分离变量，包括球面、圆柱、笛卡儿、锥面、抛物柱以及椭圆柱坐标，因此使得波函数展开法又具有一定的局限性。

在研究弹性波散射问题的解析方法中，大圆弧假定是解决各种复杂边界问题的一个重要的思想。大圆弧假定思想最早来源于 Höllinger 和 Ziegler 于 1979 年关于平行于自由表面的圆孔对脉冲 Rayleigh 面波散射问题的研究[2]，他们采用了一个半径极大的圆弧来代替半空间的直线边界，把关于直线边界的散射问题转化为圆弧边界的散射问题。这种方法受到了 Lee 等人的重视，他们经过多年的研究，进一步丰富并完善了大圆弧假定思想。

20 世纪 70 年代初，Lee 等[3-5]利用波函数展开法和镜像法成功解决了半空间中圆孔和衬砌对 SH 波的散射问题。但他们在研究 P 波和 SV 波时，发现这两种波在直线界面散射时会发生波形转换，镜像法的适用范围存在局限性。1989 年，Lee 等[6]对弹性半空间中不同深度的圆柱形峡谷对 SV 波的散射问题进行研究时，采取了大圆弧假定的思想，将直线界面对 SV 波的散射问题解转化为圆弧边界的散射问题，在使用 Höllinger 文中利用的普通级数解决问题时，发现收敛性不理想，将其替换成为傅里叶级数后取得了良好的收敛性。1992 年，Lee[7]进一步完善大圆弧假定的思想，在研究半空间中圆孔对 SV 波的散射问题时，将傅里叶级数替换为傅里叶-贝塞尔级数，使得计算的精度进一步提升，可解决的问题也不断扩大。

2001 年，Davis 在对 Lee 于 1992 年发表的文章进行了进一步分析，分别利用镜像法和大圆弧假定的思想进行了对比研究。他认为大圆弧假定是对直线边界的近似处理，因此结果是近似的[8]。圆弧界面的散射波包含了原来直线边界的反射波和近似后的圆弧激发的散射波两部分。当入射波已知后，直线边界的反射波可以由镜像法直接得出，并不需要将其当作未知散射波进行求解，因此界面可以只保留圆弧激发的散射波。于是他将 SV 波在半空间界面处的直线边界的反射波成分去除，此时可以使计算结果的精度得到有效提升。在此思想的指导下，后续很多学者利用大圆弧假定思想进行散射问题的研究[9]，都取得了良好的精度。

在齐次剪切波动方程式（2-49）和式（2-50）中，波函数 $\boldsymbol{\psi}$ 为表征位移变量的函数和时间变量的函数的积：

$$\boldsymbol{\psi}(u,t)=U(u)T(t)$$

这种由多个一元函数相乘得到的未知函数的偏微分波动方程，通常可以使用数学物理方法中的分离变量法进行求解。将其分离位移变量和时间变量，并

略去时间因子 $\exp(-\mathrm{i}\omega t)$，可以得到稳态波的波函数 $w=w(x,y)$。在弹性波散射问题的研究中常使用波函数展开法。波函数展开法就是利用分离变量的思路，将 $w=w(x,y)$ 的位移变量 x 和 y 分离，进而得到满足亥姆霍兹控制方程的级数表达式。

1. 直角坐标系下的亥姆霍兹方程的求解

直角坐标系下 SH 波的位移场可以写成

$$w=w(x,y)=X(x)Y(y)=XY \tag{3-1}$$

将其代入直角坐标系下的亥姆霍兹方程（2-97），并利用分离变量法可得

$$Y\frac{\mathrm{d}^2X}{\mathrm{d}x^2}+X\frac{\mathrm{d}^2Y}{\mathrm{d}y^2}+k^2XY=0 \tag{3-2}$$

经过移项可化为常微分方程，求解可得

$$\begin{cases}X(x)=W_x\exp(\mathrm{i}kx\cos\alpha)\\Y(y)=W_y\exp(\mathrm{i}ky\sin\alpha)\end{cases} \tag{3-3}$$

式中：W_x 和 W_y 为常数，将式（3-3）代入式（3-2），可以得到直角坐标系下平面波的表达式：

$$w_\alpha(x,y)=W_\alpha\exp[\mathrm{i}k(x\cos\alpha+y\sin\alpha)] \tag{3-4}$$

式中：$W_\alpha=W_xW_y$，α 为平面波的入射角。将式（3-4）代入式（2-99），可得到对应的应力分量：

$$\begin{cases}\tau_{xz}=\mathrm{i}k\mu W_\alpha\cos\alpha\exp[\mathrm{i}k(x\cos\alpha+y\sin\alpha)]\\\tau_{yz}=\mathrm{i}k\mu W_\alpha\sin\alpha\exp[\mathrm{i}k(x\cos\alpha+y\sin\alpha)]\end{cases} \tag{3-5}$$

利用极坐标和直角坐标的对应关系式（1-1），以及三角函数公式将式（3-4）进行变换，可以得到极坐标形式的平面波表达式（3-6）和其应力分量（3-7）：

$$w_\alpha(r,\theta)=W_\alpha\exp[\mathrm{i}kr\cos(\theta-\alpha)] \tag{3-6}$$

$$\begin{cases}\tau_{rz}=\mathrm{i}k\mu W_\alpha\cos(\theta-\alpha)\exp[\mathrm{i}kr\cos(\theta-\alpha)]\\\tau_{\theta z}=-\mathrm{i}k\mu W_\alpha\sin(\theta-\alpha)\exp[\mathrm{i}kr\cos(\theta-\alpha)]\end{cases} \tag{3-7}$$

2. 柱坐标系下的亥姆霍兹方程的求解

柱坐标系下 SH 波的位移场可以写成

$$w=w(r,\theta)=R(r)H(\theta)=RH \tag{3-8}$$

将式（3-8）代入柱坐标系下的亥姆霍兹方程（2-100），并利用分离变量法可得

$$H\frac{\mathrm{d}^2R}{\mathrm{d}r^2}+\frac{H}{r}\frac{\mathrm{d}R}{\mathrm{d}r}+\frac{R}{r^2}\frac{\mathrm{d}^2H}{\mathrm{d}\theta^2}+k^2RH=0 \tag{3-9}$$

移项，可分别化为两个变量的本征问题：

$$\frac{r^2}{R}\frac{\mathrm{d}^2R}{\mathrm{d}r^2}+\frac{r}{R}\frac{\mathrm{d}R}{\mathrm{d}r}+k^2r^2=-\frac{1}{H}\frac{\mathrm{d}^2H}{\mathrm{d}\theta^2}=\lambda \tag{3-10}$$

式中：ε 为本征值，是一个常数。对含 θ 的微分方程进行求解，可以得到环向函数，即

$$H(\theta)=C_1\exp(\mathrm{i}n\theta)+C_2\exp(-\mathrm{i}n\theta) \tag{3-11}$$

式中：C_1 和 C_2 为常数。这里，利用到了角度变量 θ 的周期特性：

$$\begin{cases}H(\theta)=H(\theta+2n\pi)\\ \varepsilon=n^2,\ n=0,\pm1,\pm2,\cdots\end{cases} \tag{3-12}$$

此时，可以看出波函数的展开式（3-8）的模仅与径向函数 $R(r)$ 有关，因此对于含变量 r 的微分方程决定了波的性质。将 ε 代入含半径变量 r 的微分方程，可得

$$\frac{\mathrm{d}^2R}{\mathrm{d}(kr)^2}+\frac{1}{kr}\frac{\mathrm{d}R}{\mathrm{d}(kr)}+\left[1-\frac{n^2}{(kr)^2}\right]R=0 \tag{3-13}$$

方程（3-13）是以 kr 为宗量的 n 阶贝塞尔方程，其径向函数解的形式通常包括贝塞尔函数、纽曼（Neumann）函数、汉克尔函数，常统称为柱函数，由此得到的稳态 SH 波称为柱面波。这里，用 $Z_n(\cdot)$ 来表示柱函数，$\cdot$ 表示其宗量。W_n 表示待定系数，需要有给定的边界条件才能确定。满足柱坐标系下 SH 波的位移场和应力分量可以表示如下：

$$w_n(r,\theta)=W_nZ_n(kr)\exp(\mathrm{i}n\theta) \tag{3-14}$$

$$\begin{cases}\tau_{rz}=\dfrac{k\mu W_n}{2}[Z_{n-1}(kr)-Z_{n+1}(kr)]\exp(\mathrm{i}n\theta)\\ \tau_{rz}=\dfrac{\mathrm{i}k\mu W_n}{2}[Z_{n-1}(kr)+Z_{n+1}(kr)]\exp(\mathrm{i}n\theta)\end{cases} \tag{3-15}$$

3. 复平面下平面波与柱面波的一般形式

利用复变函数、直角坐标系、极坐标系的对应关系式（1-10）、式（1-12）及求导法则式（2-106）、式（2-108），可以得到满足复平面下的亥姆霍兹方程式（2-103）的平面波表达式和应力分量：

$$w_\alpha(z,\bar{z})=W_\alpha\exp\left[\frac{\mathrm{i}k}{2}(z\mathrm{e}^{-\mathrm{i}\alpha}+\bar{z}\mathrm{e}^{\mathrm{i}\alpha})\right] \tag{3-16}$$

$$\begin{cases}\tau_{xz}=\dfrac{\mathrm{i}k\mu W_\alpha}{2}(\mathrm{e}^{-\mathrm{i}\alpha}+\mathrm{e}^{\mathrm{i}\alpha})\exp\left[\dfrac{\mathrm{i}k}{2}(z\mathrm{e}^{-\mathrm{i}\alpha}+\bar{z}\mathrm{e}^{\mathrm{i}\alpha})\right]\\ \tau_{yz}=-\dfrac{k\mu W_\alpha}{2}(\mathrm{e}^{-\mathrm{i}\alpha}-\mathrm{e}^{\mathrm{i}\alpha})\exp\left[\dfrac{\mathrm{i}k}{2}(z\mathrm{e}^{-\mathrm{i}\alpha}+\bar{z}\mathrm{e}^{\mathrm{i}\alpha})\right]\end{cases} \tag{3-17}$$

$$\begin{cases}\tau_{rz}=\dfrac{\mathrm{i}k\mu W_{\alpha}}{2}\left[\mathrm{e}^{-\mathrm{i}\alpha}(z/\bar{z})^{\frac{1}{2}}+\mathrm{e}^{\mathrm{i}\alpha}(\bar{z}/z)^{\frac{1}{2}}\right]\exp\left[\dfrac{\mathrm{i}k}{2}(z\mathrm{e}^{-\mathrm{i}\alpha}+\bar{z}\mathrm{e}^{\mathrm{i}\alpha})\right]\\ \tau_{\theta z}=-\dfrac{k\mu W_{\alpha}}{2}\left[\mathrm{e}^{-\mathrm{i}\alpha}(z/\bar{z})^{\frac{1}{2}}-\mathrm{e}^{\mathrm{i}\alpha}((\bar{z}/z))^{\frac{1}{2}}\right]\exp\left[\dfrac{\mathrm{i}k}{2}(z\mathrm{e}^{-\mathrm{i}\alpha}+\bar{z}\mathrm{e}^{\mathrm{i}\alpha})\right]\end{cases} \tag{3-18}$$

利用复变函数和直角坐标系对应关系式（1-10）、式（1-12）和求导法则式（2-196）、式（2-198），可以得到满足复平面下的亥姆霍兹方程（2-103）的柱面波表达式和应力分量：

$$w_n(z,\bar{z})=W_nZ_n\left[k(z\bar{z})^{\frac{1}{2}}\right]\left(\frac{z}{\bar{z}}\right)^{\frac{n}{2}} \tag{3-19}$$

$$\begin{cases}\tau_{xz}=\dfrac{k\mu W_n}{2}\left\{Z_{n-1}\left[k(z\bar{z})^{\frac{1}{2}}\right]\left(\dfrac{\bar{z}}{z}\right)^{\frac{1}{2}}-Z_{n+1}\left[k(z\bar{z})^{\frac{1}{2}}\right]\left(\dfrac{z}{\bar{z}}\right)^{\frac{1}{2}}\right\}\left(\dfrac{z}{\bar{z}}\right)^{\frac{n}{2}}\\ \tau_{yz}=\dfrac{\mathrm{i}k\mu W_n}{2}\left\{Z_{n-1}\left[k(z\bar{z})^{\frac{1}{2}}\right]\left(\dfrac{\bar{z}}{z}\right)^{\frac{1}{2}}+Z_{n+1}\left[k(z\bar{z})^{\frac{1}{2}}\right]\left(\dfrac{z}{\bar{z}}\right)^{\frac{1}{2}}\right\}\left(\dfrac{z}{\bar{z}}\right)^{\frac{n}{2}}\end{cases} \tag{3-20}$$

$$\begin{cases}\tau_{rz}=\dfrac{k\mu W_n}{2}\left\{Z_{n-1}\left[k(z\bar{z})^{\frac{1}{2}}\right]-Z_{n+1}\left[k(z\bar{z})^{\frac{1}{2}}\right]\right\}\left(\dfrac{z}{\bar{z}}\right)^{\frac{n}{2}}\\ \tau_{\theta z}=\dfrac{\mathrm{i}k\mu W_n}{2}\left\{Z_{n-1}\left[k(z\bar{z})^{\frac{1}{2}}\right]+Z_{n+1}\left[k(z\bar{z})^{\frac{1}{2}}\right]\right\}\left(\dfrac{z}{\bar{z}}\right)^{\frac{n}{2}}\end{cases} \tag{3-21}$$

4. 柱面波函数的级数形式

求解贝塞尔方程（3-10），可以直接得到两类贝塞尔柱函数。不同的柱函数的数学性质决定了对应的柱面波函数有不同的特性。$kr=0$ 和 $kr=\infty$ 分别是贝塞尔方程的正则奇点和非正则奇点。第一类贝塞尔函数 $J_n(\cdot)$ 在 $kr=0$ 点有定值，而第二类贝塞尔函数 $N_n(\cdot)$（又称纽曼函数）在 $kr=0$ 点为负无穷大，因此纽曼函数不能用于包含零点区域的问题。而研究波在弹性体内部传播的问题，必然包括了 $kr=0$ 点，此时的波函数只能由贝塞尔函数构造。因此，通常用贝塞尔函数描述圆柱散射体内的驻波：

$$w(r,\theta)=\sum_{n=-\infty}^{+\infty}W_nJ_n(kr)\exp(\mathrm{i}n\theta) \tag{3-22}$$

利用复变函数与极坐标的对应关系式（1-12），在复平面中可以表示为

$$w(z)=\sum_{n=-\infty}^{+\infty}W_nJ_n(k|z|)\left(\frac{z}{|z|}\right)^n \tag{3-23}$$

式中的简谐函数 $\exp(\mathrm{i}n\theta)$ 即为式（3-8）中的环向函数。

观察式（3-22），可以发现其形式与傅里叶级数的形式相同，也可以认为驻波由波函数展开法化成了傅里叶-贝塞尔级数的形式。1992 年，Lee[10] 证明

了可将傅里叶-贝塞尔级数和大圆弧假定思想应用于半空间内各种散射问题的研究中，计算结果可以取得良好的精度。

$$\begin{cases} H_n^{(1)}(kr)=J_n(kr)+\mathrm{i}N_n(kr) \\ H_n^{(2)}(kr)=J_n(kr)-\mathrm{i}N_n(kr) \end{cases} \tag{3-24}$$

$$\begin{cases} H_n^{(1)}(kr)\xrightarrow{kr\to\infty}\sqrt{\dfrac{2}{\pi kr}}\exp\left[\mathrm{i}\left(kr-\dfrac{1+2n}{4}\pi\right)\right] \\ H_n^{(2)}(kr)\xrightarrow{kr\to\infty}\sqrt{\dfrac{2}{\pi kr}}\exp\left[-\mathrm{i}\left(kr-\dfrac{1+2n}{4}\pi\right)\right] \end{cases} \tag{3-25}$$

如式（3-24）所示，第三类贝塞尔函数 $H_n(\cdot)$（又称汉克尔函数）是经贝塞尔函数和纽曼函数线性组合得到的，包括第一类汉克尔函数 $H_n^{(1)}(kr)$ 和第二类汉克尔函数 $H_n^{(2)}(kr)$。$kr=0$ 和 $kr=\infty$ 是它的奇点。由于纽曼函数在零点处会出现负无穷大，因此第一类汉克尔函数的虚部在 $kr=0$ 点处也会出现负无穷大，而第二类汉克尔函数的虚部在 $kr=0$ 点处会出现正无穷大。在 $kr\to\infty$ 处，两类汉克尔函数的渐进性如式（3-25）所示。

如果不考虑阻尼，无边界区域中的波动方程的解的唯一性定理一般不存在。所以，当波以一定的速度向外传播至无穷远时应有一定的限制条件。此外，当波从无穷远处传入有限区域时，为保证解的唯一性，也必须满足限制条件，这就是索末菲辐射条件：

$$\begin{cases} \lim\limits_{r\to\infty}\boldsymbol{r}^{(n-1)/2}\left|\boldsymbol{\psi}\right|\leqslant A \\ \lim\limits_{r\to\infty}\boldsymbol{r}^{(n-1)/2}\left|\dfrac{\partial\boldsymbol{\psi}}{\partial r}-\mathrm{i}k\boldsymbol{\psi}\right|\leqslant A \end{cases} \tag{3-26}$$

式中：$\boldsymbol{r}$ 为 n 维空间中的矢径；A 为有限常数。

当考虑 SH 波传播的时间效应时，可以引入时间因子 $\exp(-\mathrm{i}\omega t)$，形成两类汉克尔函数对应的柱面波 $H_n^{(1)}(kr)\exp(-\mathrm{i}\omega t)$ 和 $H_n^{(2)}(kr)\exp(-\mathrm{i}\omega t)$。随着 $kr\to\infty$，两种柱面波均向外一边衰减一边传播。$H_n^{(1)}(kr)\exp(-\mathrm{i}\omega t)$ 的极半径不断增大，$H_n^{(2)}(kr)\exp(-\mathrm{i}\omega t)$ 的极半径不断减小。

根据索末菲辐射条件，当 $\boldsymbol{r}$ 很大时，波的行为可以用向外传播的平面波来描述。第一类汉克尔波函数可以理解为由原点向无穷远处传播的发散波，而第二类汉克尔波函数则可以理解为是由无穷远处向坐标原点传播的会聚波。

同时考虑环向函数 $\exp(\mathrm{i}n\theta)$，可以得到傅里叶-贝塞尔级数形式的柱面发散波和会聚波：

$$\begin{cases} w_n^1(r,\theta) = \sum\limits_{n=-\infty}^{+\infty} W_n^1 H_n^{(1)}(kr)\exp(\mathrm{i}n\theta) \\ w_n^2(r,\theta) = \sum\limits_{n=-\infty}^{+\infty} W_n^2 H_n^{(2)}(kr)\exp(\mathrm{i}n\theta) \end{cases} \tag{3-27}$$

利用复变函数与极坐标的对应关系式（1-12），在复平面中可以表示为

$$\begin{cases} w_n^1(z) = \sum\limits_{n=-\infty}^{+\infty} W_n^1 H_n^{(1)}(k|z|)\left(\dfrac{z}{|z|}\right)^n \\ w_n^2(z) = \sum\limits_{n=-\infty}^{+\infty} W_n^2 H_n^{(2)}(k|z|)\left(\dfrac{z}{|z|}\right)^n \end{cases} \tag{3-28}$$

3.1.3 大圆弧假设法（圆弧分析法）

圆弧分析法，是指假设地基土的滑动面呈圆弧形，在圆弧滑动面上，总剪切力记为 T，总抗剪力记为 S，则沿该圆弧滑动面发生滑动破坏的安全系数 K 为总剪切力与总抗剪力之比。取不同的圆弧面，可得到不同的安全系数值，通过试算可以找到最危险的圆弧滑动面，并可确定最小的安全系数值。

大圆弧假设法，即利用半径很大的圆来拟合地表覆盖层的直边界，将具有地表覆盖层的半空间直边界问题转化为曲面边界问题。借助亥姆霍兹定理预先写出问题波函数的一般形式解，再利用边界条件并借助复数傅里叶-贝塞尔级数展开把问题化为求解波函数中未知系数的无穷线性代数方程组，截断该无穷代数方程组可求得该问题的近似解析解。

对于覆盖层问题，由于覆盖层上下边界的存在，弹性波在覆盖层内将产生多次反射和折射，使问题变得十分复杂，而镜像法无法将问题转为传统的全空间问题。目前，常用一种近似解析方法即大圆弧假设的方法来求解半空间中弹性波的散射问题。基于大圆弧假定的近似方法是用一个半径很大的圆弧来代替半空间介质的边界，将边界处的反射波以及散射波从直角坐标系转化为极坐标系中，从而使问题得以简化。Lee 等[11]采用大圆弧假定研究了弹性半空间中圆形孔洞对弹性波的散射，并利用傅里叶-贝塞尔级数来表示波场。Davis 等[12]利用傅里叶-贝塞尔级数展开和大圆弧假定相结合的方法，得到弹性半空间中圆形孔洞对弹性波的散射问题的解析解。第 4 章将基于大圆弧假定方法利用波函数展开法对覆盖层中多个（椭）圆形孔洞对 SH 波的散射问题进行分析研究。

3.2　波函数展开法下 SH 波的散射问题

3.2.1　定解条件

为了完整描述一个 SH 波散射问题的物理过程，在数学角度就是要构建一个定解问题。仅有表征该物理过程的波函数所满足的控制方程是不够的。波动方程的波函数通解中不仅含有待定系数项，还需要附加初始条件或边界条件，才能保证解的唯一性。如果预先给出了初始时刻波函数的值，或者波函数对时间的导数值，这类条件称为初始条件：

$$\begin{cases} u(x,y,z,t)\big|_{t=0}=\varphi(x,y,z) \\ \left.\dfrac{\partial u(x,y,z,t)}{\partial t}\right|_{t=0}=\psi(x,y,z) \end{cases} \tag{3-29}$$

本节研究的是稳态 SH 波散射问题，并不涉及波源的激发过程，可以不考虑初始状态对传播的影响，因此不包括初始条件。根据 $t>0$ 的某时刻，有限空间内各弹性介质的界面处的应力和位移状态，将本节主要涉及的边界条件分为三类：

（1）迪利赫里（Dirichlet）边界条件（也称位移边界条件）：在弹性散射区域的边界 Ω 上给出位移函数值：

$$u(x,y,z)\big|_{\Omega}=f(x,y,z) \tag{3-30}$$

（2）纽曼边界条件（也称应力边界条件）：在弹性散射区域的边界 Ω 上给出应力函数值：

$$\left.\frac{\partial u(x,y,z)}{\partial n}\right|_{\Omega}=f(x,y,z) \tag{3-31}$$

（3）混合边界条件：在弹性散射区域的部分边界 Ω_1 上给出位移函数值，而其他部分边界 Ω_2 给出应力函数值。

在本书的研究中，大地表面和衬砌的内表面为自由表面，应力为零，对应的是纽曼边界条件；夹杂或者衬砌外表面和围岩界面应力连续，对应的也是纽曼边界条件；夹杂或者衬砌外表面和围岩界面位移连续，对应的是 Dirichlet 边界条件；对于脱胶夹杂和脱胶衬砌的外表面，非脱胶区域和围岩的位移、应力连续，而脱胶区域应力自由，对应混合边界条件。

如图 3.1 所示，在水平分层介质中，对于不同的土层，有不同的剪切模量 μ 和密度 ρ。SH 波的传播方向在 xoy 平面内，传播方向就是波阵面的法线方向。水平土层界面的法向与 y 轴一致。在 SH 波作用下，不同的土层在其相邻界面处应满足出平面的位移连续条件和应力连续条件：

$$\begin{cases} w^{i} = w^{i+1} \\ \tau_{zx}^{i} = \tau_{zx}^{i+1} \\ \tau_{zy}^{i} = \tau_{zy}^{i+1} \end{cases} \tag{3-32}$$

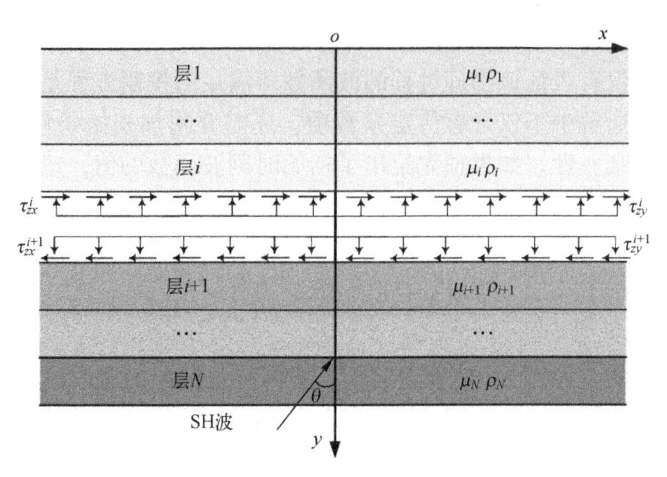

图 3.1　水平分层介质中的坐标定义

3.2.2　波函数的傅里叶展开法

研究弹性波散射问题的目标是在给定入射波信息和边界信息等条件下求解弹性散射体的动力学行为，包括得到散射体的动应力集中因子、最大应力幅值、最敏感频率等结果。从数学角度出发，弹性质点的运动方程有两种形式。在前文中建立的亥姆霍兹方程即是从波动的角度研究问题，而另一种运动方程的解就是振动解。波动方程强调研究弹性波的传播过程，如果弹性体是无界的，那么波将一直传播到无穷远处。现实中的介质通常是有界的，当波传播到边界时，就会与边界发生相互作用，出现弹性体内的各种散射波互相影响的现象，进而使弹性体出现周期性振动。

波动现象和振动现象的本质都是由介质的弹性和惯性决定的。质点在发生位移后恢复到初始位置的现象是由弹性所决定的，而让质点的运动持续不断地发生则是由惯性所决定的。由于弹性和惯性的存在，系统的能量才能保持和进一步传递，波源才能在弹性介质中产生波动现象并引起弹性体振动。波动和振动也就存在本质的内在联系，可以认为是同一物理问题从不同的角度进行研究。弹性体的振动是波动现象的一种特殊表现形式，从振动的角度研究则是强调对结构整体动力学行为的把握。

从数学方法上来看，两种角度研究问题也有相似的思想可以互相借鉴。由波动方程的一般形式（式（2-82））可以看出，波函数代表了每一时间点与波场内的质点位移量的对应关系。而通过求解波动方程，则能确定其具体数值。在上一节的讨论中，应用波函数展开法得到了稳态 SH 柱面波的波函数。若考虑时间因子，则波函数可以表示为时间和空间的分离变量，二者共同组合成为一个时间和空间均完备的波动解。这一形式也同时符合结构动力学中无穷级数振动解的形式。相同频率的简谐波叠加可以得到驻波。无穷多个驻波叠加形成行波。因此，级数的每一项都可以看作空间中按照某一固定模式和固定频率振动的驻波。傅里叶级数将波动问题和振动问题联系起来，反映了两者之间的内在关系。当然两种解也有一定的差异。在波动解中，空间中的两点是存在一个相位差的。而振动解则将整个弹性体看作一个整体的振子，介质中的各点做不存在相位差的同步运动。

利用结构动力学里的频谱分析法，可将一个复杂的振动通过傅里叶展开法分解为许多简谐振动。在波动问题中同样可以借助这一思路，通过傅里叶展开法将任意平面波看作许多平面简谐波的叠加。在稳态 SH 波散射问题中，由于问题更关注于散射体的力学行为，而不考虑初始震源扰动的影响。可以认为波传播的时间已经足够长，进而忽略时间的影响。再基于 Huggens-Fresnel 原理，忽略掉散射体边界次生波的相互作用，将散射体内部叠加形成的波都看作傅里叶-贝塞尔级数形式的驻波，将散射体外边界向外传播的波看作傅里叶-汉克尔（Fourier-Hankel）级数形式的散射波。

在 SH 波散射问题的研究中，入射波常常是作为已知条件给出的，如沿 x 方向的平面波通常可以写成

$$w^{(i)}=w_0\exp(\mathrm{i}kr\cos\theta) \tag{3-33}$$

指数函数 $\exp(\mathrm{i}kr\cos\theta)$ 是关于角变量 θ 的周期性函数，可以利用复数形式的傅里叶级数进行展开：

$$\exp(\mathrm{i}kr\cos\theta)=\sum_{n=-\infty}^{+\infty}F_i^n\exp(\mathrm{i}n\theta) \tag{3-34}$$

其中

$$F_i^n=\frac{1}{2\pi}\int_0^{2\pi}\exp(\mathrm{i}kr\cos\theta)\exp(-\mathrm{i}n\theta)\,\mathrm{d}\theta=\frac{1}{2\pi}\int_0^{2\pi}\exp(\mathrm{i}kr\cos\theta)\cos(n\theta)\,\mathrm{d}\theta \tag{3-35}$$

根据贝塞尔函数的积分定义：

$$2\pi i^n J_n(\cdot) = \int_0^{2\pi} \exp[i \cdot \cos\theta]\cos(n\theta)\,d\theta \tag{3-36}$$

可得

$$w^{(i)} = w_0 \sum_{n=-\infty}^{+\infty} i^n J_n(kr)\exp(in\theta) \tag{3-37}$$

从上述过程可以看出，利用傅里叶展开法，平面波被转化为无穷多个柱面驻波的叠加的结果。通过此方法也可以将任意角度入射的平面波展开为柱面波。

当平面入射波在弹性介质内传播时，遇到散射体会在散射体表面产生散射波，而散射体内的驻波和散射体表面的散射波的波函数位移表达式（式（3-22）和式（3-27）），均是关于角变量 θ 的周期性函数，引起散射体周围的应力表达式，如式（3-22）一样也是角变量 θ 的周期性函数。二者均为柱面波，不同的只是内部驻波是贝塞尔级数的形式，向外传播的散射波则是汉克尔级数的形式。将空间内各散射波进行傅里叶展开后，再结合所研究问题的边界条件，就可以建立级数形式的联合方程。

当知道了无论平面入射波还是散射波都可以通过傅里叶展开法构建成柱面波的形式后，就可以对本书的研究对象圆柱形夹杂或者衬砌进行分析。以研究非脱胶圆柱形夹杂或衬砌为例，其内部和外部各待求的散射波场均满足式（3-19）的形式，通常包括贝塞尔函数 $J_n(kr)$ 和两类汉克尔函数 $H_n^{(1)}(kr)$、$H_n^{(2)}(kr)$，它们均为角变量 θ 的周期性函数，也可以认为是待定系数 W_n 的函数，将其统一写为 $w^{(s)}(\theta;W_n)$，外边界对应的应力统一写为 $\tau^{(s)}(\theta;W_n)$。由于稳态入射的 SH 波作为已知条件，系数已知，二者仅为角变量 θ 的周期性函数，位移记作 $w^{(i)}(\theta)$，对应的应力记作 $\tau^{(i)}(\theta)$。根据夹杂或衬砌外表面的位移和应力连续条件可得

$$\begin{cases} w^{(s)}(\theta;W_n) = w^{(i)}(\theta) \\ \tau^{(s)}(\theta;W_n) = \tau^{(i)}(\theta) \end{cases} \tag{3-38}$$

对方程式（3-38）两端同时做傅里叶展开，可得

$$\begin{cases} \sum\limits_{m=-\infty}^{+\infty} F_w^{(s)}(W_n)\exp(im\theta) = \sum\limits_{m=-\infty}^{+\infty} F_w^{(i)}\exp(im\theta) \\ \sum\limits_{m=-\infty}^{+\infty} F_\tau^{(s)}(W_n)\exp(im\theta) = \sum\limits_{m=-\infty}^{+\infty} F_\tau^{(i)}\exp(im\theta) \end{cases} \tag{3-39}$$

其中

$$
\begin{cases}
F_w^{(s)}(W_n) = \int_{-\pi}^{\pi} w^{(s)}(\theta; W_n)\exp(-\mathrm{i}m\theta)\mathrm{d}\theta \\
F_w^{(i)} = \int_{-\pi}^{\pi} w^{(i)}(\theta)\exp(-\mathrm{i}m\theta)\mathrm{d}\theta \\
F_\tau^{(s)}(W_n) = \int_{-\pi}^{\pi} \tau^{(s)}(\theta; W_n)\exp(-\mathrm{i}m\theta)\mathrm{d}\theta \\
F_\tau^{(i)} = \int_{-\pi}^{\pi} \tau^{(i)}(\theta)\exp(-\mathrm{i}m\theta)\mathrm{d}\theta
\end{cases}
\tag{3-40}
$$

这样就得到了一个无穷级数的线性方程组，通过求解方程组可以确定待定系数的值。m 每取一个值，就可以列出一行方程，所以 m 决定的是方程矩阵的行数。而 n 则是贝塞尔函数的阶数，决定方程矩阵的列数，取多少阶进行计算，意味着待定系数 W_n 含有多少项。选取合理的阶数截断方程组，可以将无穷级数形式的方程组化为有限级数形式的方程组，进而对具体的工程案例进行数值计算，确定每部分散射波的波函数待定系数。而合理截断项数的确定则由误差分析决定。

3.3 基于大圆弧法下的波函数展开

3.3.1 模型

这里所使用的二维模型如图 3.2 所示。它表示一个半空间($y>0$)，从其中移去一个半径为 a_1、以 o_1 为中心的圆的扇形，形成一个峡谷。半空间表面圆形扇形的宽度为 $2a$，深度为 h。假设半空间是弹性的、各向同性的、均匀的。当纵波速度确定时，其材料性质可由 Lame 常数 λ、μ 和质量密度 ρ 给出[2]：

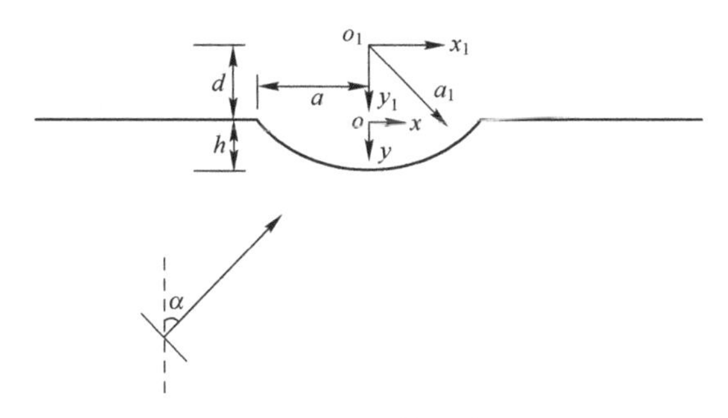

图 3.2　入射 P 波

$$c_{\mathrm{P}}=\sqrt{\frac{\lambda+2\mu}{\rho}} \tag{3-41}$$

横波速度为

$$c_{\mathrm{S}}=\sqrt{\frac{\mu}{\rho}} \tag{3-42}$$

采用两个直角坐标系，一个是原点为 o 的(x,y)，另一个是原点为 o_1 的(x_1,y_1)。柱面坐标系$(r_1>\theta_1)$原点 o_1 为也将被使用。由下列各坐标量组成：

$$r_1=(x_1^2+y_1^2)^{1/2}$$
$$\theta_1=\arctan(x_1/y_1)$$
$$x_1=r_1\sin\theta_1$$
$$y_1=r_1\cos\theta_1$$
$$x=x_1$$

其中

$$d=a_1-h,\quad y=y_1-d \tag{3-43}$$

半空间中的波动激励由平面纵波构成，其位移和传播矢量位于 xy 平面上。其入射角为 α，即传播矢量与垂直方向的夹角（图3.2）。它的圆频率是 ω，在 xy 坐标系中，可以用势表示，即

$$\Phi^{(i)}=\exp[\mathrm{i}k_\alpha(x\sin\theta_\alpha-y\cos\theta_\alpha)-\mathrm{i}\omega t] \tag{3-44}$$

式中：波长 $\lambda_\alpha=2\pi/k_\alpha$，$k_\alpha=\omega\cdot\alpha$ 为纵波数。这里 $i=\sqrt{-1}$是虚数单位，t 是时间坐标。从这一点，时间因子 $\exp(-\mathrm{i}\omega t)$将被理解并从所有表达式中省略。

从半空间反射的入射纵波将产生反射纵波和 SV 波，以满足无应力边界条件 $\tau_{yy}=0$ 和 $\tau_{xy}=0$。反射的 P 波和 SV 波势为

$$\Phi^r=K_1\mathrm{e}^{\mathrm{i}k_\alpha(x\sin\theta_\alpha+y\cos\theta_\alpha)} \tag{3-45}$$

$$\psi^r=K_2\mathrm{e}^{\mathrm{i}k_\beta(x\sin\theta_\beta+y\cos\theta_\beta)} \tag{3-46}$$

式中：K_1、K_2 为反射系数，即

$$K_1=\frac{\sin(2\theta_\alpha)\sin(2\theta_\beta)-(\alpha/\beta)^2\cos^2(2\theta_\beta)}{\sin(2\theta_\alpha)\sin(2\theta_\beta)+(\alpha/\beta)^2\cos^2(2\theta_\beta)} \tag{3-47}$$

$$K_2=\frac{-2\sin(2\theta_\alpha)\cos(2\theta_\beta)}{\sin(2\theta_\alpha)\sin(2\theta_\beta)+(\alpha/\beta)^2\cos^2(2\theta_\beta)} \tag{3-48}$$

式中：c_{S} 为横波速度，$k_\beta=\omega/c_{\mathrm{S}}$ 为横波数，$\theta_{c_{\mathrm{P}}}$ 为从半空间反射的 SV 波的夹角。$\theta_{c_{\mathrm{P}}}$和 $\theta_{c_{\mathrm{S}}}$的关系为

$$\frac{\sin\theta_{c_{\mathrm{P}}}}{c_{\mathrm{P}}}=\frac{\sin\theta_{c_{\mathrm{S}}}}{c_{\mathrm{S}}} \tag{3-49}$$

由 $c_{\mathrm{P}}>c_{\mathrm{S}}$ 推出 $\theta_{c_{\mathrm{P}}}>\theta_{c_{\mathrm{S}}}$。

3.3.2　解决方案

为了方便选取原点为 o_1 的柱坐标(r_1,θ_1)。式（3-44）和式（3-45）可改写为

$$\begin{cases}\Phi^{(i)}(r_1,\theta_1)=\exp(\mathrm{i}k_\alpha d\cos\theta_\alpha)\exp(-\mathrm{i}k_\alpha r_1\cos(\theta_1+\theta_\alpha))\\ \Phi^{(r)}(r_1,\theta_1)=K_1\exp(-\mathrm{i}k_\alpha d\cos\theta_\alpha)\exp(\mathrm{i}k_\alpha r_1\cos(\theta_1-\theta_\alpha))\\ \Psi^{(r)}(r_1,\theta_1)=K_2\exp(-\mathrm{i}k_\beta d\cos\theta_\beta)\exp(\mathrm{i}k_\beta r_1\cos(\theta_1-\theta_\beta))\end{cases}\tag{3-50}$$

在圆形峡谷的存在下，会产生额外的波浪。将它们用傅里叶-贝塞尔级数展开，则有

$$\begin{cases}\Phi_1^R(r_1,\theta_1)=\sum H_n^{(1)}(k_\alpha r_1)(A_{1n}\cos(n\theta_1)+B_{1n}\sin(n\theta_1))\\ \Psi_1^R(r_1,\theta_1)=\sum\limits_n H_n^{(1)}(k_\beta r)(C_{1n}\sin(n\theta_1)+D_{1n}\cos(n\theta_1))\\ \Phi_2^R(r_1,\theta_1)=\sum\limits_n J_n(k_\alpha r_1)(A_{2n}^*\cos(n\theta_1)+B_{2n}^*\sin(n\theta_1))\\ \Psi_2^R(r_1,\theta_1)=\sum\limits_n J_n(k_\beta r_1)(C_{2n}^*\sin(n\theta_1)+D_{2n}^*\cos(n\theta_1))\end{cases}\tag{3-51}$$

其中，n 取 $0\sim\infty$。

入射和反射的 P 波和 SV 波也可以用傅里叶-贝塞尔级数展开为

$$\begin{cases}\Phi^{(i+r)}(r_1,\theta_1)=\sum\limits_n^{\infty}J_n(k_\alpha r_1)(A_{0n}\cos(n\theta_1)+B_{0n}\sin(n\theta_1))\\ \Psi^{(r)}(r_1,\theta_1)=\sum\limits_n^{\infty}J_n(k_\beta r_1)(C_{0n}\sin(n\theta_1)+D_{0n}\cos(n\theta_1))\end{cases}\tag{3-52}$$

其中

$$\begin{cases}A_{0n}=\varepsilon_n\mathrm{i}^n\cos(n\theta_\alpha)((-1)^n\mathrm{e}^{\mathrm{i}k_2d\cos\theta_x}+K_1\mathrm{e}^{-\mathrm{i}k_ad\cos\theta_\alpha})\\ B_{0n}=\varepsilon_n\mathrm{i}^n\sin(n\theta_\alpha)(-(-1)^n\mathrm{e}^{\mathrm{i}k_\alpha d\cos\theta_a}+K_1\mathrm{e}^{-\mathrm{i}k_\alpha d\cos\theta_a})\\ C_{0n}=\varepsilon_nK_2\mathrm{e}^{-\mathrm{i}k_\beta d\cos\theta_\beta\mathrm{i}^n}\sin(n\theta_\beta)\\ D_{0n}=\varepsilon_nK_2\mathrm{e}^{-\mathrm{i}k_\beta d\cos\theta_\beta\mathrm{i}^n}\cos(n\theta_\beta)\end{cases}\tag{3-53}$$

当 $n=0$ 时，$\varepsilon_n=1$；当 $n>1$ 时，$\varepsilon_n=2$。

任意点的最终势由势的和给出：

$$\Phi=\Phi^{(i+r)}+\Phi_1^R+\Phi_2^R\tag{3-54}$$

$$\Psi=\Psi^{(r)}+\Psi_1^R+\Psi_2^R\tag{3-55}$$

这个问题的边界条件为

$$\tau_{rr}=0,\quad \tau_{r\theta}=0,\quad 当\ r_1=a_1 \tag{3-56}$$

$$\tau_{yy}=0,\quad \tau_{xy}=0,\quad 当\ y=0 \tag{3-57}$$

由于波场是在以 o_1 为原点的坐标系下给出的，所以 $r_1=a_1$ 处的边界条件比较容易应用，而在半空间边界处的边界条件则很难应用。然而，为了解决这个问题，Cao 和 Lee[14] 对模型进行了修正。半空间边界近似为一个几乎平坦的圆形边界，半径为 a_2、a_1，中心在 o_2（图 3.3）。

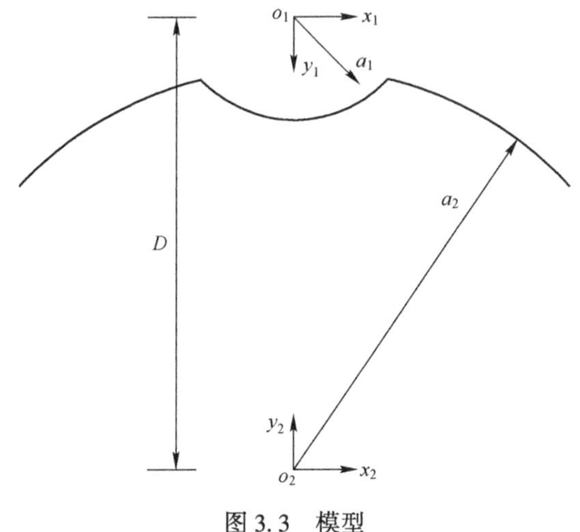

图 3.3 模型

引入了以 o_2 为原点的新的坐标系 x_2-y_2：

$$\begin{cases} x_2=x_1 \\ y_2=D-y_1 \end{cases} \tag{3-58}$$

式中：D 为 $o_1\sim o_2$ 的距离。

大圆和小圆的界面现在将被用来近似之前的模型。很明显，当大圆的半径接近无穷大时，这个模型接近半空间中圆形峡谷的半径。利用相应的柱坐标 (r_2,θ_2) 在 o_2 处的势为

$$\begin{cases} \boldsymbol{\Phi}_1^R(r_2,\theta_2)=\sum\limits_m J_m(k_\alpha r_2)(A_{1m}^*\cos(m\theta_2)+B_{1m}^*\sin(m\theta_2)) \\ \boldsymbol{\Psi}_1^R(r_2,\theta_2)=\sum\limits_m J_m(k_\beta r_2)(C_{1m}^*\sin(m\theta_2)+D_{1m}^*\cos(m\theta_2)) \\ \boldsymbol{\Phi}_2^R(R_2,\theta_2)=\sum\limits_m J_m(k_\alpha r_2)(A_{2m}\cos(m\theta_2)+B_{2m}\sin(m\theta_2)) \\ \boldsymbol{\Psi}_2^R(R_2,\theta_2)=\sum\limits_m J_m(k_\beta r_2)(C_{2m}\sin(m\theta_2)+D_{2m}\cos(m\theta_2)) \end{cases} \tag{3-59}$$

式中：m 取 $0\sim\infty$。

选择贝塞尔 J 函数是因为在 $r_2=0$ 时，不允许有奇点。半空间表面上的无牵引力边界条件可以改写为

$$\begin{cases}\tau_{rr}=0\\ \tau_{r\theta}=0\end{cases},\quad r_2=a_2 \tag{3-60}$$

当

$$\begin{cases}\tau_{rr}=[\tau_{rr}^{l+r}]+[\tau_{1rr}^{R}]+[\tau_{2rr}^{R}]\\ \tau_{r\theta}=[\tau_{r\theta}^{i+r}]+[\tau_{1r\theta}^{R}]+[\tau_{2r\theta}^{R}]\end{cases} \tag{3-61}$$

且

$$\tau_{rr}=\lambda\,\nabla^2\phi+2\mu\left[\frac{\partial^2\phi}{\partial r^2}+\frac{\partial}{\partial r}\left(\frac{1}{r}\frac{\partial\psi}{\partial\theta}\right)\right] \tag{3-62}$$

$$\tau_{r\theta}=\mu\left\{2\left(\frac{1}{r}\frac{\partial\phi^2}{\partial\theta\,\partial r}-\frac{1}{r^2}\frac{\partial\phi}{\partial\theta}\right)+\left[\frac{1}{r^2}\frac{\partial^2\phi}{\partial\theta^2}-r\frac{\partial}{\partial r}\left(\frac{1}{r}\frac{\partial\psi}{\partial r}\right)\right]\right\} \tag{3-63}$$

应用峡谷面边界条件 $r_1=a_1$，将式（3-60）、式（3-61）和式（3-62）代入式（3-63）得

$$\begin{aligned}\frac{\tau_{rr}}{\tau_{r\theta}}=&\frac{2\mu}{a_1^2}\sum_{n=0}^{\infty}\left\{\begin{pmatrix}E_{11}^{(3)}(n) & E_{12}^{(3)}(n)\\ E_{21}^{(3)}(n) & E_{22}^{(3)}(n)\end{pmatrix}\begin{pmatrix}A_{1n}\\ C_{1n}\end{pmatrix}\right.\\ &\left.+\begin{pmatrix}E_{11}^{(1)}(n) & E_{12}^{(1)}(n)\\ E_{21}^{(1)}(n) & E_{22}^{(1)}(n)\end{pmatrix}\begin{pmatrix}A_{2n}^{*}+A_{0n}\\ C_{2n}^{*}+C_{0n}\end{pmatrix}\right\}\cos(n\theta_1)\\ &+\frac{2\mu}{a_1^2}\sum_{n=0}^{\infty}\left\{\begin{pmatrix}E_{11}^{(3)}(n) & E_{12}^{(3)}(n)\\ E_{21}^{(3)}(n) & E_{22}^{(3)}(n)\end{pmatrix}\begin{pmatrix}B_{1n}\\ D_{1n}\end{pmatrix}\right.\\ &\left.+\begin{pmatrix}E_{11}^{(1)}(n) & E_{12}^{(1)}(n)\\ E_{21}^{(1)}(n) & E_{22}^{(1)}(n)\end{pmatrix}\begin{pmatrix}A_{2n}^{*}+A_{0n}\\ C_{2n}^{*}+C_{0n}\end{pmatrix}\right\}\sin(n\theta_1)\\ &=\begin{pmatrix}0\\0\end{pmatrix}\end{aligned} \tag{3-64}$$

同样地，在半空间的曲面上($r_2=a_2$)：

$$\begin{aligned}\frac{\tau_{rr}}{\tau_{r\theta}}=&\frac{2\mu}{a_2^2}\sum_{n}\left\{\begin{pmatrix}E_{11}^{(1)}(n) & E_{12}^{(1)}(n)\\ E_{21}^{(1)}(n) & E_{22}^{(1)}(n)\end{pmatrix}\begin{pmatrix}A_{1n}^{*}+A_{2n}\\ C_{1n}^{*}+C_{2n}\end{pmatrix}\right\}\cos(n\theta_2)\\ &+\left\{\begin{pmatrix}E_{11}^{(1)}(n) & E_{12}^{(1)}(n)\\ E_{21}^{(1)}(n) & E_{22}^{(1)}(n)\end{pmatrix}\begin{pmatrix}B_{1n}^{*}+B_{2n}\\ D_{1n}^{*}+D_{2n}\end{pmatrix}\right\}\sin(n\theta_2)=\begin{pmatrix}0\\0\end{pmatrix}\end{aligned} \tag{3-65}$$

这里不包括来自 $\Phi^{(i)}$、$\Phi^{(r)}$ 和 $\Phi^{(r)}$ 的项，因为它们一起已经满足 $z=0$ 处的自由场边界条件。上述 $E_{ij}^{(k)}$ 由 Pao 和 Mow[3] 定义：

$$\begin{cases}E_{11}^{(k)}(n)=\left(n^2+n-\dfrac{1}{2}k_\beta^2r^2\right)C_n(k_\alpha r)-k_\alpha rC_{n-1}(k_\alpha r)\\E_{12}^{(k)}=(\pm n)(-(n+1)C_n(k_\beta r)+k_\beta rC_{n-1}(k_\beta r))\\E_{21}^{(k)}=(\mp n)(-(n+1)C_n(k_\alpha r)+k_\alpha rC_{n-1}(k_\alpha r))\\E_{22}^{(k)}=-\left(n^2+n-\dfrac{1}{2}k_\beta^2r^2\right)C_n(k_\beta r)-k_\beta rC_{n-1}(k_\beta r)\end{cases}\tag{3-66}$$

当

$$\begin{cases}C_n(\cdot)=J_n(\cdot),\quad k=1\\C_n(\cdot)=H_n^{(1)}(\cdot),\quad k=3\end{cases}\tag{3-67}$$

式（3-64）的 $r=a_1$ 和式（3-65）的 $r=a_2$。

坐标 (r_1,θ_1) 和 (r_2,θ_2) 下的波势通过以下变换联系起来：

$$C_n(kr_2)\begin{Bmatrix}\cos(n\theta_2)\\\sin(n\theta_2)\end{Bmatrix}=\sum_{m=-\infty}^{\infty}C_{m+n}(kD)J_m(kr_1)\begin{Bmatrix}\cos(m\theta_1)\\\sin(m\theta_1)\end{Bmatrix},\quad r_1<D\tag{3-68}$$

式中：$C_n(\cdot)$ 表示 $J_n(\cdot)$ 或 H_n^1，k 为 k_α 或 k_β。

由式（3-64）~式（3-68）可知，使 $m=0,1,2,\cdots$ 得

$$\begin{cases}\begin{pmatrix}A_{1m}^*\\D_{1m}^*\end{pmatrix}=\dfrac{\varepsilon_m}{2}\sum\limits_{n=0}^{\infty}\begin{pmatrix}A_{1n}\\D_{1n}\end{pmatrix}((H_{m+n}^{(1)}(kD)+(-1)^nH_{m-n}kD))\\\begin{pmatrix}B_{1m}^*\\C_{1m}^*\end{pmatrix}=\dfrac{\varepsilon_m}{2}\sum\limits_{n=0}^{\infty}\begin{pmatrix}B_{1n}\\C_{1n}\end{pmatrix}(H_{m+n}^{(1)}(kD)+(-1)^nH_{m-n}kD))\\\begin{pmatrix}A_{2n}^*\\D_{2n}^*\end{pmatrix}=\dfrac{\varepsilon_n}{2}\sum\limits_{m=0}^{\infty}\begin{pmatrix}A_{2m}\\D_{2m}\end{pmatrix}(J_{n+m}(kD)+(-1)^mJ_{n-m}(kD))\\\begin{pmatrix}B_{2n}^*\\C_{2n}^*\end{pmatrix}=\dfrac{\varepsilon_n}{2}\sum\limits_{m=0}^{\infty}\begin{pmatrix}B_{2m}\\C_{2m}\end{pmatrix}(J_{n+m}(kD)-(-1)^mJ_{n-m}(kD))\end{cases}\tag{3-69}$$

通过方程（3-65）给出：

$$\begin{cases}A_{1n}^*=-A_{2n}\\C_{1n}^*=-C_{2n}\\B_{1n}^*=-B_{2n}\\D_{1n}^*=-D_{2n}\end{cases}\tag{3-70}$$

将式（3-64）、式（3-65）和式（3-67）代入式（3-69）并简化线性方程，使 $m=0,1,2,\cdots$，得

$$\sum_{l=0}^{\infty}\begin{bmatrix}E_{1}^{(1)}(m)R_{ml}^{+} & E_{12}^{(1)}(m)R_{ml}^{-}\\ E_{21}^{(1)}(m)R_{ml}^{+} & E_{22}^{(1)}(m)R_{ml}^{-}\end{bmatrix}\begin{Bmatrix}A_{11}\\ C_{11}\end{Bmatrix} - \begin{bmatrix}E_{11}^{(3)}(m) & E_{12}^{(3)}(m)\\ E_{21}^{(3)}(m) & E_{21}^{(3)}(m)\end{bmatrix}\begin{Bmatrix}A_{1m}\\ C_{1m}\end{Bmatrix} = \begin{Bmatrix}E_{11}^{(1)}(m)A_{0m}+E_{12}^{(1)}(m)C_{0m}\\ E_{21}^{(1)}(m)A_{0m}+E_{22}^{(1)}(m)C_{0m}\end{Bmatrix} \tag{3-71}$$

且

$$\sum_{l=0}^{\infty}\begin{bmatrix}E_{1}^{(1)}(m)R_{ml}^{-} & E_{12}^{(1)}(m)R_{ml}^{+}\\ E_{21}^{(1)}(m)R_{ml}^{-} & E_{22}^{(1)}(m)R_{ml}^{+}\end{bmatrix}\begin{Bmatrix}B_{1l}\\ D_{1l}\end{Bmatrix} - \begin{bmatrix}E_{1}^{(3)}(m) & E_{12}^{(1)}(m)\\ E_{21}^{(3)}(m) & E_{22}^{(3)}(m)\end{bmatrix}\begin{Bmatrix}B_{1m}\\ D_{1m}\end{Bmatrix} = \begin{Bmatrix}E_{11}^{(1)}(m)B_{0m}+E_{12}^{(1)}(m)D_{0m}\\ E_{21}^{(1)}(m)B_{0m}+E_{22}^{(1)}(m)D_{0m}\end{Bmatrix} \tag{3-72}$$

而 $k=k_{\alpha}$ 用于 A_{1l} 和 B_{1l}，$k=k_{\beta}$ 用于 C_{1l} 和 D_{1l}。

$$R_{ml}^{\pm}(kD)=+\frac{\varepsilon_{m}}{2}\sum_{n=0}^{\infty}\frac{\varepsilon_{n}}{2}(J_{m+n}(kD)\ \pm(-1)^{n}J_{m-n}(kD))(H_{n+1}(kD)\ \pm(-1)^{l}H_{n-1}(kD)) \tag{3-73}$$

方程（3-73）可以通过将无穷和截断为有限和而得到有限矩阵来求解。所考虑的项的数量必须足够大，以满足所需的准确性。

3.3.3　误差检验方法

在 SH 波散射问题的研究中，根据边界条件可建立联合方程组，通过傅里叶展开法可以将方程各项化为无穷级数形式。具体问题的求解需要将方程截断，变为有限方程组，因此在此过程中会产生一定的截断误差。可以将求解的系数回代入各散射波函数，并通过边界条件检验误差。定义入射波的位移场为 $w^{(i)}(z)$，在圆柱散射体边界上产生的应力为 $\tau^{(i)}(z)$；求解方程后得到的位移场为 $w^{(s)}(z)$，在圆柱散射体边界上产生的应力为 $\tau^{(s)}(z)$；位移误差为 $\Delta w(z)$，应力误差为 $\Delta\tau(z)$。

应力自由的边界误差可以用一个具有普遍性的表达式来定义：

$$\Delta\tau(z)=\tau^{(i)}(z)+\tau^{(s)}(z) \tag{3-74}$$

位移和应力连续的边界误差可以用一个具有普遍性的表达式来定义：

$$\begin{cases}\Delta w(z)=w^{(s)}(z)-w^{(i)}(z)\\ \Delta\tau(z)=\tau^{(s)}(z)-\tau^{(i)}(z)\end{cases} \tag{3-75}$$

在本书第5、6、7章对脱胶散射体的研究中，引入两种方法来对计算模型的合理性和计算结果的精确性进行检验。第一种方法就是将构建的级数方程进行退化，如将圆柱夹杂的剪切模量取0值，此时圆柱夹杂可以视为圆柱形孔洞，并将复合地层内的相关参数取为一致，进而将模型退化为半空间内圆形孔洞的散射问题，与已存在的研究成果进行对比印证。再如，将衬砌的脱胶区域取为0，并将复合地层内的相关参数取为一致，进而将模型退化为半空间内的圆柱形衬砌的散射问题，与已存在的研究成果进行对比印证。

第二种方法是引入边界上无量纲应力差的概念来检验精度。波动问题的定解方程由无穷级数项构成，但在实际的工程问题的数值计算中，级数项 n 只能取有限项。在数值分析的有关理论中常用的方法是，取 n 项和 $n+1$ 项两次计算结果的差值作为误差，当这个误差满足一定范围时，认为误差可以被接受，满足工程要求。相比于半空间问题，在复合地层内SH波的散射问题中，各土层和散射体波场联合得到的方程更为复杂，不易对误差的每个来源进行探究。引入边界条件进行检验是可靠而易行的方法。例如，在研究衬砌对稳态SH波的散射时，把衬砌外散波场产生的径向应力定义为 $\tau_{rz}^{(S)}$，衬砌内部驻波波场产生的径向应力定义为 $\tau_{rz}^{(ST)}$，平面入射波引起的径向应力为 $\mathrm{i}k_1\mu_1w_0$，引入无量纲应力差来描述级数解的精度，将求出的系数回代入方程，用边界径向应力为零的条件来检验。定义衬砌外壁的无量纲应力差和内壁的无量纲应力差分别为

$$\begin{cases}\tau_{rz}^{b}=\left|(\tau_{rz}^{(S)}-\tau_{rz}^{(ST)})/(\mathrm{i}k_1\mu_1w_0)\right|_{|z|=b}\\ \tau_{rz}^{a}=\left|(\tau_{rz}^{(ST)})/(\mathrm{i}k_1\mu_1w_0)\right|_{|z|=a}\end{cases} \tag{3-76}$$

式中：b 和 a 分别为衬砌的外径和内径。由特殊函数的有关理论可知贝塞尔级数的收敛性较好。从第一类汉克尔函数的渐进性可以看出在宗量无穷大时，函数值会趋近于0。精度的单位通常为一无量纲的小数，而只要级数项数取得适当，无量纲应力差的最大值就可以足够小，从而满足求解问题精度的要求。因此，本书借鉴Lee[16]利用大圆弧假定思想研究半空间内圆孔对SV波的散射问题时采用傅里叶-贝塞尔级数的思路，将散射体外部的波场用傅里叶-汉克尔级数进行构建。2001年，Davis提出了将原直线边界的反射波成分去除，只保

留近似后圆弧激发的散射波，去解决和 Lee 同样的问题，取得了良好的精度[17]。因此，本节使用大圆弧假定的思想，研究复合地层内 SH 波的散射问题时也沿用这个思路。

参考文献

[1] 刘殿魁，刘宏伟．孔边裂纹对波散射及动应力强度因子．力学学报．1999，31（3）：292-299.

[2] HÖLLINGER F, ZIEGLER F. Scattering of pulsed Rayleigh surface waves by a cylindrical cavity [J]. Wave Motion, 1979, 1 (3): 225-338.

[3] TRIFUNAC M D. Surface motion of a semi-cylindrical alluvial valley for incident plane SH waves [J]. Bulletin of the Seismological Society of America, 1971, 61 (6): 1755-1770.

[4] TRIFUNAC M D. Scattering of Plane SH-waves by a Semi-Cylindrical Canyon [J]. Earthquake Engineering and Structural Dynamics, 1972, 1 (3): 267-281.

[5] LEE V W, TRIFUNAC M D. Response of tunnels to incident SH-waves [J]. Journal of Engineering Mechanics, ASCE, 1979, 105 (4), 643-659.

[6] LEE V W, CAO H. Diffraction of SV waves by circular canyons of various depths [J]. Journal of Engineering Mechanics, 1989, 115 (9): 2035-2056.

[7] LEE V W, KARL J. Diffraction of SV waves by underground, circular, cylindrical cavities [J]. Soil Dynamics and Earthquake Engineering, 1992, 11 (8): 445-456.

[8] DAVIS C, LEE V W, BARDET J P. Transverse response of underground cavities and pipes to incident SV waves [J]. Earthquake engineering & structural dynamics, 2001, 30 (3): 383-410.

[9] XU H, LI T, XU J. Dynamic response of underground circular lining tunnels subjected to incident P waves [J]. Mathematical Problems in Engineering, 2014, 297424.

[10] LEE V W, TRIFUNAC M D. Response of tunnels to incident SH-waves [J]. Journal of Engineering Mechanics, ASCE, 1979, 105 (4), 643-659.

[11] LEE V W, KARL J. Diffraction of SV waves by underground, circular, cylindrical cavities [J]. Soil Dynamics and Earthquake Engineering, 1992, 11 (8): 445-456.

[12] DAVIS C, LEE V W, BARDET J P. Transverse response of underground cavities and pipes to incident SV waves [J]. Earthquake engineering & structural dynamics, 2001, 30 (3): 383-410.

[13] ABRAMOWITZ, STEGUN. Handbook of Mathematical Functions with Formulas [J], Graphs and Mathematical Tables, Chapter 15. Dover Publ. Inc. New York. 1972.

[14] LEE V W, CAO H. Diffraction of SV waves by circular canyons of various depths [J]. Journal of Engineering Mechanics, 1989, 115 (9): 2035-2056.

[15] PAO Y, MOW C C. Diffraction of elastic waves and dynamic stressconcentrations [J], Rand Report, R-482-PR. 1971.

[16] LEE V W, KARL J. Diffraction of SV waves by underground, circular, cylindrical cavities [J]. Soil Dynamics and Earthquake Engineering, 1992, 11 (8): 445-456.

[17] DAVIS C, LEE V W, BARDET J P. Transverse response of underground cavities and pipes to incident SV waves [J]. Earthquake engineering & structural dynamics, 2001, 30 (3): 383-410.

第4章 复合地层中圆柱形孔洞对弹性波的散射

4.1 引 言

地下结构广泛应用在城市建设、交通运输、能源开发和国防工程等领域。地下结构在地震作用下的响应是结构工程学、地震工程学、弹性波动理论中令人关注的课题之一。弹性介质中孔洞、夹杂、裂纹和衬砌等异质物对弹性波的散射影响问题研究一直备受学者们的关注，且已得到了较好的分析并形成了一系列成熟的理论和方法[1-2]。

20世纪末，Lee和Karl创造性地提出了大圆弧假设原理，这一假设解决了在半无限空表面无法进行波函数展开的难题[3]。之后他又和很多学者应用该方法研究了很多问题[4]。我国学者刘殿魁等人在2008年成功地将弹性静力学中的复变函数法推广到二维散射问题的分析之中，大大地拓广了传统波函数展开法的应用[5-8]。本章即利用复变函数法和波函数展开法给出了具有地表覆盖层的弹性半空间内圆孔与圆柱形夹杂在稳态SH波作用下动应力集中问题的解。为了克服直接构造波函数场的困难，采用一个半径很大的圆孔边界来拟合半空间的直边界，因而原来问题就转化为半空间内大圆孔和小圆孔及圆柱形夹杂对入射平面SH波的散射问题，即采用大圆弧假设法求解。

4.2 圆柱形孔洞对弹性波的散射问题分析

4.2.1 问题的描述

地下结构中含有多个圆孔和圆柱形夹杂的弹性半空间计算模型如图4.1所示。圆孔和圆柱形夹杂标记为$T_s(s=1,2,\cdots,m)$，其中c_s为第s个圆孔或圆柱形夹杂的中心坐标，也就是第s个圆孔或夹杂的圆心在总体坐标下的坐标，它的半径用a_s表示，其中夹杂的密度和剪切弹性模量分别为ρ_s和μ_s；地表覆盖

层的上边界标记为 T_U，下边界标记为 T_D，覆盖层的厚度为 h_2，覆盖层的密度为 ρ_2，剪切弹性模量为 μ_2。利用一个半径很大的圆来拟合地表直边界，逼近地表覆盖层大圆弧中心记为 o'，到上边界的半径记为 R_U，到下边界的半径记为 R_D，基体介质的密度和剪切弹性模量分别为 ρ_1 和 μ_1。

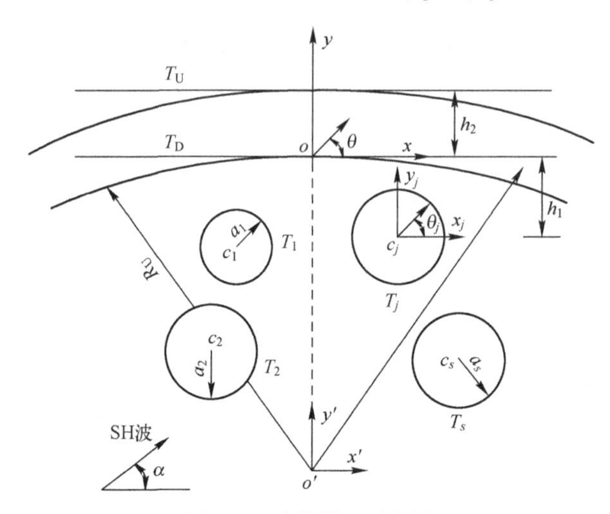

图 4.1　计算模型示意图

在覆盖层的下边界建立一个总体坐标系 xoy，在圆孔和夹杂的圆心上建立局部坐标系 $x_jo_jy_j$。采用“分区”的思想将整个区域分割成Ⅰ、Ⅱ、Ⅲ三个部分进行分析，区域Ⅰ为基体半无限空间，区域Ⅱ为地表覆盖层，区域Ⅲ为圆柱形夹杂，为区域 T_D 的Ⅰ、Ⅱ“公共边界”。

4.2.2　控制方程

弹性波的散射问题，最为简单的模型就是出平面剪切运动的 SH 波模型 SH 入射波在 xy 平面内所激发的反平面位移（波函数）$w_j(x,y,t)$ 垂直于 x,y 面，且与 z 轴无关，位移函数 $w_j(x,y,t)$ 与时间的依赖关系为 $\exp(-\mathrm{i}\omega t)$。引入复数变量$(z,\bar{z})$，$z=x+\mathrm{i}y,\bar{z}=x-\mathrm{i}y$，在复平面$(z,\bar{z})$内介质的位移场满足的亥姆霍兹方程为

$$\frac{\partial^2 w_i}{\partial x^2}+\frac{\partial^2 w_i}{\partial y^2}+k^2 w_i=0 \tag{4-1}$$

式中：w_i 为位移函数，位移函数与时间的依赖关系为 $\exp(-\mathrm{i}\omega t)$（以下分析略去时间谐和因子 $\exp(-\mathrm{i}\omega t)$）。$k=\dfrac{\omega}{c_S}$，$\omega$ 为位移 $w(x,y,t)$ 的圆频率，c_S 为介质

的剪切波速，$c_S=\sqrt{\dfrac{\mu_i}{\rho_i}}(i=1,2)$，$\rho_i$、$\mu_i$ 分别为介质的质量密度和剪切模量。

应力与应变的关系为

$$\tau_{xz}=\mu\frac{\partial w}{\partial x},\quad \tau_{yz}=\mu\frac{\partial w}{\partial y} \tag{4-2}$$

在复平面$(z,\bar{z})$上，式（4-1）和式（4-2）可表示如下：

$$\frac{\partial^2 w_i}{\partial z\partial z}+\frac{1}{4}k^2 w_i=0 \tag{4-3}$$

和

$$\tau_{xz}=\mu_i\left(\frac{\partial w_i}{\partial z}+\frac{\partial w_i}{\partial z}\right),\quad \tau_{yz}=\mu_i\left(\frac{\partial w_i}{\partial z}-\frac{\partial w_i}{\partial z}\right) \tag{4-4}$$

而在极坐标系中，应力表达式为

$$\begin{cases}\tau_{rz}=\mu_i\left(\dfrac{\partial w_i}{\partial z}\mathrm{e}^{\mathrm{i}\theta}+\dfrac{\partial w_i}{\partial \bar{z}}\mathrm{e}^{-\mathrm{i}\theta}\right)\\ \tau_{\theta z}=\mathrm{i}\mu_i\left(\dfrac{\partial w_i}{\partial z}\mathrm{e}^{\mathrm{i}\theta}-\dfrac{\partial w_i}{\partial \bar{z}}\mathrm{e}^{-\mathrm{i}\theta}\right)\end{cases} \tag{4-5}$$

4.2.3　圆孔夹杂及覆盖层下边界散射波的求解

在区域Ⅰ中，求解一个散射波 $w^{(\mathrm{SI})}$，它由浅埋圆孔和夹杂以及地表覆盖层的下边界产生的散射波 $w_{T_s}^{(\mathrm{SI})}$ 和 $w_{T_\mathrm{D}}^{(\mathrm{SI})}$ 组成，且有

$$w^{(\mathrm{SI})}=w_{T_s}^{(\mathrm{SI})}+w_{T_\mathrm{D}}^{(\mathrm{SI})} \tag{4-6}$$

在复平面$(z,\bar{z})$上，散射波为

$$w_{T_s}^{(\mathrm{SI})}(z,\bar{z})=\sum_{m}^{s=1}\sum_{\infty}^{n=-\infty}A_n^s H_n^{(1)}\left(k_1|z-c_s|D\left[\frac{z-c_s}{|z-c_s|}\right]^n\right) \tag{4-7}$$

式中：$A_n^s(s=1,2,\cdots,m)$为待定系数；m 为半空间中圆孔和夹杂的数目；$H_n^{(1)}(\cdot)$为 n 阶第一类汉克尔函数。

当移动坐标时，即把坐标原点移动到 j 孔的圆心 c_j 上，在$(z_j,\bar{z}_j)$上 $z=z_j+c_j$，其中${}^s d_j=c_s-c_j$，也就是以 c_j 为原点时，s 孔中心的复坐标。这样式（4-7）即可写成

$$w_{T_s}^{(\mathrm{SI})}(z_j,\bar{z}_j)=\sum_{m}^{s=1}\sum_{\infty}^{n=-\infty}A_n^S H_n^{(1)}(k_1|z_j-{}^s d_j|)\left[\frac{z_j-{}^s d_j}{|z_j-{}^s d_j|}\right]^n \tag{4-8}$$

在复平面$(z',\overline{z'})$上，散射波为

$$w_{T_\mathrm{D}}^{(\mathrm{SI})}(z',\vec{z}')=\sum_{\infty}^{n=-\infty}B_n H_n^{(2)}(k_1|z'|)\left[\frac{z'}{|z'|}\right]^n \tag{4-9}$$

式中：$z'=z+\mathrm{i}R_D$；$H_n^{(1)}(*)$为 n 阶第一类汉克尔函数；$H_n^{(2)}(*)$为 n 阶第二类汉克尔函数；A_n^S，B_n（$n=0,\pm1,\pm2,\cdots;s=1,2,\cdots,m$）为待求函数。

相应的应力可表示为

$$\tau_{rz,T_s}^{(\mathrm{SI})}=\frac{k_1\mu_1}{2}\sum_{m}^{s=1}\sum_{\infty}^{n=-\infty}A_n^s\cdot\left\{H_{n-1}^{(1)}(k_1|z_j-{}^sd_j|)\left[\frac{z_j-{}^sd_j}{|z_j-s^sd_j|}\right]^n\mathrm{e}^{\mathrm{i}\theta_j}-\right.$$

$$\left.H_{n+1}^{(1)}(k_1|z_j-{}^sd_j|)\left[\frac{z_j-{}^sd_j}{|z_j-s_jj|}\right]^n\mathrm{e}^{-\mathrm{i}\theta_j}\right\}\tag{4-10}$$

$$\left\{H_{n-1}^{(1)}(k_1|z_j-s_j|)\left[\frac{z_j-s_j}{|z_j-s^sd_j|}\right]^n\mathrm{e}^{\mathrm{i}\theta_j}+H_{n+1}^{(1)}(k_1|z_j-s_j|)\left[\frac{z_j-s^sd_j}{|z_j-s_j|}\right]^n\mathrm{e}^{-\mathrm{i}\theta_j}\right\}\tag{4-11}$$

$$\tau_{r',T_D}^{(\mathrm{SI})}=\frac{k_1\mu_1}{2}\sum_{\infty}^{n=-\infty}B_n\cdot\left\{H_{n-1}^{(2)}(k_1|z'|)\left[\frac{z'}{|z'|}\right]^{n-1}\mathrm{e}^{\mathrm{i}\theta'}-H_{n+1}^{(2)}(k_1|z'|)\left[\frac{z'}{|z'|}\right]^{n+1}\mathrm{e}^{-\mathrm{i}\theta'}\right\}\tag{4-12}$$

$$\tau_{\theta',T_D}^{(\mathrm{SI})}=\frac{\mathrm{i}k_1\mu_1}{2}\sum_{\infty}^{n=-\infty}B_n\cdot\left\{H_{n-1}^{(2)}(k_1|z'|)\left[\frac{z'}{|z'|}\right]^{n-1}\mathrm{e}^{\mathrm{i}\theta'}+H_{n+1}^{(2)}(k_1|z'|)\left[\frac{z'}{|z'|}\right]^{n+1}\mathrm{e}^{-\mathrm{i}\theta'}\right\}\tag{4-13}$$

4.2.4 覆盖层上下边界散射波的求解

在区域Ⅱ中求解一个散射波$w^{(\mathrm{SII})}$，它由地表覆盖层的上下边界 T_U和 T_D产生的散射波$w_{T_U}^{(\mathrm{SII})}$和$w_{T_D}^{(\mathrm{SII})}$组成，且有

$$w^{(\mathrm{SII})}=w_{T_U}^{(\mathrm{SII})}+w_{T_D}^{(\mathrm{SII})}\tag{4-14}$$

在复平面$(z',\bar{z}')$上，散射波$w_{T_D}^{(\mathrm{SI})}$和$w_{T_U}^{(\mathrm{SII})}$为

$$w_{T_D}^{(\mathrm{SII})}(z',\bar{z}')=\sum_{\infty}^{n=-\infty}C_nH_n^{(1)}(k_2|z'|)[z'/|z'|]^n\tag{4-15}$$

$$w_{T_U}^{(\mathrm{SII})}(z',\bar{z}')=\sum_{\infty}^{n=-\infty}D_nH_n^{(2)}(k_2|z'|)[z'/|z'|]^n\tag{4-16}$$

式中：$z'=z+\mathrm{i}R_D$；C_n、$D_n(n=0,\pm1,\pm2,\cdots)$为待求系数。

相应的应力可表示为

$$\tau_{r',T_D}^{(\mathrm{SII})}=\frac{k_2\mu_2}{2}\sum_{\infty}^{n=-\infty}C_n\left\{H_{n-1}^{(1)}(k_2|z'|\left[\frac{z'}{|z'|}\right]^{n-1}\mathrm{e}^{\mathrm{i}\theta'}-H_{n+1}^{(1)}(k_2|z'|)\left[\frac{z'}{|z'|}\right]^{n+1}\mathrm{e}^{-\mathrm{i}\theta'}\right\}\tag{4-17}$$

$$\tau_{\theta',T_D}^{(\mathrm{SII})}=\frac{\mathrm{i}k_2\mu_2}{2}\sum_{\infty}^{n=-\infty}C_n\left\{H_{n-1}^{(1)}(k_2|z'|)\left[\frac{z'}{|z'|}\right]^{n-1}\mathrm{e}^{\mathrm{i}\theta'}+H_{n-1}^{(1)}(k_2|z'|)\left[\frac{z'}{|z'|}\right]^{n+1}\mathrm{e}^{-\mathrm{i}\theta'}\right\}\tag{4-18}$$

$$\tau_{r',T_U}^{(\mathrm{S\,II})}=\frac{k_2\mu_2}{2}\sum_{\infty}^{n=-\infty}D_n\left\{H_{n-1}^{(2)}(k_2|z'|)\left[\frac{z'}{|z'|}\right]^{n-1}\mathrm{e}^{\mathrm{i}\theta'}-H_{n+1}^{(2)}(k_2|z'|)\left[\frac{z'}{|z'|}\right]^{n+1}\mathrm{e}^{-\mathrm{i}\theta'}\right\}\tag{4-19}$$

$$\tau_{\theta',T_U}^{(\mathrm{S\,II})}=\frac{\mathrm{i}k_2\mu_2}{2}\sum_{\infty}^{n=-\infty}D_n\left\{H_{n-1}^{(2)}(k_2|z'|)\left[\frac{z'}{|z'|}\right]^{n-1}\mathrm{e}^{\mathrm{i}\theta'}-H_{n+1}^{(2)}(k_2|z'|)\left[\frac{z'}{|z'|}\right]^{n+1}\mathrm{e}^{-\mathrm{i}\theta'}\right\}\tag{4-20}$$

4.2.5　驻波位移场的求解

在区域Ⅲ中的每个夹杂内产生的驻波位移场$w_{T_s}^{(\mathrm{S\,III})}$在复平面$(z,\bar{z})$上可表示为

$$w_{T_s}^{(\mathrm{S\,III})}(z,\bar{z})=\sum_{\infty}^{n=-\infty}E_nJ_n(k_s|z-c_s|)\left[\frac{z-c_s}{|z-c_s|}\right]^n\tag{4-21}$$

式中：$E_n(n=0,\pm1,\pm2,\cdots)$为待定系数，利用边界条件可求得；$J_n(\cdot)$为 n 阶贝塞尔函数。

同样，移动坐标，式（4-21）即可写成

$$w_{T_s}^{(\mathrm{S\,III})}(z_j,\bar{z}_j)=\sum_{\infty}^{n=-\infty}E_nJ_n(k_s|z_j-s^sd_j|)\cdot\left[\frac{z_j-s_j}{|z_j-s_j|}\right]^n\tag{4-22}$$

驻波$w_{T_s}^{(\mathrm{S\,III})}$相应的应力场为

$$\begin{aligned}\tau_{r_j}^{(\mathrm{S\,III})}=\frac{k_s\mu_s}{2}\sum_{\infty}^{n=-\infty}E_n\Bigg\{&J_{n-1}(k_s|z_j-s_j|)\cdot\left[\frac{z_j-s_j}{|z_j-s_j|}\right]^{n-1}\mathrm{e}^{\mathrm{i}\theta_j}\\&-J_{n+1}(k_s|z_j-s^sd_j|)\cdot\left[\frac{z_j-s^sd_j}{|z_j-s_j|}\right]^{n+1}\mathrm{e}^{-\mathrm{i}\theta_j}\Bigg\}\end{aligned}\tag{4-23}$$

$$\begin{aligned}\tau_{\theta_j}^{(\mathrm{S\,III})}=\frac{\mathrm{i}k_s\mu_s}{2}\sum_{\infty}^{n=-\infty}E_n\Bigg\{&J_{n-1}(k_s|z_j-s_j|)\cdot\left[\frac{z_j-s^sd_j}{|z_j-s^sd_j|}\right]^{n-1}\mathrm{e}^{\mathrm{i}\theta_j}+\\&J_{n+1}(k_s|z_j-s^sd_j|)\cdot\left[\frac{z_j-s^sd_j}{|z_j-s^sd_j|}\right]^{n+1}\mathrm{e}^{-\mathrm{i}\theta_j}\Bigg\}\end{aligned}\tag{4-24}$$

4.2.6　问题的解

见图 4.1，有一稳态的 SH 波沿与 x 轴正向成 α 的方向入射到具有地表覆盖层的弹性半空间，在复平面$(z,\bar{z})$上，入射波$w^{(i)}$可写为

$$w^{(i)}=W_0\exp\left\{\frac{\mathrm{i}k_1}{2}[z\cdot\mathrm{e}^{-\mathrm{i}\alpha}+\bar{z}\cdot\mathrm{e}^{\mathrm{i}\alpha}]\right\}\tag{4-25}$$

式中：w_0为入射波的最大幅值。

相应的应力可表示为

$$\tau_{rz}^{(i)}=\mathrm{i}\tau_0\cos(\theta-\alpha_0)\exp\left\{\frac{\mathrm{i}k_1}{2}(z\mathrm{e}^{-\mathrm{i}\alpha}+\bar{z}\mathrm{e}^{\mathrm{i}\alpha})\right\} \tag{4-26}$$

$$\tau_{\theta z}^{(i)}=-\mathrm{i}\tau_0\sin(\theta-\alpha_0)\exp\left\{\frac{\mathrm{i}k_1}{2}(z\mathrm{e}^{-\mathrm{i}\alpha}+\bar{z}\mathrm{e}^{\mathrm{i}\alpha})\right\} \tag{4-27}$$

式中：$\tau_0=\mu_1k_1w_0$是入射波产生的剪应力幅值。利用边界条件：地表覆盖层的上边界上应力自由，孔洞周边上应力自由，夹杂周边以及两个区域的“公共边界”上应力和位移连续，可得求解该问题的定解方程组：

$$T_s(|z_1|=a_1):\tau_{rz}^{(i)}+\tau_{rz,T_s}^{(\mathrm{S\,I})}+\tau_{rz,T_\mathrm{D}}^{(\mathrm{S\,I})}=0 \tag{4-28}$$

$$T_\mathrm{D}(|z'|=R_\mathrm{D}):\tau_{rz}^{(i)}+\tau_{rz,T_s}^{(\mathrm{S\,I})}+\tau_{r=,T_\mathrm{D}}^{(\mathrm{S\,I})}=\tau_{rz,T_\mathrm{U}}^{(\mathrm{S\,II})}+\tau_{rz,T_\mathrm{D}}^{(\mathrm{S\,II})} \tag{4-29}$$

$$T_\mathrm{D}(|z'|=R_\mathrm{D}):W^{(i)}+W_{T_s}^{(\mathrm{S})}+W_{T_\mathrm{D}}^{(\mathrm{S})}=W_{T_\mathrm{U}}^{(\mathrm{S\,II})}+W_{T_\mathrm{D}}^{(\mathrm{S\,I})} \tag{4-30}$$

$$T_\mathrm{U}(|z'|=R_\mathrm{U}):\tau_{rz,T_\mathrm{U}}^{(\mathrm{S\,I})}+\tau_{rz,T_\mathrm{D}}^{(\mathrm{S\,I})}=0 \tag{4-31}$$

$$T_s(|z_2|=a_2):\tau_{rz}^{(i)}+\tau_{rz,T_s}^{(\mathrm{S\,I})}+\tau_{rz,T_\mathrm{D}}^{(\mathrm{S\,I})}=\tau_{r_2z,T_s}^{(\mathrm{S\,III})} \tag{4-32}$$

$$T_s(|z_2|=a_2)(|z_2|=a_2):W_{rz}^{(i)}+W_{rz,T_s}^{(\mathrm{S\,I})}+W_{rz,T_\mathrm{D}}^{(\mathrm{S})}=W_{r_2,r_s}^{(\mathrm{S\,II})} \tag{4-33}$$

在式（4-28）两边同乘$\exp(-\mathrm{i}m\theta_j)$，在式（4-29）、式（4-31）两边同乘$\exp(-\mathrm{i}m\theta')$，在式（4-32）、式（4-33）两边同乘$\exp(-\mathrm{i}m\theta_2)$并在$(-\pi,\pi)$上积分，则该方程组化简为具有未知系数$A_n^1$、$A_n^2$、$B_n$、$C_n$、$D_n$和$E_n$的一组无穷代数方程组。通过精度控制对方程组截取有限项（本书截取9项）进而求解。通过验算，本书的计算精度可以达到10^{-5}。

4.3 数值结果

在具有地表覆盖层的弹性半空间内讨论了夹杂周边处的动应力集中系数$k_1r=0.5$的变化情况，其中τ_{rz}可表达为

$$\tau_{\theta z}^{*}=|\tau_{rz}/\tau_0|_{R=a},\quad z=a\cdot\exp\{\mathrm{i}\theta\} \tag{4-34}$$

式中：$\tau_0=\mu_1k_1w_0$是入射波产生剪应力幅值。

对图4.2所示的具有相同半径（采用无量纲参数，取圆孔及夹杂的半径$R=1.0$），且纵向排列的圆孔和夹杂对SH波散射与动应力集中问题进行分析，参数组合为$\mu_1^*=\mu_2/\mu_1$，$\mu_2^*=\mu_3/\mu_1$和$K_1^*=k_2/k_1$，$K_2^*=k_3/k_1$，拟合地表覆盖层的大圆弧半径取为100。算例结果如图4.3~图4.12所示。

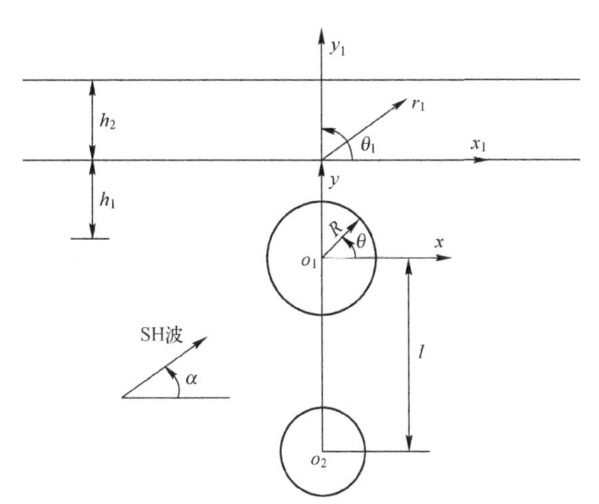

图 4.2　算例模型示意图

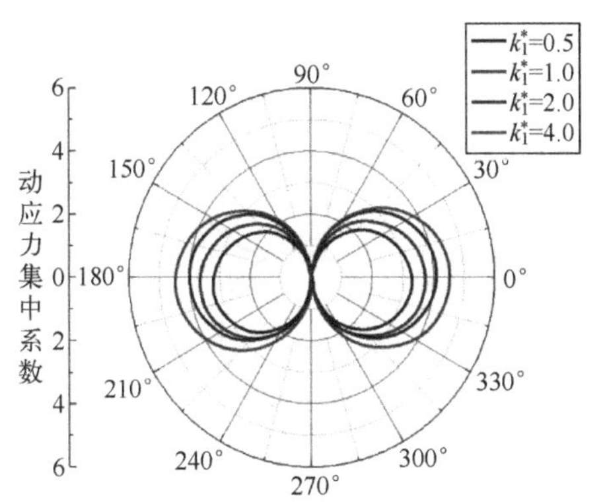

图 4.3　$k_1=0.1$ 时孔边动应力集中系数（见彩插）

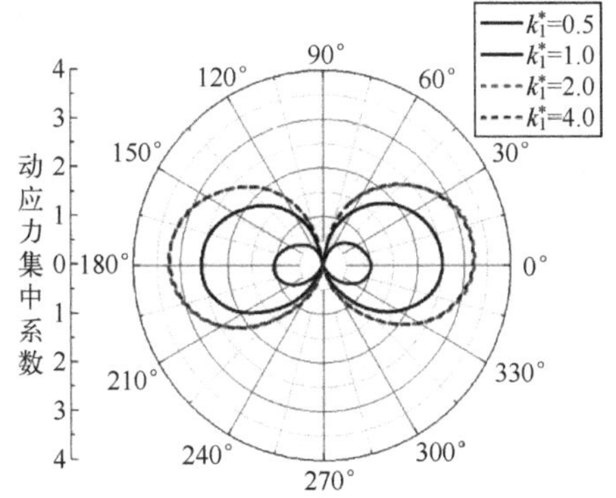

图 4.4　夹杂周边动应力集中系数（见彩插）
（$k_1=0.1$，$k_3=0.5$，$\mu_1^*=2.0$，$\mu_2^*=0.25$，$l=2.5$）

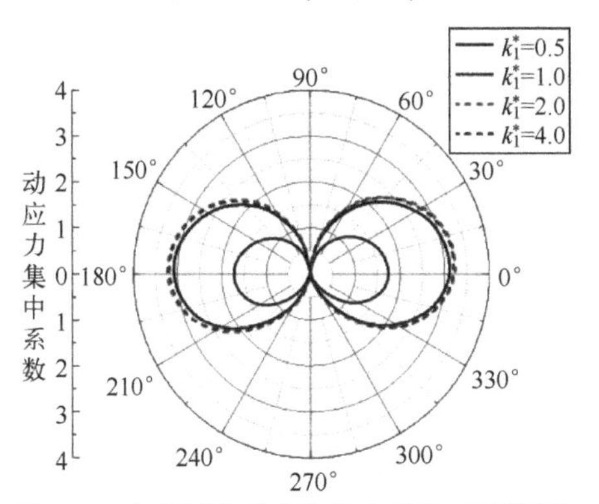

图 4.5　夹杂周边动应力集中系数（见彩插）
（$k_1=0.1$，$k_3=0.5$，$\mu_1^*=5.0$，$\mu_2^*=0.25$，$l=2.5$）

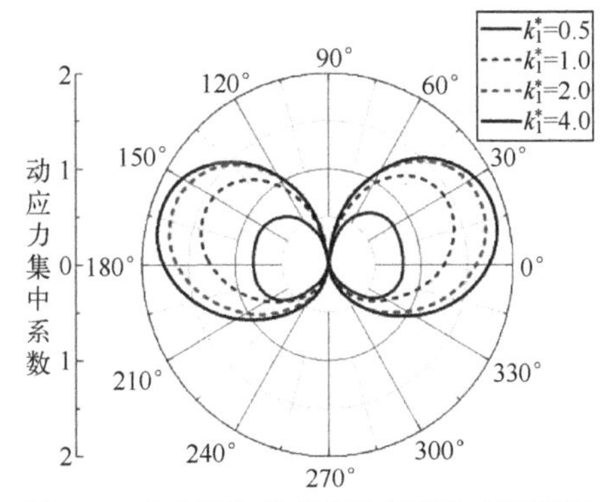

图 4.6　夹杂周边动应力集中系数（见彩插）
（$k_1=0.5$，$k_3=0.5$，$\mu_1^*=2.0$，$\mu_2^*=0.25$，$l=2.5$）

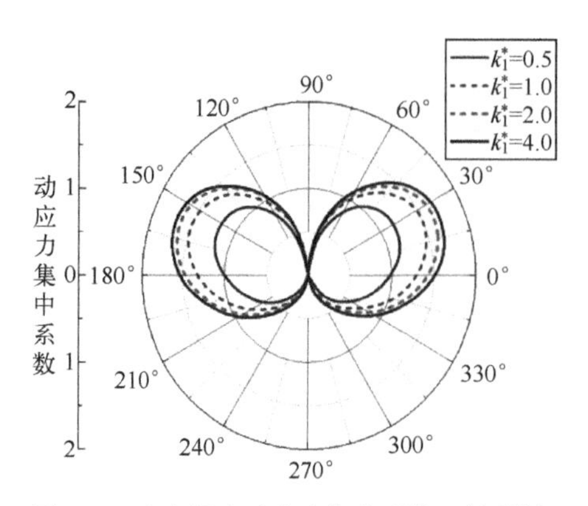

图 4.7　夹杂周边动应力集中系数（见彩插）
（$k_1=0.5$，$k_3=0.5$，$\mu_1^*=5.0$，$\mu_2^*=0.25$，$l=2.5$）

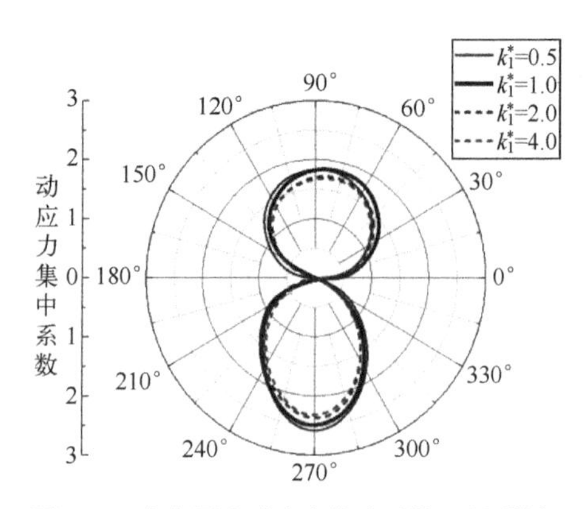

图 4.8　夹杂周边动应力集中系数（见彩插）
（$k_1=0.1$，$k_3=0.5$，$\mu_1^*=2.0$，$\mu_2^*=0.25$，$l=2.5$）

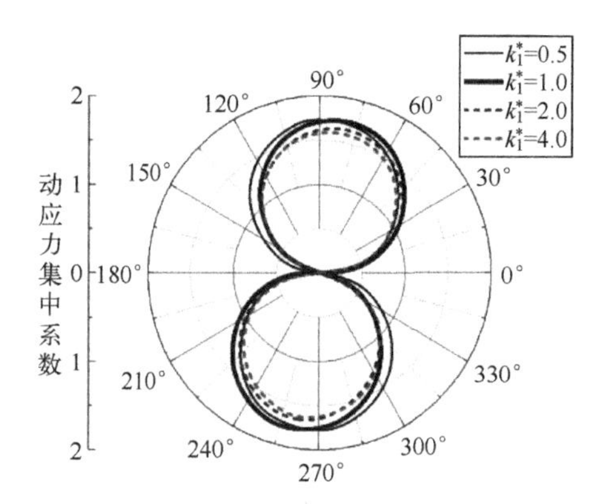

图 4.9　夹杂周边动应力集中系数（见彩插）
（$k_1=0.1$，$k_3=0.5$，$\mu_1^*=2.0$，$\mu_2^*=0.25$，$l=5.0$）

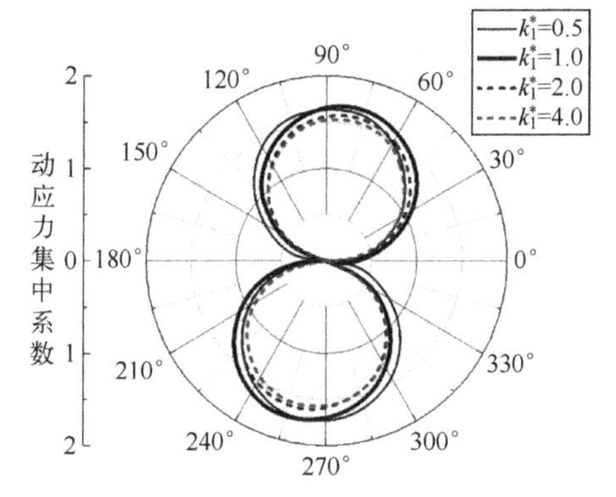

图 4.10　夹杂周边动应力集中系数（见彩插）
（$k_1=0.1$，$k_3=0.5$，$\mu_1^*=2.0$，$\mu_2^*=0.25$，$l=10.0$）

图 4.3 给出了 $h_1=3.0$，$h_2=7.5$，$k_1R=0.1$，$\mu_1^*=1.0$，$\mu_2^*=1.0$，$l=2.5$，SH 波入射角 $\alpha=90°$，$K_2^*=1.0$，K_1^* 不同时动应力集中系数沿圆孔周边变化情况。当 $K_1^*=1.0$ 时模型就退化为均匀半无限空间中垂直入射 SH 波对单圆孔的散射问题，此时圆孔周边动应力集中系数的分布与参考文献中所给研究成果基本一致，由此一定程度上说明用本书所述方法来求解所述问题的可行性和合理性。

图 4.4～图 4.7 给出了 $h_1=3.0$，覆盖层厚度 $h_2=5.0$，参数 $\mu_1^*=2.0,5.0$，在不同波数及不同介质组合参数 K_1^* 的影响下夹杂对 $\alpha=90°$入射的 SH 波散射的动应力分布情况。$k_1R=0.1$ 及 SH 波低频入射情况下，当覆盖层刚度较大时，刚度变化对夹杂周边的动应力集中系数影响很小；当覆盖层刚度较小时，

刚度的改变使得夹杂周边动应力集中系数发生明显改变。然而，当 $k_1R=0.5$ 及入射波波数较大时，夹杂周边的动应力集中系数随覆盖层刚度的增加有减小的趋势。

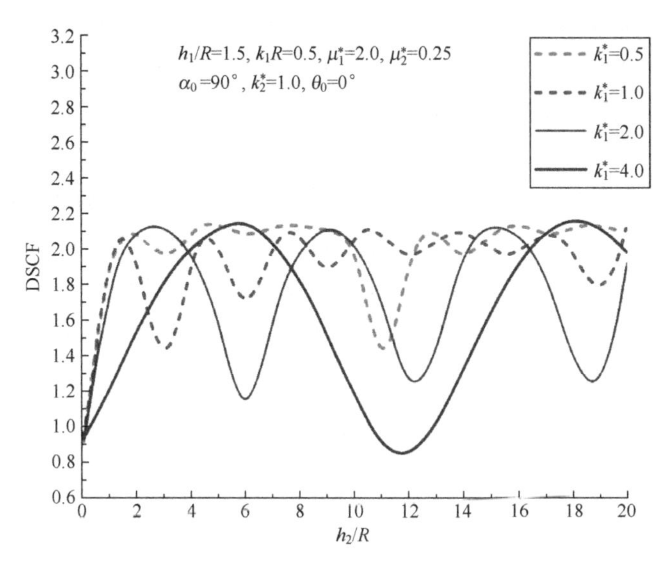

图 4.11　夹杂周边动应力集中系数（DSCF）随 h/R 的变化（见彩插）

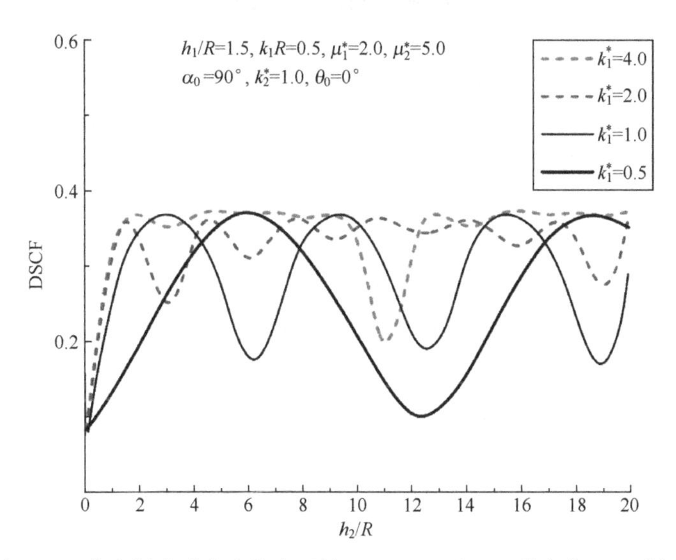

图 4.12　夹杂周边动应力集中系数（DSCF）随 h/R 的变化（见彩插）

图 4.8～图 4.10 给出了 SH 波水平入射，在不同纵向夹杂与圆孔中心距离（l=2.5,5.0,10.0）的条件下，夹杂周边动应力集中系数 $\tau_{\theta z}^*$ 的分布。由图 4.8

可以看出：夹杂在 $\theta=270°$处的动应力集中系数 $\tau_{\theta z}^*$ 在圆孔的影响下与 $\theta=90°$相比提高了40%，由图4.9可以看出：夹杂在 $\theta=270°$处的动应力集中系数 $\tau_{\theta z}^*$ 在圆孔的影响下与 $\theta=90°$相比提高了5.7%。由图4.10可以看出：当 $l=10.0$ 时，圆孔的存在几乎不影响夹杂周边的动应力集中系数，可按单夹杂计算。由以上对比可见：随着夹杂与圆孔中心距的增大，圆孔对夹杂周向动应力的集中影响越小，这一结果与SH波散射的衰减特性越符合。

图4.11和图4.12分别给出了 $h_1/R=1.5$，$k_1R=0.5$，介质组合参数不同且SH波垂直入射时，夹杂在 $\theta=0°$处的动应力集中系数 $\tau_{\theta z}^*$ 随地表覆盖层的厚度 h_2/R 的变化规律。由图4.11可见：动应力集中系数 $\tau_{\theta z}^*$ 的分布随 h_2/R 的增大出现出周期性的变化，当 $K_1^*\leqslant 1$ 时动应力集中系数变化频率较小，但 $\tau_{\theta z}^*$ 的变化频率随着 K_1^* 增大逐渐提高。同时，地表覆盖层的厚度变化没有明显地影响夹杂边上动应力集中系数 $\tau_{\theta z}^*$ 的最大值。由图4.12可以看出：当 $\mu_2^*=5.0$，即刚性较大的夹杂其动应力集中系数 $\tau_{\theta z}^*$ 的最大值非常小，与图4.11相比较，$\tau_{\theta z}^*$ 的最大值几乎减小了80%，但夹杂刚度的变化几乎没有改变 $\tau_{\theta z}^*$ 的变化频率。

4.4 结　论

利用复变函数法及大圆弧假设法给出了平面SH波对圆柱形夹杂散射的近似解析解。结果表明，半无限空间中地表覆盖层及夹杂与浅埋孔洞之间存在强烈的相互作用，地表覆盖层刚度、厚度及圆孔与夹杂孔心距的变化可显著改变浅埋夹杂周边动应力集中的分布。当覆盖层的刚度较小时，刚度的改变会使夹杂周边动应力集中系数发生明显改变；随着夹杂与圆孔的竖直孔心距的增大，圆孔对夹杂周向动应力的集中影响越小，与SH波散射的衰减特性越相符；夹杂的动应力集中系数的分布会随覆盖层厚度的增大呈现出“周期”性的变化。

参考文献

[1] PAO Y H, MOW C C. Diffraction of Elastic Waves and Dynamic Stress Concentrations [M]. New York: Crane and Russak, 1973: 114-304.
[2] 钟伟芳，聂国华. 弹性波的散射理论 [M]. 武汉：华中理工大学出版社，1997.
[3] LEE V W, KARL J. Diffraction of Elastic Plane P Waves by Circular, Underground Unlined Tunnels [J]. European Earthquake Engineering, 1993, 6 (1): 29-36.
[4] LEE V W, SHERIF R I. Diffraction Around Circular Canyon in Elastic Wedge Space [J].

Journal of Engineering Mechanics, 1996, 122 (6): 539-544.

[5] 赵嘉喜，齐辉，郭晶，等．出平面线源荷载对半空间半圆形凸起的圆柱形弹性夹杂的散射 [J]. 工程力学，2008，25 (5): 235-240.

[6] 杨在林，刘殿魁，孙柏涛，等．半空间可移动刚性圆柱对 SH 波散射及动应力集中 [J]. 工程力学，2009, 26 (4): 51-56.

[7] 齐辉，杨杰．SH 波入射双相介质半空间浅埋任意位置圆形夹杂的动力分析 [J]. 工程力学，2012，29 (7): 320-327.

[8] 林宏，刘殿魁．半无限空间中圆形孔洞周围 SH 波的散射 [J]. 地震工程与工程振动，2002，22 (2): 9-16.

第5章　SH波作用下地表覆盖层圆形夹杂散射问题

5.1　SH波作用下地表覆盖层浅埋单个圆形夹杂散射问题

5.1.1　引言

研究弹性半空间中界面附近圆形夹杂对弹性波散射与动应力集中问题，在理论及工程应用中均具有十分重要的意义。至今在已发表的有关这类问题的诸多研究成果中，居多者为理论和数学方法上的研究。在分析方法中，最为著名的是波函数展开法[1]。本节就波作用下地表覆盖层对浅埋圆形夹杂散射的影响进行研究，寻求具有地表覆盖层的弹性半空间界面附近圆形夹杂对平面SH波散射问题的解答，不但可以为研究这类问题提供一个工程计算的分析方法，还可以为研究这类复杂问题开拓一新思路。在理论和工程实践中，还可以为材料科学、水声学、工程结构，特别是抗震、抗爆研究中有关浅埋结构的动力反应问题的研究提供参考。

关于界面附近圆形夹杂对弹性波散射问题的研究，在一般意义上讲，求解该问题的理论解是相当有困难的。随着计算力学的发展，该问题可以用不同的数值方法进行求解，并得到数值结果。但人们仍希望找到一个理论解，用以研究圆形附近的动应力分布与波数和夹杂埋深的关系。本节在半无限空间中圆孔对波散射的基础上研究地表覆盖层对半无限空间中圆形夹杂对波散射的影响，以求得一个解答[2]。

本节采用大圆弧假设法求解界面附近单个圆形夹杂对波的散射与动应力集中问题，利用半径很大的圆来拟合地表覆盖层的直边界。将含有地表覆盖层的半空间直边界问题转化为曲面边界问题，从而避免了直接构造位移场以及弹性层中波的瓶颈，借助亥姆霍兹定理预先写出问题波函数的一般形式解，再利用边界条件并借助复数傅里叶-贝塞尔级数展开把问题化为求解波函数中未知系数的无穷线性代数方程组，截断该无穷代数方程组可求得该问题的数值结果，得到具有地表覆盖层的弹性半空间内孔洞对平面SH波散射的半解析解[3]。最后给出了具体算例，并对其进行了讨论。

5.1.2　问题模型

地表覆盖层的半空间中含有单个圆形夹杂对平面 SH 波的散射模型，如图 5.1 所示。半空间为区域Ⅰ，覆盖层为区域Ⅱ。半空间的密度为 G_1，波数为 k_1；覆盖层的密度为 G_2，波数为 k_2，厚度为 h。覆盖层上边界用 T_u 表示，下边界用 T_d 表示。覆盖层中圆形孔洞边界用 T_c 表示圆孔的半径为 r，圆孔的圆心距覆盖层上边界距离为 h_1，距覆盖层下边界距离为 h_2。采用大圆弧假设方法，将覆盖层的上下边界用半径极大的圆弧来近似，则覆盖层上边界为$\widehat{T}_u$，下边界变为$\widehat{T}_d$。以圆孔的圆心为原点 o_2，平行于 T_u 界面的直线为 x_2 轴建立直角坐标系，同时以大圆弧的圆心为原点 o_1 建立直角坐标系，使 y_1 轴和 y_2 轴在同一直线上。入射稳态 SH 波在区域Ⅰ中发生，入射角为 α（由 x_2 轴正方向逆时针旋转至入射方向得到）。引入复变函数 $z_s=x_s+\mathrm{i}y_s$，$\bar{z}_s=x_s+\mathrm{i}y_s$，其中 $s=1,2$，建立复平面$(z_1,\bar{z}_1)$和$(z_2,\bar{z}_2)$，直角坐标 $x_1o_1y_1$ 对应复平面$(z_1,\bar{z}_1)$，直角坐标系 $x_2o_2y_2$ 对应复平面$(z_2,\bar{z}_2)$。各量的变换关系如下：

$$\begin{cases}h=h_1+h_2\\R_u=h+R_d\\z_2=z_1-\mathrm{i}(R_d+h_2)\end{cases}\tag{5-1}$$

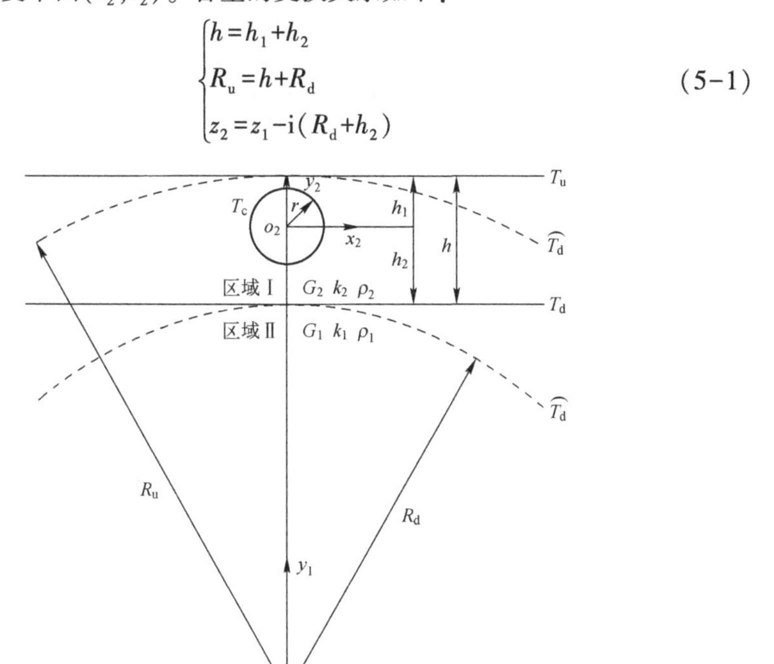

图 5.1　具有地表覆盖层的半空间中圆形夹杂对 SH 波的散射模型

5.1.3 控制方程

本节研究的是出平面剪切运动 SH 波的散射问题。在直角坐标系中，在 xoy 平面内，SH 波产生的位移场可以表示为 $w(x,y,t)$，该位移场与 z 轴无关，且垂直于 xoy 平面。对于稳态问题，位移场 $w(x,y,t)$ 需要满足亥姆霍兹方程：

$$\frac{\partial^2 w}{\partial x^2}+\frac{\partial^2 w}{\partial y^2}+k^2 w=0 \tag{5-2}$$

式中：位移场 $w(x,y,t)$ 与时间 t 的依赖关系为 $\exp(-\mathrm{i}\omega t)$，由于本节研究稳态问题，在以下的分析中略去 $\exp(-\mathrm{i}\omega t)$。$k$ 为波数，$k=\omega/c$；ω 为位移场的圆频率；c_s 为波速，$c_s=\sqrt{G/\rho}$，G、ρ 分别为介质的剪切模量和密度。

直角坐标系下的应力应变关系为

$$\tau_{zx}=G\frac{\partial w}{\partial x} \tag{5-3}$$

$$\tau_{zy}=G\frac{\partial w}{\partial y} \tag{5-4}$$

在复平面内，式（5-3）和式（5-4）可以表示为

$$4\frac{\partial^2 w}{\partial z\partial \bar{z}}+k^2 w=0 \tag{5-5}$$

$$\tau_{zx}=G\left(\frac{\partial w}{\partial z}+\frac{\partial w}{\partial \bar{z}}\right) \tag{5-6}$$

$$\tau_{zy}=\mathrm{i}G\left(\frac{\partial w}{\partial z}-\frac{\partial w}{\partial \bar{z}}\right) \tag{5-7}$$

在复平面极坐标系下，式（5-5）~式（5-7）可以表示为

$$\tau_{zr}=G\left(\frac{\partial w}{\partial z}\frac{z}{|z|}+\frac{\partial w}{\partial \bar{z}}\frac{|z|}{z}\right) \tag{5-8}$$

$$\tau_{z\theta}=\mathrm{i}G\left(\frac{\partial w}{\partial z}\frac{z}{|z|}-\frac{\partial w}{\partial \bar{z}}\frac{|z|}{z}\right) \tag{5-9}$$

5.1.4 入射波场、散射波场及应力

在 $(z_1,\bar{z}_1)$ 平面内，入射波 $w(\text{I})$ 在区域 I 中的位移场和相应的应力可以分别表示为

$$w^{(\mathrm{I})}_{(z_1,\bar{z}_1)}=w_0\exp[\mathrm{i}k_1\mathrm{Re}(z_1\mathrm{e}^{-\mathrm{i}\alpha})] \tag{5-10}$$

$$\tau^{(\mathrm{I})}_{zp,(z_1,\bar{z}_1)}=(\mathrm{i}k_1G_1w_0)\exp[\mathrm{i}k_1\mathrm{Re}(z_1\mathrm{e}^{-\mathrm{i}\alpha_0})]\frac{\mathrm{Re}(z_1\mathrm{e}^{-\mathrm{i}\alpha})}{|z_1|} \tag{5-11}$$

$$\tau_{z\varphi,(z_1,\bar{z}_1)}^{(\mathrm{I})}=(-\mathrm{i}k_1G_1w_0)\exp[\mathrm{i}k_1\mathrm{Re}(z_1\mathrm{e}^{-\mathrm{i}\alpha_0})]\frac{\mathrm{Im}(z_1\mathrm{e}^{-\mathrm{i}\alpha})}{|z_1|} \tag{5-12}$$

在$(z_1,\bar{z}_1)$平面内，半空间和覆盖层的交界面$\widehat{T}_D$在区域Ⅰ中产生的散射波$w^{(\mathrm{SI})}$的位移场和相应的应力可以分别表示为

$$w_{(z_1,\bar{z}_1)}^{(\mathrm{S1})}=\sum_{n=-\infty}^{n=+\infty}A_nH_n^{(2)}(k_1|z_1|)\left(\frac{z_1}{|z_1|}\right)^n \tag{5-13}$$

$$\tau_{zp,(z_1,\bar{z}_1)}^{(\mathrm{S1})}=\frac{k_1G_1}{2}\sum_{n=-\infty}^{n=+\infty}A_n[H_{n-1}^{(2)}(k_1|z_1|)-H_{n+1}^{(2)}(k_1|z_1|)]\left(\frac{z_1}{|z_1|}\right)^n \tag{5-14}$$

$$\tau_{z\varphi,(z_1,\bar{z}_1)}^{(\mathrm{S1})}=\frac{\mathrm{i}k_1G_1}{2}\sum_{n=-\infty}^{n=+\infty}A_n[H_{n-1}^{(2)}(k_1|z_1|)+H_{n+1}^{(2)}(k_1|z_1|)]\left(\frac{z_1}{|z_1|}\right)^n \tag{5-15}$$

在$(z_1,\bar{z}_1)$平面内，半空间和覆盖层的交界面$\widehat{T}_D$在区域Ⅱ中产生的散射波$w^{(\mathrm{S2})}$的位移场和相应的应力可以分别表示为

$$w_{(z_1,\bar{z}_1)}^{(\mathrm{S2})}=\sum_{n=-\infty}^{n=+\infty}B_nH_n^{(1)}(k_2|z_1|)\left(\frac{z_1}{|z_1|}\right)^n \tag{5-16}$$

$$\tau_{zp,(z_1,\bar{z}_1)}^{(\mathrm{S2})}=\frac{k_2G_2}{2}\sum_{n=-\infty}^{n=+\infty}B_n[H_{n-1}^{(1)}(k_2|z_1|)-H_{n+1}^{(1)}(k_2|z_1|)]\left(\frac{z_1}{|z_1|}\right)^n \tag{5-17}$$

$$\tau_{z\varphi,(z_1,\bar{z}_1)}^{(\mathrm{S2})}=\frac{\mathrm{i}k_2G_2}{2}\sum_{n=-\infty}^{n=+\infty}B_n[H_{n-1}^{(1)}(k_2|z_1|)+H_{n+1}^{(1)}(k_2|z_1|)]\left(\frac{z_1}{|z_1|}\right)^n \tag{5-18}$$

在$(z_2,\bar{z}_2)$平面内，$w^{(\mathrm{S2})}$、$\tau_{zp}^{(\mathrm{S2})}$、$\tau_{z\varphi}^{(\mathrm{S2})}$可以表示为

$$w_{(z_2,\bar{z}_2)}^{(\mathrm{S2})}=\sum_{n=-\infty}^{n=+\infty}B_nH_n^{(1)}(k_2|z_2+\mathrm{i}(R_D+h_2)|)\left(\frac{z_2+\mathrm{i}(R_D+h_2)}{|z_2+\mathrm{i}(R_D+h_2)|}\right)^n \tag{5-19}$$

$$\begin{aligned}\tau_{zp,(z_2,\bar{z}_2)}^{(\mathrm{S2})}=\frac{k_2G_2}{2}\sum_{n=-\infty}^{n=+\infty}B_n\Bigg[&H_{n-1}^{(1)}(k_2|z_2+\mathrm{i}(R_D+h_2)|)\left(\frac{z_2+\mathrm{i}(R_D+h_2)}{z_2+\mathrm{i}(R_D+h_2)}\right)^{n-1}\frac{z_2}{|z_2|}\\&-H_{n+1}^{(1)}(k_2|z_2+\mathrm{i}(R_D+h_2)|)\left(\frac{z_2+\mathrm{i}(R_D+h_2)}{|z_2+\mathrm{i}(R_D+h_2)|}\right)^{n+1}\frac{\bar{z}_2}{|z_2|}\Bigg]\end{aligned} \tag{5-20}$$

$$\begin{aligned}\tau_{z\varphi,(z_2,\bar{z}_2)}^{(\mathrm{S2})}=\frac{k_2G_2}{2}\sum_{n=-\infty}^{n=+\infty}B_n\Bigg[&H_{n-1}^{(1)}(k_2|z_2+\mathrm{i}(R_D+h_2)|)\left(\frac{z_2+\mathrm{i}(R_D+h_2)}{z_2+\mathrm{i}(R_D+h_2)}\right)^{n-1}\frac{z_2}{|z_2|}\\&+H_{n+1}^{(1)}(k_2|z_2+\mathrm{i}(R_D+h_2)|)\left(\frac{z_2+\mathrm{i}(R_D+h_2)}{|z_2+\mathrm{i}(R_D+h_2)|}\right)^{n+1}\frac{\bar{z}_2}{|z_2|}\Bigg]\end{aligned} \tag{5-21}$$

在$(z_2,\bar{z}_2)$平面内，覆盖层内圆形孔洞$\widehat{T}_{\mathrm{C}}$在区域Ⅱ内产生的散射波$w^{(\mathrm{S3})}$的位移场和相应的应力可以分别表示为

$$w^{(\mathrm{S3})}_{(z_2,\bar{z}_2)}=\sum_{n=-\infty}^{n=+\infty}C_nH_n^{(1)}(k_2|z_2|)\left(\frac{z_2}{|z_2|}\right)^n \tag{5-22}$$

$$\tau^{(\mathrm{S3})}_{z\rho,(z_2,\bar{z}_2)}=\frac{k_2G_2}{2}\sum_{n=-\infty}^{n=+\infty}C_n[H_{n-1}^{(1)}(k_2|z_2|)-H_{n+1}^{(1)}(k_2|z_2|)]\left(\frac{z_2}{|z_2|}\right)^n \tag{5-23}$$

$$\tau^{(\mathrm{S3})}_{z\varphi,(z_3,\bar{z}_3)}=\frac{\mathrm{i}k_2G_2}{2}\sum_{n=-\infty}^{n=+\infty}C_n[H_{n-1}^{(1)}(k_2|z_2|)+H_{n+1}^{(1)}(k_2|z_2|)]\left(\frac{z_2}{|z_2|}\right)^n \tag{5-24}$$

在$(z_1,\bar{z}_1)$平面内，$w^{(\mathrm{S3})}$、$\tau^{(\mathrm{S3})}_{z\rho}$、$\tau^{(\mathrm{S3})}_{z\varphi}$可以表示为

$$w^{(\mathrm{S3})}_{(z_1,\bar{z}_1)}=\sum_{n=-\infty}^{n=+\infty}C_nH_n^{(1)}(k_2|z_1-\mathrm{i}(R_{\mathrm{D}}+h_2)|)\left(\frac{z_1-\mathrm{i}(R_{\mathrm{D}}+h_2)}{|z_1-\mathrm{i}(R_{\mathrm{D}}+h_2)|}\right)^n \tag{5-25}$$

$$\begin{aligned}\tau^{(\mathrm{S3})}_{z\rho,(z_1,\bar{z}_1)}=&\frac{k_2G_2}{2}\sum_{n=-\infty}^{n=+\infty}C_n\left[H_{n-1}^{(1)}(k_2|z_1-\mathrm{i}(R_{\mathrm{D}}+h_2)|)\left(\frac{z_1-\mathrm{i}(R_{\mathrm{D}}+h_2)}{z_1-\mathrm{i}(R_{\mathrm{D}}+h_2)}\right)^{n-1}\frac{z_1}{|z_1|}\right.\\&\left.-H_{n+1}^{(1)}(k_2|z_1-\mathrm{i}(R_{\mathrm{D}}+h_2)|)\left(\frac{z_1-\mathrm{i}(R_{\mathrm{D}}+h_2)}{|z_1-\mathrm{i}(R_{\mathrm{D}}+h_2)|}\right)^{n+1}\frac{\bar{z}_1}{|z_1|}\right]\end{aligned} \tag{5-26}$$

$$\begin{aligned}\tau^{(\mathrm{S3})}_{z\varphi,(z_1,\bar{z}_1)}=&\frac{k_2G_2}{2}\sum_{n=-\infty}^{n=+\infty}C_n\left[H_{n-1}^{(1)}(k_2|z_1-\mathrm{i}(R_{\mathrm{D}}+h_2)|)\left(\frac{z_1-\mathrm{i}(R_{\mathrm{D}}+h_2)}{z_1-\mathrm{i}(R_{\mathrm{D}}+h_2)}\right)^{n-1}\frac{z_1}{|z_1|}\right.\\&\left.+H_{n+1}^{(1)}(k_2|z_1-\mathrm{i}(R_{\mathrm{D}}+h_2)|)\left(\frac{z_1-\mathrm{i}(R_{\mathrm{D}}+h_2)}{|z_1-\mathrm{i}(R_{\mathrm{D}}+h_2)|}\right)^{n+1}\frac{\bar{z}_1}{|z_1|}\right]\end{aligned} \tag{5-27}$$

在$(z_1,\bar{z}_1)$平面内，覆盖层的上界面在区域Ⅱ内产生的散射波$w^{(\mathrm{S4})}$的位移场和相应的应力可以分别表示为

$$w^{(\mathrm{S4})}_{(z_1,\bar{z}_1)}=\sum_{n=-\infty}^{n=+\infty}D_nH_n^{(2)}(k_2|z_1|)\left(\frac{z_1}{|z_1|}\right)^n \tag{5-28}$$

$$\tau^{(\mathrm{S4})}_{z\rho,(z_1,\bar{z}_1)}=\frac{k_2G_2}{2}\sum_{n=-\infty}^{n=+\infty}D_n[H_{n-1}^{(2)}(k_2|z_1|)-H_{n+1}^{(2)}(k_2|z_1|)]\left(\frac{z_1}{|z_1|}\right)^n \tag{5-29}$$

$$\tau^{(\mathrm{S4})}_{z\varphi,(z_1,\bar{z}_1)}=\frac{\mathrm{i}k_2G_2}{2}\sum_{n=-\infty}^{n=+\infty}D_n[H_{n-1}^{(2)}(k_2|z_1|)+H_{n+1}^{(2)}(k_2|z_1|)]\left(\frac{z_1}{|z_1|}\right)^n \tag{5-30}$$

在$(z_2,\bar{z}_2)$平面内，$w^{(\mathrm{S4})}$、$\tau^{(\mathrm{S4})}_{z\rho}$、$\tau^{(\mathrm{S4})}_{z\varphi}$可以表示为

$$w_{(z_2,\bar{z}_2)}^{(S4)} = \sum_{n=-\infty}^{n=+\infty} D_n H_n^{(2)}(k_2|z_2 + \mathrm{i}(R_D + h_2)|) \left(\frac{z_2 + \mathrm{i}(R_D + h_2)}{|z_2 + \mathrm{i}(R_D + h_2)|}\right)^n \tag{5-31}$$

$$\tau_{z\rho,(z_2,\bar{z}_2)}^{(S4)} = \frac{k_2 G_2}{2} \sum_{n=-\infty}^{n=+\infty} D_n \left[H_{n-1}^{(2)}(k_2|z_2 + \mathrm{i}(R_D + h_2)|) \left(\frac{z_2 + \mathrm{i}(R_D + h_2)}{z_2 + \mathrm{i}(R_D + h_2)}\right)^{n-1} \frac{z_2}{|z_2|} - H_{n+1}^{(2)}(k_2|z_2 + \mathrm{i}(R_D + h_2)|) \left(\frac{z_2 + \mathrm{i}(R_D + h_2)}{|z_2 + \mathrm{i}(R_D + h_2)|}\right)^{n+1} \frac{\bar{z}_2}{|z_2|} \right] \tag{5-32}$$

$$\tau_{z\varphi,(z_2,\bar{z}_2)}^{(S4)} = \frac{k_2 G_2}{2} \sum_{n=-\infty}^{n=+\infty} D_n \left[H_{n-1}^{(2)}(k_2|z_2 + \mathrm{i}(R_D + h_2)|) \left(\frac{z_2 + \mathrm{i}(R_D + h_2)}{z_2 + \mathrm{i}(R_D + h_2)}\right)^{n-1} \frac{z_2}{|z_2|} + H_{n+1}^{(2)}(k_2|z_2 + \mathrm{i}(R_D + h_2)|) \left(\frac{z_2 + \mathrm{i}(R_D + h_2)}{|z_2 + \mathrm{i}(R_D + h_2)|}\right)^{n+1} \frac{\bar{z}_2}{|z_2|} \right] \tag{5-33}$$

5.1.5 连接条件

在入射波场、散射波构造出来并得到相应的应力表达式之后，根据边界条件$\widehat{T}_U$ 上径向应力自由和连续条件$\widehat{T}_D$ 上位移与径向应力连续，$\widehat{T}_D$ 上径向应力连续，可以得到所求问题的定解方程组：

$$\hat{T}_D(|z_1| = R_D): w_{(z_1,\bar{z}_1)}^{(I)} + w_{(z_1,\bar{z}_1)}^{(S1)} = w_{(z_1,\bar{z}_1)}^{(S2)} + w_{(z_1,\bar{z}_1)}^{(S3)} + w_{(z_1,\bar{z}_1)}^{(S4)} \tag{5-34}$$

$$\hat{T}_D(|z_1| = R_D): \tau_{z\rho,(z_1,\bar{z}_1)}^{(I)} + \tau_{z\rho,(z_1,\bar{z}_1)}^{(S1)} = \tau_{z\rho,(z_1,\bar{z}_1)}^{(S2)} + \tau_{z\rho,(z_1,\bar{z}_1)}^{(S3)} + \tau_{z\rho,(z_1,\bar{z}_1)}^{(S4)} \tag{5-35}$$

$$\hat{T}_C(|z_2| = R): \tau_{z,(z_2,\bar{z}_2)}^{(S2)} + \tau_{z\rho,(z_2,\bar{z}_2)}^{(S3)} + \tau_{z\rho,(z_2,\bar{z}_2)}^{(S4)} = 0 \tag{5-36}$$

$$\hat{T}_U(|z_1| = R): \tau_{z,(z_1,\bar{z}_1)}^{(S2)} + \tau_{z\rho,(z_1,\bar{z}_1)}^{(S3)} + \tau_{z\rho,(z_1,\bar{z}_1)}^{(S4)} = 0 \tag{5-37}$$

将入射波和各个散射波的波场与径向应力表达代式入上式，并将已知量挪到等号右边，未知量挪到等号左边，可得

$$\sum_{n=-\infty}^{n=+\infty} \begin{bmatrix} \zeta_n^{1,1} & \zeta_n^{1,2} & \zeta_n^{1,3} & \zeta_n^{1,4} \\ \zeta_n^{2,1} & \zeta_n^{2,2} & \zeta_n^{2,3} & \zeta_n^{2,4} \\ \zeta_n^{3,1} & \zeta_n^{3,2} & \zeta_n^{3,3} & \zeta_n^{3,4} \\ \zeta_n^{4,1} & \zeta_n^{4,2} & \zeta_n^{4,3} & \zeta_n^{4,4} \end{bmatrix} \begin{bmatrix} A_n \\ B_n \\ C_n \\ D_n \end{bmatrix} = \begin{bmatrix} \eta_1 \\ \eta_2 \\ \eta_3 \\ \eta_4 \end{bmatrix} \tag{5-38}$$

其中

$$\eta_3 = \eta_4 = \zeta_n^{3,1} = \zeta_n^{4,1} = 0 \tag{5-39}$$

$$\eta_1 = -w_0 \exp[\mathrm{i}k_1 \mathrm{Re}(z_1 \mathrm{e}^{-\mathrm{i}\alpha})] \tag{5-40}$$

$$\eta_2=-\mathrm{i}k_1G_1w_0\exp[\mathrm{i}k_1\mathrm{Re}(z_1\mathrm{e}^{-\mathrm{i}\alpha})]\frac{\mathrm{Re}(z_1\mathrm{e}^{-\mathrm{i}\alpha})}{|z_1|} \tag{5-41}$$

$$\zeta_n^{1,1}=H_n^{(2)}(k_1|z_1|)\left(\frac{z_1}{|z_1|}\right)^n \tag{5-42}$$

$$\zeta_n^{1,2}=-H_n^{(1)}(k_2|z_1|)\left(\frac{z_1}{|z_1|}\right)^n \tag{5-43}$$

$$\zeta_n^{1,3}=-H_n^{(1)}(k_2|z_1-\mathrm{i}(R_\mathrm{D}+h_2)|)\left(\frac{z_1-\mathrm{i}(R_\mathrm{D}+h_2)}{|z_1-\mathrm{i}(R_\mathrm{D}+h_2)|}\right)^n \tag{5-44}$$

$$\zeta_n^{1,4}=-H_n^{(2)}(k_2|z_1|)\left(\frac{z_1}{|z_1|}\right)^n \tag{5-45}$$

$$\zeta_n^{2,1}=\frac{k_1G_1}{2}[H_{n-1}^{(2)}(k_1|z_1|)-H_{n+1}^{(2)}(k_1|z_1|)]\left(\frac{z_1}{|z_1|}\right)^n \tag{5-46}$$

$$\zeta_n^{2,2}=-\frac{k_2G_2}{2}[H_{n-1}^{(1)}(k_2|z_1|)-H_{n+1}^{(1)}(k_2|z_1|)]\left(\frac{z_1}{|z_1|}\right)^n \tag{5-47}$$

$$\begin{aligned}\zeta_n^{2,3}=-\frac{k_2G_2}{2}\Bigg[&H_{n-1}^{(1)}(k_2|z_1-\mathrm{i}(R_\mathrm{D}+h_2)|)\left(\frac{z_1-\mathrm{i}(R_\mathrm{D}+h_2)}{|z_1-\mathrm{i}(R_\mathrm{D}+h_2)|}\right)^{n-1}\left(\frac{z_1}{|z_1|}\right)\\&-H_{n+1}^{(1)}(k_2|z_1-\mathrm{i}(R_\mathrm{D}+h_2)|)\left(\frac{z_1-\mathrm{i}(R_\mathrm{D}+h_2)}{|z_1-\mathrm{i}(R_\mathrm{D}+h_2)|}\right)^{n+1}\left(\frac{\bar{z}_1}{|z_1|}\right)\Bigg]\end{aligned} \tag{5-48}$$

$$\zeta_n^{2,4}=-0.5k_2G_2[H_{n-1}^{(2)}(k_2|z_1|)-H_{n+1}^{(2)}(k_2|z_1|)]\left(\frac{z_1}{|z_1|}\right) \tag{5-49}$$

$$\begin{aligned}\zeta_n^{3,2}=\frac{k_2G_2}{2}\Bigg[&H_{n-1}^{(1)}(k_2|z_2+\mathrm{i}(R_\mathrm{D}+h_2)|)\left(\frac{z_2+\mathrm{i}(R_\mathrm{D}+h_2)}{|z_2+\mathrm{i}(R_\mathrm{D}+h_2)|}\right)^{n-1}\left(\frac{z_2}{|z_2|}\right)\\&-H_{n+1}^{(1)}(k_2|z_2+\mathrm{i}(R_\mathrm{D}+h_2)|)\left(\frac{z_2+\mathrm{i}(R_\mathrm{D}+h_2)}{|z_2+\mathrm{i}(R_\mathrm{D}+h_2)|}\right)^{n+1}\left(\frac{\bar{z}_2}{|z_2|}\right)\Bigg]\end{aligned} \tag{5-50}$$

$$\zeta_n^{3,3}=0.5k_2G_2[H_{n-1}^{(1)}(k_2|z_2|)-H_{n+1}^{(1)}(k_2|z_2|)]\left(\frac{z_2}{|z_2|}\right)^n \tag{5-51}$$

$$\begin{aligned}\zeta_n^{3,4}=\frac{k_2G_2}{2}\Bigg[&H_{n-1}^{(2)}(k_2|z_2+\mathrm{i}(R_\mathrm{D}+h_2)|)\left(\frac{z_2+\mathrm{i}(R_\mathrm{D}+h_2)}{|z_2+\mathrm{i}(R_\mathrm{D}+h_2)|}\right)^{n-1}\left(\frac{z_2}{|z_2|}\right)\\&-H_{n+1}^{(2)}(k_2|z_2+\mathrm{i}(R_\mathrm{D}+h_2)|)\left(\frac{z_2+\mathrm{i}(R_\mathrm{D}+h_2)}{|z_2+\mathrm{i}(R_\mathrm{D}+h_2)|}\right)^{n+1}\left(\frac{\bar{z}_2}{|z_2|}\right)\Bigg]\end{aligned} \tag{5-52}$$

$$\zeta_n^{4,2}=0.5k_2G_2[H_{n-1}^{(1)}(k_2|z_1|)-H_{n+1}^{(1)}(k_2|z_1|)]\left(\frac{z_1}{|z_1|}\right)^n \tag{5-53}$$

$$\zeta_n^{4,3}=\frac{k_2G_2}{2}\left[H_{n-1}^{(1)}(k_2|z_1-\mathrm{i}(R_D+h_2)|)\left(\frac{z_1-\mathrm{i}(R_D+h_2)}{|z_1-\mathrm{i}(R_D+h_2)|}\right)^{n-1}\left(\frac{z_1}{|z_1|}\right)\right.$$
$$\left.-H_{n+1}^{(1)}(k_2|z_1-\mathrm{i}(R_D+h_2)|)\left(\frac{z_1-\mathrm{i}(R_D+h_2)}{|z_1-\mathrm{i}(R_D+h_2)|}\right)^{n+1}\left(\frac{\bar{z}_1}{|z_1|}\right)\right] \tag{5-54}$$

$$\zeta_n^{4,4}=0.5k_2G_2[H_{n-1}^{(2)}(k_2|z_1|)-H_{n+1}^{(2)}(k_2|z_1|)]\left(\frac{z_1}{|z_1|}\right)^n \tag{5-55}$$

对式（5-40）两端同时乘以 $\exp(-\mathrm{i}m\psi_1)$，对式（5-4）两端同时乘以 $\exp(-\mathrm{i}m\psi_2)$，并分别在$(-p,p)$上积分，可得

$$\sum_{m=-\infty}^{m=+\infty}\sum_{m}^{n=+\infty}=-\infty\begin{bmatrix}\Phi_{nm}^{1,1} & \Phi_{nm}^{1,2} & \Phi_{nm}^{1,3} & \Phi_{nm}^{1,4}\\ \Phi_{nm}^{2,1} & \Phi_{nm}^{2,2} & \Phi_{nm}^{2,3} & \Phi_{nm}^{2,4}\\ \Phi_{nm}^{3,1} & \Phi_{nm}^{3,2} & \Phi_{nm}^{3,3} & \Phi_{nm}^{3,4}\\ \Phi_{nm}^{4,1} & \Phi_{nm}^{4,2} & \Phi_{nm}^{4,3} & \Phi_{nm}^{4,4}\end{bmatrix}\begin{bmatrix}A_n\\ B_n\\ C_n\\ D_n\end{bmatrix}=\sum_{m=-\infty}^{m=+\infty}\begin{bmatrix}\Psi_m^{1,1}\\ \Psi_m^{2,1}\\ \Psi_m^{3,1}\\ \Psi_m^{4,1}\end{bmatrix} \tag{5-56}$$

其中

$$\Psi_m^{i,1}=\frac{1}{2\pi}\int_{-\pi}^{\pi}\eta_i\exp(-\mathrm{i}m\varphi_k)\mathrm{d}\varphi_k$$
$$\Phi_{nm}^{i,j}=\frac{1}{2\pi}\int_{-\pi}^{\pi}\zeta_n^{i,j}\exp(-\mathrm{i}m\varphi_k)\mathrm{d}\varphi_k$$

当 $i=1$，2，3 时，$k=1$；当 $i=4$ 时，$k=2$。这样就可求出系数 A_n、B_n、C_n、D_n，将其代入位移和应力的表达式中，截取有限项，便可得到所求的各种未知量。

5.1.6　动应力集中系数

定义 $\tau^*_{z\varphi,(z_2,\bar{z}_2)}$ 为动应力集中系数，即动应力集中因子（Dynamic Stress Concentration Factor，DSCF），动应力集中系数最大值简写为 $\mathrm{DSCF_{max}}$，其中：

$$\tau^*_{z\phi,(z_2,\bar{z}_2)}=\left|\frac{\tau^{(S2)}_{z\phi,(z_2,\bar{z}_2)}+\tau^{(S3)}_{z\phi,(z_2\bar{z}_2)}+\tau^{(S4)}_{z\phi,(z_2,\bar{z}_2)}}{\mathrm{i}k_1G_1W_0}\right|_{|z_2|=R}$$

$$\tau^{(S2)}_{z\varphi,(z_2,\bar{z}_2)}=\frac{\mathrm{i}k_2G_2}{2}\sum_{n=-\infty}^{n=+\infty}B_n\left[H_{n-1}^{(1)}(k_2|z_2+\mathrm{i}(R_D+h_2)|)\left(\frac{z_2+\mathrm{i}(R_D+h_2)}{z_2+\mathrm{i}(R_D+h_2)}\right)^{n-1}\frac{z_2}{|z_2|}\right.$$
$$\left.+H_{n+1}^{(1)}(k_2|z_2+\mathrm{i}(R_D+h_2)|)\left(\frac{z_2+\mathrm{i}(R_D+h_2)}{|z_2+\mathrm{i}(R_D+h_2)|}\right)^{n+1}\frac{\bar{z}_2}{|z_2|}\right]$$

$$\tau^{(S3)}_{z\varphi,(z_3,\bar{z}_3)}=\frac{\mathrm{i}k_2G_2}{2}\sum_{n=-\infty}^{n=+\infty}C_n[H_{n-1}^{(1)}(k_2|z_2|)+H_{n+1}^{(1)}(k_2|z_2|)]\left(\frac{z_2}{|z_2|}\right)^n$$

$$\tau^{(S4)}_{z\varphi,(z_2,\bar{z}_2)} = \frac{\mathrm{i}k_2 G_2}{2} \sum_{n=-\infty}^{n=+\infty} D_n \left[H^{(2)}_{n-1}(k_2 |z_2 + \mathrm{i}(R_D + h_2)|) \left(\frac{z_2 + \mathrm{i}(R_D + h_2)}{z_2 + \mathrm{i}(R_D + h_2)} \right)^{n-1} \frac{z_2}{|z_2|} \right.$$
$$\left. + H^{(2)}_{n+1}(k_2 |z_2 + \mathrm{i}(R_D + h_2)|) \left(\frac{z_2 + \mathrm{i}(R_D + h_2)}{|z_2 + \mathrm{i}(R_D + h_2)|} \right)^{n+1} \frac{\bar{z}_2}{|z_2|} \right]$$
$$D = z_2 + \mathrm{i}(R_D + h_2)$$

5.1.7 算例分析

为了便于分析，定义如下参数组合：$G^* = G_1/G_2$，$\rho^* = \rho_1/\rho_2$，$k^* = k_1/k_2$，当 $k^*>1$ 时，表明区域Ⅰ比区域Ⅱ“硬”，即入射波由“硬”半空间入射，而此时孔洞位于“软”的地表覆盖层中。本节中所有的 k^* 均大于1，所有的 ρ^* 均取0.8。在本算例中所有结果均为无量纲，因此假定孔洞的半径 $r=1$。

图5.2给出了在SH波垂直入射时，$G^* = k^* = \rho^* = 1.0$，$k_1 = 0.1$，h_1 为 $1.5r$ 和 $12r$ 时圆孔边的动应力集中系数。由于 $G^* = k^* = \rho^* = 1.0$，此时区域Ⅰ和区域Ⅱ的参数相同，覆盖层下边界 T_D 不存在，区域Ⅰ和区域Ⅱ融为一体，问题退化为半空间均匀介质中单个圆孔对SH波的散射问题。数值结果表明，当 $R_D \geqslant 1.2r$ 时，动应力集中因子的结果与图5.6的结果完全一致，这也验证了大圆弧假设方法的合理性。

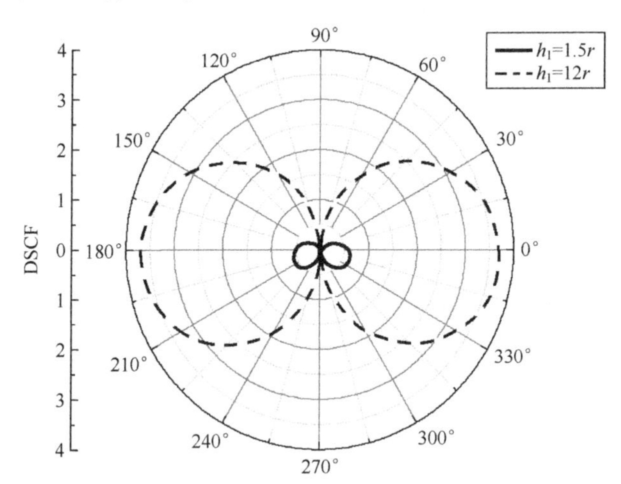

图5.2　$\alpha=90°$，$\rho^*=1.0$，$G^*=1.0$，$k^*=1.0$，$k_1=0.1$

图5.3～图5.5给出了当 $\alpha=90°$，$\rho^*=0.8$，$h_1=1.5r$，$h_2=1.5r$，$k^*=1.3$、1.4、1.5、1.6时，而 k_1 分别为0.5、1.0、1.5时，圆孔边的DSCF，此时 G^* 分别为2.1125、2.45、2.8125、3.2。

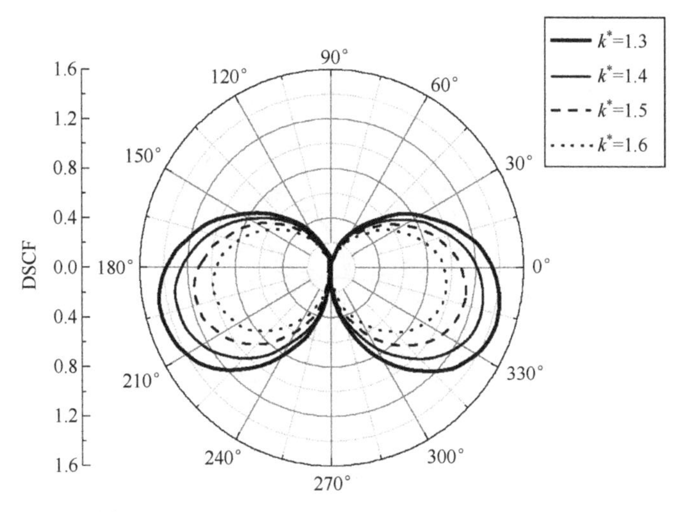

图 5.3　$\alpha=90°$，$\rho^*=0.8$，$k_1=0.5$，$h_1=h_2=1.5r$

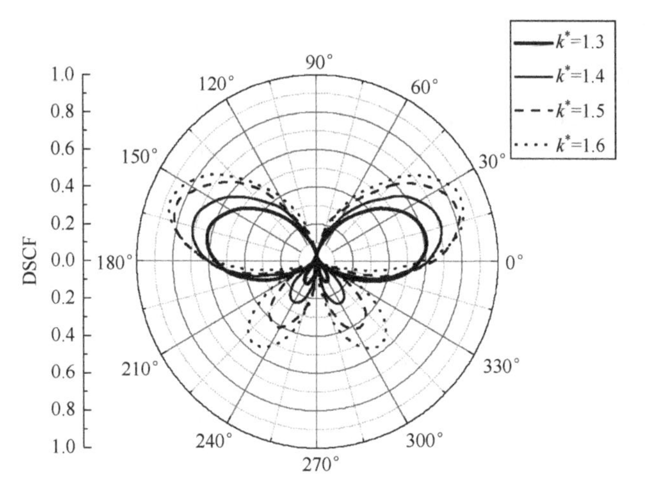

图 5.4　$\alpha=90°$，$\rho^*=0.8$，$k_1=1.0$，$h_1=h_2=1.5r$

从图 5.3 中可以看出，当 $k_1=0.5$ 时，即入射波在低频段入射时，DSCF 的形状近似为椭圆形，随着 k^* 的增大，DSCF 随之减小，且减小是线性的。当 k^* 以 0.1 为增量增加时，$DSCF_{max}$不断减小，每次约减小 0.18，当 $k^*=1.6$ 时，$DSCF_{max}$已经略小于 1，但其所在位置（角度）则没有变化，都是 195°和 345°两处。

在图 5.4 中，$k^*=1.0$，此时 SH 波在中频段入射。与图 5.3 不同，此时

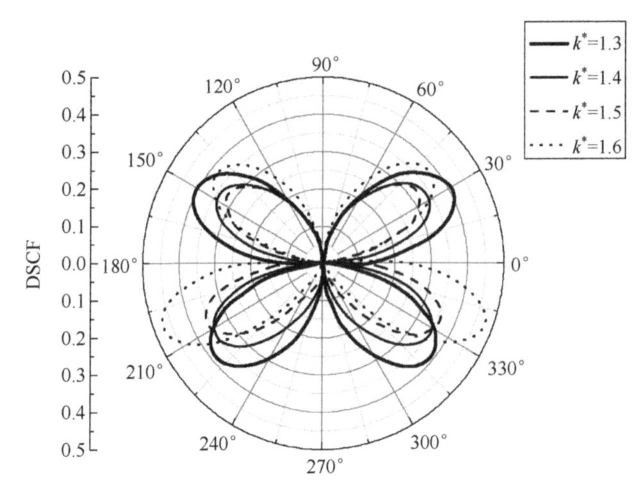

图 5.5　$\alpha=90°$，$\rho^*=0.8$，$k_1=1.5$，$h_1=h_2=1.5r$

DSCF 的图形变为蝴蝶形。随着 k^* 的不断增大，DSCF 不是一直减小而是不断增大，但变化不是线性的，从 $k^*=1.3$ 到 $k^*=1.5$，增量是不断变大的，但从 $k^*=1.5$ 到 $k^*=1.6$，增量却突然减小。随着 k^* 的不断增大，$DSCF_{max}$所在位置（角度）也持续做小幅变化，从大约 15°和 165°逐渐上移为大约 20°和 160°。

在图 5.5 中，$k_1=1.5$，SH 波在中高频段入射，此时图形比较复杂，变化的规律性较差。虽然 DSCF 的形状也是蝴蝶形，但和图 5.4 不同，图 5.5 中 4 个象限内每一部分的大小都基本相当。当 k^* 从 1.3 增大到 1.5 时，DSCF 是在不断减小的，其中 k^* 为 1.4 和 1.5 时 DSCF 非常相近，当 k^* 为 1.6 时，DSCF 又突然变大。而 $DSCF_{max}$所在位置（角度）却随着 k^* 的增大逐渐从一、二象限变为三、四象限。

图 5.6 给出了当 SH 波在不同频率入射时，$DSCF_{max}$随 k^* 的变化关系。当 $k_1=0.5$ 时，$DSCF_{max}$随着 k^* 的增大先增加后减小，整个变化是均匀光滑的，最大值发生在 $k^*=1.18$ 时，而后基本以相同的斜率缓慢下降；当 $k_1=1.0$ 时，$DSCF_{max}$先随着 k^* 的增大缓慢减小，在 $k^*=1.32$ 时达到极小值，而后随着 k^* 的增大而逐渐增加，当 $k^*=1.54$ 时达到极大值，此后继续随 k^* 的增大而逐渐减小；当 $k_1=1.5$、$k^*<1.15$ 时，$DSCF_{max}$与 $k_1=1.0$ 时的情况基本重合，此后曲线继续下降，并在 $k^*=1.34$ 至 $k^*=1.56$ 之间形成一个极小值区间，此后曲线逐渐增大并在 $k^*=1.75$ 时达到极大值，而后又逐渐下降。

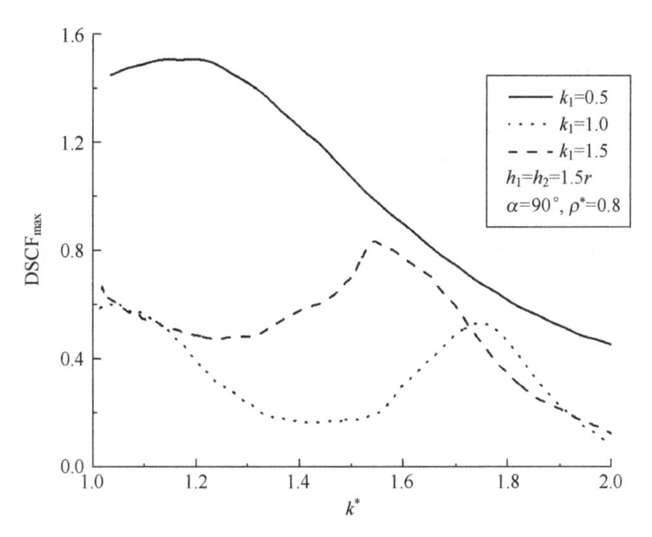

图5.6　$\alpha=90°$，$\rho^*=0.8$，$k_1=0.5$、1.0、1.5，$h_1=h_2=1.5r$

图5.7给出了当k^*确定时，DSCF$_{max}$随k_1的变化关系。当k_1在0.3附近时，DSCF$_{max}$达到最大值，在此之前以线性方式急剧增大，而此后则随着k_1的增大而近乎直线地下降，并在$k_1=1.0$附近达到极小值，此后随着k_1的增加而呈现出振荡下降的趋势。整体而言，入射波在低频段入射时的DSCF$_{max}$要大于高频段入射时的情况，k^*越大则DSCF$_{max}$达到最大值时的入射频率越小，且DSCF$_{max}$的最大值也越大，而入射波在中高频段时，DSCF$_{max}$以剧烈振荡的方式逐渐降低。

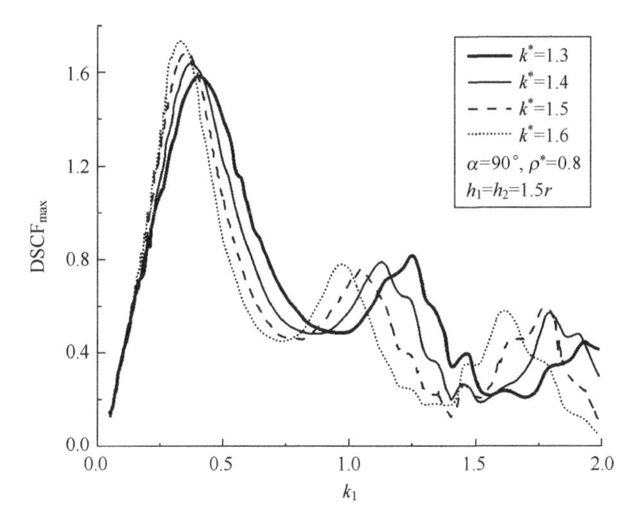

图5.7　$\alpha=90°$，$\rho^*=0.8$，$k^*=1.3$、1.4、1.5、1.6，$h_1=h_2=1.5r$

图 5.3~图 5.5 中 k_1 固定而 k^* 取不同值时 $DSCF_{max}$ 的变化情况均在图 5.6 和图 5.7 中得到体现。综合图 5.3~图 5.7 整体来看，SH 波低频入射时的 $DSCF_{max}$ 要大于高频入射时的情况。

图 5.8 和图 5.9 给出了当 $\alpha=90°$，$\rho^*=0.8$，圆孔位于覆盖层正中，k_1 分别为 0.5、1.0、1.5，而 k^* 分别为 1.3 和 1.8 时，$DSCF_{max}$ 随覆盖层厚度 h 的增加而变化的情况。图 5.8 中 G^* 为 2.1125，图 5.9 中 G^* 为 4.05。

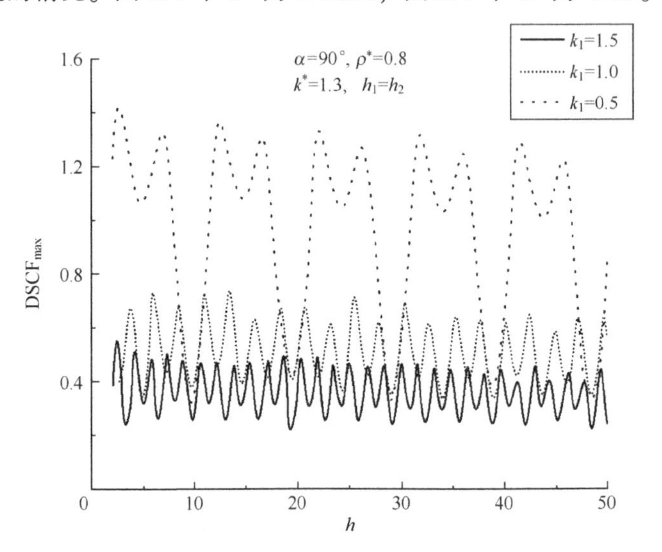

图 5.8　$\alpha=90°$，$\rho^*=0.8$，$k^*=1.3$，$k_1=0.5$、1.0、1.5，$h_1=h_2$

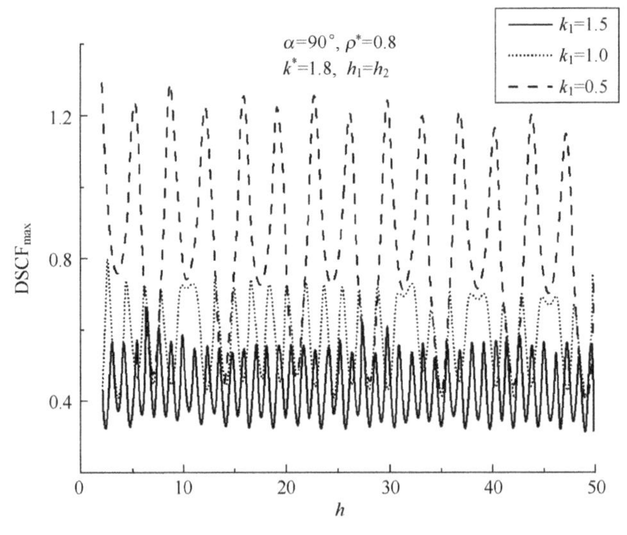

图 5.9　$\alpha=90°$，$\rho^*=0.8$，$k^*=1.8$，$k_1=0.5$、1.0、1.5，$h_1=h_2$

从图 5.8 可以看出，当波数比 k^* 固定时，随着覆盖层厚度 h 的增加，圆孔边 $DSCF_{max}$ 呈周期性振荡变化。$DSCF_{max}$ 振荡的周期随入射波数 k_1 的增加而减小，$k_1=0.5$ 时的周期约是 $k_1=1.0$ 时的 4 倍，是 $k_1=1.5$ 时的 6 倍，此外振幅也随 k_1 的增加而减小。整体而言，入射波数越大，圆孔边 $DSCF_{max}$ 越小。当 k_1 为 0.5 时，圆孔边 $DSCF_{max}$ 的峰值呈现出随 h 的增加而逐渐降低的趋势，尽管下降的趋势较弱，但 k_1 为 1.0 和 1.5 时，这种趋势基本上看不出来。

通过图 5.9 可以看出，与图 5.8 一样，圆孔边 $DSCF_{max}$ 呈周期性振荡变化，并且随着入射波数 k_1 的增加而减小。由于波数比 k^* 的增大，图 5.9 中各个曲线的振荡周期都要比图 5.8 中对应的周期短，如 $k_1=0.5$ 时图 5.8 中曲线的周期是图 5.9 中对应曲线周期的 1.4 倍。但 $DSCF_{max}$ 的振幅却要比图 5.8 中的大。整体而言，图 5.9 中各曲线的取值范围要比图 5.8 中的小，而且在图 5.9 中，k_1 为 0.5 时圆孔边 $DSCF_{max}$ 的峰值随 h 的增加而逐渐降低的趋势也要弱于图 5.8。

图 5.10 和图 5.11 给出了当 SH 波垂直入射（$\alpha=90°$）且圆孔埋置深度固定（$h_1=1.5r$）时，圆孔边 $DSCF_{max}$ 随覆盖层厚度 h 的增加而变化的情况。图中 $\rho*=0.8$，k_1 取值为 0.5、1.0、1.5。图 5.10 中 k^* 为 1.3，G^* 为 2.1125，图 5.11 中 k^* 为 1.8，G^* 为 4.05。

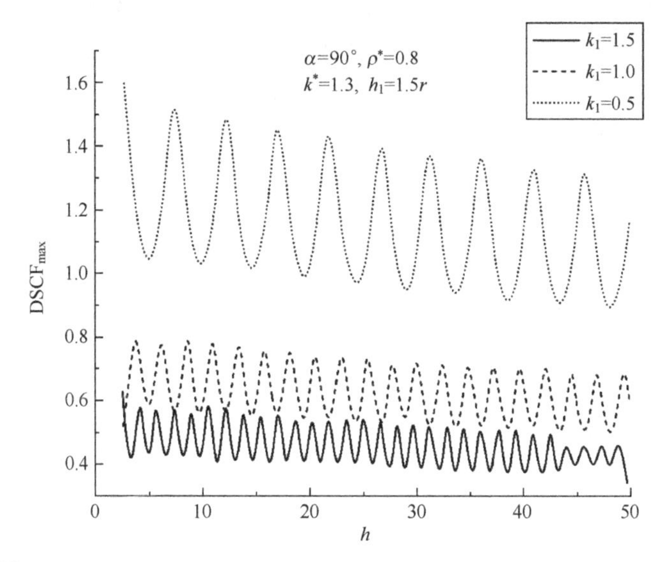

图 5.10　$\alpha=90°$，$\rho^*=0.8$，$k^*=1.3$，$k_1=0.5$、1.0、1.5，$h_1=1.5r$

与图 5.8 和图 5.9 一样，当参数 h_1 固定而参数 h 不断增加时，图 5.10 和图 5.11 中圆孔边 $DSCF_{max}$ 也呈周期性振荡变化，周期随 k_1 的增大而减小，但

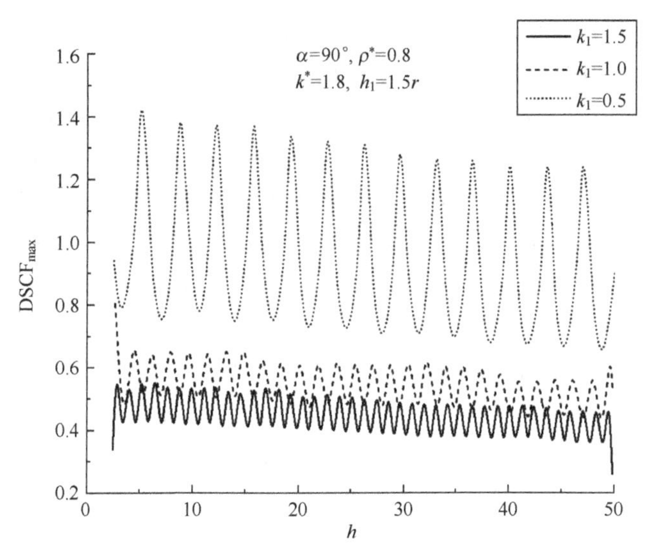

图 5.11　$\alpha=90°$，$\rho^*=0.8$，$k^*=1.8$，$k_1=0.5$、1.0、1.5，$h_1=1.5r$

变化规律有很大不同。对比图 5.8 和图 5.10 可以发现，首先，图 5.10 中的变化规律更明显，无论 k_1 取值如何，图 5.10 中 $\mathrm{DSCF}_{\max}$ 都呈现出随着 h 的增加而振荡下降的趋势，而图 5.9 中仅仅 k_1 取值为 0.5 时才比较明显；其次，图 5.10 中各曲线的振幅不但比图 5.8 中的小，而且幅值也更稳定，当 k_1 从 0.5 到 1.5 时，图 5.10 中的幅值分别约为 0.6、0.3、0.22，而图 5.8 中则分别约为 1、0.4、0.3；最后，当 k_1 为 0.5 时，图 5.8 中的曲线每个周期中还会出现一个极小值，这与图 5.10 也是不同的。同样，对比图 5.9 和图 5.11 也有相同的变化。

综合图 5.8~图 5.11 可以看出，当圆孔埋置深度很浅且固定时，随覆盖层厚度的增加，圆孔边 $\mathrm{DSCF}_{\max}$ 的变化规律性更强。

5.1.8　本节小结

本节根据复变函数法、波函数展开法、大圆弧假设法对地表软覆盖层中单个圆孔在半空间中入射平面 SH 波作用下的动应力集中问题进行了研究，将地表覆盖层的上下边界用半径很大的圆弧来近似，以此构造出散射波场，并且得到所求问题的解析解，并通过数值算例分析了 SH 波垂直入射时，不同的入射波数及波数比、覆盖层厚度、圆孔埋置深度等参数对圆孔周边动应力集中系数的影响。

数值算例表明：

(1) 当 SH 波垂直入射，随着入射频率的逐渐增加（入射波数 k_1 不断增大），圆孔边动应力集中系数最大值在低频段（$k_1=0.3\sim0.5$）达到最大，而后不断下降，并在中频段之后（$k_1=0.8\sim1.0$）以振荡的方式逐渐下降，而且覆盖层与半空间相比越“软”，达到最大值时的入射频率越小。这说明，在实际工程中要非常重视 SH 波低频垂直入射，且覆盖层比半空间“软”的情况。

(2) 随着覆盖层厚度的增加，无论圆孔埋置于覆盖层正中还是将其固定于覆盖层浅层位置，圆孔边动应力集中系数的最大值都呈周期振荡变化，且综合而言，入射频率越小则动应力集中系数最大值越大。这表明，在工程应用中要根据场地的各种参数来合理选择埋置位置。

能够影响地表覆盖层中的圆形孔洞的动应力集中系数的参数很多，不同的参数变化会导致不同的结果，这说明在对浅埋地下工程的抗震分析中必须对土层间的各项参数进行认真分析，综合考虑各种参数的影响，以便对地下结构进行合理的设计，从而达到理想的效果。

5.2　SH 波作用下地表覆盖层浅埋多个圆形夹杂散射问题

5.2.1　引言

以弹性波散射与动应力集中为理论背景研究地下结构的抗震、抗爆性能即对地下结构进行分析，开始于 20 世纪六七十年代，并已取得了大量研究成果，P(SV)和 SH 波入射时，对深埋结构不考虑地面影响的分析与计算较为成熟，并已开始指导工程实践[4]。本节将就弹性波散射中最为简单的模型平面 SH 波入射问题，求解带有表面覆盖层的弹性半空间中界面附近多个圆形夹杂的散射与动应力集中问题。

对界面附近多个夹杂对弹性波散射问题的研究，在一般意义上讲，求解该问题的理论解是相当有困难的[5]。SH 波散射问题的方法主要有两种：一种是数值法，解决问题范围广且计算格式规范统一，缺陷是不利于解析问题现象的本质；另一种是解析法，解决问题的范围相对狭窄，主要受限于数学理论和方法，但是能够透视问题的本质。事实上，稳态 SH 波包括面内波动散射问题实际上可归结为一个纯边值问题，不同边界条件往往需要采用不同的方法来处理，因此不断寻找新的方法，一方面可以丰富弹性波散射理论，另一方面还可以解决源源不断出现的新的边值问题。

本节采用大圆弧假设法求解界面附近多个圆形夹杂对弹性波散射与动应力集中问题，利用半径很大的圆来拟合地表覆盖层的直边界。将含有地表覆盖层的半空间直边界问题转化为曲面边界问题，从而避免了直接构造位移场以及弹性层中 Love 波的瓶颈，借助亥姆霍兹定理预先写出问题波函数的一般形式解，再利用边界条件并借助复数傅里叶-汉克尔级数展开把问题化为求解波函数中未知系数的无穷线性代数方程组，截断该无穷代数方程组可求得该问题的数值结果，得到具有地表覆盖层的弹性半空间内夹杂对平面 SH 波散射的半解析解。最后给出了具体算例，并对其进行了讨论。

5.2.2 问题模型

地下含有多个夹杂、地表带有覆盖层的弹性半空间如图 5.12 所示。地表覆盖层上下边界分别标记为 T_{U} 和 T_{D}，厚度记为 h，地表覆盖层的密度和剪切模量分别为 ρ_2 和 μ_2；浅埋夹杂标记为 T_s（$s=1,2,\cdots,m$），c_s' 为第 s 个圆形夹杂的中心坐标，其半径用 a_s 表示，基体的密度和剪切弹性模量分别为 ρ_1 和 μ_1；逼近地表覆盖层上下直边界的大弧中心为 o'，半径分别为 R_{U} 和 R_{D}，波速为 c_s。求解该问题对 SH 波散射，就是要在地表覆盖层的上边界 T_{U} 上应力自由，界面 T_{D} 上应力和位移连续，以及多个夹杂 T_s 周边上应力和位移连续的边界条件下来求解 SH 波的控制方程。由以上条件可知，该问题属于混合边值问题，为此采用“分区”思想求解，即将整个求解区域分割成Ⅰ、Ⅱ和Ⅲ三部

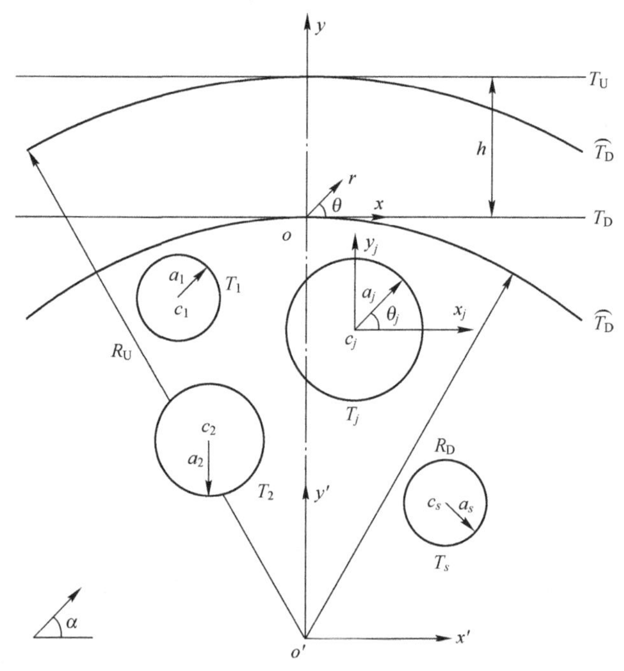

图 5.12 SH 波对浅埋相邻多个圆形夹杂散射计算模型

分来处理，其中区域Ⅲ为弹性夹杂，区域Ⅱ为地表覆盖层，余下的半空间为区域Ⅰ，T_{D} 为两区域的“公共边界”。

建立总体坐标系 xoy 和局部坐标系 $x_jo_jy_j$。

5.2.3 控制方程

研究弹性波的散射问题，其最为简单的模型就是出平面剪切运动的 SH 波模型，SH 入射波在 xy 平面内所激发的反平面位移（波函数）$w_j(x,y,t)$ 垂直于 xy 平面，且与 z 轴无关，位移函数与 $w_i(x,y,t)$ 时间的依赖关系为 $\exp(-\mathrm{i}\omega t)$。引入复数变量 $(z,\bar{z})$，$z=x+\mathrm{i}y$，$\bar{z}=x-\mathrm{i}y$，在复平面 $(z,\bar{z})$ 内介质的位移场满足的亥姆霍兹方程为

$$\frac{\partial^2 w_i}{\partial x^2}+\frac{\partial^2 w_i}{\partial y^2}+k^2 w_i=0 \tag{5-57}$$

式中：$w_i(x,y,t)$ 为位移函数，位移函数与时间的依赖关系为 $\exp(-\mathrm{i}\omega t)$（以下分析略去时间谐和因子 $\exp(-\mathrm{i}\omega t)$）。$\omega$ 为位移 $w(x,y,t)$ 圆频率，c_{si} 为介质的剪切波速；$c_{si}=\sqrt{\dfrac{\mu_i}{\rho_i}}(i=1,2)$，$\rho_i$、$\mu_i$ 分别为介质的质量密度和剪切模量。

应力与应变的关系为

$$\tau_{xz}=\mu\frac{\partial w}{\partial x},\tau_{yz}=\mu\frac{\partial w}{\partial y} \tag{5-58}$$

引入复变量 $z=x+\mathrm{i}y$，$\bar{z}=x-\mathrm{i}y$，在复平面 $(z,\bar{z})$ 上，式（5-58）可表示如下：

$$\frac{\partial^2 w_i}{\partial z\partial\bar{z}}+\frac{1}{4}k^2 w_i=0 \tag{5-59}$$

和

$$\tau_{xz}=\mu_i\left(\frac{\partial w_i}{\partial z}+\frac{\partial w_i}{\partial\bar{z}}\right),\quad \tau_{yz}=\mu_i\left(\frac{\partial w_i}{\partial z}-\frac{\partial w_i}{\partial\bar{z}}\right) \tag{5-60}$$

而在极坐标系中，应力表达式为

$$\tau_{rz}=\mu_i\left(\frac{\partial w_i}{\partial z}\mathrm{e}^{\mathrm{i}\theta}+\frac{\partial w_i}{\partial\bar{z}}\mathrm{e}^{-\mathrm{i}\theta}\right),\tau_{\theta z}=\mathrm{i}\,\mu_i\left(\frac{\partial w_i}{\partial z}\mathrm{e}^{\mathrm{i}\theta}-\frac{\partial w_i}{\partial\bar{z}}\mathrm{e}^{-\mathrm{i}\theta}\right) \tag{5-61}$$

5.2.4 圆形夹杂及覆盖层下边界散射波的求解

在区域Ⅰ中，求解一个散射波 $w^{(\mathrm{SI})}$，它应由多个浅埋圆形夹杂 T_s 和地表覆盖层的下边界 T_{D} 产生的散射 $w_{T_s}^{(\mathrm{SI})}$ 和 $w_{T_{\mathrm{D}}}^{(\mathrm{SI})}$ 组成，且有

$$w^{(\mathrm{SI})}=w_{T_s}^{(\mathrm{SI})}+w_{T_{\mathrm{D}}}^{(\mathrm{SI})} \tag{5-62}$$

在复平面$(z,\bar{z})$上，散射波$w_{T_s}^{(\mathrm{SI})}$为

$$w_{T_s}^{(\mathrm{SI})}(z,\bar{z})=\sum_{S=1}^{m}\sum_{n=-\infty}^{\infty}A_n^S H_n^{(1)}(k_1|z-c_s'|)\left[\frac{z-c_s'}{|z-c_s'|}\right]^n \tag{5-63}$$

式中：$A_n^S(s=1,2,\cdots,m)$为待定系数；m 为半空间中夹杂的数目；$H_n^{(1)}(\cdot)$为 n 阶第一类汉克尔函数。

当移动坐标时，即把坐标原点移动到j夹杂的圆心c_j上，在$(z,\bar{z})$上得

$$z=z_j+c_j,z-c_s'=z_j-{}^sd_j \tag{5-64}$$

式中：${}^sd_j=c_s'-c_j$，也就是以 c_j 为原点时，s 夹杂中心的复坐标。这样，式（5-64）即可写成

$$w_{T_s}^{(\mathrm{SI})}(z_j,\bar{z_j})=\sum_{s=1}^{m}\sum_{n=-\infty}^{\infty}A_n^s H_n^{(1)}(k_1|z_j-{}^sd_j|)\left[\frac{z_j-{}^sd_j}{|z_j-{}^sd_j|}\right]^n \tag{5-65}$$

在复平面$(z,\bar{z})$上，散射波$w_{T_{\mathrm{D}}}^{(\mathrm{SI})}$为

$$w_{T_p}^{(\mathrm{SI})}(z',\overline{z'})=\sum_{n=-\infty}^{\infty}B_n H_n^{(2)}(k_1|z'|)\left[\frac{z'}{|z'|}\right]^n \tag{5-66}$$

式中：$z'=z+\mathrm{i}R_{\mathrm{D}}$；$H_n^{(1)}(*)$为 n 阶第一类汉克尔函数；$H_n^{(2)}(*)$为 n 阶第二类汉克尔函数 A_n^s，$B_n(n=0,\pm1,\pm2,\cdots;s=1,2,\cdots,m)$为待求系数。

相应的应力可表示为

$$\tau_{r_j,T_s}^{(\mathrm{SI})}=\frac{k_1\mu}{2}\sum_{s=1}^{m}\sum_{n=-\infty}^{\infty}A_n^s\left\{\begin{aligned}&H_{n-1}^{(1)}(k_1|z_j-{}^sd_j|)\left[\frac{z_j-{}^sd_j}{|z_j-s_j|}\right]^n\mathrm{e}^{\mathrm{i}\theta_j}\\&-H_{n+1}^{(1)}(k_1|z_j-{}^sd_j|)\frac{z_j-{}^sd_j^n}{|z_j-{}^sd_j|}\mathrm{e}^{-\mathrm{i}\theta_j}\end{aligned}\right\} \tag{5-67}$$

$$\tau_{\theta_j,T_s}^{(\mathrm{SI})}=\frac{\mathrm{i}k_1\mu_1}{2}\sum_{n=1}^{m}\sum_{n=-\infty}^{\infty}A_n^s\left\{\begin{aligned}&H_{n-1}^{(1)}(k_1|z_j-{}^sd_j|)\left[\frac{z_j-{}^sd_j}{|z_j-{}^sd_j|}\right]^n\mathrm{e}^{\mathrm{i}\theta_j}\\&+H_{n+1}^{(1)}(k_1|z_j-{}^sd_j|)\left[\frac{z_j-{}^sd_j}{|z_j-{}^sd_j|}\right]^n\mathrm{e}^{-\mathrm{i}\theta_j}\end{aligned}\right\} \tag{5-68}$$

$$\tau_{r_z',T_{\mathrm{D}}}^{(\mathrm{SI})}=\frac{k_1\mu_1}{2}\sum_{n=-\infty}^{\infty}B_n\left\{H_{n-1}^{(2)}(k_1|z'|)\left[\frac{z'}{|z'|}\right]^{n-1}\mathrm{e}^{\mathrm{i}\theta'}-H_{n+1}^{(2)}(k_1|z'|)\left[\frac{z'}{|z'|}\right]^{n+1}\mathrm{e}^{-\mathrm{i}\theta'}\right\} \tag{5-69}$$

$$\tau_{\theta_z',T_{\mathrm{D}}}^{(\mathrm{SI})}=\frac{\mathrm{i}k_1\mu_1}{2}\sum_{n=-\infty}^{\infty}B_n\left\{H_{n-1}^{(2)}(k_1|z'|)\left[\frac{z'}{|z'|}\right]^{n-1}\mathrm{e}^{\mathrm{i}\theta'}+H_{n-1}^{(2)}(k_1|z'|)\left[\frac{z'}{|z'|}\right]^{n+1}\mathrm{e}^{-\mathrm{i}\theta'}\right\} \tag{5-70}$$

5.2.5　覆盖层上下边界散射波的求解

同样，在区域Ⅱ中求解一个散射波 $w^{(\mathrm{S}\,\mathrm{II})}$，它应由地表覆盖层的上下边界 T_U 和 T_D 产生的散射 $w_{T_\mathrm{U}}^{(\mathrm{S}\,\mathrm{II})}$ 和 $w_{T_\mathrm{D}}^{(\mathrm{S}\,\mathrm{II})}$ 组成，且有

$$w^{(\mathrm{S}\,\mathrm{II})}=w_{T_\mathrm{U}}^{(\mathrm{S}\,\mathrm{II})}+w_{T_\mathrm{D}}^{(\mathrm{S}\,\mathrm{II})} \tag{5-71}$$

在复平面$(z',\bar{z}')$为，散射波 $w_{T_\mathrm{D}}^{(\mathrm{S}\,\mathrm{II})}$ 和 $w_{T_\mathrm{U}}^{(\mathrm{S}\,\mathrm{II})}$ 为

$$w_{T_\mathrm{D}}^{(\mathrm{S}\,\mathrm{II})}(z',\bar{z}')=\sum_{n=-\infty}^{\infty}C_nH_n^{(1)}(k_2|z'|)\left[\frac{z'}{|z'|}\right]^n \tag{5-72}$$

$$w_{T_\mathrm{U}}^{(\mathrm{S}\,\mathrm{II})}(z',\bar{z}')=\sum_{n=-\infty}^{\infty}D_nH_n^{(2)}(k_2|z'|)\left[\frac{z'}{|z'|}\right]^n \tag{5-73}$$

式中：$z'=z+\mathrm{i}R_\mathrm{D}$，$C_n$，$D_n(n=0,\pm1,\pm2,\cdots)$为代求系数。

相应的应力可表示为

$$\tau_{r_z',T_\mathrm{D}}^{(\mathrm{S}\,\mathrm{II})}=\frac{k_2\mu_2}{2}\sum_{n=-\infty}^{\infty}C_n\left\{\begin{aligned}&H_{n-1}^{(1)}(k_2|z'|)\left[\frac{z'}{|z'|}\right]^{n-1}\mathrm{e}^{\mathrm{i}\theta'}\\&-H_{n+1}^{(1)}(k_2|z'|)\frac{z'}{|z'|}^{n+1}\mathrm{e}^{-\mathrm{i}\theta'}\end{aligned}\right\} \tag{5-74}$$

$$\tau_{\theta_z',T_\mathrm{D}}^{(\mathrm{S}\,\mathrm{II})}=\frac{\mathrm{i}k_2\mu_2}{2}\sum_{n=-\infty}^{\infty}C_n\left\{\begin{aligned}&H_{n-1}^{(1)}(k_2|z'|)\left[\frac{z'}{|z'|}\right]^{n-1}\mathrm{e}^{\mathrm{i}\theta'}\\&-H_{n-1}^{(1)}(k_2|z'|)\frac{z'}{|z'|}^{n+1}\mathrm{e}^{-\mathrm{i}\theta'}\end{aligned}\right\} \tag{5-75}$$

$$\tau_{r_z',T_\mathrm{D}}^{(\mathrm{S}\,\mathrm{II})}=\frac{k_2\mu_2}{2}\sum_{n=-\infty}^{\infty}D_n\left\{\begin{aligned}&H_{n-1}^{(2)}(k_2|z'|)\left[\frac{z'}{|z'|}\right]^{n-1}\mathrm{e}^{\mathrm{i}\theta'}\\&-H_{n+1}^{(2)}(k_2|z'|)\frac{z'}{|z'|}^{n+1}\mathrm{e}^{-\mathrm{i}\theta'}\end{aligned}\right\} \tag{5-76}$$

$$\tau_{\theta_z',T_\mathrm{D}}^{(\mathrm{S}\,\mathrm{II})}=\frac{\mathrm{i}k_2\mu_2}{2}\sum_{n=-\infty}^{\infty}D_n\left\{\begin{aligned}&H_{n-1}^{(2)}(k_2|z'|)\left[\frac{z'}{|z'|}\right]^{n-1}\mathrm{e}^{\mathrm{i}\theta'}\\&-H_{n+1}^{(2)}(k_2|z'|)\frac{z'}{|z'|}^{n+1}\mathrm{e}^{-\mathrm{i}\theta'}\end{aligned}\right\} \tag{5-77}$$

5.2.6　夹杂内部驻波的求解

在区域Ⅲ中的每个夹杂内都产生一个驻波 $w_{T_s}^{(\mathrm{S}\,\mathrm{III})}$。

在复平面$(z,\bar{z})$内：

$$w_{T_s}^{(\mathrm{S}\mathrm{III})}(z,\bar{z}) = \sum_{n=-\infty}^{\infty} E_n J_n(k_s\,|z - c_s'|) \left[\frac{z - c_s'}{|z - |c_s'|}\right]^n \tag{5-78}$$

式中：$E_n(n=0,\pm1,\pm2,\cdots)$为代定系数；$J_n(\cdot)$为 n 阶贝塞尔函数；当覆盖层中有 m 个圆形夹杂时，其对应就有 m 个驻波函数。

当移动坐标时，即把坐标原点移动到 j 夹杂的圆心 c_j 上，在$(z_j,\bar{z}_j)$上得

$$z=z_j+c_j,z-c_s'=z_j-{}^s d_j \tag{5-79}$$

式中：${}^s d_j=c_s'-c_j$，也就是以 c_j 为原点时，s 夹杂中心的复坐标。这样，式（5-79）即可写成

$$w_{T_s}^{(\mathrm{S}\mathrm{III})}(z_j,\bar{z}_j) = \sum_{n=-\infty}^{\infty} E_n J_n(k_s\,|z_j - {}^s d_j|) \left[\frac{z_j - {}^s d_j}{|z_j - {}^s d_j|}\right]^n \tag{5-80}$$

5.2.7 问题解答

如图 5.12 所示，有一稳态的 SH 波沿与 x 轴正向成 α 的方向入射到具有地表覆盖层的弹性半空间，在复平面$(z,\bar{z})$上，入射波为

$$w^{(i)}=w_0\exp\left\{\frac{\mathrm{i}k_1}{2}[z\cdot \mathrm{e}^{-\mathrm{i}\alpha}+\bar{z}\cdot \mathrm{e}^{\mathrm{i}\alpha}]\right\} \tag{5-81}$$

式中：w_0 为入射波的最大幅值。

相应的应力可表示为

$$\tau_{rz}^{(i)}=\mathrm{i}\tau_0\cos(\theta-\alpha)\exp\left\{\frac{\mathrm{i}k_1}{2}(z\mathrm{e}^{-\mathrm{i}\alpha}+\bar{z}\mathrm{e}^{\mathrm{i}\alpha})\right\} \tag{5-82}$$

$$\tau_{\theta z}^{(i)}=-\mathrm{i}\tau_0\sin(\theta-\alpha)\exp\left\{\frac{\mathrm{i}k_1}{2}(z\mathrm{e}^{-\mathrm{i}\alpha}+\bar{z}\mathrm{e}^{\mathrm{i}\alpha})\right\} \tag{5-83}$$

式中：$\tau_0=\mu_1 k_1 w_0$ 是入射波产生的剪应力幅值。

利用边界条件，地表覆盖层的上边界 T_{U} 上应力自由，夹杂 T_s 周边上应力和位移连续，以及两个区域的“公共边界”应力和位移连续，可得到求解问题的定解方程组：

$$\begin{cases}(\mathrm{a})\ T_s(|z_j|=a_j):\tau_{rz}^{(i)}+\tau_{rz,T_s}^{(\mathrm{S}\mathrm{I})}+\tau_{rz,T_\mathrm{D}}^{(\mathrm{S}\mathrm{I})}=\tau_{r_jz,T_s}^{(\mathrm{S}\mathrm{III})},j=1,\cdots,m\\(\mathrm{b})\ T_\mathrm{D}(|z'|=R_\mathrm{D}):\tau_{rz}^{(i)}+\tau_{rz,T_s}^{(\mathrm{S}\mathrm{I})}+\tau_{rz,T_\mathrm{D}}^{(\mathrm{S}\mathrm{I})}=\tau_{rz,T_\mathrm{U}}^{(\mathrm{S}\mathrm{II})}+\tau_{rz,T_\mathrm{D}}^{(\mathrm{S}\mathrm{II})}\\(\mathrm{c})\ T_\mathrm{D}(|z'|=R_\mathrm{D}):w^{(i)}+w_{T_s}^{(\mathrm{S}\mathrm{I})}+w_{T_\mathrm{D}}^{(\mathrm{S}\mathrm{I})}=w_{T_\mathrm{U}}^{(\mathrm{S}\mathrm{II})}+w_{T_\mathrm{D}}^{(\mathrm{S}\mathrm{II})}\\(\mathrm{d})\ T_\mathrm{U}(|z'|=R_\mathrm{D}):\tau_{rz,T_\mathrm{U}}^{(\mathrm{S}\mathrm{II})}+\tau_{rz,T_\mathrm{D}}^{(\mathrm{S}\mathrm{II})}=0\\(\mathrm{e})\ T_s(|z_j|=a_j):w_{rz}^{(i)}+w_{rz,T_s}^{(\mathrm{S}\mathrm{I})}+w_{rz,T_\mathrm{D}}^{(\mathrm{S}\mathrm{I})}=w_{r_jz,T_s}^{(\mathrm{S}\mathrm{III})},j=1,\cdots,m\end{cases} \tag{5-84}$$

将位移和应力表达式代入式（5-84）边界条件，有

$$
\begin{cases}
(\mathrm{a})\ \sum_{n=-\infty}^{+\infty}\left[\zeta_{1n}^{(1)s}A_n^s+\zeta_{2n}^{(1)}B_n-\zeta_{5n}^{(1)s}E_n^s\right]=\eta_1\\
(\mathrm{b})\ \sum_{n=-\infty}^{+\infty}\left[\zeta_{1n}^{(2)s}A_n^s+\zeta_{2n}^{(2)}B_n-\zeta_{3n}^{(2)}C_n-\zeta_{4n}^{(2)}D_n\right]=\eta_2\\
(\mathrm{c})\ \sum_{n=-\infty}^{+\infty}\left[\zeta_{1n}^{(3)s}A_n^s+\zeta_{2n}^{(3)}B_n-\zeta_{3n}^{(3)}C_n-\zeta_{4n}^{(3)}D_n\right]=\eta_3\\
(\mathrm{d})\ \sum_{n=-\infty}^{+\infty}\left[\zeta_{3n}^{(4)}C_n-\zeta_{4n}^{(4)}D_n\right]=0\\
(\mathrm{e})\ \sum_{n=-\infty}^{+\infty}\left[\zeta_{1n}^{(5)s}A_n^s+\zeta_{2n}^{(5)}B_n-\zeta_{5n}^{(5)s}E_n^s\right]=\eta_4
\end{cases}
\tag{5-85}
$$

其中

$$
\begin{cases}
\zeta_{1n}^{(1)s}=\dfrac{k_1\mu_1}{2}\sum_{s=1}^{m}\left\{\begin{aligned}&H_{n-1}^{(1)}(k_1|z_j-{}^sd_j|)\left[\frac{z_j-{}^sd_j}{|z_j-{}^sd_j|}\right]^n\mathrm{e}^{\mathrm{i}\theta_j}\\&-H_{n+1}^{(1)}(k_1|z_j-{}^sd_j|)\left[\frac{z_j-{}^sd_j}{|z_j-{}^sd_j|}\right]^n\mathrm{e}^{-\mathrm{i}\theta_j}\end{aligned}\right\}\\
\zeta_{1n}^{(2)s}=\dfrac{k_1\mu_1}{2}\sum_{s=1}^{m}\left\{\begin{aligned}&H_{n-1}^{(1)}(k_1|z_j-{}^sd_j|)\left[\frac{z_j-{}^sd_j}{|z_j-{}^sd_j|}\right]^n\mathrm{e}^{\mathrm{i}\theta_j}\\&-H_{n+1}^{(1)}(k_1|z_j-{}^sd_j|)\left[\frac{z_j-{}^sd_j}{|z_j-{}^sd_j|}\right]^n\mathrm{e}^{-\mathrm{i}\theta_j}\end{aligned}\right\}\\
\zeta_{1n}^{(3)s}=\sum_{s=1}^{m}H_n^{(1)}(k_1|z_j-{}^sd_j|)\left[\dfrac{z_j-{}^sd_j}{|z_j-{}^sd_j|}\right]^n\\
\zeta_{1n}^{(5)s}=\sum_{s=1}^{m}J_n(k_s|z_j-{}^sd_j|)\left[\dfrac{z_j-{}^sd_j}{|z_j-{}^sd_j|}\right]^n
\end{cases}
\tag{5-86}
$$

$$
\begin{cases}
\eta_1=-\mathrm{i}\tau_0\cos(\theta-\alpha)\exp\left\{\dfrac{\mathrm{i}k_1}{2}(z\mathrm{e}^{-\mathrm{i}\alpha}+\bar{z}\mathrm{e}^{\mathrm{i}\alpha})\right\}\\
\eta_2=-\mathrm{i}\tau_0\cos(\theta-\alpha)\exp\left\{\dfrac{\mathrm{i}k_1}{2}(z\mathrm{e}^{-\mathrm{i}\alpha}+\bar{z}_1\mathrm{e}^{\mathrm{i}\alpha})\right\}\\
\eta_3=-w_0\exp\left\{\dfrac{\mathrm{i}k_1}{2}(z\mathrm{e}^{-\mathrm{i}\alpha}+\bar{z}\mathrm{e}^{\mathrm{i}\alpha})\right\}\\
\eta_4=-w_0\exp\left\{\dfrac{\mathrm{i}k_1}{2}(z\mathrm{e}^{-\mathrm{i}\alpha}+\bar{z}\mathrm{e}^{\mathrm{i}\alpha})\right\}
\end{cases}
\tag{5-87}
$$

$$
\begin{cases}
\zeta_{2n}^{(3)} = H_n^{(2)}(k_1|z'|)[z'/|z'|]^n \\
\zeta_{3n}^{(3)} = H_n^{(1)}(k_2|z'|)[z'/|z'|]^n \\
\zeta_{4n}^{(3)} = H_n^{(2)}(k_2|z'|)[z'/|z'|]^n \\
\zeta_{2n}^{(5)} = H_n^{(2)}(k_1|z'|)[z'/|z'|]^n
\end{cases}
\tag{5-88}
$$

$$
\begin{cases}
\zeta_{2n}^{(1)} = \dfrac{k_1\mu_1}{2}\{H_{n-1}^{(2)}(k_1|z'|)[z'/|z'|]^{n-1}\mathrm{e}^{\mathrm{i}\theta'} - H_{n+1}^{(2)}(k_1|z'|)[z'/|z'|]^{n+1}\mathrm{e}^{-\mathrm{i}\theta'}\} \\
\zeta_{2n}^{(2)} = \dfrac{k_1\mu_1}{2}\{H_{n-1}^{(2)}(k_1|z'|)[z'/|z'|]^{n-1}\mathrm{e}^{\mathrm{i}\theta'} - H_{n+1}^{(2)}(k_1|z'|)[z'/|z'|]^{n+1}\mathrm{e}^{-\mathrm{i}\theta'}\} \\
\zeta_{3n}^{(2)} = \dfrac{k_2\mu_2}{2}\{H_{n-1}^{(1)}(k_2|z'|)[z'/|z'|]^{n-1}\mathrm{e}^{\mathrm{i}\theta'} - H_{n+1}^{(1)}(k_2|z'|)[z'/|z'|]^{n+1}\mathrm{e}^{-\mathrm{i}\theta'}\} \\
\zeta_{4n}^{(2)} = \dfrac{k_2\mu_2}{2}\{H_{n-1}^{(2)}(k_2|z'|)[z'/|z'|]^{n-1}\mathrm{e}^{\mathrm{i}\theta'} - H_{n+1}^{(2)}(k_2|z'|)[z'/|z'|]^{n+1}\mathrm{e}^{-\mathrm{i}\theta'}\}
\end{cases}
\tag{5-89}
$$

$$
\begin{cases}
\zeta_{3n}^{(4)} = \dfrac{k_2\mu_2}{2}\{H_{n-1}^{(1)}(k_2|z'|)[z'/|z'|]^{n-1}\mathrm{e}^{\mathrm{i}\theta'} - H_{n+1}^{(1)}(k_2|z'|)[z'/|z'|]^{n+1}\mathrm{e}^{-\mathrm{i}\theta'}\} \\
\zeta_{4n}^{(4)} = \dfrac{k_2\mu_2}{2}\{H_{n-1}^{(2)}(k_2|z'|)[z'/|z'|]^{n-1}\mathrm{e}^{\mathrm{i}\theta'} - H_{n+1}^{(2)}(k_2|z'|)[z'/|z'|]^{n+1}\mathrm{e}^{-\mathrm{i}\theta'}\}
\end{cases}
\tag{5-90}
$$

在式（5-85）（a）和（e）两边同时乘以 $\exp(-\mathrm{i}m\theta_j)$，在（b）、（c）、（d）两边同时乘以 $\exp(-\mathrm{i}m\theta')(m=0,\pm1,\pm2,\cdots)$，并在 $(-\pi,\pi)$ 上积分，则化简为未知系数 A_n^s，B_n，C_n，D_n，E_n 的一组无穷代数方程组。

$$
\begin{cases}
\sum\limits_{n=-\infty}^{+\infty}[\Phi_{1n}^{(1)\mathrm{s}}A_n^{\mathrm{s}} + \Phi_{2n}^{(1)}B_n - \Phi_{5n}^{(1)\mathrm{s}}E_n^{\mathrm{s}}] = \Psi_1 \\
\sum\limits_{n=-\infty}^{+\infty}[\Phi_{1n}^{(2)\mathrm{s}}A_n^{\mathrm{s}} + \Phi_{2n}^{(2)}B_n - \Phi_{3n}^{(3)\mathrm{s}}C_n - \Phi_{4n}^{(2)}D_n] = \Psi_2 \\
\sum\limits_{n=-\infty}^{+\infty}[\Phi_{1n}^{(3)\mathrm{s}}A_n^{\mathrm{s}} + \Phi_{2n}^{(3)}B_n - \Phi_{3n}^{(3)\mathrm{s}}C_n - \Phi_{4n}^{(3)}D_n] = \Psi_3 \\
\sum\limits_{n=-\infty}^{+\infty}[\Phi_{3n}^{(4)}C_n + \Phi_{4n}^{(4)}D_n] = 0 \\
\sum\limits_{n=-\infty}^{+\infty}[\Phi_{1n}^{(5)\mathrm{s}}A_n^{\mathrm{s}} + \Phi_{2n}^{(5)}B_n - \Phi_{5n}^{(5)\mathrm{s}}E_n^{\mathrm{s}}] = \Psi_4
\end{cases}
\tag{5-91}
$$

其中

$$
\begin{cases}
\Phi_{1n}^{(1)s} = \dfrac{1}{2\pi}\displaystyle\int_{-\pi}^{\pi} \zeta_{1n}^{(1)s}\exp(-\mathrm{i}m\theta_j)\,\mathrm{d}\theta_j \\
\Phi_{2n}^{(1)} = \dfrac{1}{2\pi}\displaystyle\int_{-\pi}^{\pi} \zeta_{2n}^{(1)}\exp(-\mathrm{i}m\theta_j)\,\mathrm{d}\theta_j \\
\Phi_{5n}^{(1)s} = \dfrac{1}{2\pi}\displaystyle\int_{-\pi}^{\pi} \zeta_{5n}^{(1)s}\exp(-\mathrm{i}m\theta_j)\,\mathrm{d}\theta_j \\
\Psi_1 = \dfrac{1}{2\pi}\displaystyle\int_{-\pi}^{\pi} \eta_1\exp(-\mathrm{i}m\theta_j)\,\mathrm{d}\theta_j
\end{cases}
\tag{5-92}
$$

$$
\begin{cases}
\Phi_{1n}^{(2)s} = \dfrac{1}{2\pi}\displaystyle\int_{-\pi}^{\pi} \zeta_{1n}^{(2)s}\exp(-\mathrm{i}m\theta')\,\mathrm{d}\theta' \\
\Phi_{1n}^{(2)} = \dfrac{1}{2\pi}\displaystyle\int_{-\pi}^{\pi} \zeta_{2n}^{(2)}\exp(-\mathrm{i}m\theta')\,\mathrm{d}\theta' \\
\Phi_{3n}^{(2)} = \dfrac{1}{2\pi}\displaystyle\int_{-\pi}^{\pi} \zeta_{3n}^{(2)}\exp(-\mathrm{i}m\theta')\,\mathrm{d}\theta' \\
\Phi_{4n}^{(2)} = \dfrac{1}{2\pi}\displaystyle\int_{-\pi}^{\pi} \zeta_{4n}^{(2)}\exp(-\mathrm{i}m\theta')\,\mathrm{d}\theta' \\
\Psi_2 = \dfrac{1}{2\pi}\displaystyle\int_{-\pi}^{\pi} \eta_2\exp(-\mathrm{i}m\theta')\,\mathrm{d}\theta'
\end{cases}
\tag{5-93}
$$

$$
\begin{cases}
\Phi_{1n}^{(3)s} = \dfrac{1}{2\pi}\displaystyle\int_{-\pi}^{\pi} \zeta_{1n}^{(3)s}\exp(-\mathrm{i}m\theta')\,\mathrm{d}\theta' \\
\Phi_{2n}^{(3)} = \dfrac{1}{2\pi}\displaystyle\int_{-\pi}^{\pi} \zeta_{2n}^{(3)}\exp(-\mathrm{i}m\theta')\,\mathrm{d}\theta' \\
\Phi_{3n}^{(3)} = \dfrac{1}{2\pi}\displaystyle\int_{-\pi}^{\pi} \zeta_{3n}^{(3)}\exp(-\mathrm{i}m\theta')\,\mathrm{d}\theta' \\
\Phi_{4n}^{(3)} = \dfrac{1}{2\pi}\displaystyle\int_{-\pi}^{\pi} \zeta_{4n}^{(3)}\exp(-\mathrm{i}m\theta')\,\mathrm{d}\theta' \\
\Psi_3 = \dfrac{1}{2\pi}\displaystyle\int_{-\pi}^{\pi} \eta_3\exp(-\mathrm{i}m\theta')\,\mathrm{d}\theta'
\end{cases}
\tag{5-94}
$$

$$
\begin{cases}
\Phi_{3n}^{(4)} = \dfrac{1}{2\pi}\displaystyle\int_{-\pi}^{\pi} \zeta_{3n}^{(4)}\exp(-\mathrm{i}m\theta')\,\mathrm{d}\theta' \\
\Phi_{4n}^{(4)} = \dfrac{1}{2\pi}\displaystyle\int_{-\pi}^{\pi} \zeta_{4n}^{(4)}\exp(-\mathrm{i}m\theta')\,\mathrm{d}\theta'
\end{cases}
\tag{5-95}
$$

$$
\begin{cases}
\Phi_{1n}^{(5)s}=\dfrac{1}{2\pi}\displaystyle\int_{-\pi}^{\pi}\zeta_{1n}^{(5)s}\exp(-\mathrm{i}m\theta_j)\,\mathrm{d}\theta_j\\
\Phi_{2n}^{(5)}=\dfrac{1}{2\pi}\displaystyle\int_{-\pi}^{\pi}\zeta_{2n}^{(5)}\exp(-\mathrm{i}m\theta_j)\,\mathrm{d}\theta_j\\
\Phi_{3n}^{(5)}=\dfrac{1}{2\pi}\displaystyle\int_{-\pi}^{\pi}\zeta_{3n}^{(5)}\exp(-\mathrm{i}m\theta_j)\,\mathrm{d}\theta_j\\
\Phi_{4n}^{(5)}=\dfrac{1}{2\pi}\displaystyle\int_{-\pi}^{\pi}\zeta_{4n}^{(5)}\exp(-\mathrm{i}m\theta_j)\,\mathrm{d}\theta_j\\
\Psi_4=\dfrac{1}{2\pi}\displaystyle\int_{-\pi}^{\pi}\eta_4\exp(-\mathrm{i}m\theta_j)\,\mathrm{d}\theta_j
\end{cases}
\tag{5-96}
$$

5.2.8 算例与结果分析

对于地表覆盖层的弹性半空间内圆形夹杂散射问题，可以讨论夹杂周边处的动应力集中系数 $\tau_{\theta z}^*$ 的变化情况，其中 $\tau_{\theta z}^*$ 可表示为

$$
\tau_{\theta z}^*=|\tau_{\theta z}/\tau_0|_{r=a},z=a\cdot\exp\{\mathrm{i}\theta\}
\tag{5-97}
$$

情况一：

对图 5.13（a）所示的具有相同半径（为了便于分析，采用无量纲参数，取圆形夹杂的半径 $r=1.0$），且具有同一埋深相邻两个圆形夹杂对 SH 波散射与动应力集中问题进行分析，其算例结果如图 5.14 所示。

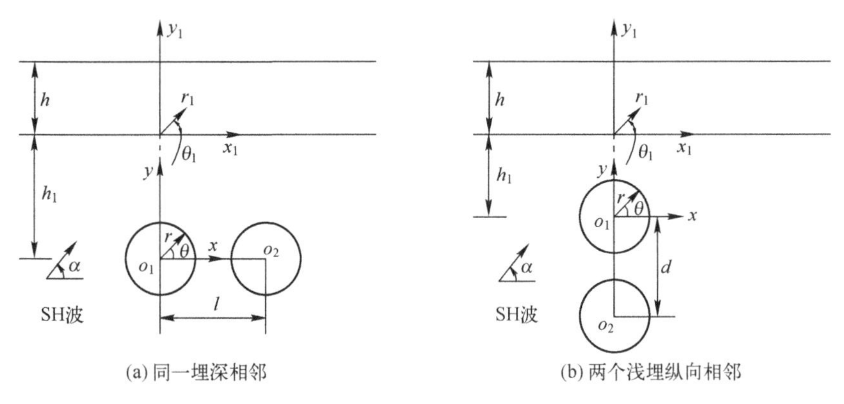

图 5.13　SH 波对两个埋深的相邻夹杂入射计算模型

图 5.14（a）～（h）给出了具有不同波数 k_1r 的 SH 波，以不同入射角 α 入射时对不同埋深 h_1/r、不同地表覆盖层 h/r、不同夹杂参数和不同水平夹杂的圆心距 l/r 之左边圆形夹杂 o_1 散射的周边动应力集中系数(DSCF) $\tau_{\theta z}^*$ 的分布情况。

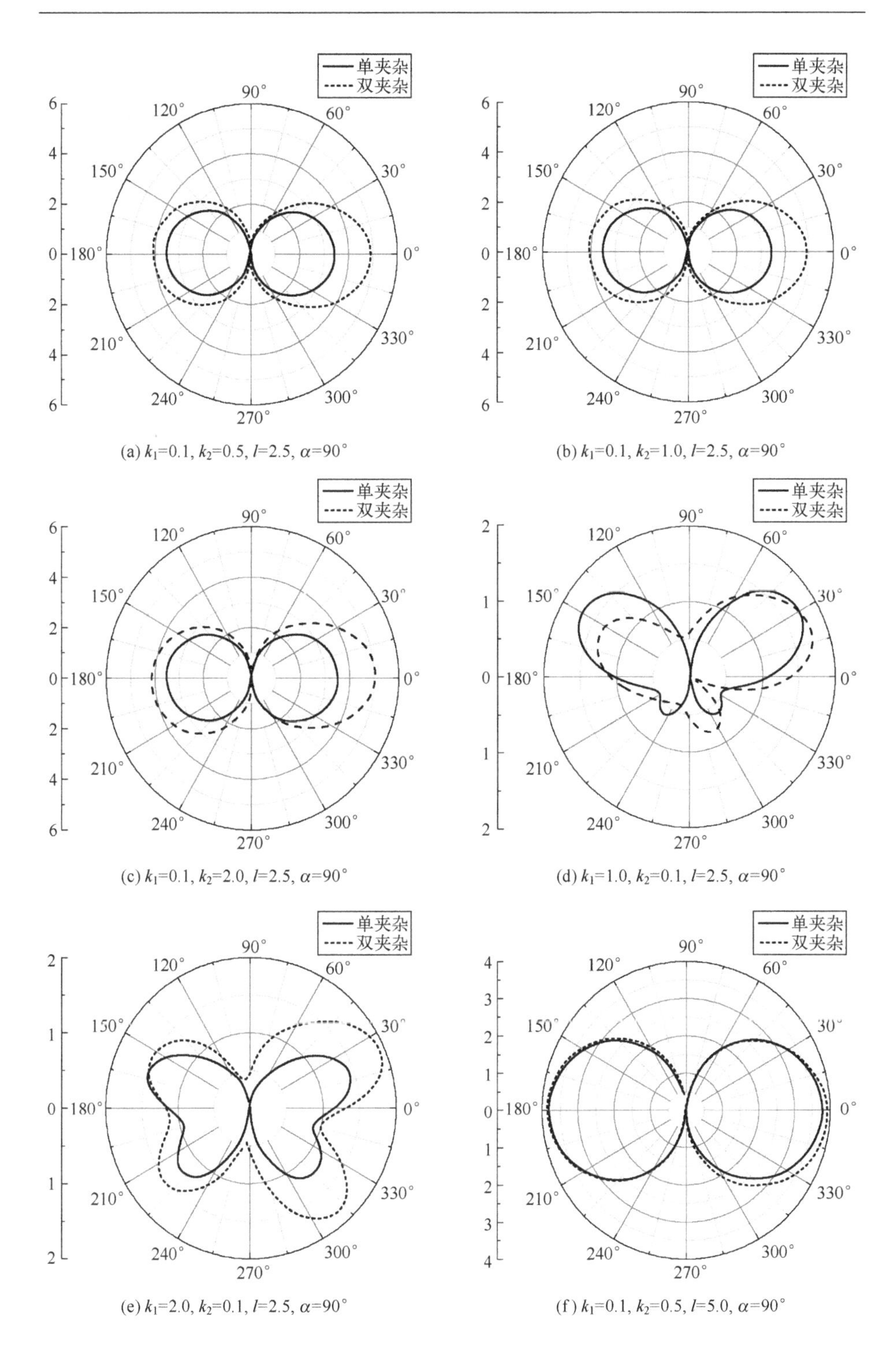

(a) k_1=0.1, k_2=0.5, l=2.5, α=90°

(b) k_1=0.1, k_2=1.0, l=2.5, α=90°

(c) k_1=0.1, k_2=2.0, l=2.5, α=90°

(d) k_1=1.0, k_2=0.1, l=2.5, α=90°

(e) k_1=2.0, k_2=0.1, l=2.5, α=90°

(f) k_1=0.1, k_2=0.5, l=5.0, α=90°

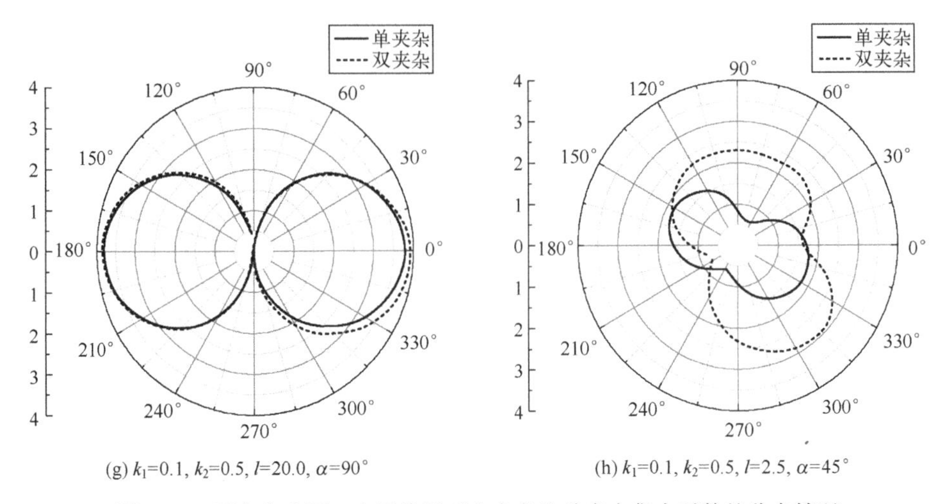

图 5.14　两夹杂在同一水平位置时左夹杂边动应力集中系数的分布情况

($\mu_1^*=2.0$，$\mu_2^*=0.25$，$k_3=1.0$，$h_1=3.0$，$h=5.0$)

(1) 图 5.14 (a) ~ (c) 三个图形给出了 SH 波垂直入射时，在不同介质参数组合 $K_1^*=k_2/k_1(k_1=0.1,k_2=0.5,1.0,2.0)$时，沿夹杂 o_1 边上动应力集中系数 $\tau_{\theta z}^*$的分布情况，其中 $K_2^*=k_3/k_1=0.5(k_1=0.1,k_3=0.25)$。从图中可以看出，与单夹杂相比，夹杂 o_1 在靠近右边夹杂侧 $\theta=0°$处动应力集中系数明显增大，且在 K_1^* 增大时，动应力集中情况更加明显，动应力集中系数取得极大值约 6.0，大约是全空间单孔的 3 倍，并且比浅埋单夹杂时提高了 60%左右。

(2) 图 5.14 (d) 和 (e) 给出了 SH 波在高频垂直入射时，入射波由软介质（波速小）进入硬地表覆盖层（波速大）时，沿夹杂 o_1 边上动应力集中系数 $\tau_{\theta z}^*$的分布情况，$K_1^*=k_2/k_1(k_2=0.1,k_1=1.0,2.0)$，$K_2^*=k_3/k_1=0.5(k_1=0.1,k_3=0.25)$。从图中可以看出，浅埋双夹杂比单夹杂时动应力集中系数明显增大，但在高频入射时孔边动应力集中相对准静态较小。

(3) 图 5.14 (a)、(f) 和 (g) 三个图形给出了 SH 波垂直入射时，在不同水平孔心距($l/a=2.5,5.0,20.0$)时，沿左边夹杂 o_1 边上动应力集中系数 $\tau_{\theta z}^*$ 的分布情况。从图中可以看出，当夹杂中心距 $l/a=2.5$ 时，左边夹杂 o_1 在靠近右边夹杂侧 $\theta=0°$处动应力集中系数 $\tau_{\theta z}^*$ 提高了 60%左右；当夹杂中心距 $l/a=5.0$ 时，动应力集中系数 $\tau_{\theta z}^*$ 提高了 5%左右；当夹杂中心距 $l/a=20.0$ 时，左边夹杂 o_1 周向动应力集中系数与单夹杂时相比，几乎没有变化；可见，随着夹杂中心距 l/a 的增大，夹杂周向动应力的集中影响越小，与 SH 波散射的衰减特性越相符。

(4) 图 5. 14 (h) 给出了 SH 波斜入射 $\alpha=45°$时，沿左边夹杂 o_1 边上动应力集中系数 $\tau_{\theta z}^*$ 的分布情况。从图中可以看出，左边夹杂 o_1 在靠近右边夹杂侧处动应力集中系数与单夹杂时相比几乎提高了 1 倍。

情况二：

对图 5. 13 (b) 所示的具有相同半径（为了便于分析，采用无量纲参数，取圆形夹杂的半径 $r=1.0$），且纵向相邻的两个夹杂对 SH 波散射与动应力集中问题进行分析，其算例结果如图 5. 15 所示。

图 5. 15 (a) ~ (h) 给出了具有不同波数 $k_1 r$ 的 SH 波，以不同入射角 α 入射时对不同埋深 h_1/r、不同地表覆盖层 h/r 和不同纵向夹杂中心距 d/r 之上边夹杂 o_1 散射的夹杂周边动应力集中系数(DSCF) $\tau_{\theta z}^*$ 的分布情况。

(1) 图 5. 15 (a) ~ (c) 三个图形给出了 SH 波垂直入射时，在不同介质参数组合 $K_1^*=k_2/k_1(k_1=0.1, k_2=0.5, 1.0, 2.0)$时，沿圆孔 o_1 边上动应力集中系数 $\tau_{\theta z}^*$ 的分布情况，其中 $K_2^*=k_3/k_1=0.5(k_1=0.1, k_3=0.25)$。从图中可以看出，与单夹杂相比，双夹杂中的上边夹杂 o_1 周向动应力集中明显减弱，且在 K_1^* 增大时，动应力集中系数呈现减小趋势。如图 5. 15 所示，当 $k_1=0.1$，$k_2=0.5$ 时，夹杂 o_1 在夹杂右侧 $\theta=0°$处动应力集中系数取得极大值约 3. 2，大约是全空间单孔的 1. 9 倍，但比浅埋单夹杂时动应力集中系数降低了 3%左右。

(2) 图 5. 15 (d) 和 (e) 给出了 SH 波在高频垂直入射时，入射波由软介质（波速小）进入到硬地表覆盖层（波速大）时，沿上边夹杂 o_1 边上动应力集中系数 $\tau_{\theta z}^*$ 的分布情况。从图中可以看出，浅埋双夹杂比单夹杂时动应力集中系数明显减弱，并且在高频入射时孔边动应力集中相对准静态较小。

(3) 图 5. 15 (a)、(f) 和 (g) 给出了 SH 波垂直入射时，在不同纵向夹杂中心距($l/a=2.5, 5.0, 20.0$)时，沿上边夹杂 o_1 边上动应力集中系数 $\tau_{\theta z}^*$ 的分布情况。从图中可以看出，当夹杂中心距 $d/r=2.5$ 时，上边夹杂 o_1 在夹杂右侧 $\theta=0°$ 处动应力集中系数 $\tau_{\theta z}^*$ 降低了 3%左右；当夹杂中心距 $d/r=5.0$ 时，动应力集中系数 $\tau_{\theta z}^*$ 降低了 1%左右；当夹杂中心距 $d/r=20.0$ 时，上边夹杂 o_1 周向动应力集中系数与单夹杂时相比，几乎没有变化；可见，随着夹杂中心距 d/r 的增大，夹杂周向动应力的集中影响越小，与 SH 波散射的衰减特性越相符。

(4) 图 5. 15 (h) 给出了 SH 波斜入射 $\alpha=45°$时，沿上边夹杂 o_1 边上动应力集中系数 $\tau_{\theta z}^*$ 的分布情况。从图中可以看出，上边夹杂 o_1 在靠近 o_2 下侧 $\theta=270°$ 处动应力集中系数与单夹杂时相比几乎提高了 1 倍左右，可见，在斜入射时与垂直入射明显不同。由此可得出结论，当夹杂 o_2 和夹杂 o_1 的排列方向在入射波方向时，对散射有屏蔽的作用，夹杂周向动应力集中相对单孔减弱，当夹杂 o_2 和夹杂 o_1 的排列方向不在入射波方向时，则对 SH 波散射有放大作用。

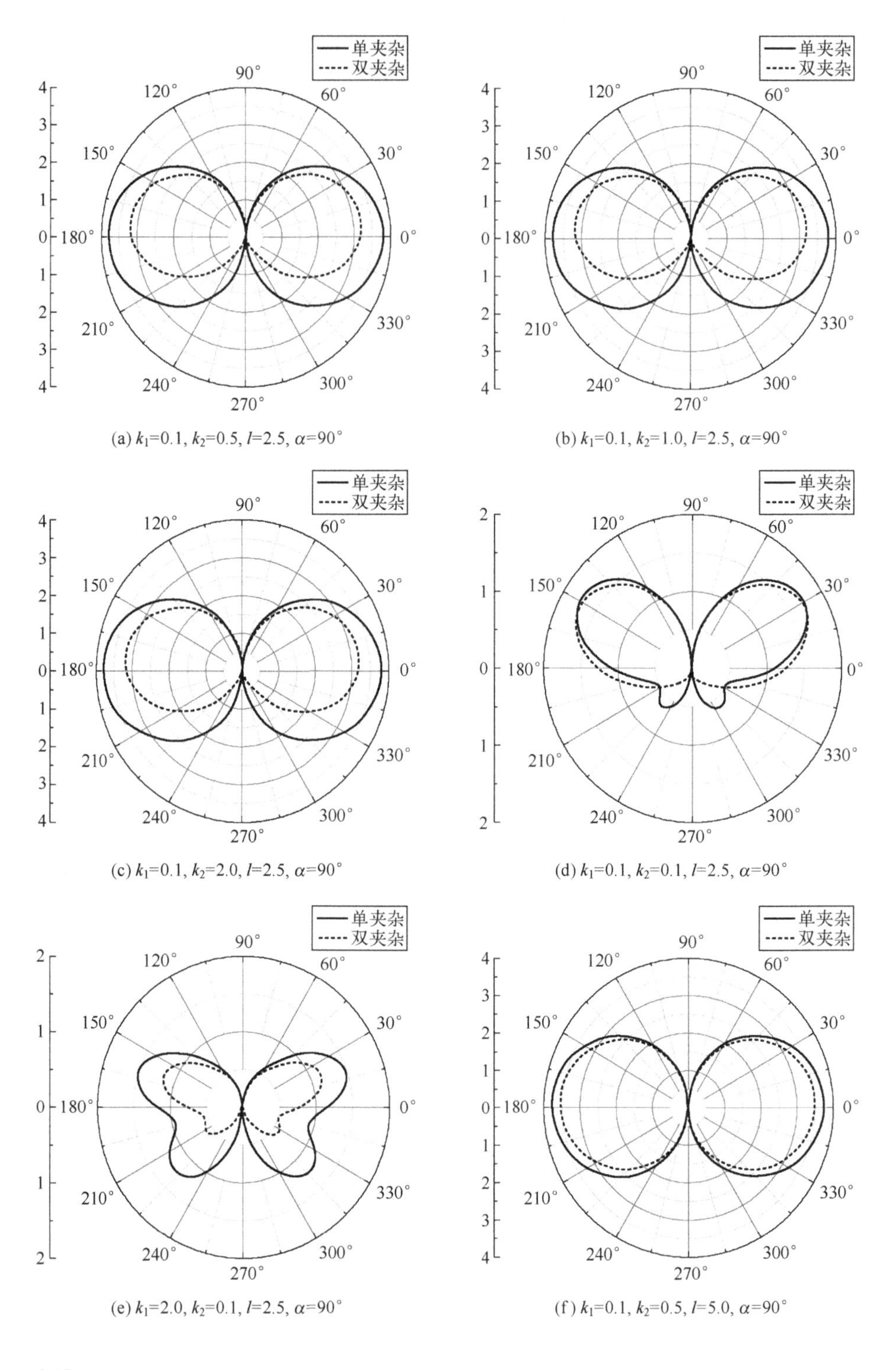

(a) k_1=0.1, k_2=0.5, l=2.5, α=90°

(b) k_1=0.1, k_2=1.0, l=2.5, α=90°

(c) k_1=0.1, k_2=2.0, l=2.5, α=90°

(d) k_1=0.1, k_2=0.1, l=2.5, α=90°

(e) k_1=2.0, k_2=0.1, l=2.5, α=90°

(f) k_1=0.1, k_2=0.5, l=5.0, α=90°

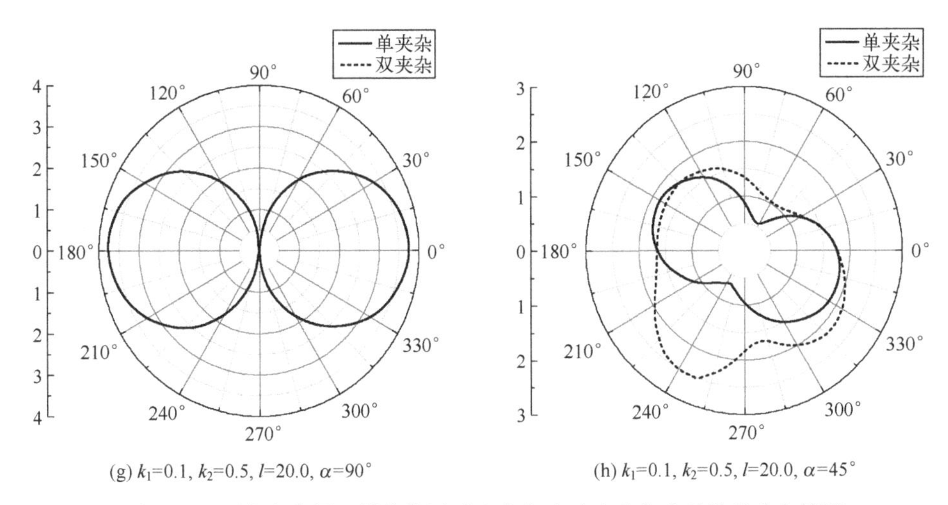

(g) k_1=0.1, k_2=0.5, l=20.0, α=90°　(h) k_1=0.1, k_2=0.5, l=20.0, α=45°

图 5.15　两夹杂在同一纵向位置时上夹杂边动应力集中系数的分布情况

($\mu_1^*=2.0$, $\mu_2^*=0.25$, $k_3=1.0$, $h_1=3.0$, $h=5.0$)

5.2.9　本节小结

本节研究了地表覆盖层对浅埋多个圆形夹杂对以任意方向入射的平面 SH 波的散射与动应力集中的影响问题。利用复变函数法、多极坐标移动技术及大弧假设法给出了平面 SH 波对具有地表覆盖层的浅埋圆形夹杂的散射与动应力集中的近似解析解。

算例结果表明，两个夹杂水平排列时，对垂直入射的 SH 波散射的动应力集中系数显著放大，但随着水平夹杂中心距的增大，夹杂边上的动应力集中影响越小，这与波散射的衰减特性越相符；两个夹杂纵向排列时，对垂直入射的 SH 波散射的动应力集中有屏蔽作用，动应力集中系数明显减小，由此可得出结论，当夹杂 o_2 和夹杂 o_1 的排列方向在入射波方向时，对 SH 波的散射有屏蔽作用，夹杂边上的动应力集中相对单夹杂减弱，当夹杂 o_2 和夹杂 o_1 排列的方向不在入射波方向时，则对波散射有放大作用。

这说明，在工程实际中，浅埋复合缺陷并不总是放大动应力集中影响，在一定条件下对动应力集中的减弱是有利的。

参 考 文 献

[1] 林宏，刘殿魁．半无限空间中圆形孔洞周围 SH 波的散射 [J]．地震工程与工程振动，

2002（2）：9-16.

［2］史守峡，刘殿魁．SH 波与界面多圆孔的散射及动应力集中［J］．力学学报，2001，33（1）：60-70.

［3］史文谱．线弹性 SH 波散射理论及几个问题研究［M］．北京：国防工业出版社，2013.

［4］廖振鹏．工程波动理论导引［M］．北京：科学出版社，1996.

［5］杨在林，孙柏涛，刘殿魁．SH 波在浅埋可移动圆柱形刚性夹杂处的散射与地震动［J］．地震工程与工程振动，2008（4）：1-5.

第6章　圆柱形衬砌对弹性波的散射

6.1　覆盖层中圆柱形衬砌对弹性波的散射

6.1.1　引言

根据不同的划分依据可以把地层划分为不同类型的地层单位。其中，按岩层划分地层的方法是地震波研究和工程界中最常用的划分方法。岩层是由成分基本一致的层状岩石组成的单元。岩层的上、下界面称为层面。两个岩层的接触面，既是上覆岩层的底面，又是下伏岩层的顶面。

大地在自然界漫长的地质演化过程中，经历了地壳运动、地震、变质、风化、沉积、搬运等地质作用，形成了软硬岩层交替重叠，错综复杂的形态，成为复合地层。复合地层往往由两种以上不同物理力学参数的地层组成，最典型的组合方式有“上软下硬”“上硬下软”两种。当复合地层为“上硬下软”时，由于地表硬质覆盖层对下部软土有支护作用，下部软土稳定性较好。如果复合地层为“上软下硬”，往往地表软质覆盖层在开挖时会存在开挖面失稳的问题。复合地层的客观存在使得隧道的围岩情况复杂多变，给隧道的施工带来了很多技术难点。此外，复合地层的力学参数是变化的，各土层的散射波场相互影响，给地震波的研究也造成很大困难。因此，本章旨在考虑土体的分层效应，针对复合地层内的衬砌隧道对弹性波的散射问题进行研究，为隧道工程抗震提供理论支持和参考。

在实际工程中，隧道浅埋于地表土层的情况较为常见，而衬砌型隧道是隧道工程中应用比较广泛的一种结构型式。本章研究地表覆盖层中圆柱形衬砌隧道的散射问题，对其在稳态SH波作用下的动应力集中现象进行分析。重点探讨SH波作用下，地质条件、衬砌材料和衬砌厚度等因素对动应力集中现象的影响，并为后续研究覆盖层中脱胶衬砌隧道的散射问题奠定基础。

衬砌存在外壁和内壁两个边界，SH波会在衬砌外壁激发向内会聚的散射波，在衬砌内壁激发向外发散的散射波。在本章的研究中，覆盖层均为砂岩层。当下部为玄武岩层时，二者共同构成了“上软下硬”复合地层；当下部为煤层时，二者则共同构成了“上硬下软”型复合地层。算例分析了两种复合地层内 C30 混凝土和 Q345 钢衬砌的动应力集中现象，得到了一些区别于单一均质地层内 SH 波散射问题的结论。

6.1.2 问题的描述与分析

本章研究的复合地层模型如图 6.1 所示。图中左下角的平面表示 SH 波的波阵面，位移方向平行于 z 轴，传播方向与水平方向的夹角为 α。由于研究的问题属于出平面波动问题，故可以简化为 xy 平面上的问题。下部为土层Ⅰ，剪切波速为 c_{S1}，密度为 ρ_1，剪切模量为 μ_1，SH 波波数为 k_1。地表覆盖层为土层Ⅱ，厚度为 h，上边界用 Γ_u 表示，下边界用 Γ_d 表示，剪切波速为 c_{S2}，密度为 ρ_2，剪切模量为 μ_2，SH 波波数为 k_2。土层Ⅱ中存在一个圆心为 o_2，外径为 b，内径为 a 的圆形衬砌隧道。衬砌内的剪切波速为 c_{S3}，密度为 ρ_3，剪切模量为 μ_3，SH 波波数为 k_3。衬砌外壁的边界定义为 Γ_b，内壁边界定义为 Γ_a。圆心 o_2 距土层Ⅱ上边界的距离为 h_1，下边界的距离为 h_2。沿圆心 o_2 向下部土层深处作一条垂线，在垂线上取一点 o_1 建立直角坐标系(o_1,x_1,y_1)，则衬砌的圆心处为局部直角坐标系(o_2,x_2,y_2)。

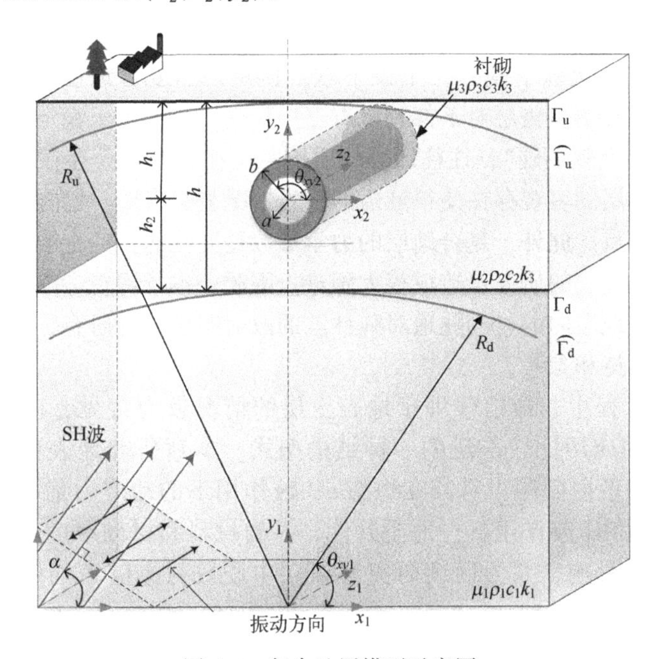

图 6.1　复合地层模型示意图

表6.1列出了本问题研究相关的三种土层和两种衬砌材料的物理力学指标。本节同样遵循普基廖夫（Pukirev）、多尔特曼（Dortmann）等学者的观点，认为硬质土层相对于软质土层的密度、剪切模量和剪切波速更大。

表6.1　土层及衬砌的材料参数

土层及衬砌	材料名称	密度/(kg/m^3)	剪切波速/(m/s)
土层Ⅰ	玄武岩	3100	4000
	煤	1500	1000
土层Ⅱ	砂岩	2800	2500
衬砌	C30混凝土	2400	2240
	Q345钢	7850	3160

玄武岩是地球上分布最广泛的岩石。玄武岩是由火山喷发和变质作用形成的岩浆岩，通常位于地表以下一定深度，往往密度很大。本节选取砂岩作为覆盖层材料，“软硬”程度的划分需根据与之相邻的岩层指标进行定义。地表覆盖层为砂岩，下部为玄武岩的工程场地也较为多见，本章将这种地层组合作为“上软下硬”型复合地层进行分析。煤层相对于砂岩、花岗岩等在密度、剪切模量等参数明显更小。当地表为硬质砂岩、下部为煤层时，二者共同形成“上硬下软”复合地层，此类场地在产煤区也较为常见。衬砌的材质依然选用C30混凝土和Q345钢。

当SH波入射时，含脱胶夹杂的复合地层中的出平面位移w都满足波动方程（6-1），利用分离变量法并忽略时间因子$\exp(-i\omega t)$，可以得到稳态SH波出平面位移的亥姆霍兹控制方程（6-2）。在复合地层中，SH波入射会引起土层和衬砌隧道产生出平面位移w和剪切应力τ，在覆盖层的上边界满足应力自由；在覆盖层的下边界满足位移和应力连续；衬砌外表面和覆盖层的位移与应力连续；衬砌的内壁满足应力自由。

这些边界条件构成了定解问题的定解条件：覆盖层Γ_u边界为纽曼边界条件；覆盖层Γ_d边界和衬砌外壁的Γ_b边界上同时存在Dirichlet边界条件和纽曼边界条件；衬砌内壁的Γ_a为纽曼边界条件。由定解条件和稳态SH波的泛定方程（6-2），共同构成了一个完备的定解问题。

利用大圆弧假定的思想，以o_1为圆心作两个圆弧，两个圆弧分别与覆盖层的上下边界相切。将地表土层上部的水平边界Γ_u视为圆弧形边界$\dot{\Gamma}_u$，所对应的半径为R_u；下部水平边界Γ_d视为圆弧形$\dot{\Gamma}_d$，所对应的半径为R_d。借鉴Lee和Davis的思路，将原直线边界的反射波成分去除，只保留近似后圆弧激发的散射波[1]。用傅里叶-汉克尔级数进行散射波波场的构建[2]。

引入复变函数描述直角坐标系，直角坐标系(o_1, x_1, y_1)所对应的复平面为$(z_1, \bar{z}_1)$，其中$z_1=x_1+iy_1$，$\bar{z}_1=x_1-iy_1$。同理，直角坐标系(o_2, x_2, y_2)所对应的复平面为$(z_2, \bar{z}_2)$，其中$z_2=x_2+iy_2$，$\bar{z}_2=x_2-iy_2$。两复平面的对应关系为

$$z_2=z_1-i(R_d+h_2) \tag{6-1}$$

6.1.3 平面散射波

在平面直角坐标系(o_1, x_1, y_1)中，下部土层Ⅰ中的入射波为平面SH波，其波阵面为一个无穷大的平面。波阵面的法向即入射波的传播方向，与平面直角坐标系x轴的夹角为入射角α。质点的振动方向沿z轴，出平面位移$w^{(i)}$的波函数有式（6-4）的形式。利用分离变量法将时间因子$\exp(-i\omega t)$略去，得到满足亥姆霍兹控制方程的稳态SH波入射波表达式：

$$w^{(i)}(x_1, y_1)=w_0\exp[ik_1(x_1\cos\alpha+y_1\sin\alpha)] \tag{6-2}$$

其中，ω和w_0分别为入射波的圆频率和振幅。$k=\omega\sqrt{\rho/\mu}$，为波数。

引入复变函数，在复平面$(z_1, \bar{z}_1)$内，可以将稳态SH入射波表达式简化为

$$w^{(i)}(z_1, \bar{z}_1)=w_0\exp[ik_1\mathrm{Re}(z_1e^{-i\alpha})] \tag{6-3}$$

SH波在土层Ⅰ中产生的径向应力和切向应力分别为

$$\tau_{rz}^{(i)}(z_1, \bar{z}_1)=ik_1\mu_1w_0\exp[ik_1\mathrm{Re}(z_1e^{-i\alpha})]\mathrm{Re}[(z_1e^{-i\alpha})/|z_1|] \tag{6-4}$$

$$\tau_{\theta z}^{(i)}(z_1, \bar{z}_1)=-ik_1\mu_1w_0\exp[ik_1\mathrm{Re}(z_1e^{-i\alpha})]\mathrm{Im}[(z_1e^{-i\alpha})/|z_1|] \tag{6-5}$$

利用分区契合的思想，将含衬砌的复合地层模型分解为两个区域进行分析。首先将衬砌去除，构建复合地层内圆孔问题的散射波场，其次单独构建衬砌内的散射波场，最后通过位移和应力连续的边界条件形成定解方程组。图6.2给出了复合地层内入射波、各土层边界和半径为b的圆孔的散射波场的示意。

根据波函数展开法，复合地层内的散射波可以写成傅里叶-汉克尔级数的形式。当稳态SH波入射时，复合地层内各边界上的发散波可以利用第一类汉克尔函数进行构建，会聚波可以利用第二类汉克尔函数进行构建。

定义各散射波的待定系数分别为A_n、B_n、C_n、D_n、E_n、F_n。

在复平面$(z_1, \bar{z}_1)$内，边界$\dot{\Gamma}_d$在下部土层Ⅰ内产生的散射波$w^{(S1)}$的位移场、径向应力、切向应力分别为

$$w^{(S1)}(z_1, \bar{z}_1)=\sum_{n=-\infty}^{n=+\infty}A_nH_n^{(2)}(k_1|z_1|)\left(\frac{z_1}{|z_1|}\right)^n \tag{6-6}$$

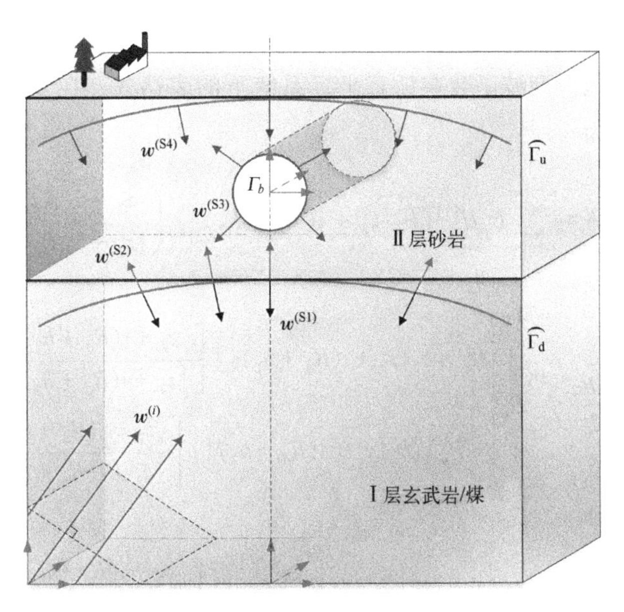

图 6.2　复合地层中的散射波场

$$\tau_{rz}^{(S1)}(z_1,\bar{z}_1)=\frac{k_1\mu_1}{2}\sum_{n=-\infty}^{n=+\infty}A_n\left[H_{n-1}^{(2)}(k_1|z_1|)-H_{n-1}^{(2)}(k_1|z_1|)\right]\left(\frac{z_1}{|z_1|}\right)^n \tag{6-7}$$

$$\tau_{\theta z}^{(S1)}(z_1,\bar{z}_1)=\frac{\mathrm{i}k_1\mu_1}{2}\sum_{n=-\infty}^{n=+\infty}A_n\left[H_{n-1}^{(2)}(k_1|z_1|)+H_{n-1}^{(2)}(k_1|z_1|)\right]\left(\frac{z_1}{|z_1|}\right)^n \tag{6-8}$$

在复平面$(z_1,\bar{z}_1)$内，边界$\widehat{\Gamma}_d$在覆盖土层Ⅱ内产生的散射波$w^{(S2)}$的位移场、径向应力、切向应力分别为

$$w^{(S2)}(z_1,\bar{z}_1)=\sum_{n=-\infty}^{n=+\infty}B_nH_n^{(1)}(k_2|z_1|)\left(\frac{z_1}{|z_1|}\right)^n \tag{6-9}$$

$$\tau_{rz}^{(S2)}(z_1,\bar{z}_1)=\frac{k_2\mu_2}{2}\sum_{n=-\infty}^{n=+\infty}B_n\left[H_{n-1}^{(1)}(k_2|z_1|)-H_{n+1}^{(1)}(k_2|z_1|)\right]\left(\frac{z_1}{|z_1|}\right)^n \tag{6-10}$$

$$\tau_{\theta z}^{(S2)}(z_1,\bar{z}_1)=\frac{\mathrm{i}k_2\mu_2}{2}\sum_{n=-\infty}^{n=+\infty}B_n\left[H_{n-1}^{(1)}(k_2|z_1|)+H_{n+1}^{(1)}(k_2|z_1|)\right]\left(\frac{z_1}{|z_1|}\right)^n \tag{6-11}$$

使用复变函数来描述波函数的变量，其中的优势就在于可以直接使用坐标平移法，轻松地得到波函数在任意坐标系统下的表达式。在复平面$(z_2,\bar{z}_2)$内$w^{(S2)}$可以表示为

$$w^{(S2)}(z_2,\bar{z}_2)=\sum_{n=-\infty}^{n=+\infty}B_nH_n^{(1)}(k_2|z_2+\mathrm{i}(R_d+h_2)|)\left(\frac{z_2+\mathrm{i}(R_d+h_2)}{|z_2+\mathrm{i}(R_d+h_2)|}\right)^n \tag{6-12}$$

$$\tau_{rz}^{(S2)}(z_1,\bar{z}_1)=\frac{k_2\mu_2}{2}\sum_{n=-\infty}^{n=+\infty}B_n\left\{\begin{aligned}&H_{n-1}^{(1)}[k_2|z_2+\mathrm{i}(R_d+h_2)|]\left[\frac{z_2+\mathrm{i}(R_d+h_2)}{|z_2+\mathrm{i}(R_d+h_2)|}\right]^{n-1}\frac{z_2}{|z_2|}\\&-H_{n+1}^{(1)}[k_2|z_2+\mathrm{i}(R_d+h_2)|]\left[\frac{z_2+\mathrm{i}(R_d+h_2)}{|z_2+\mathrm{i}(R_d+h_2)|}\right]^{n+1}\frac{\bar{z}_2}{|z_2|}\end{aligned}\right\} \tag{6-13}$$

$$\tau_{\theta z}^{(S2)}(z_1,\bar{z}_1)=\frac{\mathrm{i}k_2\mu_2}{2}\sum_{n=-\infty}^{n=+\infty}B_n\left\{\begin{aligned}&H_{n-1}^{(1)}[k_2|z_2+\mathrm{i}(R_d+h_2)|]\left[\frac{z_2+\mathrm{i}(R_d+h_2)}{|z_2+\mathrm{i}(R_d+h_2)|}\right]^{n-1}\frac{z_2}{|z_2|}\\&+H_{n+1}^{(1)}[k_2|z_2+\mathrm{i}(R_d+h_2)|]\left[\frac{z_2+\mathrm{i}(R_d+h_2)}{|z_2+\mathrm{i}(R_d+h_2)|}\right]^{n+1}\frac{\bar{z}_2}{|z_2|}\end{aligned}\right\} \tag{6-14}$$

在复平面$(z_2,\bar{z}_2)$内，圆孔边界Γ_b在覆盖土层Ⅱ内产生的散射波$w^{(S3)}$的位移场、径向应力、切向应力分别为

$$w^{(S3)}(z_2,\bar{z}_2)=\sum_{n=-\infty}^{n=+\infty}C_nH_n^{(1)}(k_2|z_2|)\left(\frac{z_2}{|z_2|}\right)^n \tag{6-15}$$

$$\tau_{rz}^{(S3)}(z_2,\bar{z}_2)=\frac{k_2\mu_2}{2}\sum_{n=-\infty}^{n=+\infty}C_n[H_{n-1}^{(1)}(k_2|z_2|)-H_{n+1}^{(1)}(k_2|z_2|)]\left(\frac{z_2}{|z_2|}\right)^n \tag{6-16}$$

$$\tau_{\theta z}^{(S3)}(z_2,\bar{z}_2)=\frac{\mathrm{i}k_2\mu_2}{2}\sum_{n=-\infty}^{n=+\infty}C_n[H_{n-1}^{(1)}(k_2|z_2|)+H_{n+1}^{(1)}(k_2|z_2|)]\left(\frac{z_2}{|z_2|}\right)^n \tag{6-17}$$

利用坐标平移的方法，在复平面$(z_1,\bar{z}_1)$内可以表示为

$$w^{(S3)}(z_1,\bar{z}_1)=\sum_{n=-\infty}^{n=+\infty}C_nH_n^{(1)}[k_2|z_1-\mathrm{i}(R_d+h_2)|]\left[\frac{z_1-\mathrm{i}(R_d+h_2)}{|z_1-\mathrm{i}(R_d+h_2)|}\right]^n \tag{6-18}$$

$$\tau_{rz}^{(S3)}(z_1,\bar{z}_1)=\frac{k_2\mu_2}{2}\sum_{n=-\infty}^{n=+\infty}C_n\left\{\begin{aligned}&H_{n-1}^{(1)}[k_2|z_1-\mathrm{i}(R_d+h_2)|]\left[\frac{z_1-\mathrm{i}(R_d+h_2)}{|z_1-\mathrm{i}(R_d+h_2)|}\right]^{n-1}\frac{z_1}{|z_1|}\\&-H_{n+1}^{(1)}[k_2|z_1-\mathrm{i}(R_d+h_2)|]\left[\frac{z_1-\mathrm{i}(R_d+h_2)}{|z_1-\mathrm{i}(R_d+h_2)|}\right]^{n+1}\frac{\bar{z}_1}{|z_1|}\end{aligned}\right\}\tag{6-19}$$

$$\tau_{\theta z}^{(S3)}(z_1,\bar{z}_1)=\frac{\mathrm{i}k_2\mu_2}{2}\sum_{n=-\infty}^{n=+\infty}C_n\left\{\begin{aligned}&H_{n-1}^{(1)}[k_2|z_1-\mathrm{i}(R_d+h_2)|]\left[\frac{z_1-\mathrm{i}(R_d+h_2)}{|z_1-\mathrm{i}(R_d+h_2)|}\right]^{n-1}\frac{z_1}{|z_1|}\\&+H_{n+1}^{(1)}[k_2|z_1-\mathrm{i}(R_d+h_2)|]\left[\frac{z_1-\mathrm{i}(R_d+h_2)}{|z_1-\mathrm{i}(R_d+h_2)|}\right]^{n+1}\frac{\bar{z}_1}{|z_1|}\end{aligned}\right\}\tag{6-20}$$

在复平面$(z_1,\bar{z}_1)$内，边界$\dot{\Gamma}_u$在覆盖土层Ⅱ内产生的散射波$w^{(S4)}$的位移场、径向应力、切向应力分量分别为

$$w^{(S4)}(z_1,\bar{z}_1)=\sum_{n=-\infty}^{n=+\infty}D_nH_n^{(2)}\ (k_2|z_1|)^n\left(\frac{z_1}{|z_1|}\right)^n\tag{6-21}$$

$$\tau_{rz}^{(S4)}(z_1,\bar{z}_1)=\frac{k_2\mu_2}{2}\sum_{n=-\infty}^{n=+\infty}D_n[H_{n-1}^{(2)}(k_2|z_1|)-H_{n+1}^{(2)}(k_2|z_1|)]\left(\frac{z_1}{|z_1|}\right)^n\tag{6-22}$$

$$\tau_{\theta z}^{(S4)}(z_1,\bar{z}_1)=\frac{\mathrm{i}k_2\mu_2}{2}\sum_{n=-\infty}^{n=+\infty}D_n[H_{n-1}^{(2)}(k_2|z_1|)+H_{n+1}^{(2)}(k_2|z_1|)]\left(\frac{z_1}{|z_1|}\right)^n\tag{6-23}$$

利用坐标平移的方法，在复平面$(z_1,\bar{z}_1)$内可以表示为

$$w^{(S4)}(z_2,\bar{z}_2)=\sum_{n=-\infty}^{n=+\infty}D_nH_n^{(2)}[k_2|z_2+\mathrm{i}(R_d+h_2)|]\left[\frac{z_2+\mathrm{i}(R_d+h_2)}{|z_2+\mathrm{i}(R_d+h_2)|}\right]^n\tag{6-24}$$

$$\tau_{rz}^{(S4)}(z_2,\bar{z}_2)=\frac{k_2\mu_2}{2}\sum_{n=-\infty}^{n=+\infty}D_n\left\{\begin{aligned}&H_{n-1}^{(2)}[k_2|z_2+\mathrm{i}(R_d+h_2)|]\left[\frac{z_2+\mathrm{i}(R_d+h_2)}{|z_2+\mathrm{i}(R_d+h_2)|}\right]^{n-1}\frac{z_2}{|z_2|}\\&-H_{n+1}^{(2)}[k_2|z_2+\mathrm{i}(R_d+h_2)|]\left[\frac{z_2+\mathrm{i}(R_d+h_2)}{|z_2+\mathrm{i}(R_d+h_2)|}\right]^{n+1}\frac{\bar{z}_2}{|z_2|}\end{aligned}\right\}\tag{6-25}$$

$$\tau_{\theta z}^{(S4)}(z_2,\bar{z}_2)=\frac{\mathrm{i}k_2\mu_2}{2}\sum_{n=-\infty}^{n=+\infty}D_n\left\{\begin{aligned}&H_{n-1}^{(2)}[k_2|z_2+\mathrm{i}(R_d+h_2)|]\left[\frac{z_2+\mathrm{i}(R_d+h_2)}{|z_2+\mathrm{i}(R_d+h_2)|}\right]^{n-1}\frac{z_2}{|z_2|}\\&+H_{n+1}^{(2)}[k_2|z_2+\mathrm{i}(R_d+h_2)|]\left[\frac{z_2+\mathrm{i}(R_d+h_2)}{|z_2+\mathrm{i}(R_d+h_2)|}\right]^{n+1}\frac{\bar{z}_2}{|z_2|}\end{aligned}\right\} \tag{6-26}$$

图 6.3 是对衬砌内散射波场进行分析的示意图。SH 波会在衬砌外壁激发向内会聚的散射波 $w^{(\Gamma b)}$。在复平面$(z_1,\bar{z}_1)$内，其位移场、径向应力、切向应力分量分别为

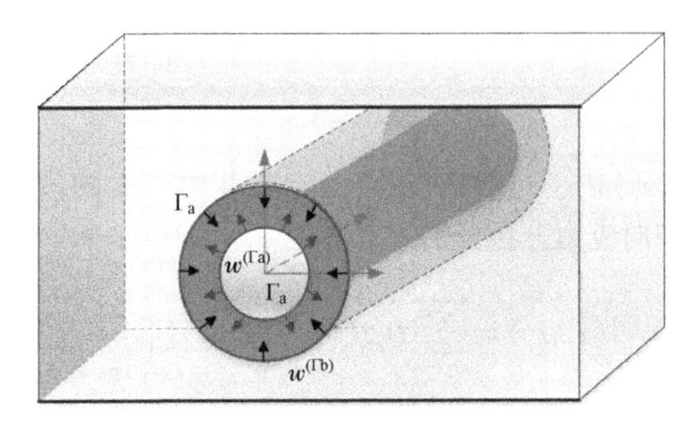

图 6.3　衬砌内的散射波场

$$w^{(\Gamma b)}(z_2,\bar{z}_2)=\sum_{n=-\infty}^{n=+\infty}E_nH_n^{(2)}(k_3|z_2|)\left(\frac{z_2}{|z_2|}\right)^n \tag{6-27}$$

$$\tau_{rz}^{(\Gamma b)}(z_2,\bar{z}_2)=\frac{k_3\mu_3}{2}\sum_{n=-\infty}^{n=+\infty}E_n[H_{n-1}^{(2)}(k_3|z_2|)-H_{n+1}^{(2)}(k_3|z_2|)]\left(\frac{z_2}{|z_2|}\right)^n \tag{6-28}$$

$$\tau_{\theta z}^{(\Gamma b)}(z_2,\bar{z}_2)=\frac{\mathrm{i}k_3\mu_3}{2}\sum_{n=-\infty}^{n=+\infty}E_n[H_{n-1}^{(2)}(k_3|z_2|)+H_{n+1}^{(2)}(k_3|z_2|)]\left(\frac{z_2}{|z_2|}\right)^n \tag{6-29}$$

SH 波会在衬砌的内壁激发向外发散的散射波 $w^{(\Gamma a)}$。在复平面$(z_1,\bar{z}_1)$内，其位移场、径向应力、切向应力分量分别为

$$w^{(\Gamma a)}(z_2,\bar{z}_2)=\sum_{n=-\infty}^{n=+\infty}F_nH_n^{(1)}(k_3|z_2|)\left(\frac{z_2}{|z_2|}\right)^n \tag{6-30}$$

$$\tau_{rz}^{(\Gamma a)}(z_2,\bar{z}_2)=\frac{k_3\mu_3}{2}\sum_{n=-\infty}^{n=+\infty}F_n[H_{n-1}^{(1)}(k_3|z_2|)-H_{n+1}^{(1)}(k_3|z_2|)]\left(\frac{z_2}{|z_2|}\right)^n \tag{6-31}$$

$$\tau_{\theta z}^{(\Gamma a)}(z_2,\bar{z}_2)=\frac{\mathrm{i}k_3\mu_3}{2}\sum_{n=-\infty}^{n=+\infty}F_n\left[H_{n-1}^{(1)}(k_3|z_2|)+H_{n+1}^{(1)}(k_3|z_2|)\right]\left(\frac{z_2}{|z_2|}\right)^n \tag{6-32}$$

6.1.4　覆盖层中圆柱形衬砌对 SH 波散射的定解问题

覆盖层下边界 Γ_d 上需满足位移连续条件式（6-33），径向应力连续条件式（6-34）；覆盖层的上边界 Γ_u 应满足径向应力自由式（6-35）；衬砌外壁 Γ_b 应满足位移连续条件式（6-36），径向应力连续条件式（6-37）；衬砌内壁 Γ_a 应满足径向应力自由式（6-38）。

$$\begin{aligned}&\Gamma_\mathrm{u}(|z_1|=R_\mathrm{d}):w^{(i)}(z_1,\bar{z}_1)+w^{(\mathrm{S1})}(z_1,\bar{z}_1)\\&=w^{(\mathrm{S2})}(z_1,\bar{z}_1)+w^{(\mathrm{S3})}(z_1,\bar{z}_1)+w^{(\mathrm{S4})}(z_1,\bar{z}_1)\end{aligned} \tag{6-33}$$

$$\begin{aligned}&\Gamma_\mathrm{d}(|z_1|=R_\mathrm{d}):\tau_{rz}^{(i)}(z_1,\bar{z}_1)+\tau_{rz}^{(\mathrm{S1})}(z_1,\bar{z}_1)\\&=\tau_{rz}^{(\mathrm{S2})}(z_1,\bar{z}_1)+\tau_{rz}^{(\mathrm{S3})}(z_1,\bar{z}_1)+\tau_{rz}^{(\mathrm{S4})}(z_1,\bar{z}_1)\end{aligned} \tag{6-34}$$

$$\Gamma_\mathrm{u}(|z_1|=R_\mathrm{u}):\tau_{rz}^{(\mathrm{S2})}(z_1,\bar{z}_1)+\tau_{rz}^{(\mathrm{S3})}(z_1,\bar{z}_1)+\tau_{rz}^{(\mathrm{S4})}(z_1,\bar{z}_1)=0 \tag{6-35}$$

$$\begin{aligned}&\Gamma_b(|z_2|=b):w^{(\mathrm{S2})}(z_2,\bar{z}_2)+w^{(\mathrm{S3})}(z_2,\bar{z}_2)+w^{(\mathrm{S4})}(z_2,\bar{z}_2)\\&=w^{(\Gamma b)}(z_2,\bar{z}_2)+w^{(\Gamma a)}(z_2,\bar{z}_2)\end{aligned} \tag{6-36}$$

$$\begin{aligned}&\Gamma_\mathrm{b}(|z_2|=b):\tau_{rz}^{(\mathrm{S2})}(z_2,\bar{z}_2)+\tau_{rz}^{(\mathrm{S3})}(z_2,\bar{z}_2)+\tau_{rz}^{(\mathrm{S4})}(z_2,\bar{z}_2)\\&=\tau_{rz}^{(\Gamma b)}(z_2,\bar{z}_2)+\tau_{rz}^{(\Gamma a)}(z_2,\bar{z}_2)\end{aligned} \tag{6-37}$$

$$\Gamma_\mathrm{a}(|z_2|=a):\tau_{rz}^{(\Gamma b)}(z_2,\bar{z}_2)+\tau_{rz}^{(\Gamma a)}(z_2,\bar{z}_2)=0 \tag{6-38}$$

由定解条件可以建立定解方程组，整理可以得

$$\begin{cases}w^{(\mathrm{S1})}(z_1,\bar{z}_1)-w^{(\mathrm{S2})}(z_1,\bar{z}_1)-w^{(\mathrm{S3})}(z_1,\bar{z}_1)-w^{(\mathrm{S4})}(z_1,\bar{z}_1)=-w^{(i)}(z_1,\bar{z}_1), & |z_1|=R_\mathrm{d}\\ \tau_{rz}^{(\mathrm{S1})}(z_1,\bar{z}_1)-\tau_{rz}^{(\mathrm{S2})}(z_1,\bar{z}_1)-\tau_{rz}^{(\mathrm{S3})}(z_1,\bar{z}_1)-\tau_{rz}^{(\mathrm{S4})}(z_1,\bar{z}_1)=-\tau_{rz}^{(i)}(z_1,\bar{z}_1), & |z_1|=R_\mathrm{d}\\ \tau_{rz}^{(\mathrm{S2})}(z_1,\bar{z}_1)+\tau_{rz}^{(\mathrm{S3})}(z_1,\bar{z}_1)+\tau_{rz}^{(\mathrm{S4})}(z_1,\bar{z}_1)=0, & |z_1|=R_\mathrm{u}\\ w^{(\mathrm{S2})}(z_2,\bar{z}_2)+w^{(\mathrm{S3})}(z_2,\bar{z}_2)+w^{(\mathrm{S4})}(z_2,\bar{z}_2)-w^{(\Gamma b)}(z_2,\bar{z}_2)-w^{(\Gamma a)}(z_2,\bar{z}_2)=0, & |z_2|=b\\ \tau_{rz}^{(\mathrm{S2})}(z_2,\bar{z}_2)+\tau_{rz}^{(\mathrm{S3})}(z_2,\bar{z}_2)+\tau_{rz}^{(\mathrm{S4})}(z_2,\bar{z}_2)-\tau_{rz}^{(\Gamma b)}(z_2,\bar{z}_2)-\tau_{rz}^{(\Gamma a)}(z_2,\bar{z}_2)=0, & |z_2|=b\\ \tau_{rz}^{(\Gamma b)}(z_2,\bar{z}_2)+\tau_{rz}^{(\Gamma a)}(z_2,\bar{z}_2)=0, & |z_2|=a\end{cases} \tag{6-39}$$

对方程两端按角变量做傅里叶级数展开，得到无限级数形式的定解方程组（6-40）。根据汉克尔函数的衰减性质，在保证精度的情况下对 m 和 n 截取有限项，可将上述方程组转变为有限项线性方程组，求解出待定常数 A_n、B_n、C_n、D_n、E_n、F_n。

$$\sum_{m=-\infty}^{m=+\infty}\sum_{n=-\infty}^{n=+\infty}\begin{bmatrix} +\zeta_{mn}^{(11)} & -\zeta_{mn}^{(12)} & -\zeta_{mn}^{(13)} & -\zeta_{mn}^{(14)} & 0 & 0 \\ +\zeta_{mn}^{(21)} & -\zeta_{mn}^{(22)} & -\zeta_{mn}^{(23)} & -\zeta_{mn}^{(24)} & 0 & 0 \\ 0 & +\zeta_{mn}^{(32)} & +\zeta_{mn}^{(33)} & +\zeta_{mn}^{(34)} & 0 & 0 \\ 0 & +\zeta_{mn}^{(42)} & +\zeta_{mn}^{(43)} & +\zeta_{mn}^{(44)} & -\zeta_{mn}^{(45)} & -\zeta_{mn}^{(46)} \\ 0 & +\zeta_{mn}^{(52)} & +\zeta_{mn}^{(53)} & +\zeta_{mn}^{(54)} & -\zeta_{mn}^{(55)} & -\zeta_{mn}^{(56)} \\ 0 & 0 & 0 & 0 & +\zeta_{mn}^{(65)} & +\zeta_{mn}^{(66)} \end{bmatrix}\begin{bmatrix} A_n \\ B_n \\ C_n \\ D_n \\ E_n \\ F_n \end{bmatrix} = \sum_{m=-\infty}^{m=+\infty}\begin{bmatrix} -\eta_m^1 \\ -\eta_m^2 \\ 0 \\ 0 \\ 0 \\ 0 \end{bmatrix} \tag{6-40}$$

方程中各项分别为

$$\eta_m^1 = \frac{1}{2\pi}\int_{-\pi}^{\pi} w_0 \exp[\mathrm{i}k_1 \mathrm{Re}(z_1 \mathrm{e}^{-\mathrm{i}\alpha})]\exp(-\mathrm{i}m\theta_{xy1})\mathrm{d}\theta_{xy1} \tag{6-41}$$

$$\eta_m^2 = \frac{1}{2\pi}\int_{-\pi}^{\pi} \mathrm{i}k_1\mu_1 w_0 \exp[\mathrm{i}k_1 \mathrm{Re}(z_1 \mathrm{e}^{-\mathrm{i}\alpha})]\mathrm{Re}[(z_1 \mathrm{e}^{-\mathrm{i}\alpha})/|z_1|]\exp(-\mathrm{i}m\theta_{xy1})\mathrm{d}\theta_{xy1} \tag{6-42}$$

$$\zeta_{mn}^{(11)} = \frac{1}{2\pi}\int_{-\pi}^{\pi} H_n^{(2)}(k_1|z_1|)(z_1/|z_1|)^n \exp(-\mathrm{i}m\theta_{xy1})\mathrm{d}\theta_{xy1} \tag{6-43}$$

$$\zeta_{mn}^{(12)} = \frac{1}{2\pi}\int_{-\pi}^{\pi} H_n^{(1)}(k_2|z_1|)(z_1/|z_1|)^n \exp(-\mathrm{i}m\theta_{xy1})\mathrm{d}\theta_{xy1} \tag{6-44}$$

$$\zeta_{mn}^{(13)} = \frac{1}{2\pi}\int_{-\pi}^{\pi} H_n^{(1)}[k_2|z_1-\mathrm{i}(R_\mathrm{d}+h_2)|]\left[\frac{z_1-\mathrm{i}(R_\mathrm{d}+h_2)}{|z_1-\mathrm{i}(R_\mathrm{d}+h_2)|}\right]^n \exp(-\mathrm{i}m\theta_{xy1})\mathrm{d}\theta_{xy1} \tag{6-45}$$

$$\zeta_{mn}^{(14)} = \frac{1}{2\pi}\int_{-\pi}^{\pi} H_n^{(2)}(k_2|z_1|)(z_1/|z_1|)^n \exp(-\mathrm{i}m\theta_{xy1})\mathrm{d}\theta_{xy1} \tag{6-46}$$

$$\zeta_{mn}^{(21)} = \frac{k_1\mu_1}{4\pi}\int_{-\pi}^{\pi} [H_{n-1}^{(2)}(k_1|z_1|) - H_{n-1}^{(2)}(k_1|z_1|)](z_1/|z_1|)^n \exp(-\mathrm{i}m\theta_{xy1})\mathrm{d}\theta_{xy1} \tag{6-47}$$

$$\zeta_{mn}^{(22)} = \frac{k_2\mu_2}{4\pi}\int_{-\pi}^{\pi} [H_{n-1}^{(1)}(k_2|z_1|) - H_{n+1}^{(1)}(k_2|z_1|)](z_1/|z_1|)^n \exp(-\mathrm{i}m\theta_{xy1})\mathrm{d}\theta_{xy1} \tag{6-48}$$

$$\zeta_{mn}^{(23)}=\frac{k_2\mu_2}{4\pi}\int_{-\pi}^{\pi}\left\{\begin{array}{l}H_{n-1}^{(1)}[k_2|z_1-\mathrm{i}(R_d+h_2)|]\left[\dfrac{z_1-\mathrm{i}(R_d+h_2)}{|z_1-\mathrm{i}(R_d+h_2)|}\right]^{n-1}\dfrac{z_1}{|z_1|}\\-H_{n+1}^{(1)}[k_2|z_1-\mathrm{i}(R_d+h_2)|]\left[\dfrac{z_1-\mathrm{i}(R_d+h_2)}{|z_1-\mathrm{i}(R_d+h_2)|}\right]^{n+1}\dfrac{\bar{z}_1}{|z_1|}\end{array}\right\}$$
$$\exp(-\mathrm{i}m\theta_{xy1})\mathrm{d}\theta_{xy1}\tag{6-49}$$

$$\zeta_{mn}^{(24)}=\frac{k_2\mu_2}{4\pi}\int_{-\pi}^{\pi}[H_{n-1}^{(2)}(k_2|z_1|)-H_{n+1}^{(2)}(k_2|z_1|)](z_1/|z_1|)^n\exp(-\mathrm{i}m\theta_{xy1})\mathrm{d}\theta_{xy1}\tag{6-50}$$

$$\zeta_{mn}^{(32)}=\frac{k_2\mu_2}{4\pi}\int_{-\pi}^{\pi}[H_{n-1}^{(1)}(k_2|z_1|)-H_{n+1}^{(1)}(k_2|z_1|)](z_1/|z_1|)^n\exp(-\mathrm{i}m\theta_{xy1})\mathrm{d}\theta_{xy1}\tag{6-51}$$

$$\zeta_{mn}^{(33)}=\frac{k_2\mu_2}{4\pi}\int_{-\pi}^{\pi}\left\{\begin{array}{l}H_{n-1}^{(1)}[k_2|z_1-\mathrm{i}(R_d+h_2)|]\left[\dfrac{z_1-\mathrm{i}(R_d+h_2)}{|z_1-\mathrm{i}(R_d+h_2)|}\right]^{n-1}\dfrac{z_1}{|z_1|}\\-H_{n+1}^{(1)}[k_2|z_1-\mathrm{i}(R_d+h_2)|]\left[\dfrac{z_1-\mathrm{i}(R_d+h_2)}{|z_1-\mathrm{i}(R_d+h_2)|}\right]^{n+1}\dfrac{\bar{z}_1}{|z_1|}\end{array}\right\}$$
$$\exp(-\mathrm{i}m\theta_{xy1})\mathrm{d}\theta_{xy1}\tag{6-52}$$

$$\zeta_{mn}^{(34)}=\frac{k_2\mu_2}{4\pi}\int_{-\pi}^{\pi}[H_{n-1}^{(2)}(k_2|z_1|)-H_{n+1}^{(2)}(k_2|z_1|)](z_1/|z_1|)^n\exp(-\mathrm{i}m\theta_{xy1})\mathrm{d}\theta_{xy1}\tag{6-53}$$

$$\zeta_{mn}^{(42)}=\frac{1}{2\pi}\int_{-\pi}^{\pi}H_n^{(1)}(k_2|z_2+\mathrm{i}(R_d+h_2)|)\left(\frac{z_2+\mathrm{i}(R_d+h_2)}{|z_2+\mathrm{i}(R_d+h_2)|}\right)^n\exp(-\mathrm{i}m\theta_{xy2})\mathrm{d}\theta_{xy2}\tag{6-54}$$

$$\zeta_{mn}^{(43)}=\frac{1}{2\pi}\int_{-\pi}^{\pi}H_n^{(1)}(k_2|z_2|)(z_2/|z_2|)^n\exp(-\mathrm{i}m\theta_{xy2})\mathrm{d}\theta_{xy2}\tag{6-55}$$

$$\zeta_{mn}^{(44)}=\frac{1}{2\pi}\int_{-\pi}^{\pi}H_n^{(2)}[k_2|z_2+\mathrm{i}(R_d+h_2)|]\left[\frac{z_2+\mathrm{i}(R_d+h_2)}{|z_2+\mathrm{i}(R_d+h_2)|}\right]^n\exp(-\mathrm{i}m\theta_{xy2})\mathrm{d}\theta_{xy2}\tag{6-56}$$

$$\zeta_{mn}^{(45)}=\frac{1}{2\pi}\int_{-\pi}^{\pi}H_n^{(2)}(k_3|z_2|)(z_2/|z_2|)^n\exp(-\mathrm{i}m\theta_{xy2})\mathrm{d}\theta_{xy2}\tag{6-57}$$

$$\zeta_{mn}^{(46)}=\frac{1}{2\pi}\int_{-\pi}^{\pi}H_n^{(1)}(k_3|z_2|)(z_2/|z_2|)^n\exp(-\mathrm{i}m\theta_{xy2})\mathrm{d}\theta_{xy2}\tag{6-58}$$

$$\zeta_{mn}^{(52)}=\frac{k_2\mu_2}{4\pi}\int_{-\pi}^{\pi}\left\{\begin{array}{l}H_{n-1}^{(1)}[k_2|z_2+\mathrm{i}(R_d+h_2)|]\left[\frac{z_2+\mathrm{i}(R_d+h_2)}{|z_2+\mathrm{i}(R_d+h_2)|}\right]^{n-1}\frac{z_2}{|z_2|}\\-H_{n+1}^{(1)}[k_2|z_2+\mathrm{i}(R_d+h_2)|]\left[\frac{z_2+\mathrm{i}(R_d+h_2)}{|z_2+\mathrm{i}(R_d+h_2)|}\right]^{n+1}\frac{\bar{z}_2}{|z_2|}\end{array}\right\}$$

$$\cdot\exp(-\mathrm{i}m\theta_{xy2})\mathrm{d}\theta_{xy2} \tag{6-59}$$

$$\zeta_{mn}^{(53)}=\frac{k_2\mu_2}{4\pi}\int_{-\pi}^{\pi}[H_{n-1}^{(1)}(k_2|z_2|)-H_{n+1}^{(1)}(k_2|z_2|)](z_2/|z_2|)^n\exp(-\mathrm{i}m\theta_{xy2})\mathrm{d}\theta_{xy2} \tag{6-60}$$

$$\zeta_{mn}^{(54)}=\frac{k_2\mu_2}{4\pi}\int_{-\pi}^{\pi}\left\{\begin{array}{l}H_{n-1}^{(2)}[k_2|z_2+\mathrm{i}(R_d+h_2)|]\left[\frac{z_2+\mathrm{i}(R_d+h_2)}{|z_2+\mathrm{i}(R_d+h_2)|}\right]^{n-1}\frac{z_2}{|z_2|}\\-H_{n+1}^{(2)}[k_2|z_2+\mathrm{i}(R_d+h_2)|]\left[\frac{z_2+\mathrm{i}(R_d+h_2)}{|z_2+\mathrm{i}(R_d+h_2)|}\right]^{n+1}\frac{\bar{z}_2}{|z_2|}\end{array}\right\}$$

$$\cdot\exp(-\mathrm{i}m\theta_{xy2})\mathrm{d}\theta_{xy2} \tag{6-61}$$

$$\zeta_{mn}^{(55)}=\frac{k_3\mu_3}{4\pi}\int_{-\pi}^{\pi}[H_{n-1}^{(2)}(k_3|z_2|)-H_{n+1}^{(2)}(k_3|z_2|)](z_2/|z_2|)^n\exp(-\mathrm{i}m\theta_{xy2})\mathrm{d}\theta_{xy2} \tag{6-62}$$

$$\zeta_{mn}^{(56)}=\frac{k_3\mu_3}{4\pi}\int_{-\pi}^{\pi}[H_{n-1}^{(1)}(k_3|z_2|)-H_{n+1}^{(1)}(k_3|z_2|)](z_2/|z_2|)^n\exp(-\mathrm{i}m\theta_{xy2})\mathrm{d}\theta_{xy2} \tag{6-63}$$

$$\zeta_{mn}^{(65)}=\frac{k_3\mu_3}{4\pi}\int_{-\pi}^{\pi}[H_{n-1}^{(2)}(k_3|z_2|)-H_{n+1}^{(2)}(k_3|z_2|)](z_2/|z_2|)^n\exp(-\mathrm{i}m\theta_{xy2})\mathrm{d}\theta_{xy2} \tag{6-64}$$

$$\zeta_{mn}^{(66)}=\frac{k_3\mu_3}{4\pi}\int_{-\pi}^{\pi}[H_{n-1}^{(1)}(k_3|z_2|)-H_{n+1}^{(1)}(k_3|z_2|)](z_2/|z_2|)^n\exp(-\mathrm{i}m\theta_{xy2})\mathrm{d}\theta_{xy2} \tag{6-65}$$

6.1.5 数值算例及结果分析

在地震中，衬砌局部发生动应力集中是引起隧道破坏的一个重要因素。本节同样引入无量纲的 DSCF 来分析动应力集中现象，其最大值表示为 $\mathrm{DSCF}_{\max}$。定义衬砌外壁的动应力集中因子为

$$\mathrm{DSCF}=|\tau_{\theta z}^{(\Gamma b)}(z_2,\bar{z}_2)+\tau_{\theta z}^{(\Gamma a)}(z_2,\bar{z}_2)|/|\mathrm{i}k_1\mu_1 w_0|,\quad |z_2|=b \tag{6-66}$$

衬砌内壁的动应力集中因子为

$$\mathrm{DSCF}=|\tau_{\theta z}^{(\Gamma b)}(z_2,\bar{z}_2)+\tau_{\theta z}^{(\Gamma a)}(z_2,\bar{z}_2)|/|\mathrm{i}k_1\mu_1 w_0|,\quad |z_2|=a \tag{6-67}$$

数值算例重点研究 SH 波垂直入射时，覆盖层中混凝土衬砌隧道和钢衬砌隧道的动应力集中现象。本算例的材料参数和计算结果采用无量纲化的描述和分析。令 $w_0=1$，SH 波入射角度 $\alpha=90°$，圆形衬砌隧道埋深 $h_1=1.5a$，内径 $a=1$。

定义：$c^*=c_{S2}/c_{S1}$，$c^\#=c_{S3}/c_{S1}$，$\rho^*=\rho_2/\rho_1$，$\rho^\#=\rho_3/\rho_1$，$k^*=k_2/k_1$，$k^\#=k_3/k_1$，由 $k=\omega/c$，可知 $k^*=1/c^*=\sqrt{\rho^*/\mu^*}$，$k^\#=1/c^\#=\sqrt{\rho^\#/\mu^\#}$。通过对表 6.1 中的材料进行换算，可得表 6.2 中三种土层和两种衬砌材料的无量纲参数。

表 6.2　土层及衬砌的无量纲参数

地质组合	ρ^*	k^*	衬砌	$\rho^\#$	$k^\#$
地质组合 A 玄武岩+砂岩	0.90	1.60	C30 混凝土	0.77	1.80
			Q345 钢	2.53	1.27
地质组合 B 煤+砂岩	1.87	0.40	C30 混凝土	1.60	0.45
			Q345 钢	5.20	0.30

除了从密度和剪切波速等物理力学指标中能够直观地判定介质的软硬关系，波数比也体现着各介质软硬的不同。当 $k^*<1$ 时，表明地表覆盖层比下部土层更“软”，即复合地层为“上软下硬”型，称为地质组合 A。与之相反，“上硬下软”型的复合地层称为地质组合 B。同理，由两种衬砌材料的参数可知，当衬砌采用 Q345 钢时，$k_3/k_2=c_{S2}/c_{S3}=0.8$，表明衬砌比土层Ⅱ更“硬”，此时把 Q345 钢衬砌称为“刚性衬砌”，当衬砌采用 C30 混凝土时，$k_3/k_2=c_{S2}/c_{S3}=1.1$，表明衬砌比土层Ⅱ更“软”，此时，把 C30 混凝土衬砌称为“柔性衬砌”。

首先，把模型进行退化，来验证级数方程的合理性。当介质参数取 $\mu^*=k^*=\rho^*=1$ 时，土层Ⅰ和土层Ⅱ的参数相同，两者合并为一个区域，此时问题退化为单一土层的半空间问题。取 $\mu^\#=\rho^\#=1$，此时半空间内只存在一个半径为 $a=1$ 的圆形孔洞。此时，方程可以用于解决半空间内圆形孔洞对垂直入射的 SH 波的散射问题。根据参考文献可知，大圆弧的半径不能过大也不能过小[3-4]，这里依然将 R_d 取 $120a$ 进行后续问题的探讨。

图 6.4 (a) 给出了当 $R_d=120a$，SH 波垂直入射，$k_1a=0.1$ 时，h_1 分别为 $1.5a$ 和 $12a$ 时圆形孔洞周边的动应力集中系数。当 $\mu^*=k^*=1.0$，$\mu^\#=\mu_3/\mu_1=$

3.2，$k^{\#}=0.7$，$b/a=1.1$ 时，问题退化为半空间内圆形衬砌对垂直入射的 SH 波的散射问题。图 6.4（b）给出了在 $h_1=1.5r$ 时，$k_1a=0.1$，1.0，2.0 三种频率的入射波作用下，衬砌内边界的动应力集中系数。

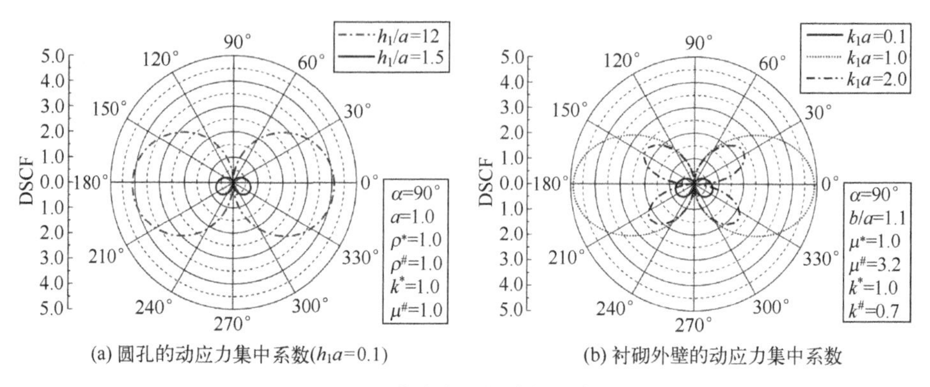

(a) 圆孔的动应力集中系数($h_1a=0.1$)　　(b) 衬砌外壁的动应力集中系数

图 6.4　退化为半空间内的散射问题

由于定解方程由无穷级数构成，但在具体问题的数值计算中，级数项 n 只能取有限项，从而产生截断误差。可以引入无量纲径向应力差来描述级数解的精度，将求出的系数回代入方程，用边界径向应力为零的条件来检验。精度的单位通常为一无量纲的小数，在本问题中，衬砌外壁的无量纲径向应力差为

$$\tau_{rz}^{*b}=\frac{\left|\tau_{rz}^{(S2)}(z_2,\bar{z}_2)+\tau_{rz}^{(S3)}(z_2,\bar{z}_2)+\tau_{rz}^{(S4)}(z_2,\bar{z}_2)-\tau_{rz}^{(\Gamma b)}(z_2,\bar{z}_2)-\tau_{rz}^{(\Gamma a)}(z_2,\bar{z}_2)\right|}{\left|\mathrm{i}k_1\mu_1w_0\right|},\quad |z_2|=b \tag{6-68}$$

衬砌内壁的无量纲径向应力差为

$$\tau_{rz}^{*a}=\frac{\left|\tau_{rz}^{(\Gamma b)}(z_2,\bar{z}_2)+\tau_{rz}^{(\Gamma a)}(z_2,\bar{z}_2)\right|}{\left|\mathrm{i}k_1\mu_1w_0\right|},\quad |z_2|=a \tag{6-69}$$

图 6.5 是和图 6.4（b）所研究问题对应的，衬砌外壁和内壁的无量纲径向应力差，此时，数量级在 $10^{-5}\sim10^{-6}$。当 $k_1a=0.1$ 和 $k_1a=1.0$ 时，截断项数分别为 $m=n=8$，$m=n=16$。在本章问题的研究中，当 $k_1a\leqslant0.5$ 时，取截断项数 $m=n=6$；当 $0.5\leqslant k_1a\leqslant2.4$ 时，取截断项数 $m=n=14$，就能够保证无量纲径向应力差的数量级在$10^{-3}\sim10^{-5}$范围内。在本算例后续问题的探讨中都使用这一思路来确定方程截断项数，为计算精度提供保证。通过上述讨论，证明了本章对覆盖层中衬砌隧道散射问题的分析方法，同样适用于半空间问题，两者在结论上能够相互印证。采用大圆弧假设，并合理地选取方程截断项，能够满足解决此类问题的精度要求，并为接下来数值算例的分析奠定基础。

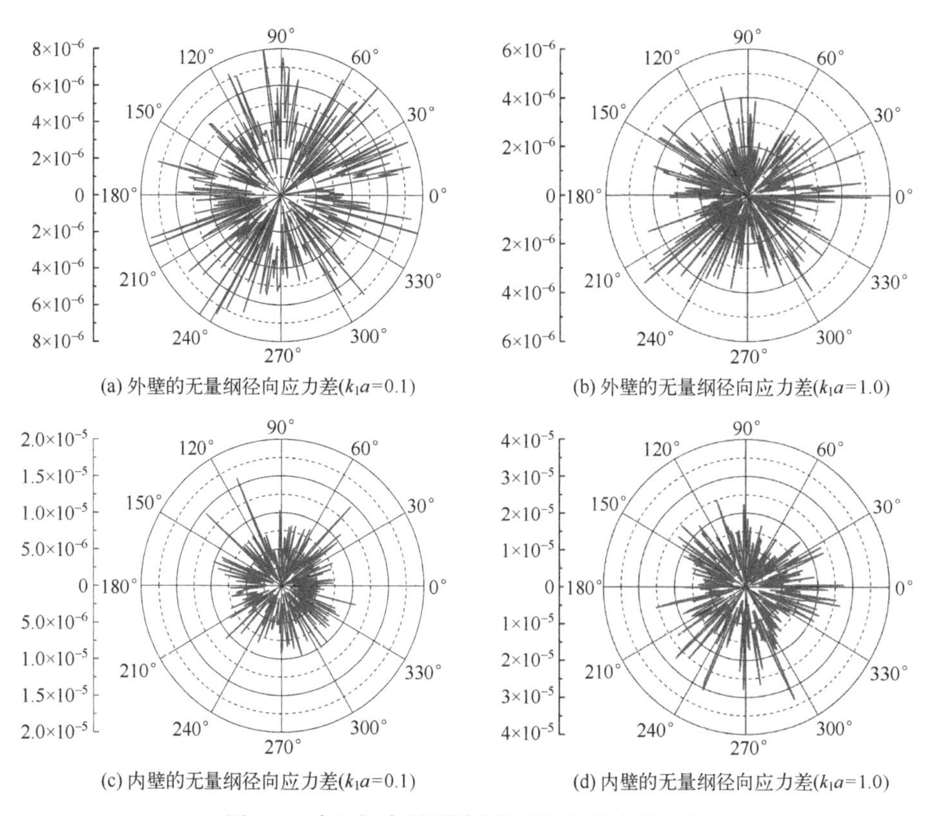

(a) 外壁的无量纲径向应力差(k_1a=0.1)　(b) 外壁的无量纲径向应力差(k_1a=1.0)

(c) 内壁的无量纲径向应力差(k_1a=0.1)　(d) 内壁的无量纲径向应力差(k_1a=1.0)

图 6.5　半空间中圆形衬砌的无量纲径向应力差

图 6.6 和图 6.7 分别给出了地质组合 A-SH 波由玄武岩层垂直入射到砂岩层时，砂岩层中 C30 混凝土衬砌外壁和内壁的动应力集中系数。此时，复合地层为“上软下硬”型，而衬砌为“柔性衬砌”。

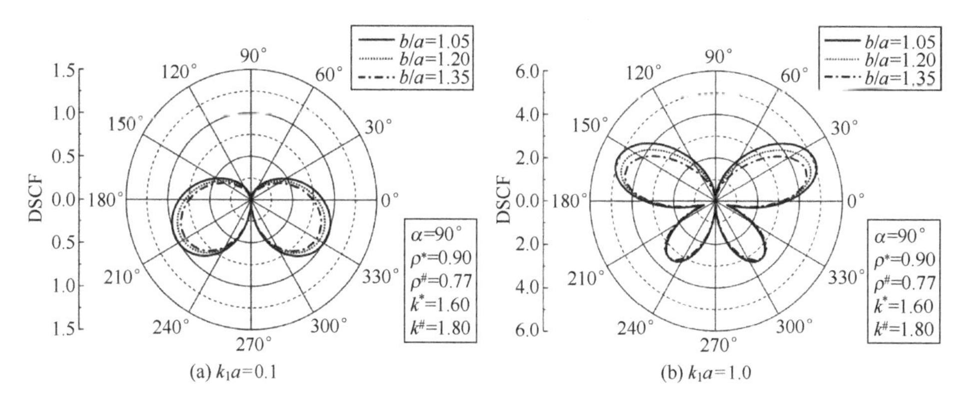

(a) k_1a=0.1　(b) k_1a=1.0

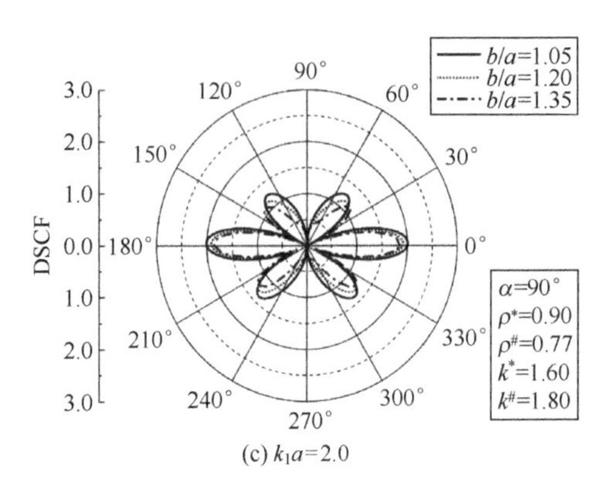

(c) $k_1a=2.0$

图 6.6　地质组合 A-C30 混凝土衬砌外壁的动应力集中系数

首先分析 DSCF 与入射波频率的变化关系。从图 6.6（a）和图 6.7（a）中可以看出，当 $k_1a=0.1$，即低频入射时，衬砌周边的 DSCF 形状较为接近，

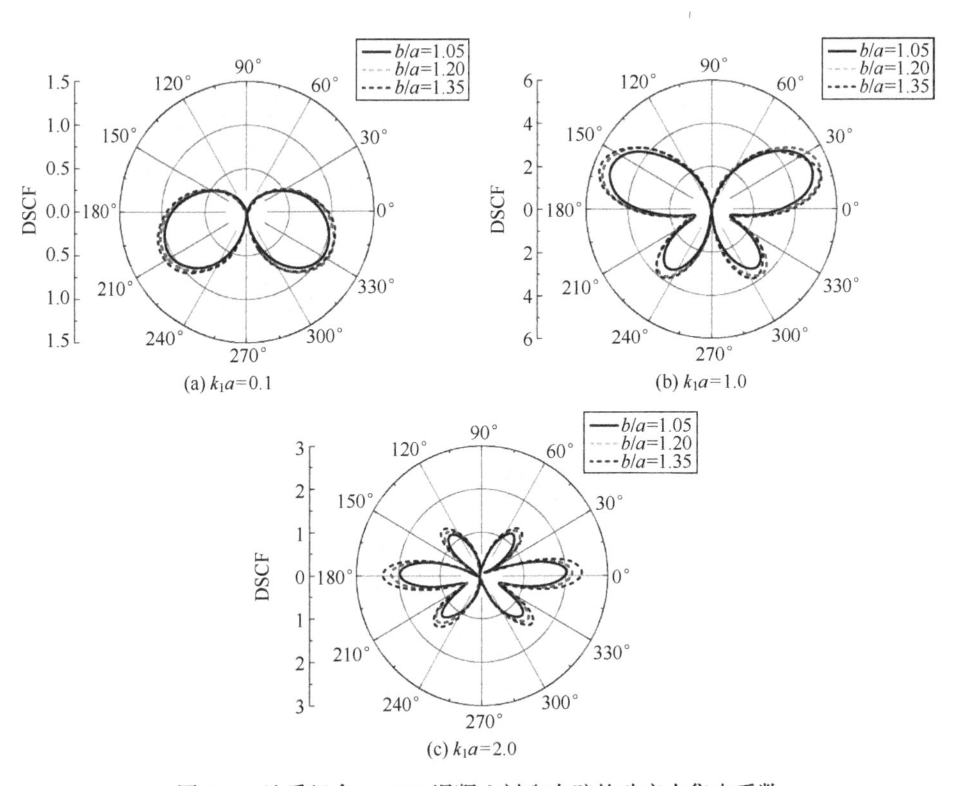

图 6.7　地质组合 A-C30 混凝土衬砌内壁的动应力集中系数

均为椭圆形。两者 $DSCF_{max}$ 的位置也均出现在约为 200°和 340°。衬砌内壁的 DSCF 整体数值略大于外壁的 DSCF。

从图 6.6（b）和图 6.7（b）中可以看出，随着入射频率的增加，当 $k_1a=1.0$，即中频入射时，衬砌外壁和内壁的 DSCF 数值成倍数地增大，DSCF 形状均变为蝴蝶形。此外，两者 $DSCF_{max}$ 的位置也发生了变化，均出现在约为 20°和 160°。衬砌内壁的 DSCF 整体数值明显大于外壁的 DSCF。

从图 6.6（c）和图 6.7（c）中可以看出，当 $k_1a=2.0$，即高频入射时，衬砌外壁和内壁的 DSCF 分布形状变得更为复杂，但整体数值有明显的回落。两者 $DSCF_{max}$ 的位置均出现在了约为 0°和 180°。衬砌内壁的 DSCF 整体数值依然大于外壁的 DSCF。

综合图 6.6 和图 6.7，在地质组合 A 中，随着 k_1a 的增加，C30 混凝土衬砌的 DSCF 由小逐渐变大，再变小。衬砌在中频入射波的作用下，动应力集中现象最为明显。在“上软下硬”型复合地层条件下，覆盖层中混凝土衬砌内壁的破坏是需要注意的。

最后分析衬砌厚度对 DSCF 的影响。从图 6.6 可以看出，对于 C30 混凝土衬砌的外壁，DSCF 随着衬砌厚度的变大逐渐变小。而从图 6.7 可以看出，衬砌内壁的 DSCF 随着衬砌厚度的变大逐渐变大。这说明在复合地层内，“柔性衬砌”内外壁的 DSCF 分布情况相比于半空间内的问题更为复杂。并非衬砌越厚，对减少 DSCF 就越有利。

图 6.8 和图 6.9 分别给出了地质组合 A 时，覆盖层中 Q345 钢衬砌的外壁和内壁的动应力集中系数。此时复合地层为“上软下硬”型，而衬砌为“刚性衬砌”。

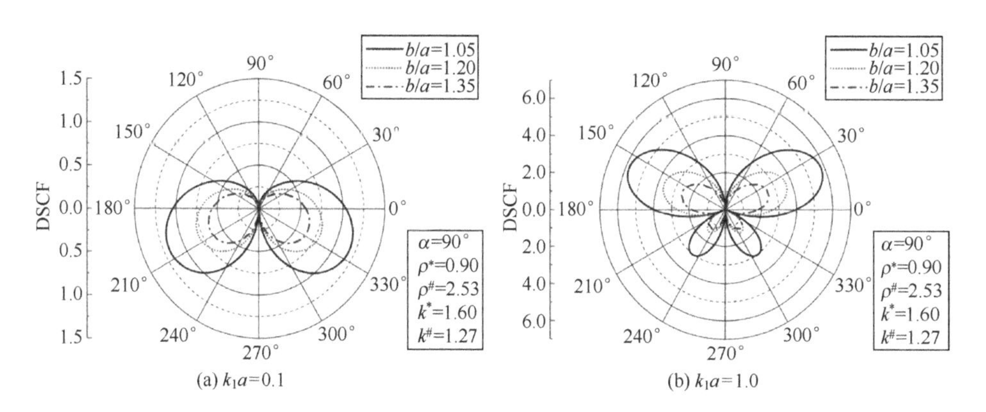

(a) $k_1a=0.1$　　(b) $k_1a=1.0$

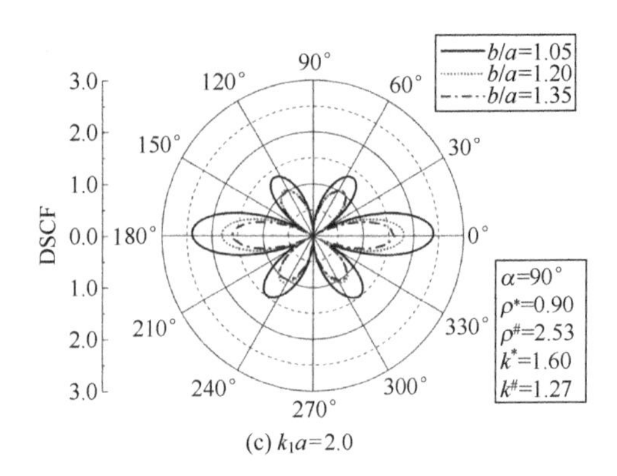

(c) $k_1a=2.0$

图 6.8　地质组合 A-Q345 钢衬砌外壁的动应力集中系数

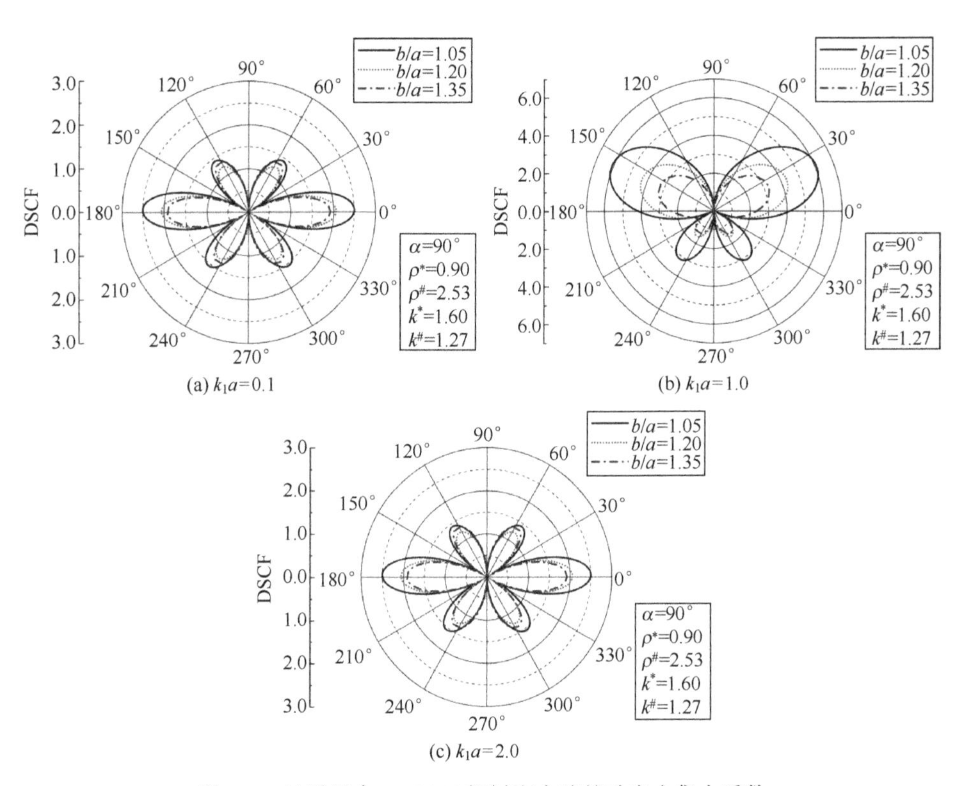

(a) $k_1a=0.1$　(b) $k_1a=1.0$

(c) $k_1a=2.0$

图 6.9　地质组合 A-Q345 钢衬砌内壁的动应力集中系数

从图 6.8（a）和图 6.9（a）中可以看出，当 $k_1a=0.1$ 时，衬砌周边的 DSCF 形状较为接近。两者 $DSCF_{max}$ 的位置也均出现在约为 200°和 340°。衬砌内壁的 DSCF 整体数值略大于外壁。从图 6.8（b）和图 6.9（b）中可以看出，

当 $k_1a=1.0$ 时，衬砌外壁和内壁的 DSCF 数值明显增大。两者 $DSCF_{max}$ 的位置均出现在约为 20°和 160°。衬砌内壁的 DSCF 整体数值略大于外壁的 DSCF。从图 6.8（c）和图 6.9（c）中可以看出，当 $k_1a=2.0$ 时，衬砌外壁和内壁的 DSCF 整体数值有明显的回落。两者 $DSCF_{max}$ 的位置均出现在约为 0°和 180°。衬砌内壁和外壁的 DSCF 整体数值依然相差不大，内壁略大于外壁的 DSCF。

综合图 6.8 和图 6.9，在地质组合 A 中，随着 k_1a 的增加，Q345 钢衬砌的 DSCF 由小逐渐变大，再变小。衬砌在中频入射波的作用下，动应力集中现象最为明显。将图 6.8 和图 6.9 分别与图 6.6 和图 6.7 对比可以发现，由于“柔性衬砌”相比于“刚性衬砌”更容易吸收能量，当衬砌厚度比 $b/a\geqslant1.2$ 时，Q345 钢衬砌的 DSCF 整体数值要小于 C30 混凝土衬砌的 DSCF。但当 $b/a=1.05$，衬砌较薄时，这种现象并不明显。

最后分析衬砌厚度对 DSCF 的影响。Q345 钢衬砌的内壁和外壁 DSCF 的数值较为接近，且均随着衬砌厚度的变大逐渐变小。所以，在“上软下硬”型复合地层条件下，适当加大覆盖层中 Q345 钢衬砌的厚度，对于降低衬砌的 DSCF 是有利的。

场地的差异性对于不同频段的地震波传播有很大的影响。因此，从工程应用的角度出发，有必要结合地层和衬砌具体的材料参数进行综合分析，以找到衬砌对于入射波动力响应比较敏感的频率。将入射波频率从 $k_1a\approx0.1$ 到 $k_1a\approx2.5$ 划分为 99 段，100 个点，每计算一次，提取衬砌内壁一圈上的动应力集中因子的最大值。

图 6.10 给出了地质组合 A 时，衬砌内壁的 $DSCF_{max}$ 随入射波 k_1r 变化的情况。图 6.10（a）和图 6.10（b）中衬砌的 $DSCF_{max}$，均在 $k_1a\approx0.35$、$k_1a\approx0.10$、$k_1a\approx1.52$ 和 $k_1a\approx2.25$ 处出现了 4 个较为明显的峰值。但在 $k_1a\approx0.35$ 时的峰值最大，此后便振荡减小。所以在“上软下硬”型的复合地层中，中低频入射波对于衬砌的动应力集中影响是比较大的。

此外，从图 6.10（a）中可以看出，同图 6.7 一样的规律，增大 C30 混凝土衬砌的厚度，会在一定程度上增大衬砌内壁的 $DSCF_{max}$。而图 6.10（b）则反映出同图 6.9 一样的规律，增大 Q345 钢衬砌的厚度，则能明显减小衬砌内壁的 $DSCF_{max}$。

图 6.11 和图 6.12 分别给出了地质组合 B-SH 波由煤层垂直入射到砂岩层时，砂岩层中 C30 混凝土衬砌外壁和内壁的动应力集中系数。此时复合地层为“上硬下软”型，而衬砌为“柔性衬砌”。

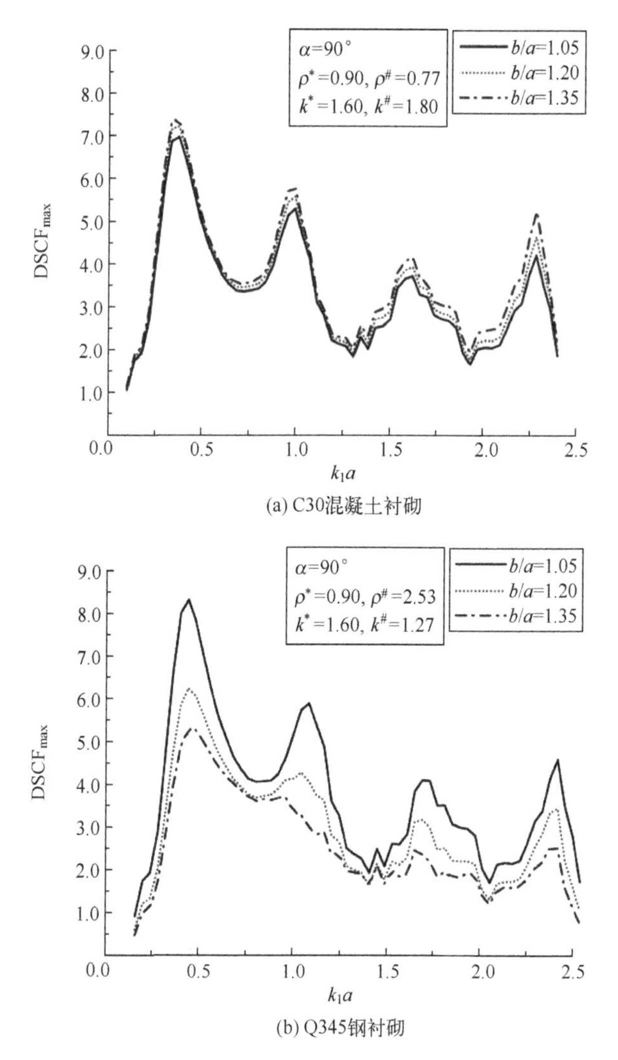

图 6.10　地质组合 A 中衬砌内壁的动应力集中系数最大值随 k_1a 的变化

首先分析 DSCF 与入射波频率的变化关系。从图 6.11（a）和图 6.12（a）中可以看出，当 $k_1a=0.1$ 时，衬砌周边 $DSCF_{max}$的位置也均出现在约为 220°和 290°。衬砌内壁的 DSCF 整体数值略大于外壁的 DSCF。

从图 6.11（b）和图 6.12（b）中可以看出，随着入射频率的增加，当 $k_1a=1.0$，即中频入射时，衬砌外壁和内壁的 DSCF 数值有一定程度的增大。两者 $DSCF_{max}$的位置也发生了变化，均出现在约为 200°和 340°。衬砌内壁的 DSCF 整体数值明显大于外壁的 DSCF。

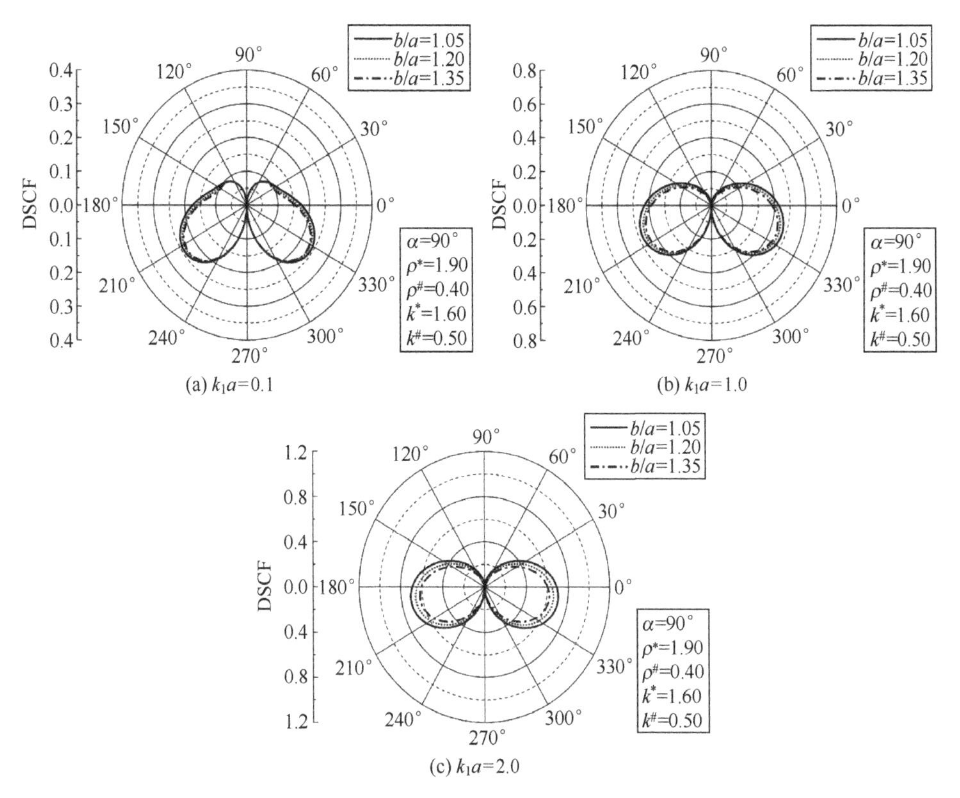

图 6.11　地质组合 B-C30 混凝土衬砌外壁的动应力集中系数

从图 6.11（c）和图 6.12（c）中可以看出，当 $k_1a=2.0$ 时，衬砌外壁和内壁的 DSCF 分布形状虽依然没有太大变化，但整体数值继续增长。两者 $DSCF_{max}$ 的位置均出现在了约为 190°和 350°。衬砌内壁的 DSCF 整体数值依然大于外壁的 DSCF。

分别与图 6.6 和图 6.7 对比，图 6.11 和图 6.12 中的 DSCF 从整体上减小了很多。随着地表土层剪切模量的增加，衬砌周边动应力集中系数整体减小。原因可能在于下部软土层中传来的 SH 波受到了地表硬质土层的屏蔽作用，传播进砂岩层中的波的能量变少，减轻了衬砌周边的动应力集中现象。衬砌外壁和内壁的 DSCF 均随着 k_1a 的增加而增加，高频入射波对于衬砌的动应力集中现象影响更大。

与地质组合 A 中的情况相同，覆盖层中 C30 混凝土衬砌内壁的 DSCF 整体数值要大于内壁。内壁的 DSCF 随着衬砌厚度的变大逐渐变大，而外壁的 DSCF 随着衬砌厚度的变大逐渐变小。

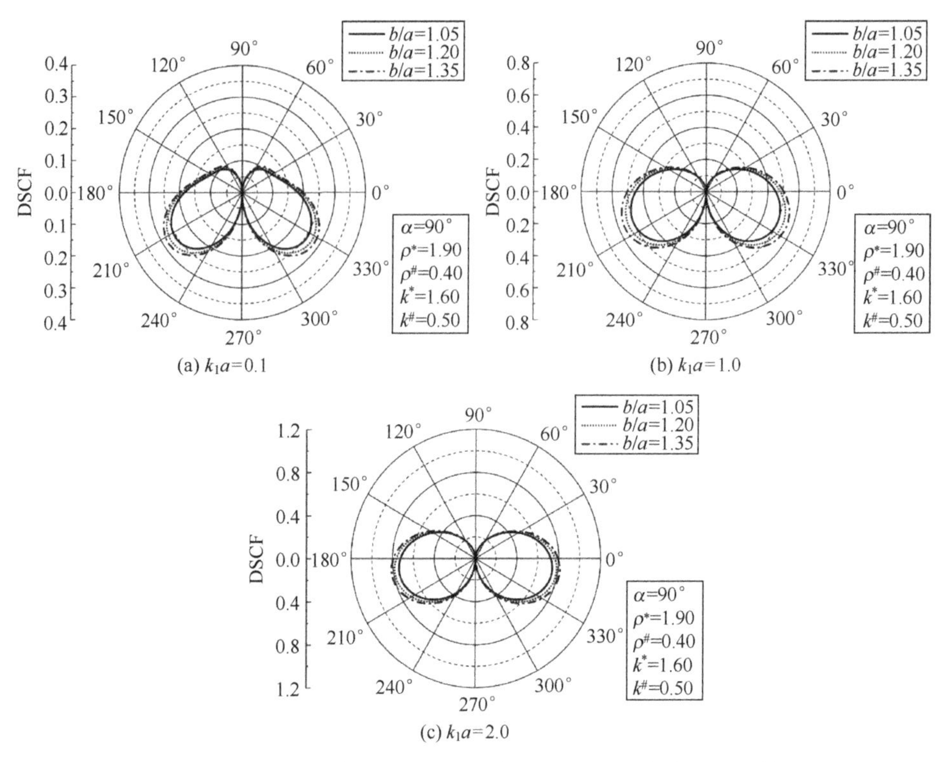

图 6.12　地质组合 B-C30 混凝土衬砌内壁的动应力集中系数

图 6.13 和图 6.14 分别给出了地质组合 B 时，砂岩层中 Q345 钢衬砌外壁和内壁的动应力集中系数。此时复合地层为“上硬下软”型，而衬砌为“刚性衬砌”。

从图 6.13（a）和图 6.14（a）中可以看出，当 $k_1a=0.1$ 时，衬砌周边的 DSCF 形状较为接近，衬砌内壁的 DSCF 整体数值略大于外壁。从图 6.13（b）和图 6.14（b）中可以看出，当 $k_1a=1.0$ 时，衬砌外壁和内壁的 DSCF 数值有所增大。两者 $DSCF_{max}$ 的位置均出现在约为 200°和 340°。衬砌内壁的 DSCF 整体数值略大于外壁的 DSCF。从图 6.13（c）和图 6.14（c）中可以看出，当 $k_1a=2.0$ 时，衬砌外壁和内壁的 DSCF 整体数值继续增大。但两者 $DSCF_{max}$ 的位置变化不大。衬砌内壁的 DSCF 整体数值大于外壁的 DSCF。

综合图 6.13 和图 6.14 可以看出，硬质地表土层同样大幅降低了衬砌周边的 DSCF。钢衬砌外壁和内壁的 DSCF 均随着 k_1a 的增加而增加，且均随着衬砌厚度的变大逐渐变小。将图 6.13 和图 6.14 分别与图 6.11 和图 6.12 对比可以发现，当衬砌厚度比 $b/a\geqslant 1.2$ 时，Q345 钢衬砌的 DSCF 整体数值要小于

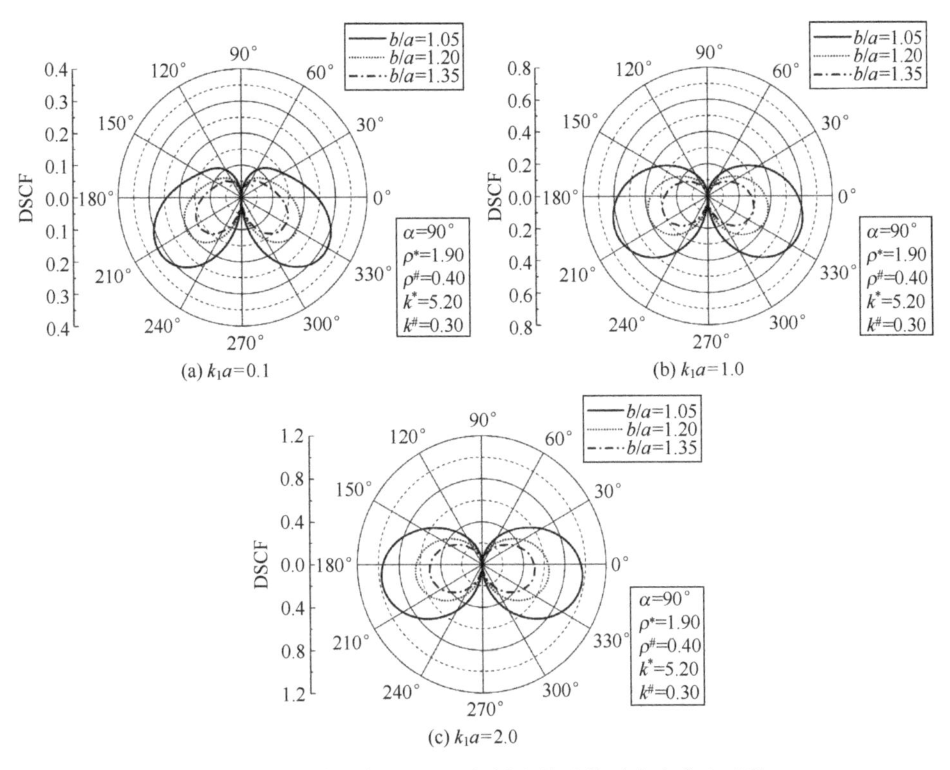

图 6.13　地质组合 B-Q345 钢衬砌外壁的动应力集中系数

C30 混凝土衬砌的 DSCF，且内壁的 DSCF 要大于外壁的 DSCF。当 $b/a=1.05$，衬砌较薄时，内壁与外壁的 DSCF 较为接近。所以要降低衬砌的 DSCF，采用适当加大 Q345 钢衬砌厚度的方法是可取的。

图 6.15 给出了地质组合 B 时，衬砌内壁的 $\mathrm{DSCF}_{\max}$ 随入射波 k_1a 变化的情况。相比图 6.10，图 6.15 中的 $\mathrm{DSCF}_{\max}$ 整体数值有明显的减小。刚度较大的覆盖层对于减小衬砌的动应力集中现象是有利的，这点也是两种复合地层典型的区别。

在“上软下硬”型复合地层内，覆盖层中衬砌的 $\mathrm{DSCF}_{\max}$ 变化与半空间内的问题较为接近，均对中低频的 SH 波较为敏感。但在“上硬下软”型复合地层内，衬砌对于高频入射波的动力响应更为明显。$\mathrm{DSCF}_{\max}$ 在 $k_1a=2.3$ 时才接近最大，并非在中低频出现最大值。此现象说明动力响应的敏感频率受上、下土层介质参数的共同影响。

从图 6.15 中还可以发现，对于衬砌内壁上的动应力集中现象，增大 C30 混凝土衬砌的厚度，反而会增大衬砌内壁的 $\mathrm{DSCF}_{\max}$；但增大 Q345 钢衬砌的

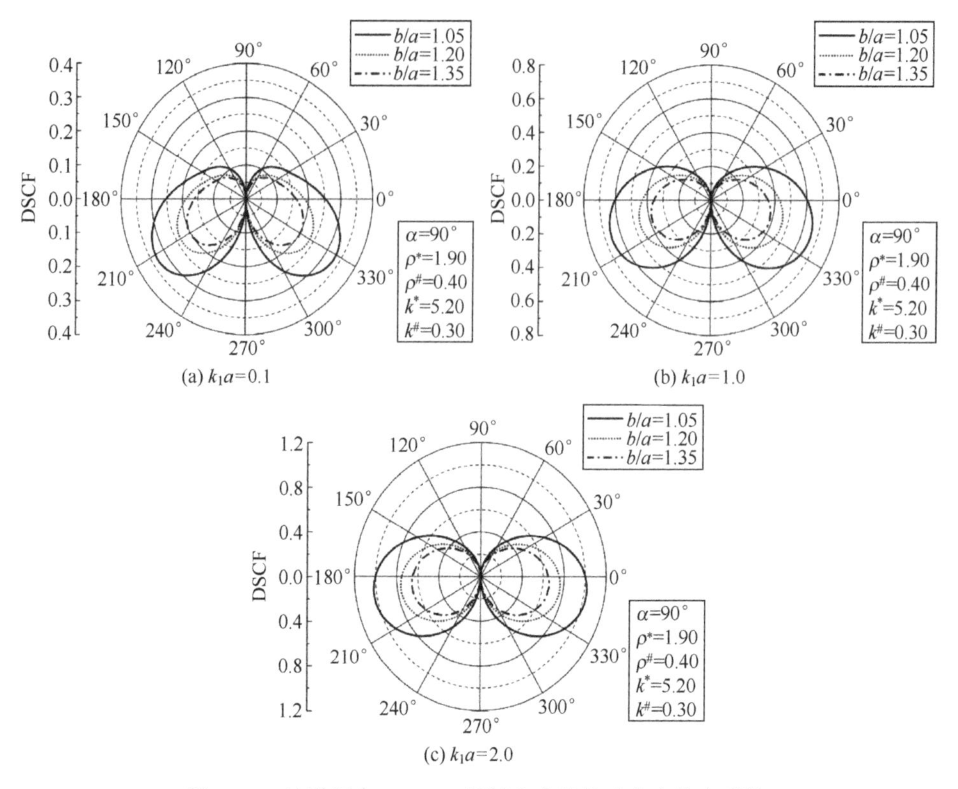

(a) $k_1a=0.1$

(b) $k_1a=1.0$

(c) $k_1a=2.0$

图 6.14　地质组合 B-Q345 钢衬砌内壁的动应力集中系数

厚度，则能减小衬砌内壁的 $DSCF_{max}$。得到这种规律，对于采用不同的材料作为隧道或管道的衬砌进行工程设计具有一定意义，可以对衬砌的厚度选择做出合理的判断。

结论：

（1）衬砌内壁与外壁的动应力集中系数由土层介质参数、衬砌的介质参数、入射波频率和衬砌的厚度共同决定。刚度较小的覆盖层对 DSCF 有较为明显的放大作用，而刚度较大的覆盖层对于 SH 波有一定的屏蔽的作用。当衬砌厚度比大于 1.2 时，“柔性衬砌”相比于“刚性衬砌”动应力集中现象更明显。当衬砌厚度比较小时，这种现象并不明显。

（2）相比半空间中衬砌对 SH 波的散射问题，在复合地层中参数的组合情况更为复杂。“上软下硬”型复合地层内的衬砌对低频和中频的入射波更为敏感，而“上硬下软”型复合地层内的衬砌对高频的入射波更为敏感。

（3）对于 Q345 钢衬砌，增大衬砌的厚度对于降低内壁和外壁的动应力集中的影响是有效的。但对于 C30 混凝土，增大衬砌的厚度在减小衬砌外壁的

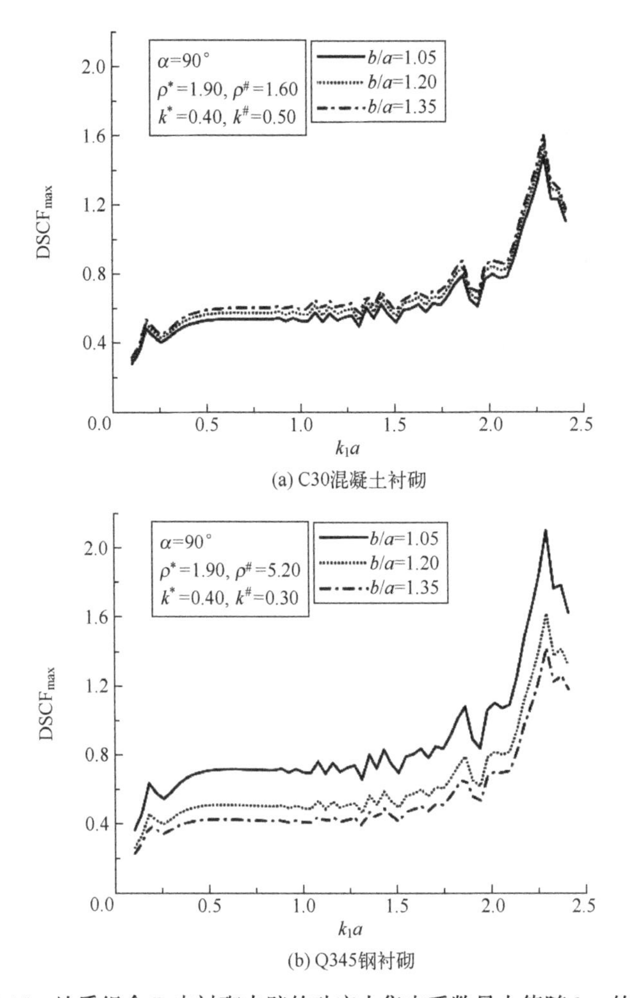

(a) C30混凝土衬砌

(b) Q345钢衬砌

图 6. 15　地质组合 B 中衬砌内壁的动应力集中系数最大值随 $k_1 a$ 的变化

DSCF 同时却增加了内壁的 DSCF。工程中应考虑这种影响，并对内壁和外壁采取有区别的加强措施。

6. 2　覆盖层下部圆柱形衬砌对弹性波的散射

6. 2. 1　SH 波作用下覆盖层下部圆柱形衬砌的动应力集中问题

本节研究的复合地层模型如图 6. 16 所示。图中左下角的平面表示 SH 波的波阵面，位移方向平行于 z 轴，传播方向与水平方向的夹角为 α。由于研究的问题属于出平面波动问题，故可以简化为 xy 平面上的问题。下部为土层Ⅰ，剪切波速为 c_{S1}，密度为 ρ_1，剪切模量为 μ_1，SH 波波数为 k_1。地表覆盖层为土层Ⅱ，厚度为 h，上边界用 Γ_u 表示，下边界用 Γ_d 表示，剪切波速为 c_{S2}，密度为 ρ_2，剪切模量为 μ_2，SH 波波数为 k_2。土层Ⅱ中存在一个圆心为 o_2，外径为 b，内径为 a 的圆形衬砌隧道。衬砌内的剪切波速为 c_{S3}，密度为 ρ_3，剪切模量为 μ_3，SH 波波数为 k_3。衬砌外壁的边界定义为 Γ_b，内壁边界定义为 Γ_a。圆心 o_2 距土层Ⅰ下边界的距离为 d。沿圆心 o_2 向下部土层深处作一条垂线，在垂线上取一点 o_1 建立直角坐标系 (o_1, x_1, y_1)，则衬砌的圆心处为局部直角坐标系 (o_2, x_2, y_2)。

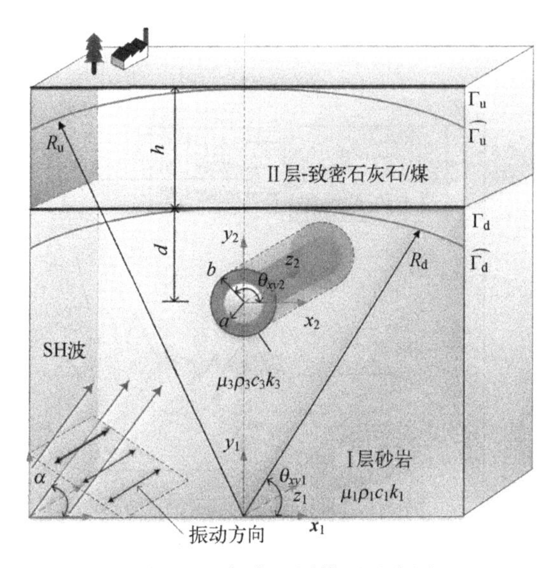

图 6.16　复合地层模型示意图

表 6.3 列出了本问题研究相关的三种土层和两种衬砌材料的物理力学指标。本节同样遵循普基廖夫、多尔特曼等学者的观点，认为硬质土层相对于软质土层的密度、剪切模量和剪切波速更大。

表 6.3　土层及衬砌的材料参数

土层及衬砌	材料名称	密度/(kg/m³)	剪切波速/(m/s)
土层Ⅰ	砂岩	2500	2400
土层Ⅱ	煤	1500	1000
	致密石灰岩	2900	3200
衬砌	C30 混凝土	2400	2240

石灰岩是一种广泛分布于华北地区和东部地区的岩石，由沉积的碳酸钙失水胶结而成，属于典型的沉积岩，在地表处可见。其中质密石灰岩板块较厚，硬度较大，剪切波速也较大，可以直接作为建材，也可以作为生产水泥等制品的工业原料。因此，本节将上部为致密石灰岩，下部为砂岩的地层作为“上硬下软”型复合地层进行分析。煤层一般相对于砂岩层在密度、剪切模量等参数明显更小，在本节中作为“较软”的岩层，和下部砂岩层一同构成“上软下硬”复合地层。而 C30 混凝土则作为工程中常见的材料作为衬砌的材质。

6.2.2　问题分析

由基本理论可知，当 SH 波入射时，含脱胶夹杂的复合地层中的出平面位移 w 都满足波动方程（6-70），利用分离变量法并忽略时间因子 $\exp(-\mathrm{i}\omega t)$，可以得到稳态 SH 波出平面位移的亥姆霍兹控制方程（6-71）。在复合地层中，SH 波入射会引起土层和衬砌隧道产生出平面位移 w 和剪切应力 τ，在覆盖层的上边界满足应力自由；在覆盖层的下边界满足位移和应力连续；衬砌外壁和土层 I 的位移和应力连续；衬砌的内壁满足应力自由。这些边界条件构成了定解问题的定解条件：覆盖层 Γ_u 边界为纽曼边界条件；覆盖层 Γ_d 边界和衬砌外壁的 Γ_b 边界上同时存在 Dirichlet 边界条件和纽曼边界条件；衬砌内壁的 Γ_a 为纽曼边界条件。由定解条件和稳态 SH 波的泛定方程（6-71），共同构成了一个完备的定解问题。

利用大圆弧假定的思想，以 o_1 为圆心作两个圆弧，两个圆弧分别与覆盖层的上下边界相切。将地表土层上部的水平边界 Γ_u 视为圆弧形边界 $\dot{\Gamma}_u$，所对应的半径为 R_u；下部水平边界 Γ_d 视为圆弧形 $\dot{\Gamma}_d$，所对应的半径为 R_d。引入复变函数描述直角坐标系，直角坐标系 (o_1,x_1,y_1) 所对应的复平面为 $(z_1,\bar{z}_1)$，其中 $z_1=x_1+\mathrm{i}y_1$，$\bar{z}_1=x_1-\mathrm{i}y_1$。同理，直角坐标系 (o_2,x_2,y_2) 所对应的复平面为 $(z_2,\bar{z}_2)$，其中 $z_2=x_2+\mathrm{i}y_2$，$\bar{z}_2=x_2-\mathrm{i}y_2$。两复平面的对应关系为

$$z_2=z_1-\mathrm{i}(R_d-d) \tag{6-70}$$

6.2.3　平面散射波

在平面直角坐标系 (o_1,x_1,y_1) 中，下部土层 I 中的入射波为平面 SH 波，其波阵面为一个无穷大的平面。波阵面的法向即入射波的传播方向，与平面直角坐标系 x 轴的夹角为入射角 α。质点的振动方向沿 z 轴，出平面位移 $w^{(i)}$ 的波函数有式（6-73）的形式。利用分离变量法将时间因子 $\exp(-\mathrm{i}\omega t)$ 略去，得到满足亥姆霍兹控制方程的稳态 SH 波入射波表达式：

$$w^{(i)}(x_1,y_1)=w_0\exp[\mathrm{i}k_1(x_1\cos\alpha+y_1\sin\alpha)] \tag{6-71}$$

其中，ω 和 w_0 分别为入射波的圆频率和振幅。$k=\omega\sqrt{\rho/\mu}$，为 SH 波波数。

引入复变函数，在复平面$(z_1,\bar{z}_1)$内，可以将稳态 SH 入射波表达式简化为

$$w^{(i)}(z_1,\bar{z}_1)=w_0\exp[\mathrm{i}k_1\mathrm{Re}(z_1\mathrm{e}^{-\mathrm{i}\alpha})] \tag{6-72}$$

SH 波在土层Ⅰ中产生的径向应力和切向应力分别为

$$\tau_{rz}^{(i)}(z_1,\bar{z}_1)=\mathrm{i}k_1\mu_1w_0\exp[\mathrm{i}k_1\mathrm{Re}(z_1\mathrm{e}^{-\mathrm{i}\alpha})]\mathrm{Re}[(z_1\mathrm{e}^{-\mathrm{i}\alpha})/|z_1|] \tag{6-73}$$

$$\tau_{\theta z}^{(i)}(z_1,\bar{z}_1)=-\mathrm{i}k_1\mu_1w_0\exp[\mathrm{i}k_1\mathrm{Re}(z_1\mathrm{e}^{-\mathrm{i}\alpha})]\mathrm{Im}[(z_1\mathrm{e}^{-\mathrm{i}\alpha})/|z_1|] \tag{6-74}$$

利用坐标平移的方法，在复平面$(z_2,\bar{z}_2)$内，入射波的位移场、径向应力、切向应力分别可以表示为

$$w^{(i)}(z_2,\bar{z}_2)=w_0\exp[\mathrm{i}k_1\mathrm{Re}((z_2+\mathrm{i}(R_\mathrm{d}-d))\mathrm{e}^{-\mathrm{i}\alpha})] \tag{6-75}$$

$$\tau_{rz}^{(i)}(z_2,\bar{z}_2)=\mathrm{i}k_1\mu_1w_0\exp[\mathrm{i}k_1\mathrm{Re}((z_2+\mathrm{i}(R_\mathrm{d}-d))\mathrm{e}^{-\mathrm{i}\alpha})]\frac{\mathrm{Re}((z_2+\mathrm{i}(R_\mathrm{d}-d))\mathrm{e}^{-\mathrm{i}\alpha})}{|(z_2+\mathrm{i}(R_\mathrm{d}-d))|} \tag{6-76}$$

$$\tau_{\theta z}^{(i)}(z_2,\bar{z}_2)=-\mathrm{i}k_1\mu_1w_0\exp[\mathrm{i}k_1\mathrm{Re}((z_2+\mathrm{i}(R_\mathrm{d}-d))\mathrm{e}^{-\mathrm{i}\alpha})]\frac{\mathrm{Im}((z_2+\mathrm{i}(R_\mathrm{d}-d))\mathrm{e}^{-\mathrm{i}\alpha})}{|(z_2+\mathrm{i}(R_\mathrm{d}-d))|} \tag{6-77}$$

利用分区契合的思想，将含衬砌的复合地层模型分解为两个区域进行分析。首先将衬砌去除，构建复合地层内圆孔问题的散射波场；其次单独构建衬砌内的散射波场；最后通过位移和应力连续条件将两部分散射波在共同的边界上进行契合。图 6.17 给出了复合地层内入射波、各土层边界和半径为 b 的圆孔的散射波场的示意。

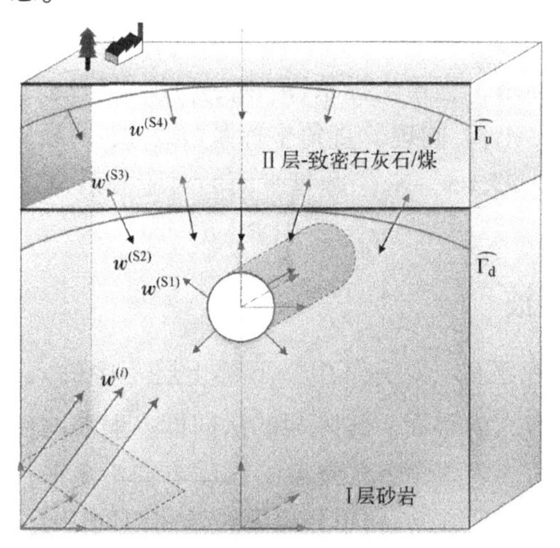

图 6.17 复合地层中的散射波场

根据波函数展开法，复合地层内的散射波可以写成傅里叶-汉克尔级数的形式。当稳态 SH 入射时，复合地层内各边界上的发散波可以利用第一类汉克尔函数进行构建，会聚波可以利用第二类汉克尔函数进行构建。定义各散射波的待定系数分别为 A_n、B_n、C_n、D_n、E_n、F_n。

在复平面$(z_2,\bar{z}_2)$内，圆孔边界 Γ_b 在下部土层 I 内产生的散射波 $w^{(S1)}$ 的位移场、径向应力、切向应力分别为

$$w^{(S1)}(z_2,\bar{z}_2)=\sum_{n=-\infty}^{n=+\infty}A_nH_n^{(1)}(k_1|z_2|)\left(\frac{z_2}{|z_2|}\right)^n \tag{6-78}$$

$$\tau_{rz}^{(S1)}(z_2,\bar{z}_2)=\frac{k_1\mu_1}{2}\sum_{n=-\infty}^{n=+\infty}A_n[H_{n-1}^{(1)}(k_1|z_2|)-H_{n+1}^{(1)}(k_1|z_2|)]\left(\frac{z_2}{|z_2|}\right)^n \tag{6-79}$$

$$\tau_{\theta z}^{(S1)}(z_2,\bar{z}_2)=\frac{\mathrm{i}k_1\mu_1}{2}\sum_{n=-\infty}^{n=+\infty}A_n[H_{n-1}^{(1)}(k_1|z_2|)+H_{n+1}^{(1)}(k_1|z_2|)]\left(\frac{z_2}{|z_2|}\right)^n \tag{6-80}$$

使用复变函数来描述波函数的变量，其中的优势就在于可以直接使用坐标平移法，轻松得到波函数在任意坐标系统下的表达式。在复平面$(z_2,\bar{z}_2)$内 $w^{(S1)}$ 可以表示为

$$w^{(S1)}(z_1,\bar{z}_1)=\sum_{n=-\infty}^{n=+\infty}A_nH_n^{(1)}[k_1|z_1-\mathrm{i}(R_d-d)|]\left[\frac{z_1-\mathrm{i}(R_d-d)}{|z_1-\mathrm{i}(R_d-d)|}\right]^n \tag{6-81}$$

$$\tau_{rz}^{(S1)}(z_1,\bar{z}_1)=\frac{k_1\mu_1}{2}\sum_{n=-\infty}^{n=+\infty}A_n\left\{\begin{aligned}&H_{n-1}^{(1)}[k_1|z_1-\mathrm{i}(R_d-d)|]\left[\frac{z_1-\mathrm{i}(R_d-d)}{|z_1-\mathrm{i}(R_d-d)|}\right]^{n-1}\frac{z_1}{|z_1|}\\&-H_{n+1}^{(1)}[k_1|z_1-\mathrm{i}(R_d-d)|]\left[\frac{z_1-\mathrm{i}(R_d-d)}{|z_1-\mathrm{i}(R_d-d)|}\right]^{n+1}\frac{\bar{z}_1}{|z_1|}\end{aligned}\right\} \tag{6-82}$$

$$\tau_{\theta z}^{(S1)}(z_1,\bar{z}_1)=\frac{\mathrm{i}k_1\mu_1}{2}\sum_{n=-\infty}^{n=+\infty}A_n\left\{\begin{aligned}&H_{n-1}^{(1)}[k_1|z_1-\mathrm{i}(R_d-d)|]\left[\frac{z_1-\mathrm{i}(R_d-d)}{|z_1-\mathrm{i}(R_d-d)|}\right]^{n-1}\frac{z_1}{|z_1|}\\&+H_{n+1}^{(1)}[k_1|z_1-\mathrm{i}(R_d-d)|]\left[\frac{z_1-\mathrm{i}(R_d-d)}{|z_1-\mathrm{i}(R_d-d)|}\right]^{n+1}\frac{\bar{z}_1}{|z_1|}\end{aligned}\right\} \tag{6-83}$$

在复平面$(z_2,\bar{z}_2)$内，边界 Γ_d 在下部土层 I 内产生的散射波 $w^{(S2)}$ 的位移场、径向应力、切向应力分别为

$$w^{(S2)}(z_1,\bar{z}_1)=\sum_{n=-\infty}^{n=+\infty}B_nH_n^{(2)}(k_1|z_1|)\left(\frac{z_1}{|z_1|}\right)^n \tag{6-84}$$

$$\tau_{rz}^{(S2)}(z_1,\bar{z}_1)=\frac{k_1\mu_1}{2}\sum_{n=-\infty}^{n=+\infty}B_n[H_{n-1}^{(2)}(k_1|z_1|)-H_{n-1}^{(2)}(k_1|z_1|)]\left(\frac{z_1}{|z_1|}\right)^n \tag{6-85}$$

$$\tau_{\theta z}^{(S2)}(z_1,\bar{z}_1)=\frac{\mathrm{i}k_1\mu_1}{2}\sum_{n=-\infty}^{n=+\infty}B_n[H_{n-1}^{(2)}(k_1|z_1|)+H_{n-1}^{(2)}(k_1|z_1|)]\left(\frac{z_1}{|z_1|}\right)^n \tag{6-86}$$

利用坐标平移的方法，在复平面$(z_2,\bar{z}_2)$内可以表示为

$$w^{(S2)}(z_2,\bar{z}_2)=\sum_{n=-\infty}^{n=+\infty}B_nH_n^{(2)}(k_1|z_2+\mathrm{i}(R_d-d)|)\left(\frac{z_2+\mathrm{i}(R_d-d)}{|z_2+\mathrm{i}(R_d-d)|}\right)^n \tag{6-87}$$

$$\tau_{rz}^{(S2)}(z_2,\bar{z}_2)=\frac{k_1\mu_1}{2}\sum_{n=-\infty}^{n=+\infty}B_n\left\{\begin{aligned}&H_{n-1}^{(2)}[k_1|z_2+\mathrm{i}(R_d-d)|]\left[\frac{z_2+\mathrm{i}(R_d-d)}{|z_2+\mathrm{i}(R_d-d)|}\right]^{n-1}\frac{z_2}{|z_2|}\\&-H_{n+1}^{(2)}[k_1|z_2+\mathrm{i}(R_d-d)|]\left[\frac{z_2+\mathrm{i}(R_d-d)}{|z_2+\mathrm{i}(R_d-d)|}\right]^{n+1}\frac{\bar{z}_2}{|z_2|}\end{aligned}\right\} \tag{6-88}$$

$$\tau_{\theta z}^{(S2)}(z_2,\bar{z}_2)=\frac{\mathrm{i}k_1\mu_1}{2}\sum_{n=-\infty}^{n=+\infty}B_n\left\{\begin{aligned}&H_{n-1}^{(2)}[k_1|z_2+\mathrm{i}(R_d-d)|]\left[\frac{z_2+\mathrm{i}(R_d-d)}{|z_2+\mathrm{i}(R_d-d)|}\right]^{n-1}\frac{z_2}{|z_2|}\\&+H_{n+1}^{(2)}[k_1|z_2+\mathrm{i}(R_d-d)|]\left[\frac{z_2+\mathrm{i}(R_d-d)}{|z_2+\mathrm{i}(R_d-d)|}\right]^{n+1}\frac{\bar{z}_2}{|z_2|}\end{aligned}\right\} \tag{6-89}$$

在复平面$(z_2,\bar{z}_2)$内，边界$\dot{\Gamma}_d$在覆盖土层Ⅱ内产生的散射波$w^{(S3)}$的位移场、径向应力、切向应力分别为

$$w^{(S3)}(z_1,\bar{z}_1)=\sum_{n=-\infty}^{n=+\infty}C_nH_n^{(1)}(k_2|z_1|)\left(\frac{z_1}{|z_1|}\right)^n \tag{6-90}$$

$$\tau_{rz}^{(S3)}(z_1,\bar{z}_1)=\frac{k_2\mu_2}{2}\sum_{n=-\infty}^{n=+\infty}C_n[H_{n-1}^{(1)}(k_2|z_1|)-H_{n+1}^{(1)}(k_2|z_1|)]\left(\frac{z_1}{|z_1|}\right)^n \tag{6-91}$$

$$\tau_{\theta z}^{(S3)}(z_1,\bar{z}_1)=\frac{\mathrm{i}k_2\mu_2}{2}\sum_{n=-\infty}^{n=+\infty}C_n[H_{n-1}^{(1)}(k_2|z_1|)+H_{n+1}^{(1)}(k_2|z_1|)]\left(\frac{z_1}{|z_1|}\right)^n \tag{6-92}$$

在复平面$(z_1,\bar{z}_1)$内，边界$\dot{\Gamma}_u$在覆盖土层Ⅱ内产生的散射波$w^{(S4)}$的位移场、径向应力、切向应力分别为

$$w^{(S4)}(z_1,\bar{z}_1)=\sum_{n=-\infty}^{n=+\infty}D_nH_n^{(2)}(k_2|z_1|)\left(\frac{z_1}{|z_1|}\right)^n \tag{6-93}$$

$$\tau_{rz}^{(S4)}(z_1,\bar{z}_1)=\frac{k_2\mu_2}{2}\sum_{n=-\infty}^{n=+\infty}D_n\left[H_{n-1}^{(2)}(k_2|z_1|)-H_{n+1}^{(2)}(k_2|z_1|)\right]\left(\frac{z_1}{|z_1|}\right)^n \tag{6-94}$$

$$\tau_{\theta z}^{(S4)}(z_1,\bar{z}_1)=\frac{\mathrm{i}k_2\mu_2}{2}\sum_{n=-\infty}^{n=+\infty}D_n\left[H_{n-1}^{(2)}(k_2|z_1|)+H_{n+1}^{(2)}(k_2|z_1|)\right]\left(\frac{z_1}{|z_1|}\right)^n \tag{6-95}$$

6.2.4　覆盖层下部衬砌的散射波场

图 6.18 是对衬砌内散射波场进行分析的示意图。SH 波会在衬砌外壁激发向内会聚的散射波 $w^{(\Gamma_b)}$。在复平面$(z_2,\bar{z}_2)$内，其位移场、径向应力、切向应力分量分别为

$$w^{(\Gamma_b)}(z_2,\bar{z}_2)=\sum_{n=+\infty}^{n=-\infty}E_nH_n^{(2)}\ (k_3|z_2|)^n\left(\frac{z_2}{|z_2|}\right)^n \tag{6-96}$$

$$\tau_{rz}^{(\Gamma_b)}(z_2,\bar{z}_2)=\frac{k_3\mu_3}{2}\sum_{n=+\infty}^{n=-\infty}E_n\left[H_{n-1}^{(2)}(k_3|z_2|)-H_{n+1}^{(2)}(k_3|z_2|)\right]\left(\frac{z_2}{|z_2|}\right)^n \tag{6-97}$$

$$\tau_{\theta z}^{(\Gamma_b)}(z_2,\bar{z}_2)=\frac{\mathrm{i}k_3\mu_3}{2}\sum_{n=+\infty}^{n=-\infty}E_n\left[H_{n-1}^{(2)}(k_3|z_2|)+H_{n+1}^{(2)}(k_3|z_2|)\right]\left(\frac{z_2}{|z_2|}\right)^n \tag{6-98}$$

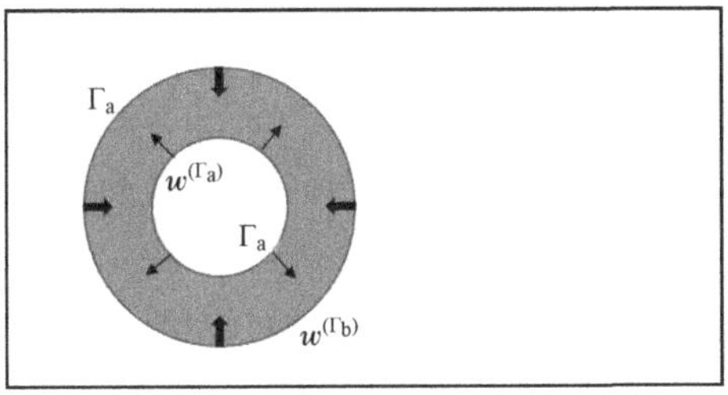

图 6.18　衬砌内的散射波场

SH 波会在衬砌的内壁激发向外发散的散射波 $w^{(\Gamma_a)}$。在复平面$(z_2,\bar{z}_2)$内，其位移场、径向应力、切向应力分量分别为

$$w^{(\Gamma_a)}(z_2,\bar{z}_2)=\sum_{n=+\infty}^{n=-\infty}F_nH_n^{(1)}\ (k_3|z_2|)^n\left(\frac{z_2}{|z_2|}\right)^n \tag{6-99}$$

$$\tau_{rz}^{(\Gamma_a)}(z_2,\bar{z}_2)=\frac{k_3\mu_3}{2}\sum_{n=+\infty}^{n=-\infty}F_n\left[H_{n-1}^{(1)}(k_3|z_2|)-H_{n+1}^{(1)}(k_3|z_2|)\right]\left(\frac{z_2}{|z_2|}\right)^n \tag{6-100}$$

$$\tau_{\theta z}^{(\Gamma_a)}(z_2,\bar{z}_2)=\frac{\mathrm{i}k_3\mu_3}{2}\sum_{n=+\infty}^{n=-\infty}F_n[H_{n-1}^{(1)}(k_3|z_2|)+H_{n+1}^{(1)}(k_3|z_2|)]\left(\frac{z_2}{|z_2|}\right)^n \tag{6-101}$$

6.2.5 覆盖层下部圆柱形衬砌对 SH 波散射的定解问题

前面通过分区的方法将问题分解为含圆孔的复合地层和衬砌两部分，并利用波函数展开法构建了每部分内的散射波。

通过位移和应力连续条件将两部分散射波在共同的边界上进行契合。用上节推导的波函数和应力分量进行表达。其中覆盖层下边界 Γ_d 上需满足位移连续条件式（6-102），径向应力连续条件式（6-103）；覆盖层的上边界 Γ_u 应满足径向应力自由式（6-104）；衬砌外壁 Γ_b 应满足位移连续条件式（6-105），径向应力连续条件式（6-106）；衬砌内壁 Γ_a 应满足径向应力自由式（6-107）。

$$\Gamma_u(|z_1|=R_d):w^{(i)}(z_1,\bar{z}_1)+w^{(S1)}(z_1,\bar{z}_1)+w^{(S2)}(z_1,\bar{z}_1)=w^{(S3)}(z_1,\bar{z}_1)+w^{(S4)}(z_1,\bar{z}_1) \tag{6-102}$$

$$\Gamma_d(|z_1|=R_d):\tau_{rz}^{(i)}(z_1,\bar{z}_1)+\tau_{rz}^{(S1)}(z_1,\bar{z}_1)+\tau_{rz}^{(S2)}(z_1,\bar{z}_1)=\tau_{rz}^{(S3)}(z_1,\bar{z}_1)+\tau_{rz}^{(S4)}(z_1,\bar{z}_1) \tag{6-103}$$

$$\Gamma_u(|z_1|=R_u):\tau_{rz}^{(S3)}(z_1,\bar{z}_1)+\tau_{rz}^{(S4)}(z_1,\bar{z}_1)=0 \tag{6-104}$$

$$\Gamma_b(|z_2|=b):w^{(i)}(z_2,\bar{z}_2)+w^{(S1)}(z_2,\bar{z}_2)+w^{(S2)}(z_2,\bar{z}_2)=w^{(\Gamma b)}(z_2,\bar{z}_2)+w^{(\Gamma a)}(z_2,\bar{z}_2) \tag{6-105}$$

$$\Gamma_b(|z_2|=b):\tau_{rz}^{(i)}(z_2,\bar{z}_2)+\tau_{rz}^{(S1)}(z_2,\bar{z}_2)+\tau_{rz}^{(S2)}(z_2,\bar{z}_2)=\tau_{rz}^{(\Gamma b)}(z_2,\bar{z}_2)+\tau_{rz}^{(\Gamma a)}(z_2,\bar{z}_2) \tag{6-106}$$

$$\Gamma_a(|z_2|=a):\tau_{rz}^{(\Gamma b)}(z_2,\bar{z}_2)+\tau_{rz}^{(\Gamma a)}(z_2,\bar{z}_2)=0 \tag{6-107}$$

由定解条件可以建立定解方程组，整理可以得

$$\begin{cases}w^{(S1)}(z_1,\bar{z}_1)+w^{(S2)}(z_1,\bar{z}_1)-w^{(S3)}(z_1,\bar{z}_1)-w^{(S4)}(z_1,\bar{z}_1)=-w^{(i)}(z_1,\bar{z}_1), & |z_1|=R_d\\ \tau_{rz}^{(S1)}(z_1,\bar{z}_1)+\tau_{rz}^{(S2)}(z_1,\bar{z}_1)-\tau_{rz}^{(S3)}(z_1,\bar{z}_1)-\tau_{rz}^{(S4)}(z_1,\bar{z}_1)=-\tau_{rz}^{(i)}(z_1,\bar{z}_1), & |z_1|=R_d\\ \tau_{rz}^{(S3)}(z_1,\bar{z}_1)+\tau_{rz}^{(S4)}(z_1,\bar{z}_1)=0, & |z_1|=R_u\\ w^{(S1)}(z_2,\bar{z}_2)+w^{(S2)}(z_2,\bar{z}_2)-w^{(\Gamma b)}(z_2,\bar{z}_2)-w^{(\Gamma a)}(z_2,\bar{z}_2)=-w^{(i)}(z_2,\bar{z}_2), & |z_2|=b\\ \tau_{rz}^{(S1)}(z_2,\bar{z}_2)+\tau_{rz}^{(S2)}(z_2,\bar{z}_2)-\tau_{rz}^{(\Gamma b)}(z_2,\bar{z}_2)-\tau_{rz}^{(\Gamma a)}(z_2,\bar{z}_2)=-\tau_{rz}^{(i)}(z_2,\bar{z}_2), & |z_2|=b\\ \tau_{rz}^{(\Gamma b)}(z_2,\bar{z}_2)+\tau_{rz}^{(\Gamma a)}(z_2,\bar{z}_2)=0, & |z_2|=a\end{cases} \tag{6-108}$$

对方程两端按角变量做傅里叶级数展开，得到含有无限未知系数的无限项方程组：

$$\sum_{m=-\infty}^{m=+\infty}\sum_{n=-\infty}^{n=+\infty}\begin{bmatrix} +\zeta_{mn}^{(11)} & +\zeta_{mn}^{(12)} & -\zeta_{mn}^{(13)} & -\zeta_{mn}^{(14)} & 0 & 0 \\ +\zeta_{mn}^{(21)} & +\zeta_{mn}^{(22)} & -\zeta_{mn}^{(23)} & -\zeta_{mn}^{(24)} & 0 & 0 \\ 0 & 0 & +\zeta_{mn}^{(33)} & +\zeta_{mn}^{(34)} & 0 & 0 \\ +\zeta_{mn}^{(41)} & +\zeta_{mn}^{(42)} & 0 & 0 & -\zeta_{mn}^{(45)} & -\zeta_{mn}^{(46)} \\ +\zeta_{mn}^{(51)} & +\zeta_{mn}^{(52)} & 0 & 0 & -\zeta_{mn}^{(55)} & -\zeta_{mn}^{(56)} \\ 0 & 0 & 0 & 0 & +\zeta_{mn}^{(65)} & +\zeta_{mn}^{(66)} \end{bmatrix}\begin{bmatrix} A_n \\ B_n \\ C_n \\ D_n \\ E_n \\ F_n \end{bmatrix} = \sum_{m=-\infty}^{m=+\infty}\begin{bmatrix} -\eta_m^1 \\ -\eta_m^2 \\ 0 \\ -\eta_m^4 \\ -\eta_m^5 \\ 0 \end{bmatrix} \tag{6-109}$$

方程中各项分别为

$$\eta_m^1=\frac{1}{2\pi}\int_{-\pi}^{\pi} w_0\exp[\mathrm{i}k_1\mathrm{Re}(z_1\mathrm{e}^{-\mathrm{i}\alpha_0})]\exp(-\mathrm{i}m\theta_{xy1})\mathrm{d}\theta_{xy1} \tag{6-110}$$

$$\eta_m^2=\frac{1}{2\pi}\int_{-\pi}^{\pi} \mathrm{i}k_1\mu_1 w_0\exp[\mathrm{i}k_1\mathrm{Re}(z_1\mathrm{e}^{-\mathrm{i}\alpha_0})]\frac{\mathrm{Re}(z_1\mathrm{e}^{-\mathrm{i}\alpha_0})}{|z_1|}\exp(-\mathrm{i}m\theta_{xy1})\mathrm{d}\theta_{xy1} \tag{6-111}$$

$$\eta_m^1=\frac{1}{2\pi}\int_{-\pi}^{\pi} w_0\exp[\mathrm{i}k_1\mathrm{Re}((z_2+\mathrm{i}(R_\mathrm{d}-d))\mathrm{e}^{-\mathrm{i}\alpha_0})]\exp(-\mathrm{i}m\theta_{xy2})\mathrm{d}\theta_{xy2} \tag{6-112}$$

$$\eta_m^1=\frac{1}{2\pi}\int_{-\pi}^{\pi} \mathrm{i}k_1\mu_1 w_0\exp[\mathrm{i}k_1\mathrm{Re}((z_2+\mathrm{i}(R_\mathrm{d}-d))\mathrm{e}^{-\mathrm{i}\alpha_0})]\frac{\mathrm{Re}(z_1\mathrm{e}^{-\mathrm{i}\alpha_0})}{|z_1|}\exp(-\mathrm{i}m\theta_{xy2})\mathrm{d}\theta_{xy2} \tag{6-113}$$

$$\zeta_{mn}^{(11)}=\frac{1}{2\pi}\int_{-\pi}^{\pi} H_n^{(1)}[k_1|z_1-\mathrm{i}(R_\mathrm{d}-d)|]\left[\frac{z_1-\mathrm{i}(R_\mathrm{d}-d)}{|z_1-\mathrm{i}(R_\mathrm{d}-d)|}\right]^n\exp(-\mathrm{i}m\theta_{xy1})\mathrm{d}\theta_{xy1} \tag{6-114}$$

$$\zeta_{mn}^{(12)}=\frac{1}{2\pi}\int_{-\pi}^{\pi} H_n^{(2)}(k_1|z_1|)(z_1/|z_1|)^n\exp(-\mathrm{i}m\theta_{xy1})\mathrm{d}\theta_{xy1} \tag{6-115}$$

$$\zeta_{mn}^{(13)}=\frac{1}{2\pi}\int_{-\pi}^{\pi} H_n^{(1)}(k_2|z_1|)(z_1/|z_1|)^n\exp(-\mathrm{i}m\theta_{xy1})\mathrm{d}\theta_{xy1} \tag{6-116}$$

$$\zeta_{mn}^{(14)}=\frac{1}{2\pi}\int_{-\pi}^{\pi} H_n^{(2)}(k_2|z_1|)(z_1/|z_1|)^n\exp(-\mathrm{i}m\theta_{xy1})\mathrm{d}\theta_{xy1} \tag{6-117}$$

$$\zeta_{mn}^{(21)}=\frac{k_1\mu_1}{4\pi}\int_{-\pi}^{\pi}\left\{\begin{aligned} &H_{n-1}^{(1)}[k_1|z_1-\mathrm{i}(R_\mathrm{d}-d)|]\left[\frac{z_1-\mathrm{i}(R_\mathrm{d}-d)}{|z_1-\mathrm{i}(R_\mathrm{d}-d)|}\right]^{n-1}\frac{z_1}{|z_1|} \\ &-H_{n+1}^{(1)}[k_1|z_1-\mathrm{i}(R_\mathrm{d}-d)|]\left[\frac{z_1-\mathrm{i}(R_\mathrm{d}-d)}{|z_1-\mathrm{i}(R_\mathrm{d}-d)|}\right]^{n+1}\frac{\bar{z}_1}{|z_1|}\end{aligned}\right\}\exp(-\mathrm{i}m\theta_{xy1})\mathrm{d}\theta_{xy1} \tag{6-118}$$

$$\zeta_{mn}^{(22)}=\frac{k_2\mu_2}{4\pi}\int_{-\pi}^{\pi}[H_{n-1}^{(2)}(k_1|z_1|)-H_{n+1}^{(2)}(k_1|z_1|)](z_1/|z_1|)^n\exp(-\mathrm{i}m\theta_{xy1})\mathrm{d}\theta_{xy1} \tag{6-119}$$

$$\zeta_{mn}^{(23)}=\frac{k_2\mu_2}{4\pi}\int_{-\pi}^{\pi}[H_{n-1}^{(1)}(k_2|z_1|)-H_{n+1}^{(1)}(k_2|z_1|)](z_1/|z_1|)^n\exp(-\mathrm{i}m\theta_{xy1})\mathrm{d}\theta_{xy1} \tag{6-120}$$

$$\zeta_{mn}^{(24)}=\frac{k_2\mu_2}{4\pi}\int_{-\pi}^{\pi}[H_{n-1}^{(2)}(k_2|z_1|)-H_{n+1}^{(2)}(k_2|z_1|)](z_1/|z_1|)^n\exp(-\mathrm{i}m\theta_{xy1})\mathrm{d}\theta_{xy1} \tag{6-121}$$

$$\zeta_{mn}^{(33)}=\frac{k_2\mu_2}{4\pi}\int_{-\pi}^{\pi}[H_{n-1}^{(1)}(k_2|z_1|)-H_{n+1}^{(1)}(k_2|z_1|)](z_1/|z_1|)^n\exp(-\mathrm{i}m\theta_{xy1})\mathrm{d}\theta_{xy1} \tag{6-122}$$

$$\zeta_{mn}^{(34)}=\frac{k_2\mu_2}{4\pi}\int_{-\pi}^{\pi}[H_{n-1}^{(2)}(k_2|z_1|)-H_{n+1}^{(2)}(k_2|z_1|)](z_1/|z_1|)^n\exp(-\mathrm{i}m\theta_{xy1})\mathrm{d}\theta_{xy1} \tag{6-123}$$

$$\zeta_{mn}^{(41)}=\frac{1}{2\pi}\int_{-\pi}^{\pi}H_n^{(1)}(k_1|z_2|)(z_2/|z_2|)^n\exp(-\mathrm{i}m\theta_{xy2})\mathrm{d}\theta_{xy2} \tag{6-124}$$

$$\zeta_{mn}^{(42)}=\frac{1}{2\pi}\int_{-\pi}^{\pi}H_n^{(2)}(k_1|z_2+\mathrm{i}(R_\mathrm{d}-d)|)\left(\frac{z_2+\mathrm{i}(R_\mathrm{d}-d)}{|z_2+\mathrm{i}(R_\mathrm{d}-d)|}\right)^n\exp(-\mathrm{i}m\theta_{xy2})\mathrm{d}\theta_{xy2} \tag{6-125}$$

$$\zeta_{mn}^{(45)}=\frac{1}{2\pi}\int_{-\pi}^{\pi}H_n^{(2)}(k_3|z_2|)(z_2/|z_2|)^n\exp(-\mathrm{i}m\theta_{xy2})\mathrm{d}\theta_{xy2} \tag{6-126}$$

$$\zeta_{mn}^{(46)}=\frac{1}{2\pi}\int_{-\pi}^{\pi}H_n^{(1)}(k_3|z_2|)(z_2/|z_2|)^n\exp(-\mathrm{i}m\theta_{xy2})\mathrm{d}\theta_{xy2} \tag{6-127}$$

$$\zeta_{mn}^{(51)}=\frac{k_2\mu_2}{4\pi}\int_{-\pi}^{\pi}[H_{n-1}^{(1)}(k_1|z_2|)-H_{n+1}^{(1)}(k_1|z_2|)](z_2/|z_2|)^n\exp(-\mathrm{i}m\theta_{xy2})\mathrm{d}\theta_{xy2} \tag{6-128}$$

$$\zeta_{mn}^{(52)}=\frac{k_2\mu_2}{4\pi}\int_{-\pi}^{\pi}\left\{\begin{aligned}&H_{n-1}^{(2)}[k_1|z_2+\mathrm{i}(R_\mathrm{d}-d)|]\left[\frac{z_2+\mathrm{i}(R_\mathrm{d}-d)}{|z_2+\mathrm{i}(R_\mathrm{d}-d)|}\right]^{n-1}\frac{z_2}{|z_2|}\\&-H_{n+1}^{(2)}[k_1|z_2+\mathrm{i}(R_\mathrm{d}-d)|]\left[\frac{z_2+\mathrm{i}(R_\mathrm{d}-d)}{|z_2+\mathrm{i}(R_\mathrm{d}-d)|}\right]^{n+1}\frac{\bar{z}_2}{|z_2|}\end{aligned}\right\}\exp(-\mathrm{i}m\theta_{xy2})\mathrm{d}\theta_{xy2} \tag{6-129}$$

$$\zeta_{mn}^{(55)}=\frac{k_3\mu_3}{4\pi}\int_{-\pi}^{\pi}[H_{n-1}^{(2)}(k_3|z_2|)-H_{n+1}^{(2)}(k_3|z_2|)](z_2/|z_2|)^n\exp(-\mathrm{i}m\theta_{xy2})\mathrm{d}\theta_{xy2} \tag{6-130}$$

$$\zeta_{mn}^{(56)}=\frac{k_3\mu_3}{4\pi}\int_{-\pi}^{\pi}[H_{n-1}^{(2)}(k_3|z_2|)-H_{n+1}^{(1)}(k_3|z_2|)](z_2/|z_2|)^n\exp(-\mathrm{i}m\theta_{xy2})\mathrm{d}\theta_{xy2}\tag{6-131}$$

$$\zeta_{mn}^{(65)}=\frac{k_3\mu_3}{4\pi}\int_{-\pi}^{\pi}[H_{n-1}^{(2)}(k_3|z_2|)-H_{n+1}^{(2)}(k_3|z_2|)](z_2/|z_2|)^n\exp(-\mathrm{i}m\theta_{xy2})\mathrm{d}\theta_{xy2}\tag{6-132}$$

$$\zeta_{mn}^{(66)}=\frac{k_3\mu_3}{4\pi}\int_{-\pi}^{\pi}[H_{n-1}^{(1)}(k_3|z_2|)-H_{n+1}^{(1)}(k_3|z_2|)](z_2/|z_2|)^n\exp(-\mathrm{i}m\theta_{xy2})\mathrm{d}\theta_{xy2}\tag{6-133}$$

根据汉克尔函数的衰减性质，在保证精度的情况下对 m 和 n 截取有限项，可将上述方程组转变为有限项线性方程组，求解出待定常数。

6.2.6　数值算例及结果分析

本节引入无量纲的动应力集中因子来分析动应力集中现象，其最大值表示为 $\mathrm{DSCF}_{\max}$。定义衬砌外壁的动应力集中因子为

$$\mathrm{DSCF}=|\tau_{\theta z}^{(\Gamma b)}(z_2,\bar{z}_2)+\tau_{\theta z}^{(\Gamma a)}(z_2,\bar{z}_2)|/|\mathrm{i}k_1\mu_1w_0|,\quad |z_2|=b\tag{6-134}$$

衬砌内壁的动应力集中因子为

$$\mathrm{DSCF}=|\tau_{\theta z}^{(\Gamma b)}(z_2,\bar{z}_2)+\tau_{\theta z}^{(\Gamma a)}(z_2,\bar{z}_2)|/|\mathrm{i}k_1\mu_1w_0|,\quad |z_2|=a\tag{6-135}$$

数值算例重点研究 SH 波垂直入射时，覆盖层下部混凝土衬砌隧道的动应力集中现象。本算例的材料参数和计算结果采用无量纲化的描述和分析。令 $w_0=1$，SH 波入射角度 $\alpha=90°$。覆盖层厚度 $h=2.0$。圆形衬砌隧道内径 $a=1$，距离覆盖层底部 $d=2a$。定义：$c^*=c_{S2}/c_{S1}$，$c^\#=c_{S3}/c_{S1}$，$\rho^*=\rho_2/\rho_1$，$\rho^\#=\rho_3/\rho_1$，$k^*=k_2/k_1$，$k^\#=k_3/k_1$，由 $k=\omega/c$，可知 $k^*=1/c^*=\sqrt{\rho^*/\mu^*}$，$k^\#=1/c^\#=\sqrt{\rho^\#/\mu^\#}$。通过对表 6.4 中的材料进行换算，可得表 6.4 中三种土层和衬砌材料的无量纲参数。

表 6.4　土层及衬砌的无量纲化参数

地质组合	ρ^*	k^*	衬　砌	$\rho^\#$	$k^\#$
地质组合 A 砂岩+煤	0.60	2.40	C30 混凝土	0.96	1.10
地质组合 B 砂岩+质密石灰岩	1.20	0.75			

除了从密度和剪切波速等物理力学指标能够直观地判定介质的软硬关系，波数比也体现着各介质软硬的不同。当 $k^*<1$ 时，表明地表覆盖层比下部土层

更“软”，即复合地层为“上软下硬”型，称为地质组合 A。与之相反，“上硬下软”型的复合地层称为地质组合 B。

首先，把模型进行退化，来验证级数方程的合理性。当介质参数取 $\mu^*=k^*=\rho^*=1$ 时，土层Ⅰ和土层Ⅱ的参数相同，两者合并为一个区域，此时问题退化为单一土层的半空间问题。取 $\mu^\#=\rho^\#=1$，此时半空间内只存在一个半径为 $a=1$ 的圆形孔洞。此时，方程可以用于解决半空间内圆形孔洞对垂直入射的 SH 波的散射问题。

根据参考文献可知，大圆弧的半径不能过大也不能过小[3-4]，这里依然将 R_d 取 $120a$ 进行后续问题的探讨。

图 6.19（a）给出了当 $R_d=120a$，SH 波垂直入射，覆盖层厚度 $h=0.5a$，$k_1a=0.1$ 时，衬砌与覆盖层下边界 Γ_d 的距离 d 分别为 $1.5a$ 和 $12a$ 时，圆形孔洞周边的动应力集中系数，结果与参考文献［5］中的结果较为接近。

当 $\mu^*=k^*=1.0$，$\mu^\#=\mu_3/\mu_1=3.2$，$k^\#=0.7$，$b/a=1.1$ 时，问题退化为半空间内圆形衬砌对垂直入射的 SH 波的散射问题。图 6.19（b）给出了覆盖层厚度 $h=0.5a$，衬砌距离覆盖层底 $d=1.5a$ 时，在 $k_1a=0.1,1.0,2.0$ 三种频率的入射波作用下，衬砌内壁的动应力集中系数，与参考文献［6］中的结果较为接近。

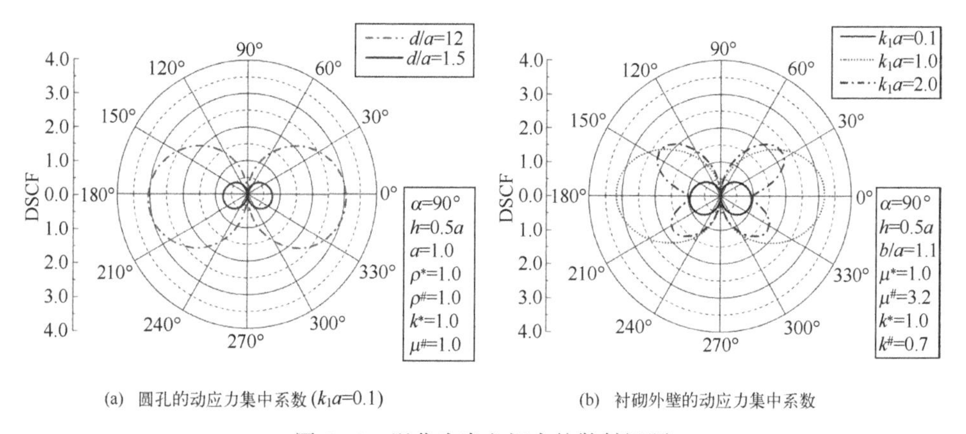

(a) 圆孔的动应力集中系数 ($k_1a=0.1$)　　(b) 衬砌外壁的动应力集中系数

图 6.19　退化为半空间内的散射问题

引入无量纲径向应力差来描述级数解的精度，将求出的系数回代入方程，用边界径向应力为零的条件来检验。在本问题中，衬砌外壁的无量纲径向应力差为

$$\tau_{rz}^{*b}=\frac{\left|\tau_{rz}^{(i)}(z_2,\bar{z}_2)+\tau_{rz}^{(S2)}(z_2,\bar{z}_2)+\tau_{rz}^{(S2)}(z_2,\bar{z}_2)-\tau_{rz}^{(\Gamma b)}(z_2,\bar{z}_2)-\tau_{rz}^{(\Gamma a)}(z_2,\bar{z}_2)\right|}{\left|\mathrm{i}k_1\mu_1w_0\right|},\quad |z_2|=b \tag{6-136}$$

衬砌内壁的无量纲径向应力差为

$$\tau_{rz}^{*a}=\frac{|\tau_{rz}^{(\Gamma b)}(z_2,\bar{z}_2)+\tau_{rz}^{(\Gamma a)}(z_2,\bar{z}_2)|}{|\mathrm{i}k_1\mu_1 w_0|},\quad |z_2|=a \tag{6-137}$$

由于本问题采用了傅里叶-贝塞尔级数进行波函数的构造，该级数具有良好的收敛性。只要级数项数取得适当，无量纲径向应力差就可以足够小，从而满足精度的要求[7-8]。图 6.20 是和图 6.19（b）所研究问题对应的衬砌外壁和内壁的无量纲径向应力差。此时数量级在$10^{-6}\sim10^{-4}$。当 $k_1a=0.1$ 和 $k_1a=1.0$ 时，截断项数分别为 $m=n=8$，$m=n=14$。在本节问题的研究中，当 $k_1a<0.5$ 时，取截断项数 $m=n=4$；当 $0.5\leqslant k_1a\leqslant2.4$ 时，取截断项数 $m=n=12$，即可保证无量纲径向应力差的数量级在$10^{-3}\sim10^{-4}$。在本算例后续问题的探讨中都使用这一思路来确定方程截断项数，为计算精度提供保证。

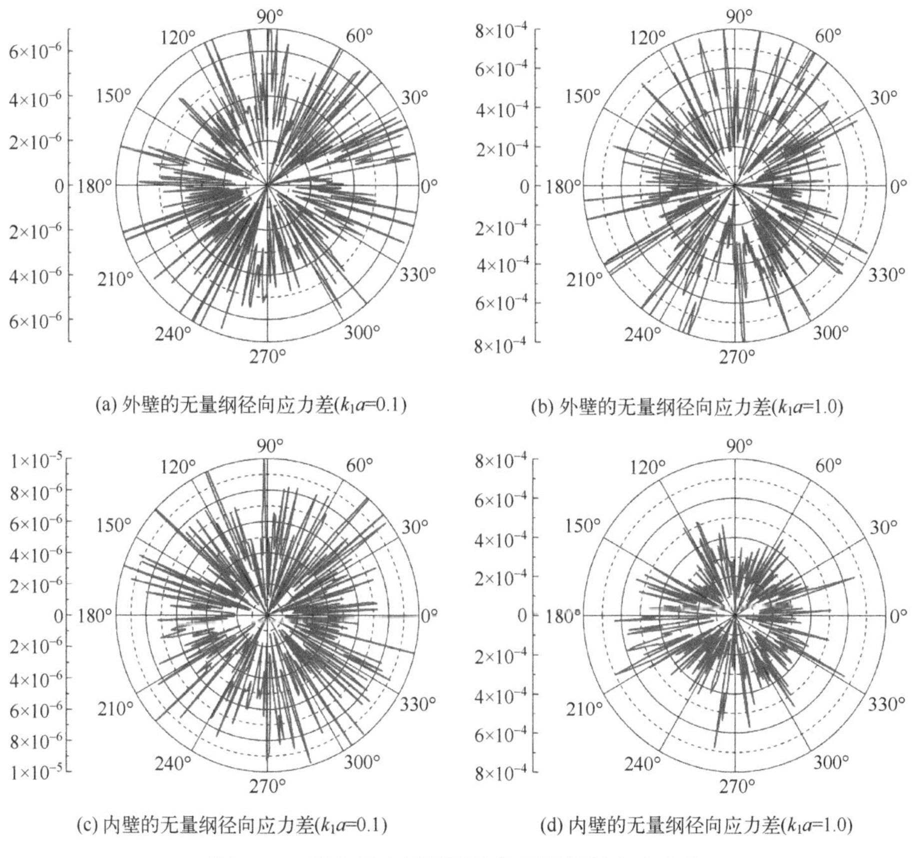

(a) 外壁的无量纲径向应力差(k_1a=0.1)　(b) 外壁的无量纲径向应力差(k_1a=1.0)

(c) 内壁的无量纲径向应力差(k_1a=0.1)　(d) 内壁的无量纲径向应力差(k_1a=1.0)

图 6.20　半空间中圆形衬砌的无量纲径向应力差

图 6.21 给出了地质组合 A-SH 波由砂岩层垂直入射到煤层时，覆盖煤层下部 C30 混凝土衬砌外壁的动应力集中系数。此时复合地层为“上软下硬”型。

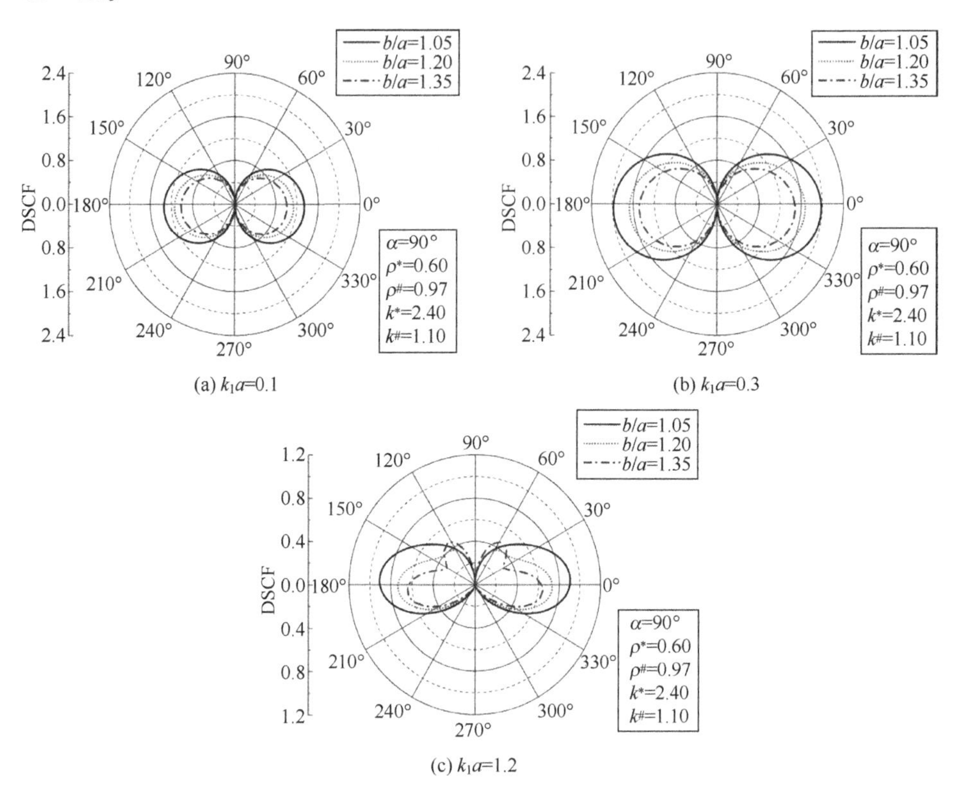

(a) k_1a=0.1 (b) k_1a=0.3 (c) k_1a=1.2

图 6.21 地质组合 A-C30 混凝土衬砌外壁的动应力集中系数

从图 6.21（a）中可以看出，当 $k_1a=0.1$，即低频入射时，衬砌外壁的 DSCF 呈椭圆形。$DSCF_{max}$的位置出现在约为 0°和 180°。随着衬砌厚度的增加，衬砌外壁的 DSCF 有较为明显的降低。从图 6.21（b）中可以看出，随着入射频率的增加，当 $k_1a=0.3$ 时，DSCF 整体数值显著增大。但此时衬砌外壁 DSCF 的分布形状和 $DSCF_{max}$的位置基本没有发生变化。随着衬砌厚度的增加，衬砌外壁的 DSCF 同样有较为明显的降低。

从图 6.21（c）中可以看出，当 $k_1a=1.2$，即入射频率较高时，DSCF 整体数值变小，但 DSCF 的分布形状变得更为复杂。随着衬砌厚度的增加，衬砌外壁的 DSCF 虽然整体降低，但是 $DSCF_{max}$的位置却依次发生了变化。尤其是当 $b/a=1.35$ 时，衬砌在 60°和 120°的位置，DSCF 的数值发生了突变。

综合图 6.21，可以发现，在地质组合 A 的作用下，衬砌对低频入射波的动力响应是较为敏感的，即结构与场地在低频阶段存在共振现象。衬砌外壁的 DSCF 均随着衬砌厚度的增大而降低。

图 6.22 给出了地质组合 A-SH 波由砂岩层垂直入射到煤层时，覆盖煤层下部 C30 混凝土衬砌内壁的动应力集中系数。

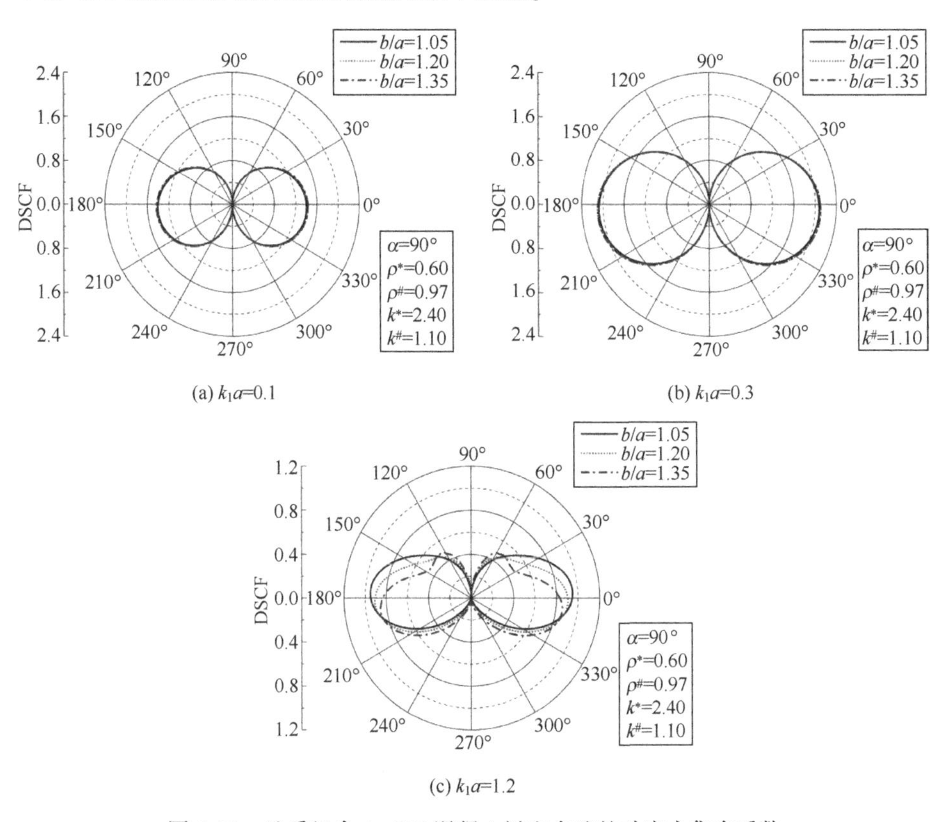

图 6.22　地质组合 A-C30 混凝土衬砌内壁的动应力集中系数

对比图 6.21（a），从图 6.22（a）中可以看出，当 $k_1a=0.1$ 时，衬砌内壁的 DSCF 整体数值要大于外壁的 DSCF。但两者分布形状基本一致，$DSCF_{max}$ 的位置也出现在约为 0°和 180°。当衬砌厚度发生变化后，衬砌内壁动应力集中因子的三条曲线比较接近。衬砌厚度的增加对内壁 DSCF 的影响并不大。

从图 6.21（b）中可以看出，随着入射频率的增加，当 $k_1a=0.3$ 时，DSCF 整体数值有一定程度的增大。但此时衬砌内壁 DSCF 的分布形状和 $DSCF_{max}$ 的位置基本没有发生变化。对比图 6.21（b），同样可以发现，衬砌内壁的 DSCF 整体数值要大于外壁的 DSCF。衬砌厚度的增加对减小内壁的 DSCF

意义不大。

从图 6.22（c）中可以看出，当 $k_1a=1.2$ 时，DSCF 整体数值变小。随着衬砌厚度的增加，仅略微降低了衬砌内壁的 DSCF。当 $b/a=1.35$ 时，衬砌在 60°和 120°的位置，DSCF 的数值发生了突变。

综合图 6.21 和图 6.22 可以看出，覆盖层的存在，使得衬砌内外壁的 DSCF 分布情况相比于半空间内的问题更为复杂。此外，同样是“上软下硬”型复合地层问题，位于覆盖层中的混凝土衬砌，增大衬砌厚度可以减小外壁的 DSCF，但却增大了内壁的 DSCF。而对于覆盖层下部的混凝土衬砌增大，衬砌厚度对于减小外壁的 DSCF 有利，却对减小内壁的 DSCF 意义不大。因此，不能笼统地认为衬砌厚度的增加就一定有利于对 DSCF 的减小。针对于不同厚度的衬砌，对内壁和外壁的薄弱区域采取加强措施，是工程中需要特别注意的。

图 6.23 给出了地质组合 B-SH 波由砂岩层垂直入射到致密石灰岩层时，覆盖层下部 C30 混凝土衬砌外壁的动应力集中系数。此时复合地层为“上硬下软”型。

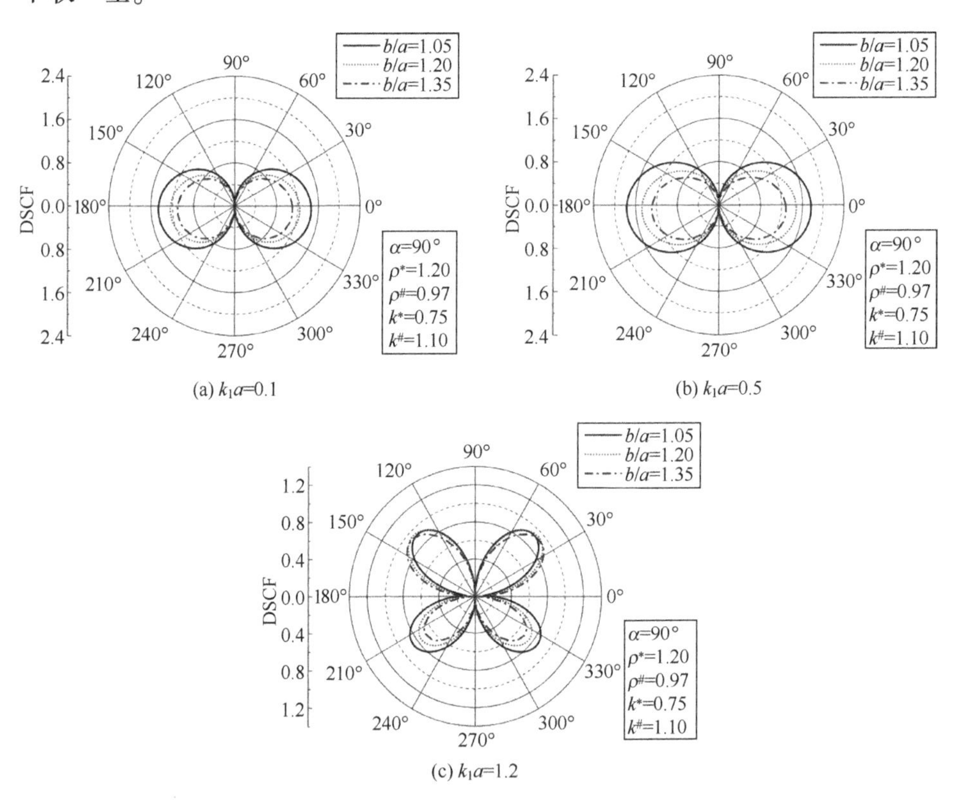

图 6.23　地质组合 B-C30 混凝土衬砌外壁的动应力集中系数

从图 6.23（a）中可以看出，当 $k_1a=0.1$ 时，衬砌外壁的 DSCF 呈椭圆形。$DSCF_{max}$的位置出现在约为 200°和 340°。随着衬砌厚度的增加，衬砌外壁的 DSCF 有较为明显的降低。

从图 6.23（b）中可以看出，当 $k_1a=0.5$ 时，DSCF 整体数值有一定程度的增大。但此时衬砌外壁 DSCF 的分布形状和 $DSCF_{max}$的位置基本没有发生变化。

从图 6.23（c）中可以看出，当 $k_1a=1.2$ 时，DSCF 整体数值变小，分布形状变得更为复杂。$DSCF_{max}$的位置出现在了衬砌外壁的 4 个位置，分布在 50°、130°、220°、320°。随着衬砌厚度的增加，衬砌外壁的 DSCF 同样有较为明显的降低。

图 6.24 给出了地质组合 B-SH 波由砂岩层垂直入射到致密石灰岩层时，覆盖层下部 C30 混凝土衬砌内壁的动应力集中系数。

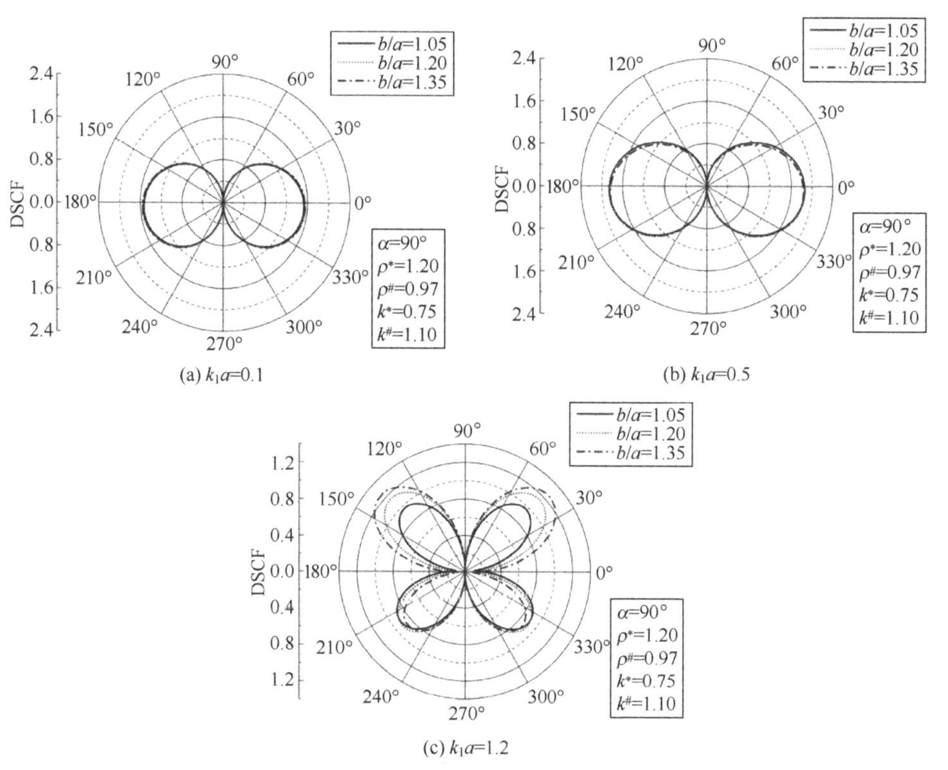

(a) $k_1a=0.1$　(b) $k_1a=0.5$

(c) $k_1a=1.2$

图 6.24　地质组合 B-C30 混凝土衬砌内壁的动应力集中系数

对比图 6.24（a），从图 6.23（a）中可以看出，当 $k_1a=0.1$ 时，衬砌内壁的 DSCF 整体数值要大于外壁的 DSCF。但两者分布形状基本一致，$DSCF_{max}$

的位置也出现在约为 0°和 180°。衬砌厚度的增加对内壁的 DSCF 几乎没有影响。

从图 6.24（b）中可以看出，随着入射频率的增加，当 $k_1a=0.5$ 时，DSCF 整体数值有一定程度的增大。但此时衬砌内壁 DSCF 的分布形状和 $DSCF_{max}$的位置基本没有发生变化。对比图 6.23（b），同样可以发现，衬砌内壁的 DSCF 整体数值要大于外壁的 DSCF。衬砌厚度的增加对减小内壁的 DSCF 意义不大。

从图 6.24（c）中可以看出，当 $k_1a=1.2$ 时，DSCF 整体数值变小。随着衬砌厚度的增加，反而衬砌内壁在 50°和 130°位置处的 DSCF 出现了增大的现象。

综合图 6.23 和图 6.24 可以看出，对于“上硬下软”型复合地层，在中低频 SH 波入射时，衬砌内壁的 DSCF 整体数值相比外壁的 DSCF 大。衬砌厚度的增加对降低外壁的动应力集中现象有利，而对内壁 DSCF 的影响并不大。在 SH 波入射频率较高时，衬砌厚度的增加对于降低外壁的动应集中意义不大，反而增加了内壁的 DSCF。

图 6.25 分别给出了两种地质组合时，覆盖层下部 C30 混凝土衬砌外壁的动应力集中系数最大值随入射波 k_1a 变化的情况。两图参数 $\rho^{\#}$与 $k^{\#}$相同，而 ρ^{*}和 k^{*}不同。

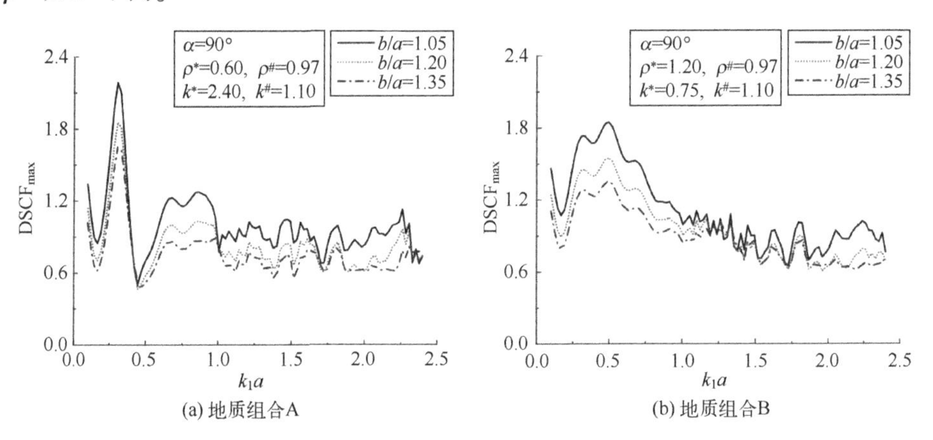

图 6.25　两种地质组合情况下衬砌外壁的动应力集中系数最大值随 k_1a 的变化

场地的差异性对于不同频段的地震波传播有很大的影响。因此，从工程应用的角度出发，有必要结合地层和衬砌具体的材料参数进行综合分析，以找到衬砌对于入射波动力响应比较敏感的频率，为工程设计中如何减小动应力集中的影响提供理论依据。

将入射波频率从 $k_1a\approx0.1$ 到 $k_1a\approx2.5$ 划分为 99 段，100 个点，每计算一次，提取衬砌内壁一圈上的动应力集中因子的最大值。

从图 6.25（a）中可以看出，地质组合 A 中衬砌外壁的 $DSCF_{max}$ 随 k_1a 增大而逐渐增大，在 $k_1a\approx0.3$ 时达到最大，此后逐渐振荡减小。在 $k_1a=0.1\sim0.5$ 时，衬砌厚度的增加对于减小 $DSCF_{max}$ 的作用并不十分明显。当 $k_1a\geqslant0.5$ 后，增加衬砌的厚度对于减小 $DSCF_{max}$ 是有利的。

从图 6.25（b）中可以看出，衬砌外壁的 $DSCF_{max}$ 在 $k_1a\approx0.5$ 时达到最大；在 $k_1a=0.1\sim1.1$ 和 $k_1a\geqslant1.6$ 时，增加衬砌厚度对减小 $DSCF_{max}$ 的意义更大。而在 $k_1a=1.1\sim1.6$ 时，这种作用并不明显。

对比图 6.25（a）和（b）的峰值也可以发现，与半空间问题的不同之处在于，覆盖层的刚度不同会显著影响衬砌动应力响应最大时的频段。当 SH 波以较低频率入射时，刚度较大的覆盖层对 SH 波有一定的屏蔽作用，也可以说刚度较小的覆盖层对动应力集中系数具有一定的放大作用。

结论：

（1）不同土层的介质参数、入射波频率、衬砌的厚度共同影响内壁与外壁的动应力集中系数，工程设计中应结合不同的地质情况，综合考虑各种因素的影响。

（2）当 SH 波以较低频率入射时，刚度较小的覆盖层对 DSCF 有较为明显的放大作用，而刚度较大的覆盖层对于 SH 波有屏蔽的作用。当 SH 波入射频率较高时，这种作用会减弱。

（3）本节研究的混凝土衬砌位于覆盖层下部。当覆盖层刚度较小，在 $k_1a=0.1\sim0.5$ 时，衬砌厚度的增加对于减小 $DSCF_{max}$ 的作用并不十分明显。当 $k_1a\geqslant0.5$ 后，增加衬砌的厚度对于减小 $DSCF_{max}$ 是有利的。当覆盖层刚度较大，在 $k_1a\geqslant1.6$ 时，增加衬砌厚度对减小 $DSCF_{max}$ 的意义更大。而在 $k_1a=1.1\sim1.6$ 时，这种 $k_1a=0.1\sim1.1$ 的作用并不明显。工程中应考虑这一影响，对衬砌的内壁和外壁应采取不同的加固措施。

参考文献

[1] DAVIS C, LEE V W, BARDET J P. Transverse response of underground cavities and pipes to incident SV waves [J]. Earthquake Engineering & Structural Dynamics, 2001, 30 (3): 383-410.

[2] 尹晓菲，胥鸿睿，郝晓菡．水平层状模型中多模式瑞雷波和拉夫波相速度频散曲线的灵敏度分析 [J]. 石油地球物理勘探，2020, 55 (01): 136-146, 9.

[3] LEE V W, KARL J. Diffraction of SV waves by underground, circular, cylindrical cavities [J]. Soil Dynamics and Earthquake Engineering, 1992, 11 (8): 445-456.

[4] CAO H, LEE V W. Scattering and differaction of plane P waves by circular cylindrical canyons with variable depth-to-width ratio [J]. Soil Dynamics, Earthquake Engineering, 1990, 9 (3): 141-150.

[5] 林宏, 刘殿魁. 半无限空间中圆形孔洞周围 SH 波的散射 [J]. 地震工程与工程振动, 2002, 22 (2): 9-16.

[6] 齐辉, 王艳, 刘殿魁. 半无限空间界面附近 SH 波对圆形衬砌的散射 [J]. 地震工程与工程振动, 2003, 23 (3): 41-46.

[7] LIU Q J, WU Z Y, LEE V W. Scattering and reflection of SH waves around a slope on an elastic wedged space [J]. Earthquake Engineering and Engineering Vibration, 2019, 18 (2): 255-266.

[8] LIU G H, FENG X. Spatially variable seismic motions by a u-shaped canyon in a multi-layered half-space [J]. Journal of Earthquake Engineering, 2019, 25 (11): 1-24.

第 7 章　圆柱形脱胶夹杂对 SH 波的散射

7.1　覆盖层中圆柱形脱胶夹杂对 SH 波的散射

7.1.1　引言

覆盖层中的隧道可以假定为复合地层中的夹杂或者衬砌来进行研究。本章研究地表覆盖层中的圆柱形脱胶夹杂对平面 SH 波的散射问题。首先，利用大圆弧假定和分区契合的思想，将复合地层的直线边界转换为圆弧边界，将模型分解为覆盖层中圆孔散射和夹杂散射问题。其次，在两者的公共边界上实施契合，通过傅里叶-贝塞尔级数和边界连续条件构造出脱胶夹杂的波场。分析平面 SH 波在“上硬下软”与“上软下硬”两种复合地层中传播时，脱胶对于圆柱形混凝土或钢夹杂的动应力集中现象的影响。

脱胶现象可以认为是不同材料体之间的连接界面出现了剥离和失效，也可以理解为两者之间出现了裂纹。因此，7.1.5 节中的数值算例二给出了在此特殊情况下的数值计算讨论结果，分析了平面 SH 波由花岗岩层入射到砂岩层中，砂岩层中弧形裂纹对于地表位移的影响。

7.1.2　问题的描述与分析

本节研究的复合地层模型如图 7.1 所示。图中左下角的平面表示 SH 波的波阵面，位移方向平行于 z 轴，传播方向与水平方向的夹角为 α。由于所研究的问题属于出平面波动问题，故可以简化为 xy 平面上的问题。下部为土层Ⅰ，剪切波速为 c_{S1}，密度为 ρ_1，剪切模量为 μ_1，SH 波波数为 k_1。地表覆盖层为土层Ⅱ，厚度为 h，上边界用 Γ_u 表示，下边界用 Γ_d 表示，剪切波速为 c_{S2}，密度为 ρ_2，剪切模量为 μ_2，SH 波波数为 k_2。土层Ⅱ中存在一个圆心为 o_2，半径为 r 的圆柱形脱胶夹杂，剪切波速为 c_{S3}，密度为 ρ_3，剪切模量为 μ_3，SH 波波数为 k_3。圆心 o_2 距土层Ⅱ上边界的距离为 h_1，下边界的距离为 h_2。脱胶夹杂的外边界 Γ_c 被分为脱胶区域 Γ_{c1} 和非脱胶区域 Γ_{c2}。θ_1 和 θ_2 分别为脱胶区域的起始和终止角度，且 $\theta_2 \geqslant \theta_1$。沿圆心 o_2 向下部土层深处作一条垂线，在垂线上取一点 o_1 建立直角坐标系(o_1, x_1, y_1)，在夹杂的圆心处建立直角坐标系(o_2, x_2, y_2)。

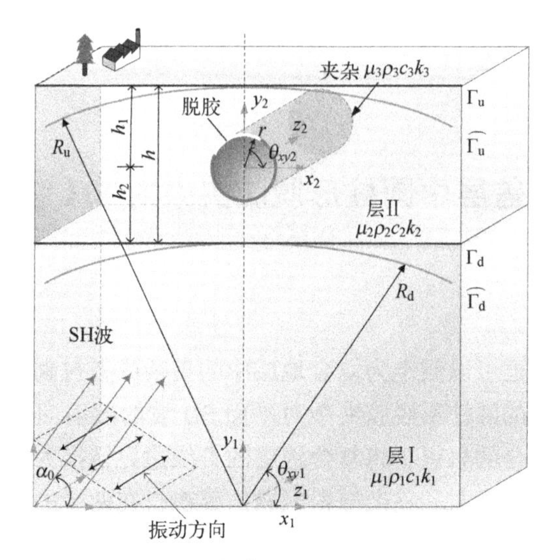

图 7.1　复合地层模型示意图

表 7.1 列出了本问题研究相关的三种土层和两种夹杂材料的物理力学指标。地质年代不同、成分不同、成因不同的土层都具有不同的剪切波速度，即使同样的土层，由于沉积环境、沉积时间不同，土层密度、孔隙度等方面也会有很大变化，这就导致某一类土层的速度可以在很大范围内变化。土层的“软和硬”概念虽然没有明确的定义，但是此概念被广泛应用在地质学、岩土工程学、地震沉积学等领域。普基廖夫、多尔特曼等学者对剪切波速和密度的关系进行了大量的调查总结，一般情况下土层的密度越大，剪切模量和剪切波速也越大[1]，这样的土层就越“硬”。因此，在本章的研究中也遵循这一认识。

表 7.1　土层及夹杂的材料参数

土层及夹杂	材料名称	密度/(kg/m³)	剪切波速/(m/s)
土层Ⅰ	花岗岩	2800	3200
	煤	1500	1000
土层Ⅱ	砂岩	2240	2100
夹杂	C30 混凝土	2400	2240
	Q345 钢	7850	3160

地球在经历了各个地质周期的演化后形成了多样的地质形态。花岗岩是由火山喷发和变质作用形成的岩浆岩，通常位于地表以下一定深度，往往密度很大。砂岩属于沉积岩，往往位于地球较浅位置，风化程度对砂岩的物理力学指标影响很大，不同风化程度砂岩的密度、弹性模量和剪切波速均有较大的差异，“软硬”程度的划分需根据与之相邻的岩层指标进行定义。

地表覆盖层为砂岩，下部为花岗岩的工程场地是比较常见的，因此，本章将这种地层组合作为“上软下硬”型复合地层进行分析。在蕴藏煤矿的城市，地表存在硬质砂岩的同时，下部可能存在着相对较软的煤层，形成“上硬下软”型复合地层。C30 混凝土和 Q345 钢则作为工程中常见的材料作为夹杂的材质。

由基本理论可知，当 SH 波入射时，含脱胶夹杂的复合地层中的出平面位移 w 满足波动方程：

$$\mu \nabla^2 w = \rho \frac{\partial^2 w}{\partial t^2} \tag{7-1}$$

利用分离变量法并忽略时间因子 $\exp(-i\omega t)$，引入 SH 波的波数 $k=\omega/c_s$，可以得到稳态 SH 波出平面位移的亥姆霍兹控制方程：

$$\nabla^2 w + k^2 w = 0 \tag{7-2}$$

在复合地层中，SH 波入射会引起土层和脱胶夹杂产生出平面位移 w 和剪切应力 τ。在覆盖层的上边界满足应力自由；在覆盖层的下边界满足位移和应力连续；在脱胶夹杂外边界，非脱胶区域和覆盖层的位移、应力满足连续条件，脱胶区域满足应力自由。这些边界条件构成了定解问题的定解条件：覆盖层 Γ_u 边界为纽曼边界条件；覆盖层 Γ_d 边界上同时存在 Dirichlet 边界条件和纽曼边界条件；夹杂 Γ_c 边界为混合边界条件。由定解条件和稳态 SH 波的泛定方程式（7-2），共同构成了一个完备的定解问题。

利用大圆弧假定的思想，以 o_1 为圆心作两个圆弧，两个圆弧分别与覆盖层的上下边界相切。将地表土层上部的水平边界 Γ_u 视为圆弧形边界 $\dot{\Gamma}_u$，所对应的半径为 R_u；下部水平边界 Γ_d 视为圆弧形 $\dot{\Gamma}_d$，所对应的半径为 R_d。借鉴 Lee 和 Davis 的思路，将原直线边界的反射波成分去除，只保留近似后圆弧激发的散射波。散射体外部的波场用傅里叶-汉克尔级数进行构建，将夹杂内的驻波场用傅里叶-巴塞尔级数构造[2]。

由于散射波函数的表达式与研究对象的坐标选取有关，不同坐标系下波函数自变量的表达方式不同。可以使用特殊函数论中的 Graf 加法公式进行坐标变换[3-4]。但针对出平面波动问题，利用复平面下的坐标平移技术则可以避免使用 Graf 加法公式进行冗长的推导。

引入复变函数描述直角坐标系，直角坐标系(o_1,x_1,y_1)所对应的复平面为$(z_1,\bar{z}_1)$，其中$z_1=x_1+\mathrm{i}y_1$，$\bar{z}_1=x_1-\mathrm{i}y_1$。同理，直角坐标系$(o_2,x_2,y_2)$所对应的复平面为$(z_2,\bar{z}_2)$，其中$z_2=x_2+\mathrm{i}y_2$，$\bar{z}_2=x_2-\mathrm{i}y_2$。两复平面的对应关系为

$$z_2=z_1-\mathrm{i}(R_\mathrm{d}+h_2) \tag{7-3}$$

7.1.3 平面散射波

在平面直角坐标系(o_1,x_1,y_1)中，下部土层 I 中的入射波为平面 SH 波，其波阵面为一个无穷大的平面。波阵面的法向即入射波的传播方向，与平面直角坐标系 x 轴的夹角为入射角 α。质点的振动方向沿 z 轴，入射波的出平面位移为 $w^{(i)}$。同时表征其时间和空间分布规律的波函数 $w^{(i)}(t;x_1,y_1)$ 可以表示为

$$w^{(i)}(t;x_1,y_1)=w_0\exp(-\mathrm{i}\omega t)\exp[\mathrm{i}k_1(x_1\cos\alpha+y_1\sin\alpha)] \tag{7-4}$$

利用分离变量法将时间因子 $\exp(-\mathrm{i}\omega t)$ 略去，得到满足亥姆霍兹控制方程的稳态 SH 波入射波表达式：

$$w^{(i)}(x_1,y_1)=w_0\exp[\mathrm{i}k_1(x_1\cos\alpha+y_1\sin\alpha)] \tag{7-5}$$

其中，ω 和 w_0 分别为入射波的圆频率和振幅。式（7-6）为波数的定义式，表示 SH 波在传播方向上单位长度内含有的波长数，也可以用 2π 长度内所含有的波长数来定义。由剪切波速和剪切模量 μ、密度 ρ 的关系式（7-7）换算关系式（7-8）。

$$k=\omega/c=2\pi/\lambda \tag{7-6}$$

$$c=\sqrt{\mu/\rho} \tag{7-7}$$

$$k=\omega\sqrt{\rho/\mu} \tag{7-8}$$

引入复变函数，在复平面$(z_1,\bar{z}_1)$内，可以将稳态 SH 入射波表达式（7-5）化为

$$w^{(i)}(z_1,\bar{z}_1)=w_0\exp\left[\frac{\mathrm{i}k_1}{2}(z_1\mathrm{e}^{-\mathrm{i}\alpha}+\bar{z}_1\mathrm{e}^{\mathrm{i}\alpha})\right] \tag{7-9}$$

经简化，也可以表达为

$$w^{(i)}(z_1,\bar{z}_1)=w_0\exp[\mathrm{i}k_1\mathrm{Re}(z_1\mathrm{e}^{-\mathrm{i}\alpha})] \tag{7-10}$$

SH 波在土层 I 中产生的径向应力和切向应力分别为

$$\tau_{rz}^{(i)}(z_1,\bar{z}_1)=\mathrm{i}k_1\mu_1w_0\exp[\mathrm{i}k_1\mathrm{Re}(z_1\mathrm{e}^{-\mathrm{i}\alpha})]\mathrm{Re}[(z_1\mathrm{e}^{-\mathrm{i}\alpha})/|z_1|] \tag{7-11}$$

$$\tau_{\theta z}^{(i)}(z_1,\bar{z}_1)=-\mathrm{i}k_1\mu_1w_0\exp[\mathrm{i}k_1\mathrm{Re}(z_1\mathrm{e}^{-\mathrm{i}\alpha})]\mathrm{Im}[(z_1\mathrm{e}^{-\mathrm{i}\alpha})/|z_1|] \tag{7-12}$$

利用分区契合的思想，将含脱胶夹杂的复合地层模型分解为两个区域进行

分析。首先将脱胶夹杂去除，构建复合地层内圆孔问题的散射波场，其次单独构建脱胶夹杂内的驻波场，最后通过位移和应力连续的边界条件形成定解方程组。图 7.2 给出了复合地层内入射波、各土层边界和半径为 r 的圆孔的散射波场的示意。

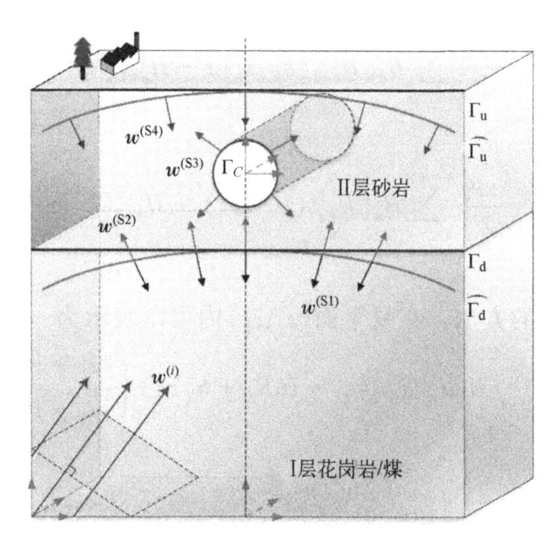

图 7.2　复合地层中的散射波场

根据波函数展开法，复合地层内的散射波可以写成傅里叶-汉克尔级数的形式。由汉克尔函数的渐进性和索末菲辐射条件可知，柱面波 $H_n^{(1)}(\cdot)\exp(-\mathrm{i}\omega t)$ 和 $H_n^{(2)}(\cdot)\exp(-\mathrm{i}\omega t)$ 分别代表向外传播和向内传播的行波。因此，当稳态 SH 波入射时，复合地层内各边界上的发散波可以利用第一类汉克尔函数进行构建，会聚波可以利用第二类汉克尔函数进行构建。定义各散射波的待定系数分别为 A_n、B_n、C_n、D_n、E_n、F_n。

在复平面 $(z_1,\bar{z}_1)$ 内，边界 $\dot{\Gamma}_{\mathrm{d}}$ 在下部土层 Ⅰ 内产生的散射波 $w^{(\mathrm{S1})}$ 的位移场、径向应力、切向应力分别为

$$w^{(\mathrm{S1})}(z_1,\bar{z}_1)=\sum_{n=-\infty}^{n=+\infty}A_nH_n^{(2)}(k_1|z_1|)\left(\frac{z_1}{|z_1|}\right)^n \tag{7-13}$$

$$\tau_{rz}^{(\mathrm{S1})}(z_1,\bar{z}_1)=\frac{k_1\mu_1}{2}\sum_{n=-\infty}^{n=+\infty}A_n\left[H_{n-1}^{(2)}(k_1|z_1|)-H_{n-1}^{(2)}(k_1|z_1|)\right]\left(\frac{z_1}{|z_1|}\right)^n \tag{7-14}$$

$$\tau_{\theta z}^{(\mathrm{S1})}(z_1,\bar{z}_1)=\frac{\mathrm{i}k_1\mu_1}{2}\sum_{n=-\infty}^{n=+\infty}A_n\left[H_{n-1}^{(2)}(k_1|z_1|)+H_{n-1}^{(2)}(k_1|z_1|)\right]\left(\frac{z_1}{|z_1|}\right)^n \tag{7-15}$$

在复平面$(z_1,\bar{z}_1)$内，边界$\dot{\Gamma}_d$在覆盖土层Ⅱ内产生的散射波$w^{(S2)}$的位移场、径向应力、切向应力分别为

$$w^{(S2)}(z_1,\bar{z}_1)=\sum_{n=-\infty}^{n=+\infty}B_nH_n^{(1)}(k_2|z_1|)\left(\frac{z_1}{|z_1|}\right)^n \tag{7-16}$$

$$\tau_{rz}^{(S2)}(z_1,\bar{z}_1)=\frac{k_2\mu_2}{2}\sum_{n=-\infty}^{n=+\infty}B_n[H_{n-1}^{(1)}(k_2|z_1|)-H_{n+1}^{(1)}(k_2|z_1|)]\left(\frac{z_1}{|z_1|}\right)^n \tag{7-17}$$

$$\tau_{\theta z}^{(S2)}(z_1,\bar{z}_1)=\frac{\mathrm{i}k_2\mu_2}{2}\sum_{n=-\infty}^{n=+\infty}B_n[H_{n-1}^{(1)}(k_2|z_1|)+H_{n+1}^{(1)}(k_2|z_1|)]\left(\frac{z_1}{|z_1|}\right)^n \tag{7-18}$$

利用坐标平移的方法，在复平面$(z_2,\bar{z}_2)$内可以表示为

$$w^{(S2)}(z_2,\bar{z}_2)=\sum_{n=-\infty}^{n=+\infty}B_nH_n^{(1)}(k_2|z_2+\mathrm{i}(R_d+h_2)|)\left(\frac{z_2+\mathrm{i}(R_d+h_2)}{|z_2+\mathrm{i}(R_d+h_2)|}\right)^n \tag{7-19}$$

$$\tau_{rz}^{(S2)}(z_1,\bar{z}_1)=\frac{k_2\mu_2}{2}\sum_{n=-\infty}^{n=+\infty}B_n\left\{\begin{aligned}&H_{n-1}^{(1)}[k_2|z_2+\mathrm{i}(R_d+h_2)|]\left[\frac{z_2+\mathrm{i}(R_d+h_2)}{|z_2+\mathrm{i}(R_d+h_2)|}\right]^{n-1}\frac{z_2}{|z_2|}\\&-H_{n+1}^{(1)}[k_2|z_2+\mathrm{i}(R_d+h_2)|]\left[\frac{z_2+\mathrm{i}(R_d+h_2)}{|z_2+\mathrm{i}(R_d+h_2)|}\right]^{n+1}\frac{\bar{z}_2}{|z_2|}\end{aligned}\right\} \tag{7-20}$$

$$\tau_{\theta z}^{(S2)}(z_1,\bar{z}_1)=\frac{\mathrm{i}k_2\mu_2}{2}\sum_{n=-\infty}^{n=+\infty}B_n\left\{\begin{aligned}&H_{n-1}^{(1)}[k_2|z_2+\mathrm{i}(R_d+h_2)|]\left[\frac{z_2+\mathrm{i}(R_d+h_2)}{|z_2+\mathrm{i}(R_d+h_2)|}\right]^{n-1}\frac{z_2}{|z_2|}\\&+H_{n+1}^{(1)}[k_2|z_2+\mathrm{i}(R_d+h_2)|]\left[\frac{z_2+\mathrm{i}(R_d+h_2)}{|z_2+\mathrm{i}(R_d+h_2)|}\right]^{n+1}\frac{\bar{z}_2}{|z_2|}\end{aligned}\right\} \tag{7-21}$$

在复平面$(z_2,\bar{z}_2)$内，圆孔边界Γ_c在覆盖土层Ⅱ内产生的散射波$w^{(S3)}$的位移场、径向应力、切向应力分别为

$$w^{(S3)}(z_2,\bar{z}_2)=\sum_{n=-\infty}^{n=+\infty}C_nH_n^{(1)}(k_2|z_2|)\left(\frac{z_2}{|z_2|}\right)^n \tag{7-22}$$

$$\tau_{rz}^{(S3)}(z_2,\bar{z}_2)=\frac{k_2\mu_2}{2}\sum_{n=-\infty}^{n=+\infty}C_n[H_{n-1}^{(1)}(k_2|z_2|)-H_{n+1}^{(1)}(k_2|z_2|)]\left(\frac{z_2}{|z_2|}\right)^n \tag{7-23}$$

$$\tau_{\theta z}^{(S3)}(z_2,\bar{z}_2)=\frac{\mathrm{i}k_2\mu_2}{2}\sum_{n=-\infty}^{n=+\infty}C_n[H_{n-1}^{(1)}(k_2|z_2|)+H_{n+1}^{(1)}(k_2|z_2|)]\left(\frac{z_2}{|z_2|}\right)^n \tag{7-24}$$

利用坐标平移的方法，在复平面$(z_1,\bar{z}_1)$内可以表示为

$$w^{(S3)}(z_1,\bar{z}_1)=\sum_{n=-\infty}^{n=+\infty}C_nH_n^{(1)}[k_2|z_1-\mathrm{i}(R_d+h_2)|]\left[\frac{z_1-\mathrm{i}(R_d+h_2)}{|z_1-\mathrm{i}(R_d+h_2)|}\right]^n \tag{7-25}$$

$$\tau_{rz}^{(S3)}(z_1,\bar{z}_1)=\frac{k_2\mu_2}{2}\sum_{n=-\infty}^{n=+\infty}C_n\left\{\begin{aligned}&H_{n-1}^{(1)}[k_2|z_1-\mathrm{i}(R_d+h_2)|]\left[\frac{z_1-\mathrm{i}(R_d+h_2)}{|z_1-\mathrm{i}(R_d+h_2)|}\right]^{n-1}\frac{z_1}{|z_1|}\\&-H_{n+1}^{(1)}[k_2|z_1-\mathrm{i}(R_d+h_2)|]\left[\frac{z_1-\mathrm{i}(R_d+h_2)}{|z_1-\mathrm{i}(R_d+h_2)|}\right]^{n+1}\frac{\bar{z}_1}{|z_1|}\end{aligned}\right\} \tag{7-26}$$

$$\tau_{\theta z}^{(S3)}(z_1,\bar{z}_1)=\frac{\mathrm{i}k_2\mu_2}{2}\sum_{n=-\infty}^{n=+\infty}C_n\left\{\begin{aligned}&H_{n-1}^{(1)}[k_2|z_1-\mathrm{i}(R_d+h_2)|]\left[\frac{z_1-\mathrm{i}(R_d+h_2)}{|z_1-\mathrm{i}(R_d+h_2)|}\right]^{n-1}\frac{z_1}{|z_1|}\\&+H_{n+1}^{(1)}[k_2|z_1-\mathrm{i}(R_d+h_2)|]\left[\frac{z_1-\mathrm{i}(R_d+h_2)}{|z_1-\mathrm{i}(R_d+h_2)|}\right]^{n+1}\frac{\bar{z}_1}{|z_1|}\end{aligned}\right\} \tag{7-27}$$

在复平面$(z_1,\bar{z}_1)$内，边界$\dot{\Gamma}_u$在覆盖土层Ⅱ内产生的散射波$w^{(S4)}$的位移场、径向应力、切向应力分别为

$$w^{(S4)}(z_1,\bar{z}_1)=\sum_{n=-\infty}^{n=+\infty}D_nH_n^{(2)}(k_2|z_1|)^n\left(\frac{z_1}{|z_1|}\right)^n \tag{7-28}$$

$$\tau_{rz}^{(S4)}(z_1,\bar{z}_1)=\frac{k_2\mu_2}{2}\sum_{n=-\infty}^{n=+\infty}D_n[H_{n-1}^{(2)}(k_2|z_1|)-H_{n+1}^{(2)}(k_2|z_1|)]\left(\frac{z_1}{|z_1|}\right)^n \tag{7-29}$$

$$\tau_{\theta z}^{(S4)}(z_1,\bar{z}_1)=\frac{\mathrm{i}k_2\mu_2}{2}\sum_{n=-\infty}^{n=+\infty}D_n[H_{n-1}^{(2)}(k_2|z_1|)+H_{n+1}^{(2)}(k_2|z_1|)]\left(\frac{z_1}{|z_1|}\right)^n \tag{7-30}$$

利用坐标平移的方法，在复平面$(z_1,\overline{z_1})$平面内可以表示为

$$w^{(S4)}(z_2,\bar{z}_2)=\sum_{n=-\infty}^{n=+\infty}D_nH_n^{(2)}[k_2|z_2+\mathrm{i}(R_d+h_2)|]\left[\frac{z_2+\mathrm{i}(R_d+h_2)}{|z_2+\mathrm{i}(R_d+h_2)|}\right]^n \tag{7-31}$$

$$\tau_{rz}^{(S4)}(z_2,\bar{z}_2)=\frac{k_2\mu_2}{2}\sum_{n=-\infty}^{n=+\infty}D_n\left\{\begin{array}{l}H_{n-1}^{(2)}[k_2|z_2+\mathrm{i}(R_d+h_2)|]\left[\dfrac{z_2+\mathrm{i}(R_d+h_2)}{|z_2+\mathrm{i}(R_d+h_2)|}\right]^{n-1}\dfrac{z_2}{|z_2|}\\-H_{n+1}^{(2)}[k_2|z_2+\mathrm{i}(R_d+h_2)|]\left[\dfrac{z_2+\mathrm{i}(R_d+h_2)}{|z_2+\mathrm{i}(R_d+h_2)|}\right]^{n+1}\dfrac{\bar{z}_2}{|z_2|}\end{array}\right\} \tag{7-32}$$

$$\tau_{\theta z}^{(S4)}(z_2,\bar{z}_2)=\frac{\mathrm{i}k_2\mu_2}{2}\sum_{n=-\infty}^{n=+\infty}D_n\left\{\begin{array}{l}H_{n-1}^{(2)}[k_2|z_2+\mathrm{i}(R_d+h_2)|]\left[\dfrac{z_2+\mathrm{i}(R_d+h_2)}{|z_2+\mathrm{i}(R_d+h_2)|}\right]^{n-1}\dfrac{z_2}{|z_2|}\\+H_{n+1}^{(2)}[k_2|z_2+\mathrm{i}(R_d+h_2)|]\left[\dfrac{z_2+\mathrm{i}(R_d+h_2)}{|z_2+\mathrm{i}(R_d+h_2)|}\right]^{n+1}\dfrac{\bar{z}_2}{|z_2|}\end{array}\right\} \tag{7-33}$$

图 7.3 是对脱胶夹杂内散射波场进行分析的示意图。

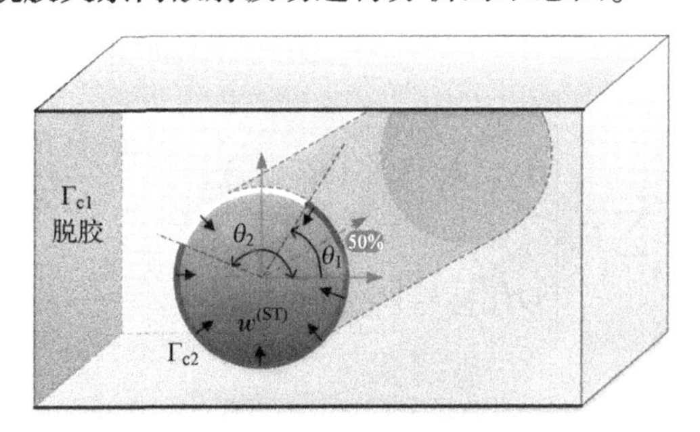

图 7.3　脱胶夹杂内的散射波场

研究波在弹性体内部传播的问题，必然包括坐标 0 点。而贝塞尔函数 $J_n(\cdot)$ 在宗量为 0 的点有定值，因此可以用傅里叶-贝塞尔级数描述圆柱形夹杂内的驻波。如图 7.3 所示，脱胶夹杂的外边界 Γ_c 分为脱胶区域 Γ_{c1} 和非脱胶区域 Γ_{c2}。θ_1 和 θ_2 分别为脱胶区域的起始和终止角度，且假定 $\theta_2>\theta_1$。脱胶夹杂内的驻波所对应的径向应力在脱胶区域 Γ_{c1} 满足应力自由条件，在非脱胶区域 Γ_{c2} 满足应力连续条件，所以可以在复平面 $(z_1,\bar{z}_1)$ 中，将其要满足的应力连续条件写成

$$\tau_{rz}^{(ST)}(z_2,\bar{z}_2)=\begin{cases}0, & z_2\in\Gamma_{c1}\\ \dfrac{k_3\mu_3}{2}\displaystyle\sum_{n=-\infty}^{n=+\infty}E_n[J_{n-1}(k_3|z_2|)-J_{n+1}(k_3|z_2|)]\left(\dfrac{z_2}{|z_2|}\right)^n, & z_2\in\Gamma_{c2}\end{cases} \tag{7-34}$$

与其对应的驻波波函数和径向应力为

$$w^{(ST)}(z_2,\bar{z}_2)=\sum_{l=-\infty}^{l=+\infty}F_lJ_l(k_3|z_2|)\left(\frac{z_2}{|z_2|}\right)^l \tag{7-35}$$

$$\tau_{rz}^{(ST)}(z_2,\bar{z}_2)=\frac{k_3\mu_3}{2}\sum_{l=-\infty}^{l=+\infty}F_l[J_{l-1}(k_3|z_2|)-J_{l+1}(k_3|z_2|)]\left(\frac{z_2}{|z_2|}\right)^l \tag{7-36}$$

由复变函数的定义：$z_2=r_2\exp(\mathrm{i}\theta_{xy2})$，$|z_2|=r_2$，可以得

$$\left(\frac{z_2}{|z_2|}\right)^l=\exp(\mathrm{i}l\theta_{xy2}) \tag{7-37}$$

引入脱胶的起始及终止角度，可以将分段描述的应力条件写成一个整圆上的表达式。将式（7-34）在$[-\pi,+\pi]$上展开为傅里叶级数，可以得

$$\begin{aligned}\tau_{rz}^{(ST)}(z_2,\bar{z}_2)&=\sum_{l=-\infty}^{l=+\infty}\left\{\frac{1}{2\pi}\int_{-\pi}^{\pi}\tau_{rz}^{(ST)}(\xi)\exp(-\mathrm{i}l\xi)\mathrm{d}\xi\right\}\cdot\exp(\mathrm{i}l\theta_{xy2})\\&=\sum_{l=-\infty}^{l=+\infty}\left\{\frac{1}{2\pi}\int_{\theta_1}^{\theta_2}0\cdot\exp(-\mathrm{i}l\xi)\mathrm{d}\xi+\frac{1}{2\pi}\int_{\theta_2-2\pi}^{\theta_1}\frac{k_3\mu_3}{2}\sum_{n=-\infty}^{n=+\infty}E_n[J_{n-1}(k_3|z_2|)-\right.\\&\qquad\left.J_{n+1}(k_3|z_2|)]\exp(in\xi)\cdot\exp(-\mathrm{i}l\xi)\mathrm{d}\xi\right\}\cdot\exp(\mathrm{i}l\theta_{xy2})\\&=\sum_{l=-\infty}^{l=+\infty}\left\{\frac{1}{2\pi}\int_{\theta_2-2\pi}^{\theta_1}\frac{k_3\mu_3}{2}\sum_{n=-\infty}^{n=+\infty}E_n[J_{n-1}(k_3|z_2|)-\right.\\&\qquad\left.J_{n+1}(k_3|z_2|)]\exp[\mathrm{i}(n-l)\xi]\mathrm{d}\xi\right\}\cdot\exp(\mathrm{i}l\theta_{xy2})\\&=\frac{k_3\mu_3}{2}\sum_{l=+\infty}^{l=+\infty}\sum_{n=-\infty}^{n=+\infty}\chi_{ln}E_n[J_{n-1}(k_3|z_2|)-J_{n+1}(k_3|z_2|)]\left(\frac{z_2}{|z_2|}\right)^l\end{aligned} \tag{7-38}$$

其中

$$\chi_{ln}=\frac{1}{2\pi}\int_{\theta_2-2\pi}^{\theta_1}\exp[\mathrm{i}(n-l)\theta]\mathrm{d}\theta=\begin{cases}\dfrac{2\pi+(\theta_1-\theta_2)}{2\pi}, & l=n\\ \dfrac{\exp[\mathrm{i}(n-l)\theta_1]-\exp[\mathrm{i}(n-l)\theta_2]}{2\pi\mathrm{i}(\mathrm{n}-l)}, & l\neq n\end{cases} \tag{7-39}$$

比较式（7-36）与式（7-38），可以得

$$F_l=\sum_{n=-\infty}^{n=+\infty}\chi_{ln}\frac{J_{n-1}(k_3r)-J_{n+1}(k_3r)}{J_{l-1}(k_3r)-J_{l+1}(k_3r)}E_n \tag{7-40}$$

将式（7-40）代入式（7-35），可得到脱胶夹杂中满足边界条件的驻波：

$$w^{(ST)}(z_2,\bar{z}_2)=\sum_{l=-\infty}^{l=+\infty}\sum_{n=-\infty}^{n=+\infty}E_n\frac{J_{n-1}(k_3r)-J_{n+1}(k_3r)}{J_{l-1}(k_3r)-J_{l+1}(k_3r)}\chi_{ln}J_l(k_3|z_2|)\left(\frac{z_2}{|z_2|}\right)^l \tag{7-41}$$

其径向应力和切向应力分别为

$$\tau_{rz}^{(ST)}(z_2,\bar{z}_2)=\frac{k_3\mu_3}{2}\sum_{l=-\infty}^{l=+\infty}\sum_{n=-\infty}^{n=+\infty}E_n\chi_{ln}\frac{J_{n-1}(k_3r)-J_{n+1}(k_3r)}{J_{l-1}(k_3r)-J_{l+1}(k_3r)}\left[J_{l-1}(k_3|z_2|)-J_{l+1}(k_3|z_2|)\right]\left(\frac{z_2}{|z_2|}\right)^l \tag{7-42}$$

$$\tau_{\theta z}^{(ST)}(z_2,\bar{z}_2)=\frac{i\mu_3}{|z_2|}\sum_{l=-\infty}^{l=+\infty}\sum_{n=-\infty}^{n=+\infty}lE_n\chi_{ln}\frac{J_{n-1}(k_3r)-J_{n+1}(k_3r)}{J_{l-1}(k_3r)-J_{l+1}(k_3r)}J_l(k_3|z_2|)\left(\frac{z_2}{|z_2|}\right)^l \tag{7-43}$$

7.1.4 覆盖层中圆柱形脱胶夹杂对 SH 波散射的定解问题

定解问题包括泛定方程和定解条件两部分。前面通过分区的方法将问题分解为含圆孔的复合地层和脱胶夹杂两部分，并利用波函数展开法构建了每部分的散射波。然后再通过位移和应力连续条件将两部分散射波在共同的边界上进行契合，形成其中的一个定解条件。本问题共包含了纽曼边界条件、Dirichlet 边界条件和混合边界条件三类定解条件。

用上节推导的波函数和应力分量进行表达。其中覆盖层下边界 Γ_d 上需满足位移连续条件式（7-44），径向应力连续条件式（7-45）；覆盖层的上边界 Γ_u 应满足径向应力自由式（7-46）；脱胶夹杂边界 Γ_c 应满足位移连续条件式（7-47），径向应力连续条件式（7-48）。

$$\Gamma_u(|z_1|=R_d):w^{(i)}(z_1,\bar{z}_1)+w^{(S1)}(z_1,\bar{z}_1)=w^{(S2)}(z_1,\bar{z}_1)+w^{(S3)}(z_1,\bar{z}_1)+w^{(S4)}(z_1,\bar{z}_1) \tag{7-44}$$

$$\Gamma_d(|z_1|=R_d):\tau_{rz}^{(i)}(z_1,\bar{z}_1)+\tau_{rz}^{(S1)}(z_1,\bar{z}_1)=\tau_{rz}^{(S2)}(z_1,\bar{z}_1)+\tau_{rz}^{(S3)}(z_1,\bar{z}_1)+\tau_{rz}^{(S4)}(z_1,\bar{z}_1) \tag{7-45}$$

$$\Gamma_u(|z_1|=R_u):\tau_{rz}^{(S2)}(z_1,\bar{z}_1)+\tau_{rz}^{(S3)}(z_1,\bar{z}_1)+\tau_{rz}^{(S4)}(z_1,\bar{z}_1)=0 \tag{7-46}$$

$$\Gamma_c(|z_2|=r):w^{(S2)}(z_2,\bar{z}_2)+w^{(S3)}(z_2,\bar{z}_2)+w^{(S4)}(z_2,\bar{z}_2)=w^{(ST)}(z_2,\bar{z}_2) \tag{7-47}$$

$$\Gamma_c(|z_2|=r):\tau_{rz}^{(S2)}(z_2,\bar{z}_2)+\tau_{rz}^{(S3)}(z_2,\bar{z}_2)+\tau_{rz}^{(S4)}(z_2,\bar{z}_2)=\tau_{rz}^{(ST)}(z_2,\bar{z}_2) \tag{7-48}$$

由定解条件可以建立定解方程组，整理可以得

$$\begin{cases}w^{(S1)}(z_1,\bar{z}_1)-w^{(S2)}(z_1,\bar{z}_1)-w^{(S3)}(z_1,\bar{z}_1)-w^{(S4)}(z_1,\bar{z}_1)=-w^{(i)}(z_1,\bar{z}_1), & |z_1|=R_d\\ \tau_{rz}^{(S1)}(z_1,\bar{z}_1)-\tau_{rz}^{(S2)}(z_1,\bar{z}_1)-\tau_{rz}^{(S3)}(z_1,\bar{z}_1)-\tau_{rz}^{(S4)}(z_1,\bar{z}_1)=-\tau_{rz}^{(i)}(z_1,\bar{z}_1), & |z_1|=R_d\\ \tau_{rz}^{(S2)}(z_1,\bar{z}_1)+\tau_{rz}^{(S3)}(z_1,\bar{z}_1)+\tau_{rz}^{(S4)}(z_1,\bar{z}_1)=0, & |z_1|=R_u\\ w^{(S2)}(z_2,\bar{z}_2)+w^{(S3)}(z_2,\bar{z}_2)+w^{(S4)}(z_2,\bar{z}_2)-w^{(ST)}(z_2,\bar{z}_2)=0, & |z_2|=r\\ \tau_{rz}^{(S2)}(z_2,\bar{z}_2)+\tau_{rz}^{(S3)}(z_2,\bar{z}_2)+\tau_{rz}^{(S4)}(z_2,\bar{z}_2)-\tau_{rz}^{(ST)}(z_2,\bar{z}_2)=0, & |z_2|=r\end{cases} \tag{7-49}$$

对方程两端按角变量做傅里叶级数展开，得到无限级数形式的定解方程式（7-50）。根据汉克尔函数的衰减性质，在保证精度的情况下对 m 和 n 截取有限项，可将上述方程组转变为有限项线性方程组，求解出待定常数 A_n、B_n、C_n、D_n、E_n。

$$\sum_{m=-\infty}^{m=+\infty}\sum_{n=-\infty}^{n=+\infty}\begin{bmatrix}\zeta_{mn}^{(11)} & -\zeta_{mn}^{(12)} & -\zeta_{mn}^{(13)} & -\zeta_{mn}^{(14)} & 0\\ \zeta_{mn}^{(21)} & -\zeta_{mn}^{(22)} & -\zeta_{mn}^{(23)} & -\zeta_{mn}^{(24)} & 0\\ 0 & +\zeta_{mn}^{(32)} & +\zeta_{mn}^{(33)} & +\zeta_{mn}^{(34)} & 0\\ 0 & +\zeta_{mn}^{(42)} & +\zeta_{mn}^{(43)} & +\zeta_{mn}^{(44)} & -\zeta_{mn}^{(45)}\\ 0 & +\zeta_{mn}^{(52)} & +\zeta_{mn}^{(53)} & +\zeta_{mn}^{(54)} & -\zeta_{mn}^{(55)}\end{bmatrix}\begin{bmatrix}A_n\\ B_n\\ C_n\\ D_n\\ E_n\end{bmatrix}=\sum_{m=-\infty}^{m=+\infty}\begin{bmatrix}-\eta_m^1\\ -\eta_m^2\\ 0\\ 0\\ 0\end{bmatrix} \tag{7-50}$$

方程中各项分别为

$$\eta_m^1=\frac{1}{2\pi}\int_{-\pi}^{\pi}w_0\exp[\mathrm{i}k_1\mathrm{Re}(z_1\mathrm{e}^{-\mathrm{i}\alpha_0})]\exp(-\mathrm{i}m\theta_{xy1})\mathrm{d}\theta_{xy1} \tag{7-51}$$

$$\eta_m^2=\frac{1}{2\pi}\int_{-\pi}^{\pi}\mathrm{i}k_1\mu_1w_0\exp[\mathrm{i}k_1\mathrm{Re}(z_1\mathrm{e}^{-\mathrm{i}\alpha_0})]\mathrm{Re}[(z_1\mathrm{e}^{-\mathrm{i}\alpha_0})/|z_1|]\exp(-\mathrm{i}m\theta_{xy1})\mathrm{d}\theta_{xy1} \tag{7-52}$$

$$\zeta_{mn}^{(11)}=\frac{1}{2\pi}\int_{-\pi}^{\pi}H_n^{(2)}(k_1|z_1|)(z_1/|z_1|)^n\exp(-\mathrm{i}m\theta_{xy1})\mathrm{d}\theta_{xy1} \tag{7-53}$$

$$\zeta_{mn}^{(12)}=\frac{1}{2\pi}\int_{-\pi}^{\pi}H_n^{(1)}(k_2|z_1|)(z_1/|z_1|)^n\exp(-\mathrm{i}m\theta_{xy1})\mathrm{d}\theta_{xy1} \tag{7-54}$$

$$\zeta_{mn}^{(13)}=\frac{1}{2\pi}\int_{-\pi}^{\pi}H_n^{(1)}[k_2|z_1-\mathrm{i}(R_\mathrm{d}+h_2)|]\left[\frac{z_1-\mathrm{i}(R_\mathrm{d}+h_2)}{|z_1-\mathrm{i}(R_\mathrm{d}+h_2)|}\right]^n\exp(-\mathrm{i}m\theta_{xy1})\mathrm{d}\theta_{xy1} \tag{7-55}$$

$$\zeta_{mn}^{(14)}=\frac{1}{2\pi}\int_{-\pi}^{\pi}H_n^{(2)}(k_2|z_1|)(z_1/|z_1|)^n\exp(-\mathrm{i}m\theta_{xy1})\mathrm{d}\theta_{xy1} \tag{7-56}$$

$$\zeta_{mn}^{(21)}=\frac{k_1\mu_1}{4\pi}\int_{-\pi}^{\pi}[H_{n-1}^{(2)}(k_1|z_1|)-H_{n-1}^{(2)}(k_1|z_1|)](z_1/|z_1|)^n\exp(-\mathrm{i}m\theta_{xy1})\mathrm{d}\theta_{xy1} \tag{7-57}$$

$$\zeta_{mn}^{(22)}=\frac{k_2\mu_2}{4\pi}\int_{-\pi}^{\pi}[H_{n-1}^{(1)}(k_2|z_1|)-H_{n+1}^{(1)}(k_2|z_1|)](z_1/|z_1|)^n\exp(-\mathrm{i}m\theta_{xy1})\mathrm{d}\theta_{xy1} \tag{7-58}$$

$$\zeta_{mn}^{(23)}=\frac{k_2\mu_2}{4\pi}\int_{-\pi}^{\pi}\left\{\begin{aligned}&H_{n-1}^{(1)}[k_2|z_1-\mathrm{i}(R_\mathrm{d}+h_2)|]\left[\frac{z_1-\mathrm{i}(R_\mathrm{d}+h_2)}{|z_1-\mathrm{i}(R_\mathrm{d}+h_2)|}\right]^{n-1}\frac{z_1}{|z_1|}\\&-H_{n+1}^{(1)}[k_2|z_1-\mathrm{i}(R_\mathrm{d}+h_2)|]\left[\frac{z_1-\mathrm{i}(R_\mathrm{d}+h_2)}{|z_1-\mathrm{i}(R_\mathrm{d}+h_2)|}\right]^{n+1}\frac{\bar{z}_1}{|z_1|}\end{aligned}\right\}\exp(-\mathrm{i}m\theta_{xy1})\mathrm{d}\theta_{xy1} \tag{7-59}$$

$$\zeta_{mn}^{(24)}=\frac{k_2\mu_2}{4\pi}\int_{-\pi}^{\pi}[H_{n-1}^{(2)}(k_2|z_1|)-H_{n+1}^{(2)}(k_2|z_1|)](z_1/|z_1|)^n\exp(-\mathrm{i}m\theta_{xy1})\mathrm{d}\theta_{xy1} \tag{7-60}$$

$$\zeta_{mn}^{(32)}=\frac{k_2\mu_2}{4\pi}\int_{-\pi}^{\pi}[H_{n-1}^{(1)}(k_2|z_1|)-H_{n+1}^{(1)}(k_2|z_1|)](z_1/|z_1|)^n\exp(-\mathrm{i}m\theta_{xy1})\mathrm{d}\theta_{xy1} \tag{7-61}$$

$$\zeta_{mn}^{(33)}=\frac{k_2\mu_2}{4\pi}\int_{-\pi}^{\pi}\left\{\begin{array}{l}H_{n-1}^{(1)}[k_2|z_1-\mathrm{i}(R_\mathrm{d}+h_2)|]\left[\dfrac{z_1-\mathrm{i}(R_\mathrm{d}+h_2)}{|z_1-\mathrm{i}(R_\mathrm{d}+h_2)|}\right]^{n-1}\dfrac{z_1}{|z_1|}\\-H_{n+1}^{(1)}[k_2|z_1-\mathrm{i}(R_\mathrm{d}+h_2)|]\left[\dfrac{z_1-\mathrm{i}(R_\mathrm{d}+h_2)}{|z_1-\mathrm{i}(R_\mathrm{d}+h_2)|}\right]^{n+1}\dfrac{\bar{z}_1}{|z_1|}\end{array}\right\}\exp(-\mathrm{i}m\theta_{xy1})\mathrm{d}\theta_{xy1} \tag{7-62}$$

$$\zeta_{mn}^{(34)}=\frac{k_2\mu_2}{4\pi}\int_{-\pi}^{\pi}[H_{n-1}^{(2)}(k_2|z_1|)-H_{n+1}^{(2)}(k_2|z_1|)](z_1/|z_1|)^n\exp(-\mathrm{i}m\theta_{xy1})\mathrm{d}\theta_{xy1} \tag{7-63}$$

$$\zeta_{mn}^{(42)}=\frac{1}{2\pi}\int_{\theta_2-2\pi}^{\theta_1}H_n^{(1)}(k_2|z_2+\mathrm{i}(R_\mathrm{d}+h_2)|)\left(\frac{z_2+\mathrm{i}(R_\mathrm{d}+h_2)}{|z_2+\mathrm{i}(R_\mathrm{d}+h_2)|}\right)^n\exp(-\mathrm{i}m\theta_{xy2})\mathrm{d}\theta_{xy2} \tag{7-64}$$

$$\zeta_{mn}^{(43)}=\frac{1}{2\pi}\int_{\theta_2-2\pi}^{\theta_1}H_n^{(1)}(k_2|z_2|)\ (z_2/|z_2|)^n\exp(-\mathrm{i}m\theta_{xy2})\mathrm{d}\theta_{xy2} \tag{7-65}$$

$$\zeta_{mn}^{(44)}=\frac{1}{2\pi}\int_{\theta_2-2\pi}^{\theta_1}H_n^{(2)}[k_2|z_2+\mathrm{i}(R_\mathrm{d}+h_2)|]\left[\frac{z_2+\mathrm{i}(R_\mathrm{d}+h_2)}{|z_2+\mathrm{i}(R_\mathrm{d}+h_2)|}\right]^n\exp(-\mathrm{i}m\theta_{xy2})\mathrm{d}\theta_{xy2} \tag{7-66}$$

$$\zeta_{mn}^{(45)}=\sum_{l=-\infty}^{l=+\infty}\frac{J_{n-1}(k_3r_2)-J_{n+1}(k_3r_2)}{J_{l-1}(k_3r_2)-J_{l+1}(k_3r_2)}J_l(k_3|z_2|)\chi_{ln}\chi_{ml} \tag{7-67}$$

$$\zeta_{mn}^{(52)}=\frac{k_2\mu_2}{4\pi}\int_{-\pi}^{\pi}\left\{\begin{array}{l}H_{n-1}^{(1)}[k_2|z_2+\mathrm{i}(R_\mathrm{d}+h_2)|]\left[\dfrac{z_2+\mathrm{i}(R_\mathrm{d}+h_2)}{|z_2+\mathrm{i}(R_\mathrm{d}+h_2)|}\right]^{n-1}\dfrac{z_2}{|z_2|}\\-H_{n+1}^{(1)}[k_2|z_2+\mathrm{i}(R_\mathrm{d}+h_2)|]\left[\dfrac{z_2+\mathrm{i}(R_\mathrm{d}+h_2)}{|z_2+\mathrm{i}(R_\mathrm{d}+h_2)|}\right]^{n+1}\dfrac{\bar{z}_2}{|z_2|}\end{array}\right\}\exp(-\mathrm{i}m\theta_{xy2})\mathrm{d}\theta_{xy2} \tag{7-68}$$

$$\zeta_{mn}^{(53)}=\frac{k_2\mu_2}{4\pi}\int_{-\pi}^{\pi}[H_{n-1}^{(1)}(k_2|z_2|)-H_{n+1}^{(1)}(k_2|z_2|)](z_2/|z_2|)^n\exp(-\mathrm{i}m\theta_{xy2})\mathrm{d}\theta_{xy2} \tag{7-69}$$

$$\zeta_{mn}^{(54)}=\frac{k_2\mu_2}{4\pi}\int_{-\pi}^{\pi}\left\{\begin{array}{l}H_{n-1}^{(2)}[k_2|z_2+\mathrm{i}(R_\mathrm{d}+h_2)|]\left[\frac{z_2+\mathrm{i}(R_\mathrm{d}+h_2)}{|z_2+\mathrm{i}(R_\mathrm{d}+h_2)|}\right]^{n-1}\frac{z_2}{|z_2|}\\-H_{n+1}^{(2)}[k_2|z_2+\mathrm{i}(R_\mathrm{d}+h_2)|]\left[\frac{z_2+\mathrm{i}(R_\mathrm{d}+h_2)}{|z_2+\mathrm{i}(R_\mathrm{d}+h_2)|}\right]^{n+1}\frac{\bar{z}_2}{|z_2|}\end{array}\right\}\exp(-\mathrm{i}m\theta_{xy2})\mathrm{d}\theta_{xy2}$$

(7-70)

$$\zeta_{mn}^{(55)}=\frac{k_3\mu_3}{2}[J_{n-1}(k_3|z_2|)-J_{n+1}(k_3|z_2|)]\chi_{ln}\chi_{ml} \tag{7-71}$$

7.1.5 数值算例及结果分析

当 SH 波在复合地层内传播时，由于地层各边界和夹杂散射波场的相互作用，会使夹杂周围出现动应力集中的现象。动应力集中会造成结构物出现脆性断裂或疲劳开裂。在地震中，局部发生动应力集中是引起隧道破坏的一个重要因素。对动应力集中现象的研究有助于工程技术人员判定结构物的薄弱区域。因此，可以引入动应力集中因子的概念来定量分析。

动应力集中因子是弹性波散射研究中一个重要的无量纲参数，通常用介质内散射波场引发的应力与最大入射应力之比来表示。动应力集中因子在一定程度上反映了结构动力响应和输入动荷载的关系。此处将动应力集中因子的最大值表示为 $\mathrm{DSCF}_{\max}$。在本问题的研究中，所对应的动应力集中因子可以定义为

$$\mathrm{DSCF}=|\tau_{\theta z}^{(S2)}(z_2,\bar{z}_2)+\tau_{\theta z}^{(S3)}(z_2,\bar{z}_2)+\tau_{\theta z}^{(S4)}(z_2,\bar{z}_2)|/|\mathrm{i}k_1\mu_1 w_0|,\quad |z_2|=r \tag{7-72}$$

由于地震波在成层的岩、土中传播，在经过不同的层面时，波的折射现象使波的前进方向偏离直线。一般情况下，土层的剪切模量和剪切波速都有随深度增加的趋势，从而使波的传播方向形成向地表转弯的形式。在地表的相当厚度内，可以将地震波看成是向上传播的，我国现行的 GB50011—2010（2016 年版）《建筑抗震设计规范》即以地震波垂直向上传播为基本假定[5]。因此，在本章后续算例的讨论中均重点研究垂直入射的 SH 波对结构物的散射现象。

1. 数值算例一

本算例重点研究 SH 波垂直入射时，脱胶对于圆柱形混凝土夹杂或钢夹杂周边的动应力集中的影响。为着眼于物理现象的观察而不是具体数值的探讨，对本算例的材料参数和计算结果采用无量纲化的描述和分析。令 $w_0=1$，假定脱胶区域存在于夹杂上半部分，即脱胶的起始角度与终止角度分别为 $\theta_1=0°$，

$\theta_2=\pi/2$。SH 波入射角度 $\alpha=90°$，圆柱形脱胶夹杂埋深 $h_1=1.5r$，半径 $r=1$。定义：$c^*=c_{S2}/c_{S1}$，$c^\#=c_{S3}/c_{S1}$，$\rho^*=\rho_2/\rho_1$，$\rho^\#=\rho_3/\rho_1$，$k^*=k_2/k_1$，$k^\#=k_3/k_1$，由 $k=\omega/c$，可知 $k^*=1/c^*=\sqrt{\rho^*/\mu^*}$，$k^\#=1/c^\#=\sqrt{\rho^\#/\mu^\#}$。通过对表 7.1 中的材料进行换算，得到表 7.2 中三种土层和两种夹杂材料的无量纲参数。

表 7.2　土层及夹杂的无量纲参数

地质组合	ρ^*	k^*	夹　杂	$\rho^\#$	$k^\#$
地质组合 A 花岗岩+砂岩	0.80	1.50	C30 混凝土	0.85	1.40
			Q345 钢	2.80	1.00
地质组合 B 煤+砂岩	1.70	0.40	C30 混凝土	1.60	0.45
			Q345 钢	5.20	0.30

除了从密度和剪切波速等物理力学指标中能够直观地判定介质的软硬关系，波数比也体现着各介质软硬关系。当 $k^*<1$ 时，表明地表覆盖层比下部土层更“软”，即复合地层为“上软下硬”型，称为地质组合 A。与之相反，“上硬下软”型的复合地层称为地质组合 B。同理，由两种夹杂材料的参数可知，覆盖层中的 C30 混凝土夹杂的密度和剪切波速远比 Q345 钢夹杂要小，两者波速比也小于 1。因此，可以认为 C30 混凝土夹杂是“柔性夹杂”，而 Q345 钢是“刚性夹杂”。

首先，把模型进行退化，来验证级数方程的合理性。当介质参数取 $\mu^*=k^*=\rho^*=1.0$ 时，土层Ⅰ和土层Ⅱ的参数相同，两者合并为一个区域，边界 Γ_d 的影响可以忽略。取 $\mu^\#=\rho^\#=0$，夹杂退化为无介质的圆形孔洞。

由于本章将地层内的水平边界用大圆弧边界进行了替换，那么大圆弧的半径如何取值更能接近于水平边界的散射特性，是在数值计算中首先要解决的问题。在 Lee 研究半空间中凹陷峡谷和孔洞对 P 波、SV 波散射问题时发现，当大圆弧半径 R_d 远大于散射体的半径 r 时，就从半空间变为了全空间问题，而无限界中传播的波应满足索末菲辐射条件，此时近似的大圆弧无散射波的产生；当大圆弧半径 R_d 和散射体的半径 r 较为接近时，问题则变成了全空间中两个圆柱体散射的问题。因此，大圆弧的半径不能过大也不能过小[6-7]。Davis 和 Lee 从满足级数解精度的要求出发去讨论上述问题，认为在半空间问题中，大圆弧半径取 $50r\sim100r$ 是比较合理的[8]。借鉴他们的分析思路，针对本章算例进行探讨，发现当 R_d 取 $120r$ 时更适合复合地层内散射问题的研究。

图 7.4（a）给出了当 $R_d=120r$，SH 波垂直入射，$k_1r=0.1$，h_1 分别为 $1.5r$ 和 $12r$ 时圆形孔洞周边的动应力集中系数。当 $\mu^*=k^*=1.0$，$\mu^\#=\mu_3/\mu_1=$

1/2.9=0.34，$k^{\#}=1.5$ 时，问题退化为半空间内圆形夹杂对垂直入射的 SH 波的散射问题。图 7.4（b）给出了在 $h_1=1.5r$ 时，$k_1r=0.1$，1.0，2.0 三种频率的入射波作用下，夹杂周边的动应力集中系数。

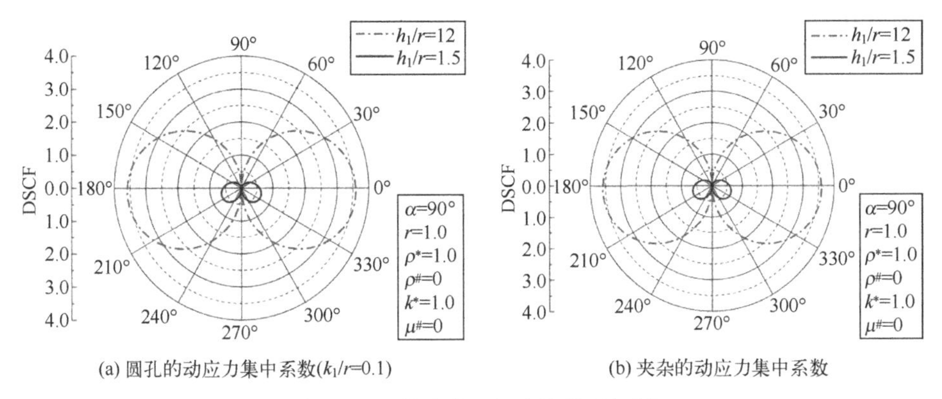

(a) 圆孔的动应力集中系数($k_1/r=0.1$)　　(b) 夹杂的动应力集中系数

图 7.4　退化为半空间内的散射问题

将求出的系数同代入方程，用边界径向应力为零的条件来检验级数解的精度。精度的单位通常为一无量纲的小数，在本算例中脱胶夹杂边界上的无量纲径向应力差为

$$\tau_{rz}^{*}=\frac{\left|\tau_{rz}^{(\mathrm{S2})}(z_2,\bar{z}_2)+\tau_{rz}^{(\mathrm{S3})}(z_2,\bar{z}_2)+\tau_{rz}^{(\mathrm{S4})}(z_2,\bar{z}_2)-\tau_{rz}^{(\mathrm{ST})}(z_2,\bar{z}_2)\right|}{\left|\mathrm{i}k_1\mu_1 w_0\right|},\quad |z_2|=r \tag{7-73}$$

由于本问题采用了傅里叶-贝塞尔级数进行波函数的构造，该级数具有良好的收敛性。只要级数项数取得适当，无量纲径向应力差就可以足够的小，从而满足精度的要求[6,9]。图 7.5 是图 7.4（b）所研究问题对应的无量纲径向应力差，此时夹杂无量纲径向应力差的数量级在$10^{-14}\sim10^{-16}$。当 $k_1r=0.1$ 和 $k_1r=1.0$ 时，截断项数分别为 $m=n=8$，$m=n=14$。在本问题的研究中，当 $k_1r\leqslant0.5$ 时，取截断项数 $m=n=5$；当 $0.5\leqslant k_1r\leqslant2.4$ 时，取截断项数 $m=n=14$，就能够保证无量纲径向应力差的数量级在$10^{-3}\sim10^{-6}$范围内。在本算例后续问题的探讨中都使用这一思路来确定方程截断项数，为计算精度提供保证。

通过上述讨论，证明了本章对复合地层内 SH 波散射的分析方法，同样适用于半空间问题，两者在结论上能够相互印证。采用大圆弧假设，并合理地选取方程截断项，能够满足解决此类问题的精度要求，并为接下来数值算例的讨论奠定基础。

图 7.6 给出了地质组合 A-SH 波由花岗岩层垂直入射到砂岩层时，砂岩覆盖层中混凝土夹杂周边的动应力集中情况。此时 SH 波由较硬介质入射到较软

介质，参数选取为 $\rho^*=0.80$，$\rho^\#=0.85$，$k^*=1.50$，$k^\#=1.40$。复合地层为“上软下硬”型，夹杂为“柔性夹杂”。

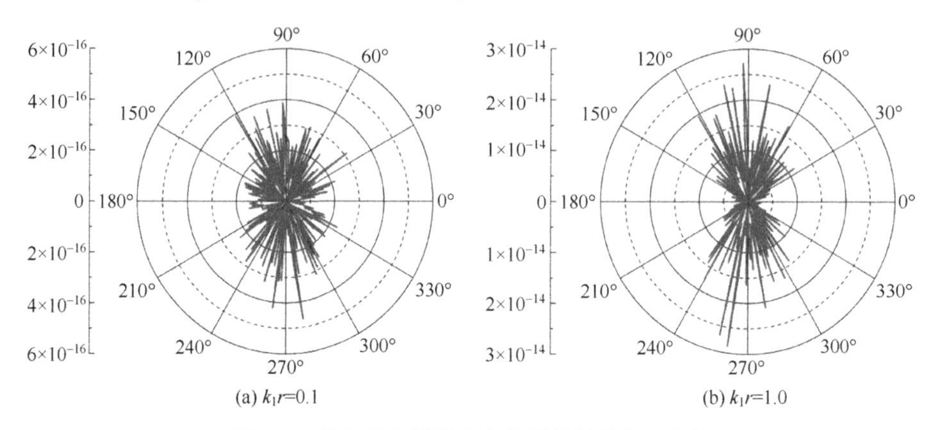

图 7.5　半空间中圆形夹杂的无量纲径向应力差

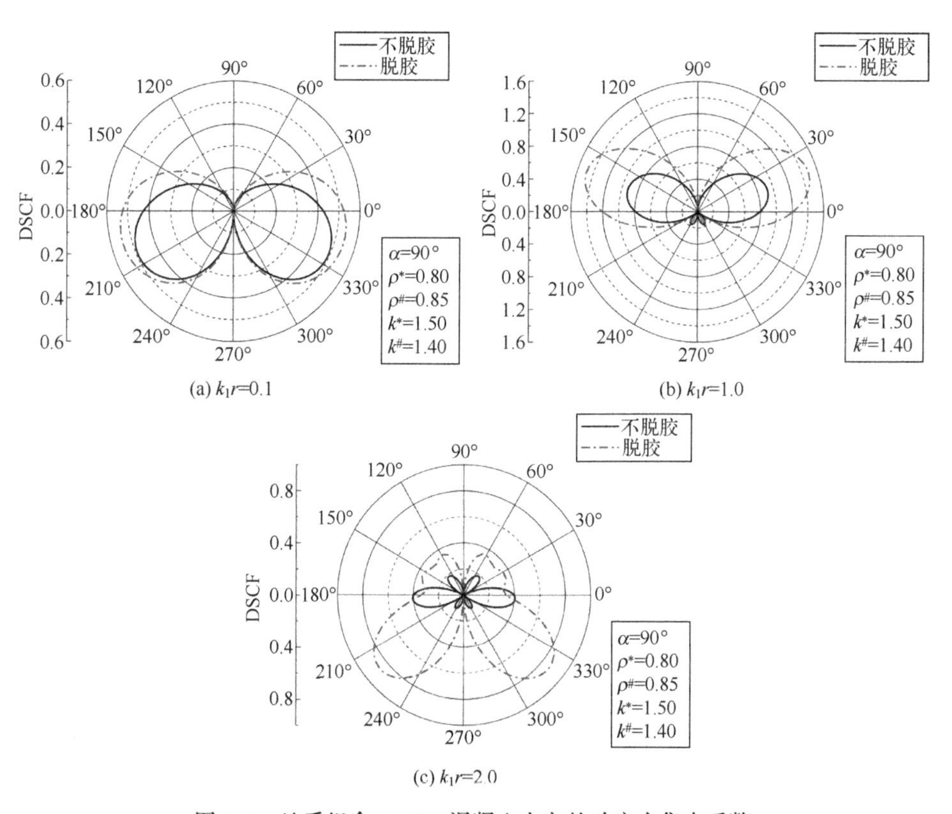

图 7.6　地质组合 A-C30 混凝土夹杂的动应力集中系数

由图 7.6（a）可以看出，当 $k_1r=0.1$，即低频入射时，夹杂周边的动应力集中系数分布为椭圆形。夹杂不脱胶时 $DSCF_{max}$ 位置出现在约为 200°和 340°，脱胶对动应力集中系数整体有一定的增大作用，但对 $DSCF_{max}$ 位置的改变并不明显。

由图 7.6（b）可以看出，当 $k_1r=1.0$，即中频入射时，脱胶结构的 DSCF 相比低频入射时增大非常明显，且分布形状也有显著变化。无论结构脱胶与否，$DSCF_{max}$ 位置均出现在约为 20°和 160°。相比 $k_1r=0.1$，混凝土脱胶时的 $DSCF_{max}$ 增幅接近 3 倍，可见脱胶混凝土夹杂对中频入射波的动力响应是较为敏感的。

由图 7.6（c）可以看出，当 $k_1r=2.0$，即高频入射时，DSCF 的整体幅值相比 $k_1r=1.0$ 时有整体变小的趋势，但分布形状变化很大。结构存在脱胶后动应力集中系数的分布形状与不脱胶时有明显的区别。结构不脱胶时 $DSCF_{max}$ 的位置出现在 0°和 180°，而存在脱胶时 $DSCF_{max}$ 的位置出现在 220°和 320°。结构脱胶时 DSCF 整体值要比不脱胶时增大很多。可见在地质组合 A 下，随着 k_1r 的增加，混凝土结构的 DSCF 变化趋势为由小逐渐变大，再变小。入射波为高频时，脱胶对于混凝土夹杂 DSCF 的分布形状和 $DSCF_{max}$ 的位置影响最为明显。

图 7.7 给出了地质组合 A-SH 波由花岗岩层垂直入射到砂岩层时，砂岩覆盖层中钢夹杂周边的动应力集中情况。参数 $\rho^*=0.80$，$\rho^\#=2.80$，$k^*=1.50$，$k^\#=1.00$。钢材相对于混凝土，密度和剪切模量要大很多，可以认为刚度更大，夹杂更“硬”。此时复合地层为“上软下硬”型，夹杂为“刚性夹杂”。与图 7.6 相比，图 7.7 中的动应力集中系数从整体上减小了许多。原因在于刚度更大的夹杂对动应力集中现象具有一定的抑制作用。此外，与混凝土夹杂不同的是，除了在高频入射时，低频入射波对脱胶钢夹杂 DSCF 的分布形状和最大值位置也有一定影响。

与图 7.6（a）相比，在图 7.7（a）中，夹杂不脱胶时 DSCF 的数值整体减小，但分布形状变化不大。存在脱胶时，DSCF 的形状发生了改变，$DSCF_{max}$ 位置也发生了改变。这一现象在图 7.7（c）中也有所体现。由图 7.7（b）可以看出，当 $k_1r=1.0$，结构不脱胶时 $DSCF_{max}$ 位置出现在约为 200°和 340°，而脱胶时 $DSCF_{max}$ 位置出现在约为 220°和 320°，且在脱胶区域的 DSCF 值也比不脱胶时要大。脱胶钢夹杂与脱胶混凝土结构一样，对中频入射波的动力响应较为敏感，DSCF 要比 $k_1r=0.1$，$k_1r=2.0$ 整体要大。

图 7.8 给出了地质组合 A 时，砂岩覆盖层中脱胶的混凝土和钢夹杂周边的 $DSCF_{max}$ 随入射波 k_1r 的变化情况，此时覆盖层的参数 $\rho^*=0.80$，$k^*=1.50$ 相同，而两种夹杂的 $\rho^\#$ 与 $k^\#$ 不同。

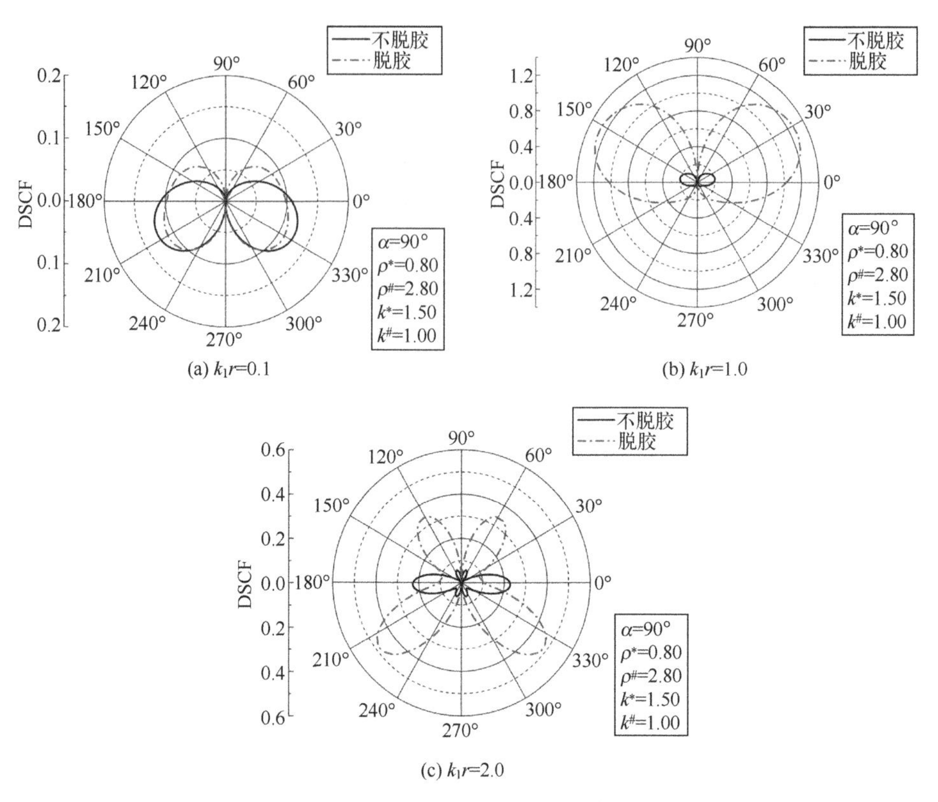

图 7.7　地质组合 A-Q345 钢夹杂的动应力集中系数

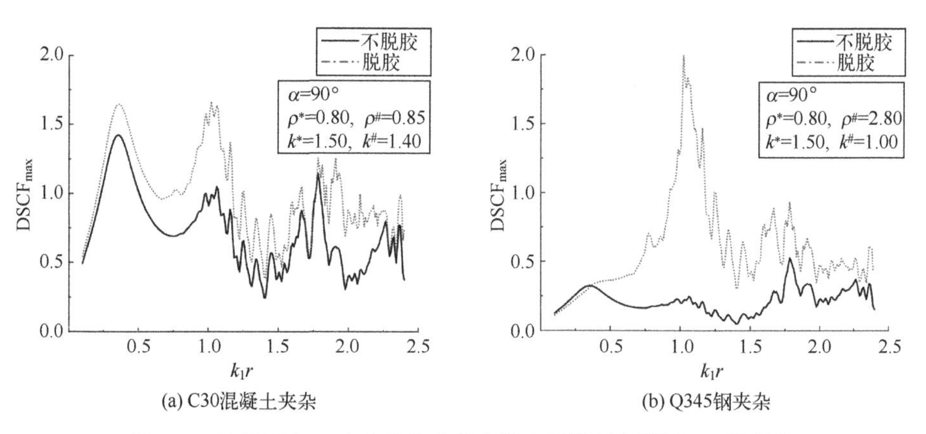

图 7.8　地质组合 A 中夹杂的动应力集中系数最大值随 k_1r 的变化

分析此问题的意义在于在两种常见的地质组合下，找到混凝土和钢结构对于入射波动力响应最为敏感的频段，进一步为工程设计中如何减小动应力集中的影响提供理论依据。将入射波频率从 $k_1r\approx0.1$ 到 $k_1a\approx2.5$ 划分为 99 段，100 个点，每计算一次，提取夹杂一周上的动应力集中因子的最大值。

在图 7.8（a）中，当混凝土结构不存在脱胶时，$DSCF_{max}$ 随 k_1r 的增大而逐渐增大，在 $k_1r\approx0.35$ 时达到最大，此后呈振荡减小的趋势。当夹杂存在脱胶时，在 $k_1r\approx0.35$ 与 $k_1r\approx1.10$ 时同时出现了动应力集中系数达到最大的情况，且两者的值较为接近。此后 $DSCF_{max}$ 也逐渐减小，但 $DSCF_{max}$ 整体的数值仍比非脱胶结构要大。这一点也解释了图 7.6 中 DSCF 由小逐渐变大，再变小的现象。可以认为 $k_1r=0.35$、$k_1r=1.10$ 是脱胶混凝土夹杂在此种地质条件下的敏感频率。

在图 7.8（b）中，非脱胶的钢夹杂的 $DSCF_{max}$ 比混凝土夹杂的 $DSCF_{max}$ 整体数值要小，但两者变化的趋势比较接近。脱胶钢夹杂则只在 $k_1r\approx1.10$ 时，动应力集中系数出现最大值，此后逐渐减小，$DSCF_{max}$ 整体的数值仍比非脱胶结构要大很多。

综合图 7.8 可以看出，在“上软下硬”型复合地层中，即使处于同一覆盖层中的夹杂由于使用了不同的材料，其动力特性也出现了很大差异。而夹杂存在脱胶后，一定程度上改变了原有的动力特性，使其敏感频率发生了变化。因此，需要根据实际的工程情况，针对可能出现的脱胶问题，在实际工程中采取必要的手段，减小这一不利影响。

图 7.9 给出了地质组合 B-SH 波由煤层垂直入射到砂岩层时，砂岩覆盖层中混凝土夹杂周边的动应力集中情况。此时 SH 波由较软介质入射到较硬介质。参数 $\rho^*=1.70$，$k^*=0.40$，$\rho^\#=1.60$，$k^\#=0.45$。复合地层为“上硬下软”型，夹杂为“柔性夹杂”。

与图 7.6 相比，图 7.9 中的 DSCF 从整体上减小了很多，即随着覆盖层剪切模量的增加，覆盖层内夹杂周边动应力集中系数呈减小的趋势。由图 7.9（a）和（b）可以看出，当 $k_1r=0.1$ 和 $k_1r=1.0$ 时，夹杂不脱胶时 $DSCF_{max}$ 的位置出现在约为 200°和 340°，脱胶时对动应力集中系数整体有一定的增大作用，但对 $DSCF_{max}$ 位置改变并不明显。

由图 7.9（c）可以看出，当 $k_1r=2.0$ 时，DSCF 的整体幅值有变大的趋势，且 DSCF 形状也有一定变化。夹杂存在脱胶后动应力集中系数的分布形状与不脱胶时有一定的区别。夹杂不脱胶时 $DSCF_{max}$ 的位置出现在 190°和 350°，而存在脱胶时 $DSCF_{max}$ 的位置出现在 185°和 355°。夹杂脱胶时 DSCF 整体值要比不脱胶时增大很多。

综合图 7.9 可以看出，随着入射波频率加大，DSCF 整体逐渐加大。当入射波为低频或者中频时，结构是否存在脱胶，对 DSCF 的分布形状及最大值位

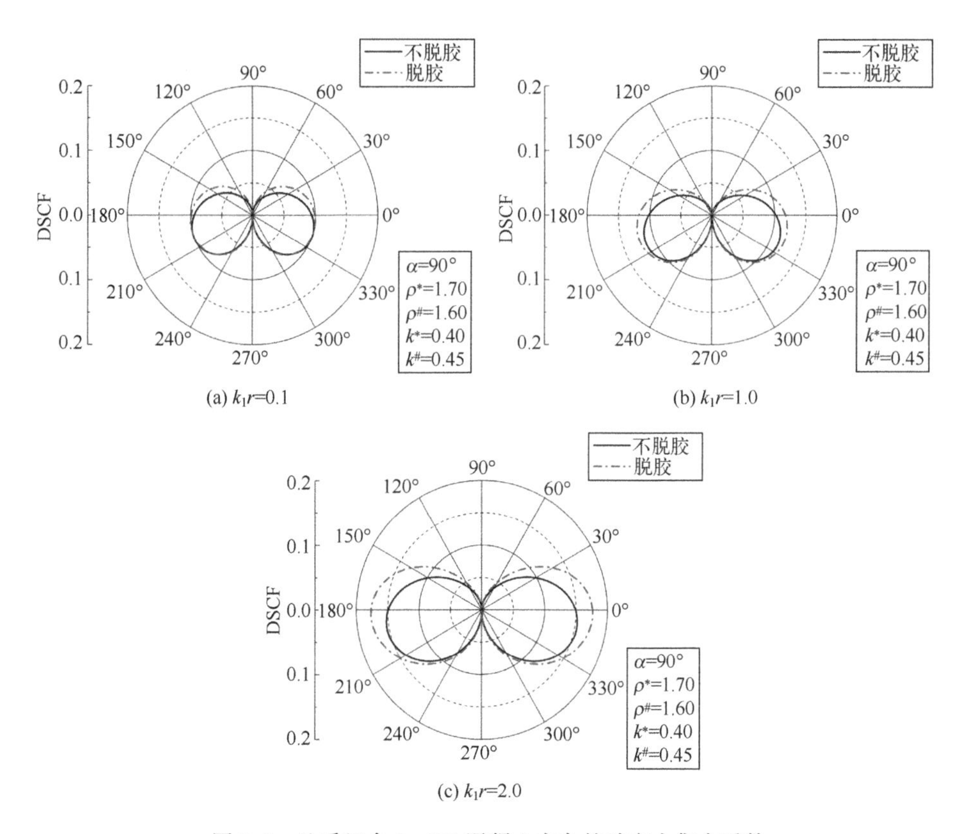

(a) k_1r=0.1
(b) k_1r=1.0
(c) k_1r=2.0

图 7.9 地质组合 B-C30 混凝土夹杂的动应力集中系数

置影响较小。当入射波为高频时，脱胶的存在也仅稍稍改变了 DSCF 的整体大小和 $DSCF_{max}$ 的位置。原因可能在于在此种地质组合时，混凝土夹杂与砂岩层的密度以及波速相对于下部煤层的参数较为接近，脱胶的影响不大。此时混凝土结构与砂岩层接近为一个整体，对下部煤层内传来的 SH 波共同表现为硬质覆盖层对 SH 波强烈的反射作用与能量的屏蔽作用。

图 7.10 给出了地质组合 B-SH 波由煤层垂直入射到砂岩层时，砂岩覆盖层中钢夹杂周边的动应力集中情况。此时参数 $\rho^*=1.70$，$k^*=0.40$，$\rho^\#=5.20$，$k^\#=0.30$。复合地层为“上硬下软”型，夹杂为“刚性夹杂”。

图 7.10 与图 7.9 相比，动应力集中系数整体数值大幅减小，这也进一步看出了夹杂的剪切模量越大、吸收能量越小、DSCF 越小这一现象。从图 7.10（a）和（c）可以看出，当入射波频率 $k_1r=0.1$、$k_1r=2.0$，存在脱胶时，钢夹杂的 DSCF 形状比不存在脱胶时改变很大，脱胶部位 DSCF 的数值有明显的增大现象。夹杂存在脱胶时，当 $k_1r=0.1$，$DSCF_{max}$ 出现的位置改变为 130°和 50°，当

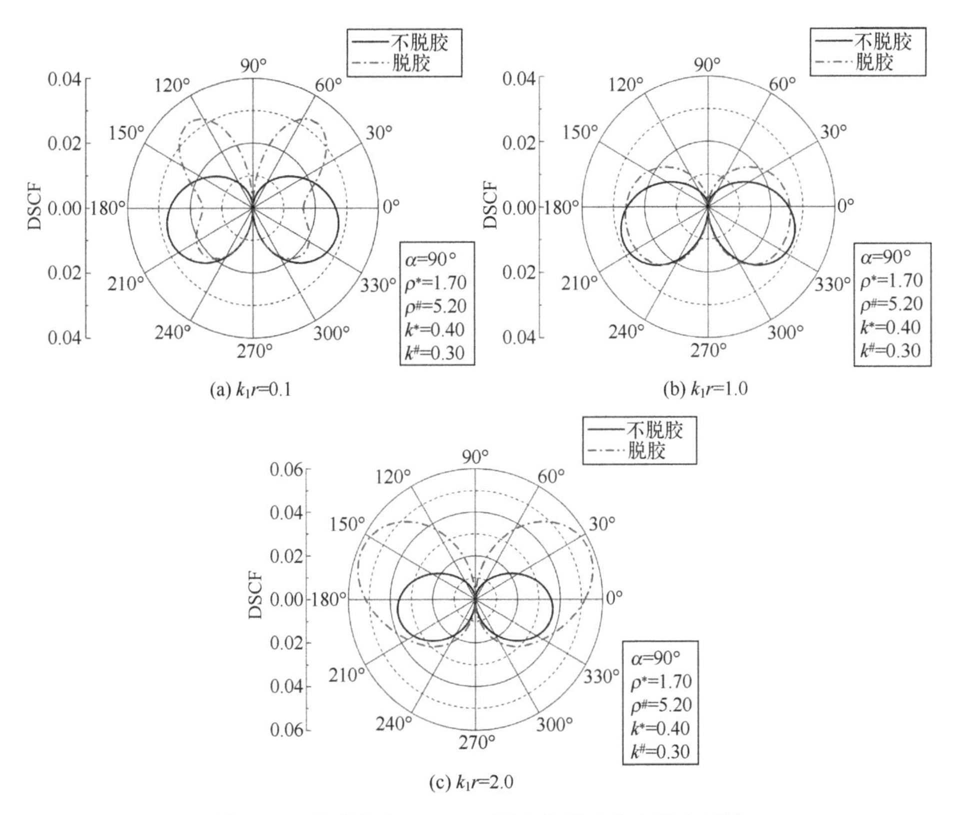

图 7.10　地质组合 A-Q345 钢夹杂的动应力集中系数

$k_1r=2.0$，$DSCF_{max}$出现的位置改变为 160°和 20°。而在图 7.10（b）中，当 $k_1r=1.0$，存在脱胶时，钢夹杂的 DSCF 形状与不存在脱胶时较为接近，在脱胶部位的 DSCF 仅出现了略微的增大。

图 7.11 给出了地质组合 B 时，砂岩覆盖层中存在脱胶的混凝土或钢夹杂周边的动应力集中系数最大值 $DSCF_{max}$ 随入射波 k_1r 的变化情况，此时参数 $\rho^*=1.70$，$k^*=0.40$ 两者相同，两种夹杂的 $\rho^\#$与 $k^\#$不同。

相比于图 7.8，在图 7.11 中，由于覆盖层剪切模量相对于下部土层的更大，$DSCF_{max}$整体数值有明显的减小。图 7.11 中的 $DSCF_{max}$在 $k_1r=0.1$ 与 $k_1r=2.0$ 之间变化的规律性可以与图 7.9 和图 7.10 相印证，但动应力集中系数的在 $k_1r=2.3$ 时才接近最大。此现象也说明了动力响应的敏感频率受上下土层介质参数的共同影响。

图 7.11（a）中，由于混凝土与砂岩的介质参数较为接近，结构是否存在脱胶变化现象不明显。而在图 7.11（b）中，随入射波频率增大，脱胶钢夹杂

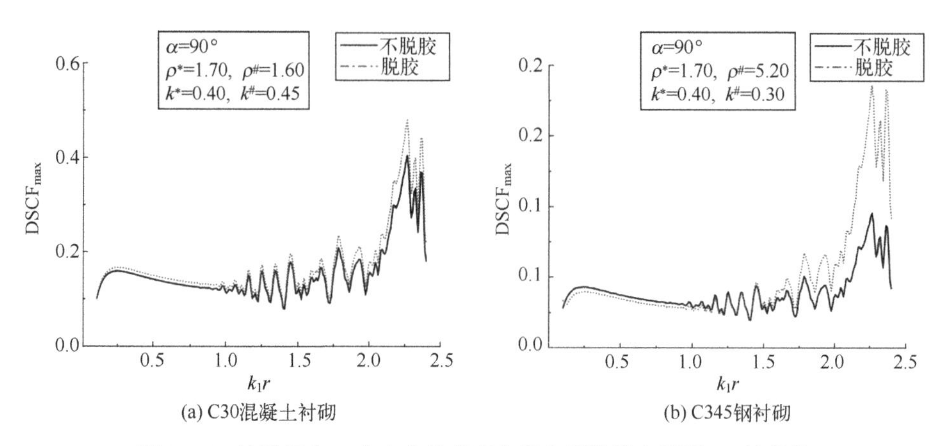

(a) C30混凝土衬砌 (b) C345钢衬砌

图 7.11 地质组合 B 中夹杂的动应力集中系数最大值随 k_1r 的变化

的 $DSCF_{max}$ 增幅很大，这点与图 7.10 一致。可见，在“上硬下软”型复合地层中，脱胶对于钢夹杂的动应力集中现象的影响相比于混凝土夹杂更加值得重视。

地表岩层中存在裂纹区域时，会破坏岩层的整体性，一定程度地改变场地的动力特性。地震波在传播到裂纹处，会形成新的次生波，裂纹边缘的散射波会与岩层内的散射波场互相叠加，共同影响附近的地表位移和地面建筑的安全。而地震作用下地表位移与地面构筑物的破坏具有直接关系，因此研究复合岩层中裂纹对地表位移的影响，对结构抗震和安全评估具有重要的工程意义。脱胶现象可以认为是不同材料体之间的连接界面出现了剥离和失效，也可以理解为两者之间出现了裂纹。因此，可以利用本章中脱胶夹杂的分析方法研究覆盖层中裂纹对 SH 波的散射问题。

2. 数值算例二

本算例研究的复合岩层模型如图 7.12 所示。在该算例中，重点分析覆盖层中的弧形裂纹对地表的出平面震动的影响，采用最常见的“上软下硬”型复合岩层。模型中各种符号的含义与算例一基本一致。下部岩层为土层Ⅰ，地表覆盖岩层为土层Ⅱ，厚度为 h，区域Ⅱ的上边界用 Γ_u 表示，下边界用 Γ_d 表示。土层Ⅱ中存在一个圆心为 o_2，半径为 r_2 的弧形裂纹区。圆心 o_2 距地表岩层上、下边界的距离分别为 h_1 和 h_2。沿弧形裂纹构造一个圆柱形区域Ⅲ（本算例仅考虑区域Ⅲ全部位于土层Ⅱ中的情况）。此时，对于整个区域Ⅲ的边界 Γ_c，分为应力自由的裂纹边界 Γ_{c1}，位移和应力与区域Ⅱ连续的无裂纹边界 Γ_{c2}。θ_1 和 θ_2 分别为弧形裂纹的起始和终止角度，且 $\theta_2 \geqslant \theta_1$。定义：$c^* = c_{S2}/c_{S1}$，$\rho^* = \rho_2/\rho_1$，$k^* = k_2/k_1$。表 7.3 列出了本算例中岩层的物理力学指标和无量纲参数。

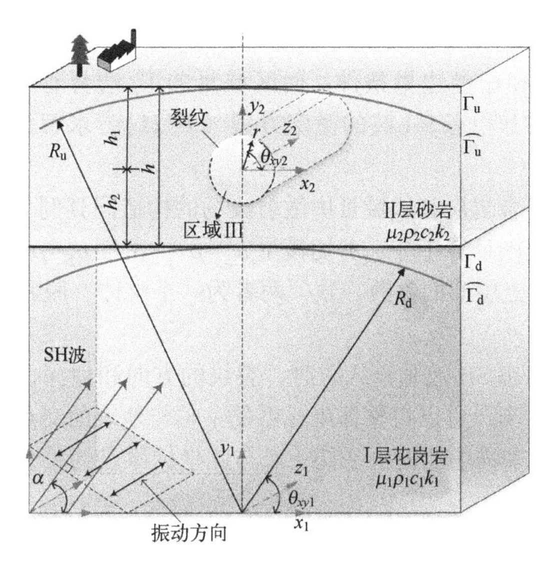

图 7.12　复合岩层模型示意图

表 7.3　土层的材料参数

<table>
<tr><td>土　　层</td><td>材 料 名 称</td><td colspan="2">密度/(kg/m³)</td><td>剪切波速/(m/s)</td></tr>
<tr><td>土层Ⅰ</td><td>花岗岩</td><td colspan="2">2800</td><td>3200</td></tr>
<tr><td>土层Ⅱ</td><td>砂岩</td><td colspan="2">2240</td><td>2100</td></tr>
<tr><td rowspan="2">花岗岩+砂岩</td><td colspan="2">ρ^*</td><td colspan="2">k^*</td></tr>
<tr><td colspan="2">0.80</td><td colspan="2">1.50</td></tr>
</table>

在问题的分析中，同样采用大圆弧假定和分区契合的思想，利用傅里叶-贝塞尔级数构建散射波场。与算例一不同的是，算例二中并不存在夹杂，必须人为地构建一个区域。如图 7.13 所示，利用分区的思想，在覆盖层中切割出一个圆柱形区域Ⅲ，把问题分解为复合岩层中圆孔对 SH 波的散射问题，和含裂纹区的圆柱形区域Ⅲ对 SH 波的散射问题，并利用边界条件在方程的建立中

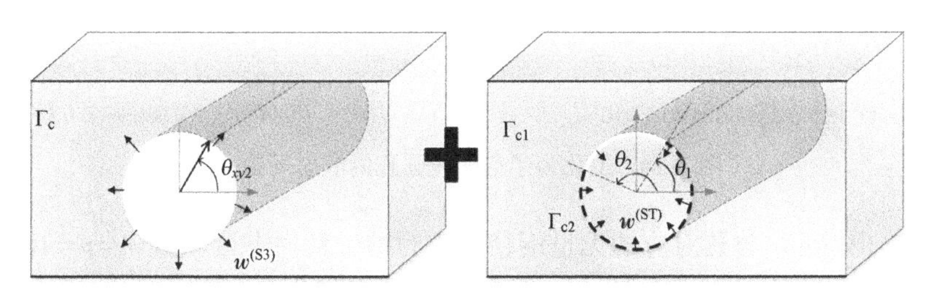

图 7.13　“分区”与“契合”分析示意图

实施契合。在覆盖层 Γ_u 边界上存在纽曼边界条件；覆盖层 Γ_d 边界上同时存在 Dirichlet 边界条件和纽曼边界条件；而区域Ⅲ的 Γ_c 边界存在混合边界条件。利用以上定解条件和稳态 SH 波的泛定方程（7-21），求解弧形裂纹对 SH 波散射的定解问题。

算例二中各复合岩层和区域Ⅲ中散射波场的构造同算例一基本一致，这里不再赘述。在数值的计算中令：剪切模量 $\mu_2=\mu_3$；密度 $\rho_2=\rho_3$；SH 波波数 $k_2=k_3$。此时区域Ⅲ和土层Ⅱ的参数一致，两者为一个整体，脱胶区域可视为土层Ⅱ中的裂纹。

本算例分析稳态 SH 波垂直入射时，裂纹的方向和埋深、入射波频率等因素对地表位移的影响。可以将整体坐标系的 y 轴与地表的交点定义为地面的坐标原点，定义 x/r 来描述地面水平任一点与此坐标原点的关系。本算例中地表出平面位移为

$$w^*=\left|w^{(S2)}(z_1,\bar{z}_1)+w^{(S3)}(z_1,\bar{z}_1)+w^{(S4)}(z_1,\bar{z}_1)\right|,\quad |z_1|=R_u \tag{7-74}$$

首先，把模型进行退化，来验证级数方程的合理性。当介质参数取 $\mu^*=k^*=\rho^*=1$ 时，土层Ⅰ和土层Ⅱ的参数相同。土层Ⅰ和土层Ⅱ合并为一个区域，边界 Γ_d 的影响可以忽略。取 $\mu^{\#}=\rho^{\#}=0$，夹杂退化为无介质的圆形孔洞。此时方程可以用于解决半空间内圆形孔洞对 SH 波的散射问题。

图 7.14（a）给出了当 $R_d=120r$，SH 波垂直入射，$k_1r=0.1$，h_1 分别为 $3r$ 和 $12r$ 时，水平地表位移幅值随 x/r 的变化，结果与参考文献中的结果基本一致。当 $h_1\geqslant 12r$ 时，动应力集中系数与地表水平位移趋近于一个常数。

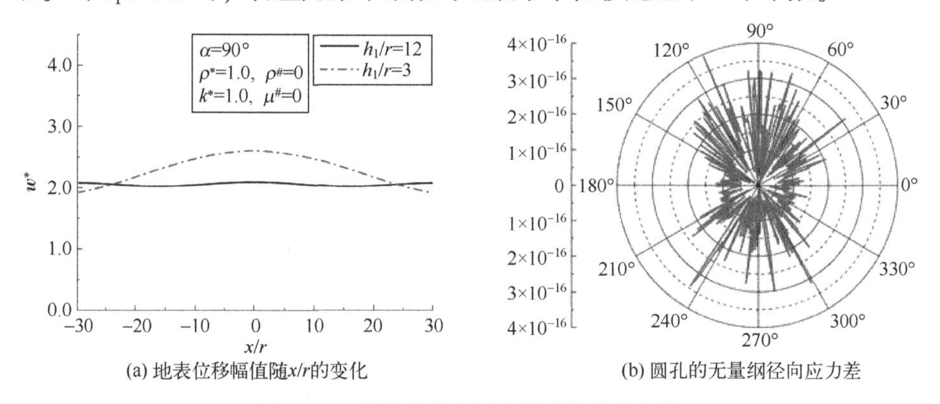

(a) 地表位移幅值随 x/r 的变化　　(b) 圆孔的无量纲径向应力差

图 7.14　退化为半空间内圆孔的散射问题

图 7.14（b）与其对应的无量纲径向应力差，此时截断项数 $m=n=16$，圆孔无量纲径向应力差的数量级在10^{-16}左右。在本算例后续问题的探讨中都使用这一思路来确定方程截断项数，为计算精度提供保证。

图 7.15 给出了 SH 波由花岗岩层垂直入射到砂岩覆盖层，裂纹埋深 h_1/r 对地面的位移幅值 w^* 的影响。此时砂岩中存在平行于地表方向的水平裂纹。

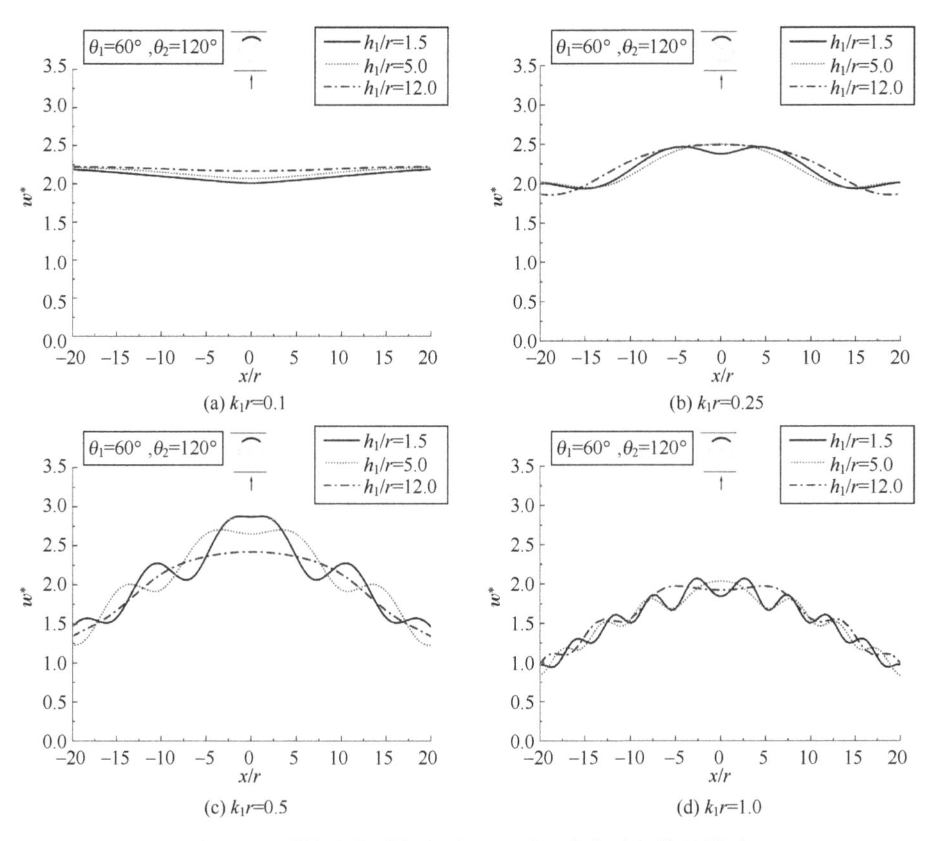

图 7.15　裂纹为水平方向时 h_1/r 对地表位移幅值的影响

在图 7.15（a）中，当入射波 $k_1r=0.1$ 时，地表位移接近于一个常数。说明当 k_1r 比较小，入射波为低频入射时，地表位移幅值随裂纹埋深 h_1/r 增加无明显变化，水平裂纹的埋深对地表位移的影响并不大。

从图 7.15（b）和（c）可以看出，随着入射波频率的增高，地表位移出现振荡现象，呈现出较为明显的动力学特征。入射波频率越高，k_1r 越大，地表位移振荡越剧烈。裂缝的埋深对地面位移的影响增大。当 $k_1r=0.5$ 时，地表位移的整体幅值均有明显的增大，说明动应力响应在此频段时较为明显。此时，h_1/r 越小，裂缝离地面的距离越近，裂缝对正上方地面位移的影响越明显。而当 $h_1/r\geqslant 12.0$ 后，裂纹处于覆盖层较深的位置，此时地面的位移变化明显减小。

从图 7.15（d）中可以看出，当 $k_1r=1.0$ 时，地表位移的整体幅值又逐渐回落减小。裂纹埋深对于地表位移幅值的影响也变得不太明显。可见在“上软下硬”型复合岩层中，随着 k_1r 的增加，水平裂缝上部的地表位移由小逐渐变大，再变小。埋深 h_1/r 对地表位移幅值的影响与入射波频率 k_1r 相关。

图 7.16 给出了砂岩覆盖层中存在水平裂纹时，SH 入射波频率对地面位移幅值 w^* 的影响。与图 7.15（a）类似，当 $k_1r=0.1$ 时，无论裂纹埋深 h_1/r 的值是多少，地表位移均无大的变化。在图 7.16（a）中，当 $h_1/r=1.5$ 时，此时裂纹离地表最近，地表位移的分布形状最为复杂。除 $k_1r=0.1$ 外的其他三种入射波数下，裂纹正上方 $x/r=0$ 点的地表位移幅值均比两侧要大，形成山峰形状。从图 7.16（b）~（d）中可以看出随裂纹埋深 h_1/r 的增加，地表位移幅值趋于平缓，裂纹对地表位移的影响慢慢减弱。

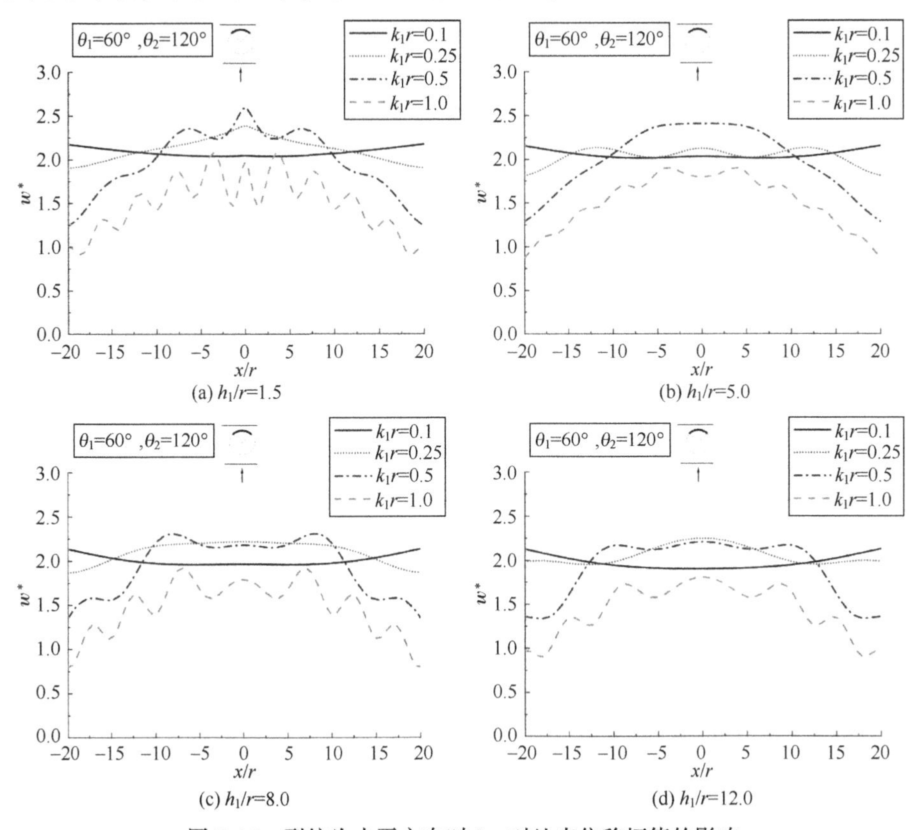

图 7.16　裂纹为水平方向时 k_1r 对地表位移幅值的影响

图 7.17 给出了 SH 波由花岗岩层垂直入射到砂岩覆盖层，裂纹埋深 h_1/r 对地面的位移幅值 w^* 的影响。此时砂岩中存在垂直于地表方向的竖向裂纹。

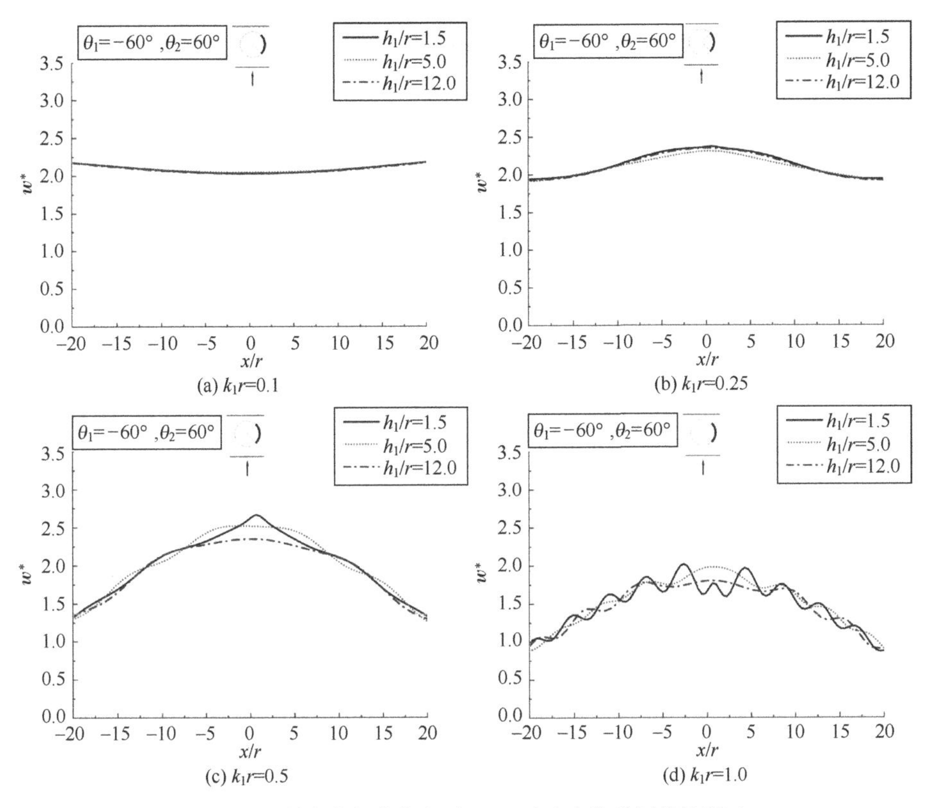

图 7.17　裂纹为竖直方向时 h_1/r 对地表位移幅值的影响

从图 7.17（a）中可以看出，当 $k_1r=0.1$ 时水平地表位移接近一个常数。h_1/r 不同时，三条曲线均接近重合。说明竖向裂纹对于低频下的 SH 波散射影响不大，地表位移幅值随 h_1/r 增加无明显变化，SH 波以接近无障碍物的方式传播到地表。

从图 7.17（b）和（c）可以看出，当 k_1r 增大时，竖向裂纹的埋深对地面位移的影响开始增大。与图 7.15（c）中类似，当 $k_1r=0.5$，地表位移整体的幅值增大明显，但与之不同的是存在竖向裂纹时地表位移的振荡不如图 7.15（c）明显。

从图 7.17（d）中可以看出，当 $k_1r=1.0$ 时，地表位移的整体幅值又逐渐回落减小。裂纹埋深对于地表位移幅值的影响也变小。地表位移幅值曲线出现了较为明显的非对称情况，这是由于竖向裂纹相对整体坐标系的 y 轴而言是偏置的。此图说明了裂纹方向也同时影响着地表位移的幅值和曲线的形状。

图 7.18 给出了砂岩覆盖层中存在竖向裂纹时，SH 入射波频率对地面位移

幅值 w^* 的影响。当 $k_1r=0.1$ 时，无论裂纹埋深 h_1/r 的值是多少，地表位移均无大的变化。

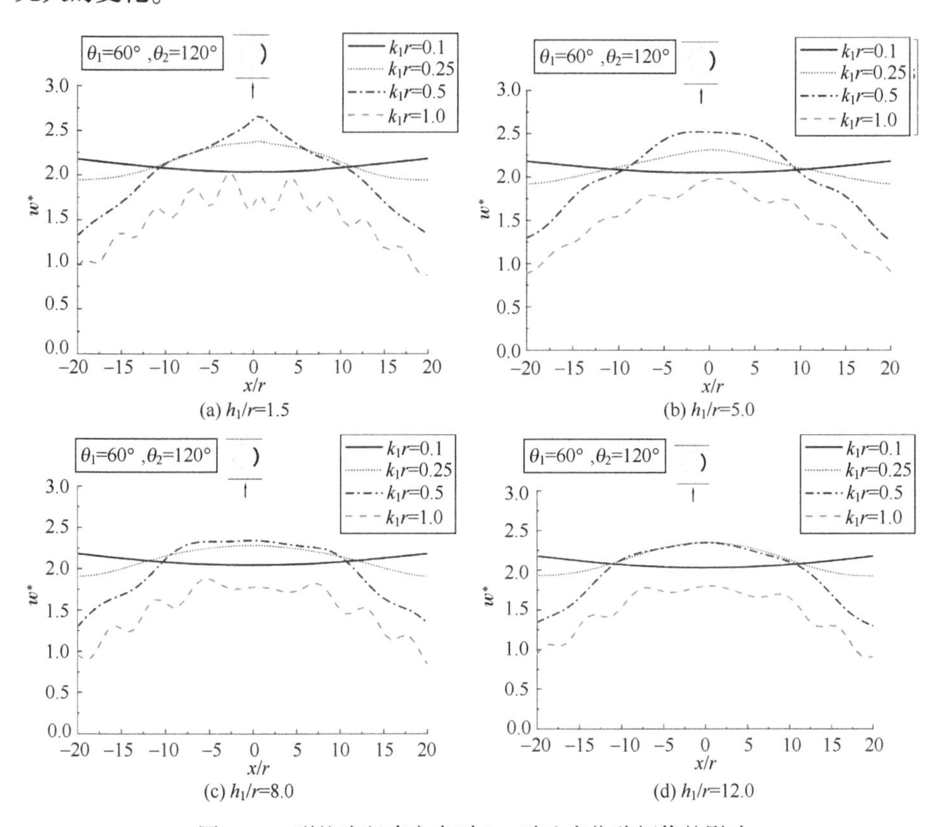

图 7.18 裂纹为竖直方向时 k_1r 对地表位移幅值的影响

在图 7.18（a）中，当 $h_1/r=1.5$ 时，此时裂纹离地表最近，地表位移的分布形状最为复杂。在 $k_1r=0.1$ 和 $k_1r=1.0$ 时，裂纹正上方 $x/r=0$ 点的地表位移幅值均比两侧要小，形成山谷形状。但在 $k_1r=0.25$ 和 $k_1r=0.5$ 时，裂纹正上方 $x/r=0$ 点的地表位移幅值均比两侧大，形成山峰形状。

从图 7.18（b）~（d）中可以看出随裂纹埋深 h_1/r 的增加，地表位移幅值趋于平缓，裂纹对地表位移的影响慢慢减弱。在图 7.18（b）中，在 $h_1/r=5.0$ 时，$k_1r=0.5$ 的入射波引起水平裂纹上部的地表幅值最大，$k_1r=1.0$ 的入射波引起水平裂纹上部的地表幅值最小。而在图 7.18（c）和（d）中，$k_1r=0.25$ 的入射波引起水平裂纹上部的地表幅值最大，$k_1r=1.0$ 的入射波引起水平裂纹上部的地表幅值最小。

将图 7.18 与图 7.16 相比，两者相同的规律是，随着入射波的频率增高，地面位移幅值的变化逐渐增大。但两者不同的是，当 $k_1r=1.0$ 时，竖向裂纹的埋深对于地表位移幅值的影响没有水平裂纹的影响大。

图 7.19 给出了地表砂岩覆盖层中两种裂纹上部，地表 $x/r=0$ 点的位移幅值 w^* 随 k_1r 变化的情况。可以看出，当裂缝为两种不同的方向时，位移幅值均随 k_1r 呈周期性振荡，总体上逐渐增大再减小，最大值出现在约 $k_1r=0.35$ 处。

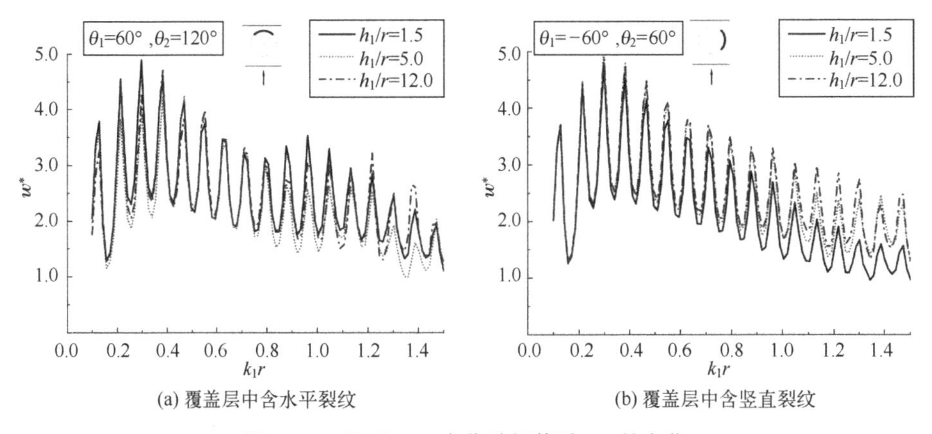

(a) 覆盖层中含水平裂纹　　(b) 覆盖层中含竖直裂纹

图 7.19　地面 $x=0$ 点位移幅值随 k_1r 的变化

在 $k_1r\leqslant0.6$ 阶段，两种方向的裂纹埋深 h_1/r 对位移幅值 w^* 影响比较接近。但当 $k_1r\geqslant0.6$ 后，图 7.19（a）的三条曲线较为接近，但 $h_1/r=1.5$ 时的整体幅值稍大，说明浅埋下的水平裂纹对地表位移幅值的影响是值得注意的。

而在图 7.19（b）中，覆盖层中的裂纹为竖向，当频率较高时（$k_1r\geqslant0.6$），裂纹埋深增加时地表位移幅值反而有所增加。此现象也说明了地表位移受埋深和入射波频率的共同影响。在工程场地类别的划分过程中通常假定各层土体为单一均质，但当地表岩层中存在裂纹区域时，裂纹在一定程度上改变了场地的动力特性，有必要在工程设计或者安全评估过程中考虑这种影响。

图 7.20 给出了砂岩覆盖层中存在两种不同的裂纹时，地表 $x/r=0$ 点的位移幅值 w^* 随 h_1/r 变化的情况。可以看出，当裂纹为两种不同的方向，除 $k_1r=0.1$ 时，位移幅值均随裂缝埋深 h_1/r 增加呈周期性变化，总体上振荡减小。裂纹埋深较浅时振荡幅度大，而当 $h_1/r\geqslant18$ 后，地表位移幅值趋于稳定，说明当裂纹距离自由表面越远，对地表位移幅值的影响也就越小。此外，从图 7.20 中也可以看出，当埋深 h_1/r 较小时，含竖向裂纹的覆盖层地表位移振荡的幅度没有含水平裂缝时的大，浅埋竖向裂纹相比浅埋水平裂纹对地表位移幅值的影响更小。

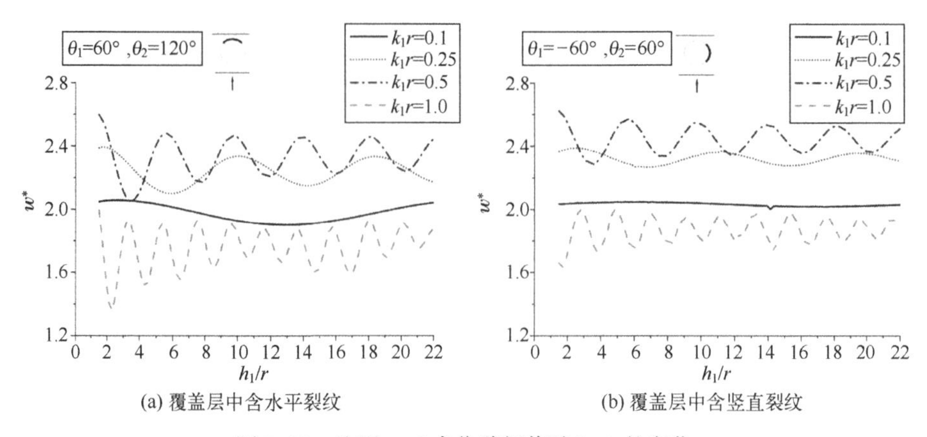

(a) 覆盖层中含水平裂纹　　(b) 覆盖层中含竖直裂纹

图 7.20　地面 $x=0$ 点位移幅值随 h_1/r 的变化

结论：

(1) 刚度较小的覆盖层对 DSCF 有较为明显的放大作用，而刚度较大的覆盖层对于 SH 波有反射和能量屏蔽的作用。刚度较大的夹杂对动应力集中现象具有一定抑制作用。

(2) 相比半空间中的 SH 波散射问题，在复合地层中土层、夹杂的介质参数的组合情况更为复杂。随着入射波频率的变化，脱胶夹杂的 $DSCF_{max}$ 的峰值可能会有一点或者多点。不同土层和夹杂的介质参数、入射波频率、夹杂是否存在脱胶共同影响夹杂周边的动应力集中系数。

(3) 当覆盖层的刚度较大时，脱胶夹杂对于低频和中频阶段的入射波动力响应更为敏感。当覆盖层的刚度较小时，脱胶夹杂对于高频阶段入射波动力响应更为敏感，对 $DSCF_{max}$ 影响更大。脱胶能够显著影响动应力集中系数的大小和分布形状。

算例二分析了 SH 波由花岗岩层入射到砂岩层中，砂岩层中弧形裂纹对于地表位移的影响得到了以下结论：

(1) 地表岩层比下部岩层刚度更小时，对于地表位移幅值有较为明显的放大作用。裂纹影响了场地的动力特性，也影响了地表震动的位移。

(2) 地表位移的幅值由岩层的介质参数、入射波频率、裂缝的埋深和方向等因素共同影响。当覆盖层中存在水平裂纹或竖向裂纹时，入射波数 k_1r 对地表位移影响比较接近，地表位移的幅值均随 k_1r 的增大先变大后变小。

(3) 裂纹埋置深度越小，对地表位移幅值影响越大，且水平裂纹对地表位移幅值的影响比竖向裂纹要大。浅埋的水平裂纹对场地动力特性的影响更加值得重视。

7.2　覆盖层中圆柱形脱胶衬砌对 SH 波的散射

7.2.1　SH 波作用下覆盖层中圆柱形脱胶衬砌的动应力集中问题

复合地层模型如图 7.21 所示。图中左下角的平面表示 SH 波的波阵面，位移方向平行于 z 轴，传播方向与水平方向的夹角为 α。由于所研究的问题属于出平面波动问题，故可以简化为 xy 平面上的问题。下部为土层Ⅰ，剪切波速为 c_{S1}，密度为 ρ_1，剪切模量为 μ_1，SH 波波数为 k_1。地表覆盖层为土层Ⅱ，厚度为 h，上边界用 Γ_u 表示，下边界用 Γ_d 表示，剪切波速为 c_{S2}，密度为 ρ_2，剪切模量为 μ_2，SH 波波数为 k_2。土层Ⅱ中存在一个圆心为 o_2，半径为 r 的圆柱形脱胶夹杂，剪切波速为 c_{S3}，密度为 ρ_3，剪切模量为 μ_3，SH 波波数为 k_3。圆心 o_2 距土层Ⅱ上边界的距离为 h_1，下边界的距离为 h_2。脱胶夹杂的外边界 Γ_c 被分为脱胶区域 Γ_{c1} 和非脱胶区域 Γ_{c2}。θ_1 和 θ_2 分别为脱胶区域的起始和终止角度，且 $\theta_2 \geqslant \theta_1$。沿圆心 o_2 向下部土层深处作一条垂线，在垂线上取一点 o_1 建立直角坐标系(o_1,x_1,y_1)，在夹杂的圆心处建立直角坐标系(o_2,x_2,y_2)。

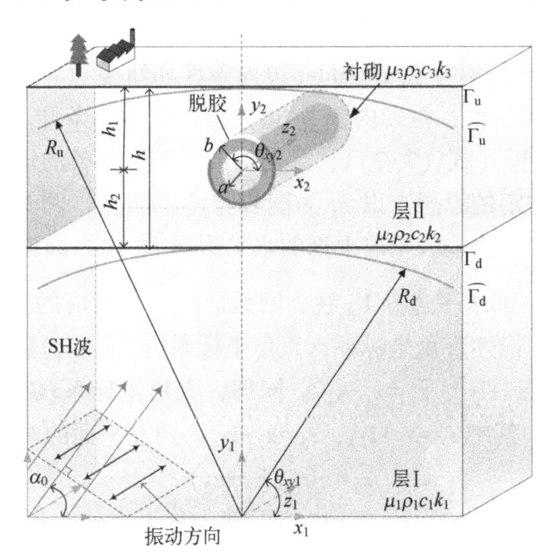

图 7.21　复合地层模型示意图

表 7.4 列出了本问题研究相关的三种土层和两种衬砌材料的物理力学指标。将上部砂岩下部玄武岩作为“上软下硬”型复合地层模型，将上部砂岩下部煤层作为“上硬下软”型复合地层模型。衬砌的材质为 C30 混凝土和

Q345 钢。

表 7.4　土层及衬砌的材料参数

土层及衬砌	材料名称	密度/(kg/m³)	剪切波速/(m/s)
土层 I	玄武岩	3100	4000
	煤	1500	1000
土层 Ⅱ	砂岩	2800	2500
衬砌	C30 混凝土	2400	2240
	Q345 钢	7850	3160

由基本理论可知，当 SH 波入射时，含脱胶夹杂的复合地层中的出平面位移 w 都满足波动方程，利用分离变量法并忽略时间因子 $\exp(-\mathrm{i}\omega t)$，可以得到稳态 SH 波出平面位移的亥姆霍兹控制方程。在复合地层中，SH 波入射会引起土层和衬砌隧道产生出平面位移 w 和剪切应力 τ。在覆盖层的上边界满足应力自由；在覆盖层的下边界满足位移和应力连续；衬砌外壁的非脱胶区域和覆盖层的位移和应力连续，脱胶区域应力自由；衬砌的内壁满足应力自由。

这些边界条件构成了定解问题的定解条件：覆盖层 Γ_{u} 边界为纽曼边界条件；覆盖层 Γ_{d} 边界同时存在 Dirichlet 边界条件和纽曼边界条件；衬砌外壁的 Γ_{b} 边界为混合边界条件；衬砌内壁 Γ_{a} 边界为纽曼边界条件。由定解条件和稳态 SH 波的泛定方程（式（7-2）），共同构成了一个完备的定解问题。

利用大圆弧假定的思想，以 o_1 为圆心作两个圆弧，两个圆弧分别与覆盖层的上下边界相切。将地表土层上部的水平边界 Γ_{u} 视为圆弧形边界 Γ_{u}，所对应的半径为 R_{u}；下部水平边界 Γ_{d} 视为圆弧形$\dot{\Gamma}_{\mathrm{d}}$，所对应的半径为 R_{d}。

引入复变函数描述直角坐标系，直角坐标系(o_1,x_1,y_1)所对应的复平面为$(z_1,\bar{z}_1)$，其中 $z_1=x_1+\mathrm{i}y_1$，$\bar{z}_1=x_1-\mathrm{i}y_1$。同理，直角坐标系$(o_2,x_2,y_2)$所对应的复平面为$(z_2,\bar{z}_2)$，其中 $z_2=x_2+\mathrm{i}y_2$，$\bar{z}_2=x_2-\mathrm{i}y_2$。两复平面的对应关系为

$$z_2=z_1-\mathrm{i}(R_{\mathrm{d}}+h_2) \tag{7-75}$$

在平面直角坐标系(o_1,x_1,y_1)中，下部土层 I 中的入射波为平面 SH 波，其波阵面为一个无穷大的平面。波阵面的法向即入射波的传播方向，与平面直角坐标系 x 轴的夹角为入射角 α。质点的振动方向沿 z 轴，出平面位移 $w^{(i)}$ 的波函数有式（7-76）的形式。利用分离变量法将时间因子 $\exp(-\mathrm{i}\omega t)$略去，得到满足亥姆霍兹控制方程的稳态 SH 波入射波表达式：

$$w^{(i)}(x_1,y_1)=w_0\exp[\mathrm{i}k_1(x_1\cos\alpha+y_1\sin\alpha)] \tag{7-76}$$

其中，ω 和 w_0 分别为入射波的圆频率和振幅。$k=\omega\sqrt{\rho/\mu}$，为 SH 波波数。

引入复变函数，在复平面$(z_1,\bar{z}_1)$内，可以将稳态 SH 入射波表达式简化为

$$w^{(i)}(z_1,\bar{z}_1)=w_0\exp[\mathrm{i}k_1\mathrm{Re}(z_1\mathrm{e}^{-\mathrm{i}\alpha})] \tag{7-77}$$

SH 波在土层中产生的径向应力和切向应力分别为

$$\tau_{rz}^{(i)}(z_1,\bar{z}_1)=\mathrm{i}k_1\mu_1 w_0\exp[\mathrm{i}k_1\mathrm{Re}(z_1\mathrm{e}^{-\mathrm{i}\alpha})]\mathrm{Re}[(z_1\mathrm{e}^{-\mathrm{i}\alpha})/|z_1|] \tag{7-78}$$

$$\tau_{\theta z}^{(i)}(z_1,\bar{z}_1)=-\mathrm{i}k_1\mu_1 w_0\exp[\mathrm{i}k_1\mathrm{Re}(z_1\mathrm{e}^{-\mathrm{i}\alpha})]\mathrm{Im}[(z_1\mathrm{e}^{-\mathrm{i}\alpha})/|z_1|] \tag{7-79}$$

7.2.2　复合地层内的散射波场

利用分区契合的思想，将含脱胶衬砌的复合地层模型分解为两个区域进行分析。首先将衬砌去除，构建复合地层内圆孔问题的散射波场；其次单独构建脱胶衬砌内的散射波场；最后通过位移和应力连续的边界条件形成定解方程组。

根据波函数展开法，复合地层内的散射波可以写成傅里叶-汉克尔级数的形式。当稳态 SH 波入射时，复合地层内各边界上的发散波可以利用第一类汉克尔函数进行构建，会聚波可以利用第二类汉克尔函数进行构建。定义各散射波的待定系数分别为 A_n、B_n、C_n、D_n、E_n、F_n。

在复平面$(z_1,\bar{z}_1)$内，边界$\dot{\Gamma}_{\mathrm{d}}$ 在下部土层 I 内产生的散射波 $w^{(\mathrm{S1})}$ 的位移场、径向应力、切向应力分别为

$$w^{(\mathrm{S1})}(z_1,\bar{z}_1)=\sum_{n=-\infty}^{n=+\infty}A_nH_n^{(2)}(k_1|z_1|)\left(\frac{z_1}{|z_1|}\right)^n \tag{7-80}$$

$$\tau_{rz}^{(\mathrm{S1})}(z_1,\bar{z}_1)=\frac{k_1\mu_1}{2}\sum_{1n=-\infty}^{n=+\infty}A_n[H_{n-1}^{(2)}(k_1|z_1|)-H_{n-1}^{(2)}(k_1|z_1|)]\left(\frac{z_1}{|z_1|}\right)^n \tag{7-81}$$

$$\tau_{\theta z}^{(\mathrm{S1})}(z_1,\bar{z}_1)=\frac{\mathrm{i}k_1\mu_1}{2}\sum_{n=-\infty}^{n=+\infty}A_n[H_{n-1}^{(2)}(k_1|z_1|)+H_{n-1}^{(2)}(k_1|z_1|)]\left(\frac{z_1}{|z_1|}\right)^n \tag{7-82}$$

在复平面$(z_1,\bar{z}_1)$内，边界$\dot{\Gamma}_{\mathrm{d}}$ 在覆盖土层 Ⅱ 内产生的散射波 $w^{(\mathrm{S2})}$ 的位移场、径向应力、切向应力分别为

$$w^{(\mathrm{S2})}(z_1,\bar{z}_1)=\sum_{n=-\infty}^{n=+\infty}B_nH_n^{(1)}(k_2|z_1|)\left(\frac{z_1}{|z_1|}\right)^n \tag{7-83}$$

$$\tau_{rz}^{(\mathrm{S2})}(z_1,\bar{z}_1)=\frac{k_2\mu_2}{2}\sum_{n=-\infty}^{n=+\infty}B_n[H_{n-1}^{(1)}(k_2|z_1|)-H_{n+1}^{(1)}(k_2|z_1|)]\left(\frac{z_1}{|z_1|}\right)^n \tag{7-84}$$

$$\tau_{\theta z}^{(S2)}(z_1,\bar{z}_1)=\frac{\mathrm{i}k_2\mu_2}{2}\sum_{n=-\infty}^{n=+\infty}B_n[H_{n-1}^{(1)}(k_2|z_1|)+H_{n+1}^{(1)}(k_2|z_1|)]\left(\frac{z_1}{|z_1|}\right)^n \tag{7-85}$$

使用复变函数来描述波函数的变量，其中的优势就在于可以直接使用坐标平移法，轻松得到波函数在任意坐标系统下的表达式。在复平面$(z_2,\bar{z}_2)$内$w^{(S2)}$可以表示为

$$w^{(S2)}(z_2,\bar{z}_2)=\sum_{n=-\infty}^{n=+\infty}B_nH_n^{(1)}(k_2|z_2+\mathrm{i}(R_d+h_2)|)\left(\frac{z_2+\mathrm{i}(R_d+h_2)}{|z_2+\mathrm{i}(R_d+h_2)|}\right)^n \tag{7-86}$$

$$\begin{aligned}&\tau_{rz}^{(S2)}(z_1,\bar{z}_1)\\&=\frac{k_2\mu_2}{2}\sum_{n=-\infty}^{n=+\infty}B_n\left\{\begin{aligned}&H_{n-1}^{(1)}[k_2|z_2+\mathrm{i}(R_d+h_2)|]\left[\frac{z_2+\mathrm{i}(R_d+h_2)}{|z_2+\mathrm{i}(R_d+h_2)|}\right]^{n-1}\frac{z_2}{|z_2|}\\&-H_{n+1}^{(1)}[k_2|z_2+\mathrm{i}(R_d+h_2)|]\left[\frac{z_2+\mathrm{i}(R_d+h_2)}{|z_2+\mathrm{i}(R_d+h_2)|}\right]^{n+1}\frac{\bar{z}_2}{|z_2|}\end{aligned}\right\}\end{aligned} \tag{7-87}$$

$$\begin{aligned}&\tau_{\theta z}^{(S2)}(z_1,\bar{z}_1)\\&=\frac{\mathrm{i}k_2\mu_2}{2}\sum_{n=-\infty}^{n=+\infty}B_n\left\{\begin{aligned}&H_{n-1}^{(1)}[k_2|z_2+\mathrm{i}(R_d+h_2)|]\left[\frac{z_2+\mathrm{i}(R_d+h_2)}{|z_2+\mathrm{i}(R_d+h_2)|}\right]^{n-1}\frac{z_2}{|z_2|}\\&+H_{n+1}^{(1)}[k_2|z_2+\mathrm{i}(R_d+h_2)|]\left[\frac{z_2+\mathrm{i}(R_d+h_2)}{|z_2+\mathrm{i}(R_d+h_2)|}\right]^{n+1}\frac{\bar{z}_2}{|z_2|}\end{aligned}\right\}\end{aligned} \tag{7-88}$$

在复平面$(z_2,\bar{z}_2)$内，圆孔边界Γ_b在覆盖土层Ⅱ内产生的散射波$w^{(S3)}$的位移场、径向应力、切向应力分量分别为

$$w^{(S3)}(z_2,\bar{z}_2)=\sum_{n=-\infty}^{n=+\infty}C_nH_n^{(1)}(k_2|z_2|)\left(\frac{z_2}{|z_2|}\right)^n \tag{7-89}$$

$$\tau_{rz}^{(S3)}(z_2,\bar{z}_2)=\frac{k_2\mu_2}{2}\sum_{n=-\infty}^{n=+\infty}C_n[H_{n-1}^{(1)}(k_2|z_2|)-H_{n+1}^{(1)}(k_2|z_2|)]\left(\frac{z_2}{|z_2|}\right)^n \tag{7-90}$$

$$\tau_{\theta z}^{(S3)}(z_2,\bar{z}_2)=\frac{\mathrm{i}k_2\mu_2}{2}\sum_{n=-\infty}^{n=+\infty}C_n[H_{n-1}^{(1)}(k_2|z_2|)+H_{n+1}^{(1)}(k_2|z_2|)]\left(\frac{z_2}{|z_2|}\right)^n \tag{7-91}$$

利用坐标平移的方法，在复平面$(z_1,\bar{z}_1)$内可以表示为

$$w^{(S3)}(z_1,\bar{z}_1)=\sum_{n=-\infty}^{n=+\infty}C_nH_n^{(1)}[k_2|z_1-\mathrm{i}(R_d+h_2)|]\left[\frac{z_1-\mathrm{i}(R_d+h_2)}{|z_1-\mathrm{i}(R_d+h_2)|}\right]^n \tag{7-92}$$

$$\tau_{rz}^{(S3)}(z_1,\bar{z}_1)$$
$$=\frac{k_2\mu_2}{2}\sum_{n=-\infty}^{n=+\infty}C_n\left\{\begin{aligned}&H_{n-1}^{(1)}[k_2|z_1-\mathrm{i}(R_d+h_2)|]\left[\frac{z_1-\mathrm{i}(R_d+h_2)}{|z_1-\mathrm{i}(R_d+h_2)|}\right]^{n-1}\frac{z_1}{|z_1|}\\&-H_{n+1}^{(1)}[k_2|z_1-\mathrm{i}(R_d+h_2)|]\left[\frac{z_1-\mathrm{i}(R_d+h_2)}{|z_1-\mathrm{i}(R_d+h_2)|}\right]^{n+1}\frac{\bar{z}_1}{|z_1|}\end{aligned}\right\}\tag{7-93}$$

$$\tau_{\theta z}^{(S3)}(z_1,\bar{z}_1)$$
$$=\frac{\mathrm{i}k_2\mu_2}{2}\sum_{n=-\infty}^{n=+\infty}C_n\left\{\begin{aligned}&H_{n-1}^{(1)}[k_2|z_1-\mathrm{i}(R_d+h_2)|]\left[\frac{z_1-\mathrm{i}(R_d+h_2)}{|z_1-\mathrm{i}(R_d+h_2)|}\right]^{n-1}\frac{z_1}{|z_1|}\\&+H_{n+1}^{(1)}[k_2|z_1-\mathrm{i}(R_d+h_2)|]\left[\frac{z_1-\mathrm{i}(R_d+h_2)}{|z_1-\mathrm{i}(R_d+h_2)|}\right]^{n+1}\frac{\bar{z}_1}{|z_1|}\end{aligned}\right\}\tag{7-94}$$

在复平面$(z_1,\bar{z}_1)$内，边界$\dot{\Gamma}_u$在覆盖土层Ⅱ内产生的散射波$w^{(S4)}$的位移场、径向应力、切向应力分量分别为

$$w^{(S4)}(z_1,\bar{z}_1)=\sum_{n=-\infty}^{n=+\infty}D_nH_n^{(2)}(k_2|z_1|)^n\left(\frac{z_1}{|z_1|}\right)^n\tag{7-95}$$

$$\tau_{rz}^{(S4)}(z_1,\bar{z}_1)=\frac{k_2\mu_2}{2}\sum_{n=-\infty}^{n=+\infty}D_n[H_{n-1}^{(2)}(k_2|z_1|)-H_{n+1}^{(2)}(k_2|z_1|)]\left(\frac{z_1}{|z_1|}\right)^n\tag{7-96}$$

$$\tau_{\theta z}^{(S4)}(z_1,\bar{z}_1)=\frac{\mathrm{i}k_2\mu_2}{2}\sum_{n=-\infty}^{n=+\infty}D_n[H_{n-1}^{(2)}(k_2|z_1|)+H_{n+1}^{(2)}(k_2|z_1|)]\left(\frac{z_1}{|z_1|}\right)^n\tag{7-97}$$

利用坐标平移的方法，在复平面$(z_2,\bar{z}_2)$内可以表示为

$$w^{(S4)}(z_2,\bar{z}_2)=\sum_{n=-\infty}^{n=+\infty}D_nH_n^{(2)}[k_2|z_2+\mathrm{i}(R_d+h_2)|]\left[\frac{z_2+\mathrm{i}(R_d+h_2)}{|z_2+i(R_d+h_2)|}\right]^n\tag{7-98}$$

$$\tau_{rz}^{(S4)}(z_2,\bar{z}_2)$$
$$=\frac{k_2\mu_2}{2}\sum_{n=-\infty}^{n=+\infty}D_n\left\{\begin{aligned}&H_{n-1}^{(2)}[k_2|z_2+\mathrm{i}(R_d+h_2)|]\left[\frac{z_2+\mathrm{i}(R_d+h_2)}{|z_2+\mathrm{i}(R_d+h_2)|}\right]^{n-1}\frac{z_2}{|z_2|}\\&-H_{n+1}^{(2)}[k_2|z_2+\mathrm{i}(R_d+h_2)|]\left[\frac{z_2+\mathrm{i}(R_d+h_2)}{|z_2+\mathrm{i}(R_d+h_2)|}\right]^{n+1}\frac{\bar{z}_2}{|z_2|}\end{aligned}\right\}\tag{7-99}$$

$$
\begin{aligned}
&\tau_{\theta z}^{(S4)}(z_2,\bar{z}_2)\\
&=\frac{\mathrm{i}k_2\mu_2}{2}\sum_{n=-\infty}^{n=+\infty}D_n\left\{\begin{aligned}&H_{n-1}^{(2)}[k_2|z_2+\mathrm{i}(R_\mathrm{d}+h_2)|]\left[\frac{z_2+\mathrm{i}(R_\mathrm{d}+h_2)}{|z_2+\mathrm{i}(R_\mathrm{d}+h_2)|}\right]^{n-1}\frac{z_2}{|z_2|}\\&+H_{n+1}^{(2)}[k_2|z_2+\mathrm{i}(R_\mathrm{d}+h_2)|]\left[\frac{z_2+\mathrm{i}(R_\mathrm{d}+h_2)}{|z_2+\mathrm{i}(R_\mathrm{d}+h_2)|}\right]^{n+1}\frac{\bar{z}_2}{|z_2|}\end{aligned}\right\}
\end{aligned}
\tag{7-100}
$$

7.2.3 覆盖层中脱胶衬砌的散射波场

图 7.22 是对脱胶衬砌内散射波场进行分析的示意图。脱胶衬砌的外边界 Γ_c 分为脱胶区域 Γ_c1和非脱胶区域 Γ_c2。θ_1 和 θ_2 分别为脱胶区域的起始和终止角度，且假定 $\theta_2\geqslant\theta_1$。脱胶衬砌内的驻波所对应的径向应力应在脱胶区域 Γ_c1 满足应力自由条件，在非脱胶区域 Γ_c2满足位移和径向应力连续条件。衬砌内的散射波需要在外壁满足脱胶区域应力自由和非脱胶区域的应力连续边界条件，但与研究脱胶夹杂问题所不同的是，衬砌内的散射波还需要同时满足内壁上的应力自由边界条件，因此要针对衬砌的外壁和内壁分别构建不同的散射波场。

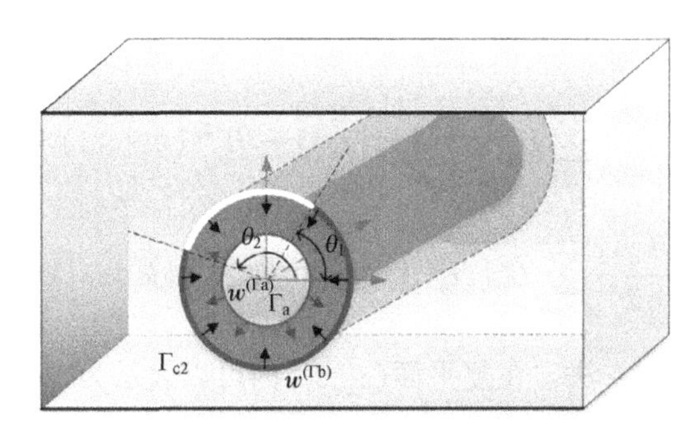

图 7.22　脱胶衬砌内的散射波场

SH 波会在衬砌外壁激发向内会聚的散射波 $w^{(\Gamma b)}$。在复平面$(z_2,\bar{z}_2)$中，其径向应力应满足以下边界条件：

$$
\tau_{rz}^{(\Gamma b)}(z_2,\bar{z}_2)=\begin{cases}0, & z_2\in\Gamma_\mathrm{c1}\\ \dfrac{k_3\mu_3}{2}\sum\limits_{n=-\infty}^{n=+\infty}E_n[H_{n-1}^{(2)}(k_3|z_2|)-H_{n+1}^{(2)}(k_3|z_3|)]\left(\dfrac{z_2}{|z_2|}\right)^n, & z_2\in\Gamma_\mathrm{c2}\end{cases}
\tag{7-101}
$$

与其对应的驻波波函数和应力分量为

$$w^{(\Gamma b)}(z_2,\bar{z}_2)=\sum_{n=-\infty}^{n=+\infty}G_l H_n^{(2)}(k_3|z_2|)\left(\frac{z_2}{|z_2|}\right)^n \tag{7-102}$$

$$\tau_{rz}^{(\Gamma b)}(z_2,\bar{z}_2)=\frac{k_3\mu_3}{2}\sum_{n=-\infty}^{n=+\infty}G_l[H_{n-1}^{(2)}(k_3|z_2|)-H_{n+1}^{(2)}(k_3|z_2|)]\left(\frac{z_2}{|z_2|}\right)^n \tag{7-103}$$

$$\tau_{\theta z}^{(\Gamma b)}(z_2,\bar{z}_2)=\frac{\mathrm{i}k_3\mu_3}{2}\sum_{n=-\infty}^{n=+\infty}G_l[H_{n-1}^{(2)}(k_3|z_2|)+H_{n+1}^{(2)}(k_3|z_2|)]\left(\frac{z_2}{|z_2|}\right)^n \tag{7-104}$$

SH 波会在衬砌内壁激发向外发散的散射波 $w^{(\Gamma a)}$。在复平面$(z_2,\bar{z}_2)$中，其径向应力应满足以下边界条件：

$$\tau_{rz}^{(\Gamma a)}(z_2,\bar{z}_2)=\begin{cases}0 & ,z_2\in\Gamma_{c1}\\ \dfrac{k_3\mu_3}{2}\sum\limits_{n=-\infty}^{n=+\infty}F_n[H_{n-1}^{(1)}(k_3|z_2|)-H_{n+1}^{(1)}(k_3|z_3|)]\left(\dfrac{z_2}{|z_2|}\right)^n & ,z_2\in\Gamma_{c2}\end{cases} \tag{7-105}$$

与其对应的驻波波函数为

$$w^{(\Gamma a)}(z_2,\bar{z}_2)=\sum_{n=-\infty}^{n=+\infty}L_l H_n^{(1)}(k_3|z_2|)\left(\frac{z_2}{|z_2|}\right)^n \tag{7-106}$$

其应力分量为

$$\tau_{rz}^{(\Gamma a)}(z_2,\bar{z}_2)=\frac{k_3\mu_3}{2}\sum_{n=-\infty}^{n=+\infty}L_l[H_{n-1}^{(1)}(k_3|z_2|)-H_{n+1}^{(1)}(k_3|z_2|)]\left(\frac{z_2}{|z_2|}\right)^n \tag{7-107}$$

$$\tau_{\theta z}^{(\Gamma a)}(z_2,\bar{z}_2)=\frac{\mathrm{i}k_3\mu_3}{2}\sum_{n=-\infty}^{n=+\infty}L_l[H_{n-1}^{(1)}(k_3|z_2|)+H_{n+1}^{(1)}(k_3|z_2|)]\left(\frac{z_2}{|z_2|}\right)^n \tag{7-108}$$

由复变函数的定义：$z_2=r_2\exp(\mathrm{i}\theta_{xy2})$，$|z_2|=r_2$，可以得

$$\left(\frac{z_2}{|z_2|}\right)^l=\exp(\mathrm{i}l\theta_{xy2}) \tag{7-109}$$

引入脱胶的起始及终止角度，可以将分段描述的应力条件写成一个整圆上的表达式。将式（7-106）在$[-\pi,+\pi]$上展开为傅里叶级数，可以得

$$\begin{aligned}\tau_{rz}^{(\Gamma b)}(z_2,\bar{z}_2)&=\sum_{l=-\infty}^{l=+\infty}\left\{\frac{1}{2\pi}\int_{-\pi}^{\pi}\tau_{rz}^{(\Gamma b)}(\xi)\exp(-\mathrm{i}l\xi)\mathrm{d}\xi\right\}\cdot\exp(\mathrm{i}l\theta_{xy2})\\&=\sum_{l=-\infty}^{l=+\infty}\left\{\frac{1}{2\pi}\int_{\theta_1}^{\theta_2}0\cdot\exp(-\mathrm{i}l\xi)\mathrm{d}\xi\right.\\&\quad+\frac{1}{2\pi}\int_{\theta_2-2\pi}^{\theta_1}\frac{k_3\mu_3}{2}\sum_{n=-\infty}^{n=+\infty}E_n[H_{n-1}^{(2)}(k_3|z_2|)-H_{n+1}^{(2)}(k_3|z_2|)]\\&\quad\left.\cdot\exp(\mathrm{i}n\xi)\cdot\exp(-\mathrm{i}l\xi)\mathrm{d}\xi\right\}\cdot\exp(\mathrm{i}l\theta_{xy2})\end{aligned}$$

$$= \sum_{l=-\infty}^{l=+\infty}\left\{\frac{1}{2\pi}\int_{\theta_2-2\pi}^{\theta_1}\frac{k_3\mu_3}{2}\sum_{n=-\infty}^{n=+\infty}E_n[H_{n-1}^{(2)}(k_3|z_2|)-H_{n+1}^{(2)}(k_3|z_2|)]\right.$$

$$\left.\cdot\exp[\mathrm{i}(n-l)\xi]\mathrm{d}\xi\right\}\cdot\exp(\mathrm{i}l\theta_{xy2})$$

$$=\frac{k_3\mu_3}{2}\sum_{l=+\infty}^{l=+\infty}\sum_{n=-\infty}^{n=+\infty}\chi_{ln}E_n[H_{n-1}^{(2)}(k_3|z_2|)-H_{n+1}^{(2)}(k_3|z_2|)]\left(\frac{z_2}{|z_2|}\right)^l \tag{7-110}$$

其中

$$\chi_{ln}=\frac{1}{2\pi}\int_{\theta_2-2\pi}^{\theta_1}\exp[\mathrm{i}(n-l)\theta]\mathrm{d}\theta=\begin{cases}\dfrac{2\pi+(\theta_1-\theta_2)}{2\pi}, & l=n\\ \dfrac{\exp[\mathrm{i}(n-l)\theta_1]-\exp[\mathrm{i}(n-l)\theta_2]}{2\pi\mathrm{i}(n-l)}, & l\neq n\end{cases} \tag{7-111}$$

同理，将式（7-105）在$[-\pi,+\pi]$上展开为傅里叶级数，可以得

$$\tau_{rz}^{(\Gamma a)}(z_2,\bar{z}_2)=\frac{k_3\mu_3}{2}\sum_{l=-\infty}^{l=+\infty}\sum_{n=-\infty}^{n=+\infty}\chi_{ln}F_n[H_{n-1}^{(1)}(k_3|z_2|)-H_{n+1}^{(1)}(k_3|z_2|)]\left[\frac{z_2}{|z_2|}\right]^l \tag{7-112}$$

当$|z_2|=b$时，比较式（7-103）与式（7-104），可以得

$$G_l=\sum_{n=-\infty}^{n=+\infty}\chi_{ln}\frac{H_{n-1}^{(2)}(k_3b)-H_{n+1}^{(2)}(k_3b)}{H_{l-1}^{(2)}(k_3b)-H_{l+1}^{(2)}(k_3b)}E_n \tag{7-113}$$

当$|z_2|=b$时，比较式（7-107）与式（7-108），可以得

$$L_l=\sum_{n=-\infty}^{n=+\infty}\chi_{ln}\frac{H_{n-1}^{(1)}(k_3b)-H_{n+1}^{(1)}(k_3b)}{H_{l-1}^{(1)}(k_3b)-H_{l+1}^{(1)}(k_3b)}F_n \tag{7-114}$$

将式（7-112）代入式（7-102），可以得到衬砌外壁满足边界条件的散射波：

$$w^{(\Gamma b)}(z_2,\bar{z}_2)=\sum_{l=-\infty}^{l=+\infty}\sum_{n=-\infty}^{n=+\infty}E_n\frac{H_{n-1}^{(2)}(k_3b)-H_{n+1}^{(2)}(k_3b)}{H_{l-1}^{(2)}(k_3b)-H_{l+1}^{(2)}(k_3b)}\chi_{ln}H_l^{(2)}(k_3|z_2|)\left[\frac{z_2}{|z_2|}\right]^l \tag{7-115}$$

其径向应力和切向应力分别为

$$\tau_{rz}^{(\Gamma b)}(z_2,\bar{z}_2)=\frac{k_3\mu_3}{2}\sum_{l=-\infty}^{l=+\infty}\sum_{n=-\infty}^{n=+\infty}E_n\chi_{ln}\frac{H_{n-1}^{(2)}(k_3b)-H_{n+1}^{(2)}(k_3b)}{H_{l-1}^{(2)}(k_3b)-H_{l+1}^{(2)}(k_3b)}$$

$$\cdot[H_{l-1}^{(2)}(k_3|z_2|)-H_{l+1}^{(2)}(k_3|z_2|)]\left(\frac{z_2}{|z_2|}\right)^l \tag{7-116}$$

$$\tau_{\theta z}^{(\Gamma b)}(z_2,\bar{z}_2)=\frac{\mathrm{i}\mu_3}{|z_2|}\sum_{l=-\infty}^{l=+\infty}\sum_{n=-\infty}^{n=+\infty}lE_n\chi_{ln}\frac{H_{n-1}^{(2)}(k_3b)-H_{n+1}^{(2)}(k_3b)}{H_{l-1}^{(2)}(k_3b)-H_{l+1}^{(2)}(k_3b)}H_l^{(2)}(k_3|z_2|)\left(\frac{z_2}{|z_2|}\right)^l \tag{7-117}$$

将式（7-117）代入式（7-106），可以得到衬砌内壁满足边界条件的散射波：

$$w^{(\Gamma a)}(z_2,\bar{z}_2)=\sum_{l=-\infty}^{l=+\infty}\sum_{n=-\infty}^{n=+\infty}F_n\frac{H_{n-1}^{(1)}(k_3b)-H_{n+1}^{(1)}(k_3b)}{H_{l-1}^{(1)}(k_3b)-H_{l+1}^{(1)}(k_3b)}\chi_{ln}H_l^{(1)}(k_3|z_2|)\left[\frac{z_2}{|z_2|}\right]^l \tag{7-118}$$

其径向应力和切向应力分别为

$$\tau_{rz}^{(\Gamma a)}(z_2,\bar{z}_2)=\frac{k_3\mu_3}{2}\sum_{l=-\infty}^{l=+\infty}\sum_{n=-\infty}^{n=+\infty}F_n\chi_{ln}\frac{H_{n-1}^{(1)}(k_3b)-H_{n+1}^{(1)}(k_3b)}{H_{l-1}^{(1)}(k_3b)-H_{l+1}^{(1)}(k_3b)}\cdot\left[H_{l-1}^{(1)}(k_3|z_2|)-H_{l+1}^{(1)}(k_3|z_2|)\right]\left(\frac{z_2}{|z_2|}\right)^l \tag{7-119}$$

$$\tau_{\theta z}^{(\Gamma a)}(z_2,\bar{z}_2)=\frac{\mathrm{i}\mu_3}{|z_2|}\sum_{l=-\infty}^{l=+\infty}\sum_{n=-\infty}^{n=+\infty}lF_n\chi_{ln}\frac{H_{n-1}^{(1)}(k_3b)-H_{n+1}^{(1)}(k_3b)}{H_{l-1}^{(1)}(k_3b)-H_{l+1}^{(1)}(k_3b)}H_l^{(1)}(k_3|z_2|)\left(\frac{z_2}{|z_2|}\right)^l \tag{7-120}$$

7.2.4　覆盖层中圆柱形脱胶衬砌对 SH 波散射的定解问题

前面通过分区的方法将问题分解为含圆孔的复合地层和脱胶衬砌两部分，并利用波函数展开法构建了每部分内的散射波。通过位移和应力连续条件将两部分散射波在共同的边界上进行契合。

用上节推导的波函数和应力分量进行表述。其中覆盖层下边界 Γ_d 上需满足位移连续条件式（7-121），径向应力连续条件式（7-122）；覆盖层的上边界 Γ_u 应满足径向应力自由式（7-123）；衬砌外壁 Γ_b 应满足位移连续条件式（7-124），径向应力连续条件式（7-125）；衬砌内壁 Γ_a 应满足径向应力自由式（7-126）。

$$\Gamma_u(|z_1|=R_d):w^{(i)}(z_1,\bar{z}_1)+w^{(S1)}(z_1,\bar{z}_1)=w^{(S2)}(z_1,\bar{z}_1)+w^{(S3)}(z_1,\bar{z}_1)+w^{(S4)}(z_1,\bar{z}_1) \tag{7-121}$$

$$\Gamma_d(|z_1|=R_d):\tau_{rz}^{(i)}(z_1,\bar{z}_1)+\tau_{rz}^{(S1)}(z_1,\bar{z}_1)=\tau_{rz}^{(S2)}(z_1,\bar{z}_1)+\tau_{rz}^{(S3)}(z_1,\bar{z}_1)+\tau_{rz}^{(S4)}(z_1,\bar{z}_1) \tag{7-122}$$

$$\Gamma_u(|z_1|=R_u):\tau_{rz}^{(S2)}(z_1,\bar{z}_1)+\tau_{rz}^{(S3)}(z_1,\bar{z}_1)+\tau_{rz}^{(S4)}(z_1,\bar{z}_1)=0 \tag{7-123}$$

$$\Gamma_b(|z_2|=b):w^{(S2)}(z_2,\bar{z}_2)+w^{(S3)}(z_2,\bar{z}_2)+w^{(S4)}(z_2,\bar{z}_2)=w^{(\Gamma b)}(z_2,\bar{z}_2)+w^{(\Gamma a)}(z_2,\bar{z}_2) \tag{7-124}$$

$$\Gamma_{\mathrm{b}}(|z_2|=b):\tau_{r\bar{r}}^{(\mathrm{S2})}(z_2,\bar{z}_2)+\tau_{rz}^{(\mathrm{S3})}(z_2,\bar{z}_2)+\tau_{rz}^{(\mathrm{S4})}(z_2,\bar{z}_2)=\tau_{r\bar{r}}^{(\Gamma b)}(z_2,\bar{z}_2)+\tau_{r\bar{z}}^{(\Gamma a)}(z_2,\bar{z}_2) \tag{7-125}$$

$$\Gamma_{\mathrm{a}}(|z_2|=a):\tau_{rz}^{(\Gamma b)}(z_2,\bar{z}_2)+\tau_{rz}^{(\Gamma a)}(z_2,\bar{z}_2)=0 \tag{7-126}$$

由定解条件可以建立定解方程组，整理可得

$$\begin{cases}w^{(\mathrm{S1})}(z_1,\bar{z}_1)-w^{(\mathrm{S2})}(z_1,\bar{z}_1)-w^{(\mathrm{S3})}(z_1,\bar{z}_1)-w^{(\mathrm{S4})}(z_1,\bar{z}_1)=-w^{(i)}(z_1,\bar{z}_1) & ,|z_1|=R_{\mathrm{d}}\\ \tau_{rz}^{(\mathrm{S1})}(z_1,\bar{z}_1)-\tau_{rz}^{(\mathrm{S2})}(z_1,\bar{z}_1)-\tau_{rz}^{(\mathrm{S3})}(z_1,\bar{z}_1)-\tau_{rz}^{(\mathrm{S4})}(z_1,\bar{z}_1)=-\tau_{rz}^{(i)}(z_1,\bar{z}_1) & ,|z_1|=R_{\mathrm{d}}\\ \tau_{rz}^{(\mathrm{S2})}(z_1,\bar{z}_1)+\tau_{rz}^{(\mathrm{S3})}(z_1,\bar{z}_1)+\tau_{rz}^{(\mathrm{S4})}(z_1,\bar{z}_1)=0 & ,|z_1|=R_{\mathrm{u}}\\ w^{(\mathrm{S2})}(z_2,\bar{z}_2)+w^{(\mathrm{S3})}(z_2,\bar{z}_2)+w^{(\mathrm{S4})}(z_2,\bar{z}_2)-w^{(\Gamma b)}(z_2,\bar{z}_2)-w^{(\Gamma a)}(z_2,\bar{z}_2)=0 & ,|z_2|=b\\ \tau_{rz}^{(\mathrm{S2})}(z_2,\bar{z}_2)+\tau_{rz}^{(\mathrm{S3})}(z_2,\bar{z}_2)+\tau_{rz}^{(\mathrm{S4})}(z_2,\bar{z}_2)-\tau_{rz}^{(\Gamma b)}(z_2,\bar{z}_2)-\tau_{rz}^{(\Gamma a)}(z_2,\bar{z}_2)=0 & ,|z_2|=b\\ \tau_{rz}^{(\Gamma b)}(z_2,\bar{z}_2)+\tau_{rz}^{(\Gamma a)}(z_2,\bar{z}_2)=0 & ,|z_2|=a\end{cases} \tag{7-127}$$

对方程两端按角变量做傅里叶级数展开，得到含有无限未知系数的无限项方程组：

$$\sum_{m=-\infty}^{m=+\infty}\sum_{n=-\infty}^{n=+\infty}\begin{bmatrix}+\zeta_{mn}^{(11)} & -\zeta_{mn}^{(12)} & -\zeta_{mn}^{(13)} & -\zeta_{mn}^{(14)} & 0 & 0\\ +\zeta_{mn}^{(21)} & -\zeta_{mn}^{(22)} & -\zeta_{mn}^{(23)} & -\zeta_{mn}^{(24)} & 0 & 0\\ 0 & +\zeta_{mn}^{(32)} & +\zeta_{mn}^{(33)} & +\zeta_{mn}^{(34)} & 0 & 0\\ 0 & +\zeta_{mn}^{(42)} & +\zeta_{mn}^{(43)} & +\zeta_{mn}^{(44)} & -\zeta_{mn}^{(45)} & -\zeta_{mn}^{(46)}\\ 0 & +\zeta_{mn}^{(52)} & +\zeta_{mn}^{(53)} & +\zeta_{mn}^{(54)} & -\zeta_{mn}^{(55)} & -\zeta_{mn}^{(56)}\\ 0 & 0 & 0 & 0 & +\zeta_{mn}^{(65)} & +\zeta_{mn}^{(66)}\end{bmatrix}\begin{bmatrix}A_n\\ B_n\\ C_n\\ D_n\\ E_n\\ F_n\end{bmatrix}=\sum_{m=-\infty}^{m=+\infty}\begin{bmatrix}-\eta_m^1\\ -\eta_m^2\\ 0\\ 0\\ 0\\ 0\end{bmatrix} \tag{7-128}$$

方程中各项分别为

$$\eta_m^1=\frac{1}{2\pi}\int_{-\pi}^{\pi}w_0\exp[\mathrm{i}k_1\mathrm{Re}(z_1\mathrm{e}^{-\mathrm{i}\alpha})]\exp(-\mathrm{i}m\theta_{xy1})\mathrm{d}\theta_{xy1} \tag{7-129}$$

$$\eta_m^2=\frac{1}{2\pi}\int_{-\pi}^{\pi}\mathrm{i}k_1\mu_1w_0\exp[\mathrm{i}k_1\mathrm{Re}(z_1\mathrm{e}^{-\mathrm{i}\alpha})]\mathrm{Re}[(z_1\mathrm{e}^{-\mathrm{i}\alpha})/|z_1|]\exp(-\mathrm{i}m\theta_{xy1})\mathrm{d}\theta_{xy1} \tag{7-130}$$

$$\zeta_{mn}^{(11)}=\frac{1}{2\pi}\int_{-\pi}^{\pi}H_n^{(2)}(k_1|z_1|)(z_1/|z_1|)^n\exp(-\mathrm{i}m\theta_{xy1})\mathrm{d}\theta_{xy1} \tag{7-131}$$

$$\zeta_{mn}^{(12)}=\frac{1}{2\pi}\int_{-\pi}^{\pi}H_n^{(1)}(k_2|z_1|)(z_1/|z_1|)^n\exp(-\mathrm{i}m\theta_{xy1})\mathrm{d}\theta_{xy1} \tag{7-132}$$

$$\zeta_{mn}^{(13)} = \frac{1}{2\pi}\int_{-\pi}^{\pi} H_n^{(1)}[k_2|z_1 - \mathrm{i}(R_\mathrm{d} + h_2)|]\left[\frac{z_1 - \mathrm{i}(R_\mathrm{d} + h_2)}{|z_1 - \mathrm{i}(R_\mathrm{d} + h_2)|}\right]^n \exp(-\mathrm{i}m\theta_{xy1})\mathrm{d}\theta_{xy1} \tag{7-133}$$

$$\zeta_{mn}^{(14)} = \frac{1}{2\pi}\int_{-\pi}^{\pi} H_n^{(2)}(k_2|z_1|)(z_1/|z_1|)^n \exp(-\mathrm{i}m\theta_{xy1})\mathrm{d}\theta_{xy1} \tag{7-134}$$

$$\zeta_{mn}^{(21)} = \frac{k_1\mu_1}{4\pi}\int_{-\pi}^{\pi}[H_{n-1}^{(2)}(k_1|z_1|) - H_{n-1}^{(2)}(k_1|z_1|)](z_1/|z_1|)^n \exp(-\mathrm{i}m\theta_{xy1})\mathrm{d}\theta_{xy1} \tag{7-135}$$

$$\zeta_{mn}^{(22)} = \frac{k_2\mu_2}{4\pi}\int_{-\pi}^{\pi}[H_{n-1}^{(1)}(k_2|z_1|) - H_{n+1}^{(1)}(k_2|z_1|)](z_1/|z_1|)^n \exp(-\mathrm{i}m\theta_{xy1})\mathrm{d}\theta_{xy1} \tag{7-136}$$

$$\zeta_{mn}^{(23)} = \frac{k_2\mu_2}{4\pi}\int_{-\pi}^{\pi}\left\{\begin{aligned}&H_{n-1}^{(1)}[k_2|z_1 - \mathrm{i}(R_\mathrm{d} + h_2)|]\left[\frac{z_1 - \mathrm{i}(R_\mathrm{d} + h_2)}{|z_1 - \mathrm{i}(R_\mathrm{d} + h_2)|}\right]^{n-1}\frac{z_1}{|z_1|}\\&- H_{n+1}^{(1)}[k_2|z_1 - \mathrm{i}(R_\mathrm{d} + h_2)|]\left[\frac{z_1 - \mathrm{i}(R_\mathrm{d} + h_2)}{|z_1 - \mathrm{i}(R_\mathrm{d} + h_2)|}\right]^{n+1}\frac{\bar{z}_1}{|z_1|}\end{aligned}\right\} \cdot \exp(-\mathrm{i}m\theta_{xy1})\mathrm{d}\theta_{xy1} \tag{7-137}$$

$$\zeta_{mn}^{(24)} = \frac{k_2\mu_2}{4\pi}\int_{-\pi}^{\pi}[H_{n-1}^{(2)}(k_2|z_1|) - H_{n+1}^{(2)}(k_2|z_1|)](z_1/|z_1|)^n \exp(-\mathrm{i}m\theta_{xy1})\mathrm{d}\theta_{xy1} \tag{7-138}$$

$$\zeta_{mn}^{(32)} = \frac{k_2\mu_2}{4\pi}\int_{-\pi}^{\pi}[H_{n-1}^{(1)}(k_2|z_1|) - H_{n+1}^{(1)}(k_2|z_1|)](z_1/|z_1|)^n \exp(-\mathrm{i}m\theta_{xy1})\mathrm{d}\theta_{xy1} \tag{7-139}$$

$$\zeta_{mn}^{(33)} = \frac{k_2\mu_2}{4\pi}\int_{-\pi}^{\pi}\left\{\begin{aligned}&H_{n-1}^{(1)}[k_2|z_1 - \mathrm{i}(R_\mathrm{d} + h_2)|]\left[\frac{z_1 - \mathrm{i}(R_\mathrm{d} + h_2)}{|z_1 - \mathrm{i}(R_\mathrm{d} + h_2)|}\right]^{n-1}\frac{z_1}{|z_1|}\\&- H_{n+1}^{(1)}[k_2|z_1 - \mathrm{i}(R_\mathrm{d} + h_2)|]\left[\frac{z_1 - \mathrm{i}(R_\mathrm{d} + h_2)}{|z_1 - \mathrm{i}(R_\mathrm{d} + h_2)|}\right]^{n+1}\frac{\bar{z}_1}{|z_1|}\end{aligned}\right\} \cdot \exp(-\mathrm{i}m\theta_{xy1})\mathrm{d}\theta_{xy1} \tag{7-140}$$

$$\zeta_{mn}^{(34)} = \frac{k_2\mu_2}{4\pi}\int_{-\pi}^{\pi}[H_{n-1}^{(2)}(k_2|z_1|) - H_{n+1}^{(2)}(k_2|z_1|)](z_1/|z_1|)^n \exp(-\mathrm{i}m\theta_{xy1})\mathrm{d}\theta_{xy1} \tag{7-141}$$

$$\zeta_{mn}^{(42)} = \frac{1}{2\pi}\int_{\theta_2-2\pi}^{\theta_1} H_n^{(1)}(k_2|z_2 + \mathrm{i}(R_\mathrm{D} + h_2)|)\left(\frac{z_2 + \mathrm{i}(R_\mathrm{D} + h_2)}{|z_2 + \mathrm{i}(R_\mathrm{D} + h_2)|}\right)^n \cdot \exp(-\mathrm{i}m\theta_{xy2})\mathrm{d}\theta_{xy2} \tag{7-142}$$

$$\zeta_{mn}^{(43)} = \frac{1}{2\pi}\int_{\theta_2-2\pi}^{\pi} H_n^{(1)}(k_2|z_2|)\,(z_2/|z_2|)^n \exp(-\mathrm{i}m\theta_{xy2})\,\mathrm{d}\theta_{xy2} \tag{7-143}$$

$$\zeta_{mn}^{(44)} = \frac{1}{2\pi}\int_{\theta_2-2\pi}^{\theta_1} H_n^{(2)}[k_2|z_2+\mathrm{i}(R_\mathrm{d}+h_2)|]\left[\frac{z_2+\mathrm{i}(R_\mathrm{d}+h_2)}{|z_2+\mathrm{i}(R_\mathrm{d}+h_2)|}\right]^n \cdot \exp(-\mathrm{i}m\theta_{xy2})\,\mathrm{d}\theta_{xy2} \tag{7-144}$$

$$\zeta_{mn}^{(45)} = \sum_{l=-\infty}^{l=+\infty}\frac{H_{n-1}^{(2)}(k_3b)-H_{n+1}^{(2)}(k_3b)}{H_{l-1}^{(2)}(k_3b)-H_{l+1}^{(2)}(k_3b)}H_l^{(2)}(k_3b)\chi_{ln}\chi_{ml} \tag{7-145}$$

$$\zeta_{mn}^{(46)} = \sum_{l=-\infty}^{l=+\infty}\frac{H_{n-1}^{(1)}(k_3b)-H_{n+1}^{(1)}(k_3b)}{H_{l-1}^{(1)}(k_3b)-H_{l+1}^{(1)}(k_3b)}H_l^{(1)}(k_3b)\chi_{ln}\chi_{ml} \tag{7-146}$$

$$\zeta_{mn}^{(52)} = \frac{k_2\mu_2}{4\pi}\int_{-\pi}^{\pi}\left\{\begin{aligned}&H_{n-1}^{(1)}[k_2|z_2+\mathrm{i}(R_\mathrm{d}+h_2)|]\left[\frac{z_2+\mathrm{i}(R_\mathrm{d}+h_2)}{|z_2+\mathrm{i}(R_\mathrm{d}+h_2)|}\right]^{n-1}\frac{z_2}{|z_2|}\\&-H_{n+1}^{(1)}[k_2|z_2+\mathrm{i}(R_\mathrm{d}+h_2)|]\left[\frac{z_2+\mathrm{i}(R_\mathrm{d}+h_2)}{|z_2+\mathrm{i}(R_\mathrm{d}+h_2)|}\right]^{n+1}\frac{\bar{z}_2}{|z_2|}\end{aligned}\right\} \cdot \exp(-\mathrm{i}m\theta_{xy2})\,\mathrm{d}\theta_{xy2} \tag{7-147}$$

$$\zeta_{mn}^{(53)} = \frac{k_2\mu_2}{4\pi}\int_{-\pi}^{\pi}[H_{n-1}^{(1)}(k_2|z_2|)-H_{n+1}^{(1)}(k_2|z_2|)]\,(z_2/|z_2|)^n\exp(-\mathrm{i}m\theta_{xy2})\,\mathrm{d}\theta_{xy2} \tag{7-148}$$

$$\zeta_{mn}^{(54)} = \frac{k_2\mu_2}{4\pi}\int_{-\pi}^{\pi}\left\{\begin{aligned}&H_{n-1}^{(2)}[k_2|z_2+\mathrm{i}(R_\mathrm{d}+h_2)|]\left[\frac{z_2+\mathrm{i}(R_\mathrm{d}+h_2)}{|z_2+\mathrm{i}(R_\mathrm{d}+h_2)|}\right]^{n-1}\frac{z_2}{|z_2|}\\&-H_{n+1}^{(2)}[k_2|z_2+\mathrm{i}(R_\mathrm{d}+h_2)|]\left[\frac{z_2+\mathrm{i}(R_\mathrm{d}+h_2)}{|z_2+\mathrm{i}(R_\mathrm{d}+h_2)|}\right]^{n+1}\frac{\bar{z}_2}{|z_2|}\end{aligned}\right\} \cdot \exp(-\mathrm{i}m\theta_{xy2})\,\mathrm{d}\theta_{xy2} \tag{7-149}$$

$$\zeta_{mn}^{(55)} = \frac{k_3\mu_3}{2}\sum_{l=-\infty}^{l=+\infty}[H_{n-1}^{(2)}(k_3b)-H_{n+1}^{(2)}(k_3b)]\chi_{ln}\chi_{ml} \tag{7-150}$$

$$\zeta_{mn}^{(56)} = \frac{k_3\mu_3}{2}\sum_{l=-\infty}^{l=+\infty}[H_{n-1}^{(1)}(k_3b)-H_{n+1}^{(1)}(k_3b)]\chi_{ln}\chi_{ml} \tag{7-151}$$

$$\zeta_{mn}^{(65)} = \frac{k_3\mu_3}{2}\sum_{l=-\infty}^{l=+\infty}\frac{H_{n-1}^{(2)}(k_3b)-H_{n+1}^{(2)}(k_3b)}{H_{l-1}^{(2)}(k_3b)-H_{l+1}^{(2)}(k_3b)}[H_{l-1}^{(2)}(k_3a)-H_{l+1}^{(2)}(k_3a)]\chi_{ln}\chi_{ml} \tag{7-152}$$

$$\zeta_{mn}^{(66)} = \frac{k_3\mu_3}{2}\sum_{l=-\infty}^{l=+\infty}\frac{H_{n-1}^{(1)}(k_3b)-H_{n+1}^{(1)}(k_3b)}{H_{l-1}^{(1)}(k_3b)-H_{l+1}^{(1)}(k_3b)}[H_{l-1}^{(1)}(k_3a)-H_{l+1}^{(1)}(k_3a)]\chi_{ln}\chi_{ml} \tag{7-153}$$

根据汉克尔函数的衰减性质，引入误差检验方法，在保证精度的情况下对 m 和 n 截取有限项，可以将无穷级数形式的方程组化为有限级数形式的方程组，进而对具体工程案例进行数值计算，确定每部分散射波波函数的待定系数，并求解出待定常数。

7.2.5 数值算例及结果分析

在地震中，衬砌局部发生动应力集中是引起隧道破坏的一个重要因素。可以引入无量纲的动应力集中因子来分析这一现象。

此处将动应力集中因子的最大值表示为 $\mathrm{DSCF}_{\max}$。定义衬砌外壁的动应力集中因子为

$$\mathrm{DSCF}=\left|\tau_{\theta z}^{(\Gamma b)}(z_2,\bar{z}_2)+\tau_{\theta z}^{(\Gamma a)}(z_2,\bar{z}_2)\right|/\left|\mathrm{i}k_1\mu_1 w_0\right|,\quad |z_2|=b \tag{7-154}$$

衬砌内壁的动应力集中因子为

$$\mathrm{DSCF}=\left|\tau_{\theta z}^{(\Gamma b)}(z_2,\bar{z}_2)+\tau_{\theta z}^{(\Gamma a)}(z_2,\bar{z}_2)\right|/\left|\mathrm{i}k_1\mu_1 w_0\right|,\quad |z_2|=a \tag{7-155}$$

数值算例重点研究 SH 波垂直入射时，覆盖层中脱胶混凝土衬砌隧道和脱胶钢衬砌隧道外壁的动应力集中现象。对本算例的材料参数和计算结果采用无量纲化的描述和分析。令 $w_0=1$，SH 波入射角度 $\alpha=90°$，圆形衬砌隧道埋深 $h_1=1.5a$，内径 $a=1$，外径 $b=1.3$。定义 $c^*=c_{S2}/c_{S1}$，$c^\#=c_{S3}/c_{S1}$，$\rho^*=\rho_2/\rho_1$，$\rho^\#=\rho_3/\rho_1$，$k^*=k_2/k_1$，$k^\#=k_3/k_1$，由 $k=\omega/c_S$，可知 $k^*=1/c^*=\sqrt{\rho^*/\mu^*}$，$k^\#=1/c^\#=\sqrt{\rho^\#/\mu^\#}$。通过对表 7.1 中的材料进行换算，可得到表 7.5 中三种土层和两种衬砌材料的无量纲参数。

表 7.5　土层及衬砌的无量纲化参数

地质组合	ρ^*	k^*	衬　砌	$\rho^\#$	$k^\#$
地质组合 A 玄武岩+砂岩	0.90	1.60	C30 混凝土	0.77	1.80
			Q345 钢	2.53	1.27
地质组合 B 煤+砂岩	1.87	0.40	C30 混凝土	1.60	0.45
			Q345 钢	5.20	0.30

除了从密度和剪切波速等物理力学指标中能够直观地判定介质的软硬关系，波数比也体现着各介质软硬的不同。当 $k^*<1$ 时，表明地表覆盖层比下部土层更“软”，即复合地层为“上软下硬”型，称为地质组合 A。与之相反，“上硬下软”型的复合地层称为地质组合 B。同理，由两种衬砌材料的参数可知，当衬砌采用 Q345 钢时，$k_3/k_2=c_2/c_3=0.8$，表明衬砌比土层Ⅱ更“硬”，此时把 Q345 钢衬砌称为“刚性衬砌”，当衬砌采用 C30 混凝土时，$k_3/k_2=$

$c_{S2}/c_{S3}=1.1$，表明衬砌比土层Ⅱ更“软”，此时把C30混凝土衬砌称为“柔性衬砌”。

首先，把模型进行退化，来验证级数方程的合理性。当介质参数取 $\mu^*=k^*=\rho^*=1$ 时，土层Ⅰ和土层Ⅱ的参数相同，两者合并为一个区域，此时问题退化为单一土层的半空间问题。取 $\mu^\#=\rho^\#=1$，此时半空间内只存在一个半径为 $a=1$ 的圆形孔洞。此时方程可以用于解决半空间内圆形孔洞对垂直入射的SH波的散射问题。

根据参考文献可知，大圆弧的半径不能过大也不能过小[6-7]，这里将 R_d 取 $120a$ 进行后续问题的探讨。

图7.23（a）给出了当 $R_d=120a$，SH波垂直入射，$k_1a=0.1$ 时，h_1 分别为 $1.5a$ 和 $12a$ 时圆形孔洞周边的动应力集中系数，结果与参考文献［10］中的结果基本一致。

当 $\mu^*=k^*=1.0$，$\mu^\#=\mu_3/\mu_1=3.2$，$k^\#=0.7$，$b/a=1.1$ 时，问题退化为半空间内圆形衬砌对垂直入射的SH波的散射问题。图7.23（b）给出了在 $h_1=1.5r$ 时，$k_1a=0.1$，1.0，2.0三种频率入射波的作用下，衬砌内边界的动应力集中系数，与参考文献［11］中的结果基本一致。

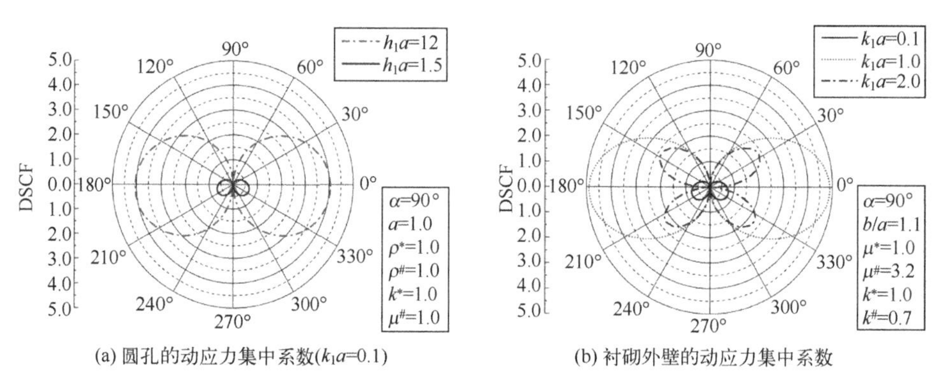

(a) 圆孔的动应力集中系数(k_1a=0.1)　　(b) 衬砌外壁的动应力集中系数

图7.23　退化为半空间内的散射问题

由于定解方程由无穷级数构成，但在具体问题的数值计算中，级数项 n 只能取有限项，从而产生截断误差。可以引入无量纲径向应力差来描述级数解的精度，将求出的系数回代入方程，用边界径向应力为零的条件来检验。由于本问题采用了傅里叶-贝塞尔级数进行波函数的构造，该级数具有良好的收敛性。只要级数项数取得适当，无量纲径向应力差就可以足够小，从而满足精度的要求。在本问题中，衬砌外壁的无量纲径向应力差为

$$\tau_{rz}^{*b}=\frac{\left|\tau_{rz}^{(S2)}(z_2,\bar{z}_2)+\tau_{rz}^{(S3)}(z_2,\bar{z}_2)+\tau_{rz}^{(S4)}(z_2,\bar{z}_2)-\tau_{rz}^{(\Gamma b)}(z_2,\bar{z}_2)-\tau_{rz}^{(\Gamma a)}(z_2,\bar{z}_2)\right|}{\left|\mathrm{i}k_1\mu_1 w_0\right|},\quad |z_2|=b \tag{7-156}$$

衬砌内壁的无量纲径向应力差为

$$\tau_{rz}^{*a}=\frac{\left|\tau_{rz}^{(\Gamma b)}(z_2,\bar{z}_2)+\tau_{rz}^{(\Gamma a)}(z_2,\bar{z}_2)\right|}{\left|\mathrm{i}k_1\mu_1 w_0\right|},\quad |z_2|=a \tag{7-157}$$

图 7.24 是和图 7.23（b）所研究问题对应的衬砌外壁和内壁的无量纲径向应力差。此时，数量级在 $10^{-6}\sim10^{-4}$。当 $k_1a=0.1$ 和 $k_1a=1.0$ 时，截断项数分别为 $m=n=8$，$m=n=14$。在本节问题的研究中，当 $k_1a\leqslant0.5$ 时，取截断项数 $m=n=4$；当 $0.5\leqslant k_1a\leqslant1.5$ 时，取截断项数 $m=n=12$，即可保证无量纲径向应力差的数量级在 $10^{-3}\sim10^{-4}$范围内。在本算例后续问题的探讨中都使用这一思路来确定方程截断项数，为计算精度提供保证。

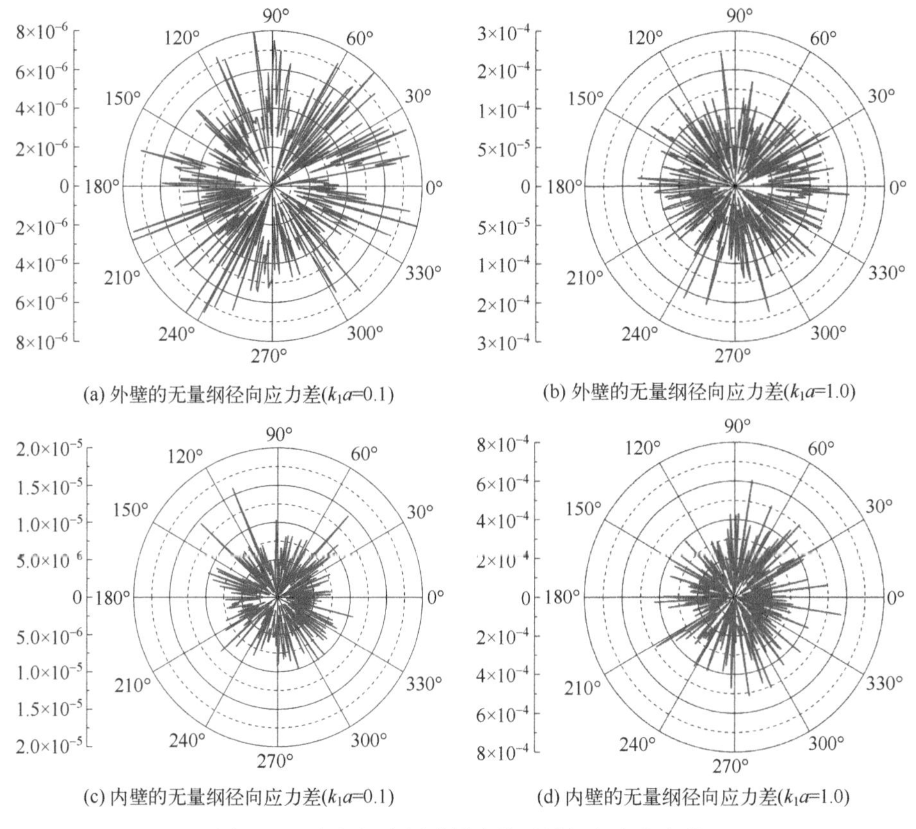

(a) 外壁的无量纲径向应力差(k_1a=0.1)　(b) 外壁的无量纲径向应力差(k_1a=1.0)

(c) 内壁的无量纲径向应力差(k_1a=0.1)　(d) 内壁的无量纲径向应力差(k_1a=1.0)

图 7.24　半空间中圆形衬砌的无量纲径向应力差

通过上述讨论，证明了本章对覆盖层中衬砌隧道散射问题的分析方法，同样适用于半空间问题，两者在结论上能够相互印证。采用大圆弧假设，并合理地选取方程截断项，能够满足解决此类问题的精度要求，并为接下来数值算例的分析奠定基础。

图 7.25 给出了地质组合 A-SH 波由玄武岩层垂直入射到砂岩层时，砂岩层中部分脱胶的 C30 混凝土衬砌外壁的动应力集中系数。参数 $\rho^*=0.90$，$\rho^\#=0.77$，$k^*=1.60$，$k^\#\approx 1.80$。此时复合地层为“上软下硬”型，而衬砌为“柔性衬砌”。

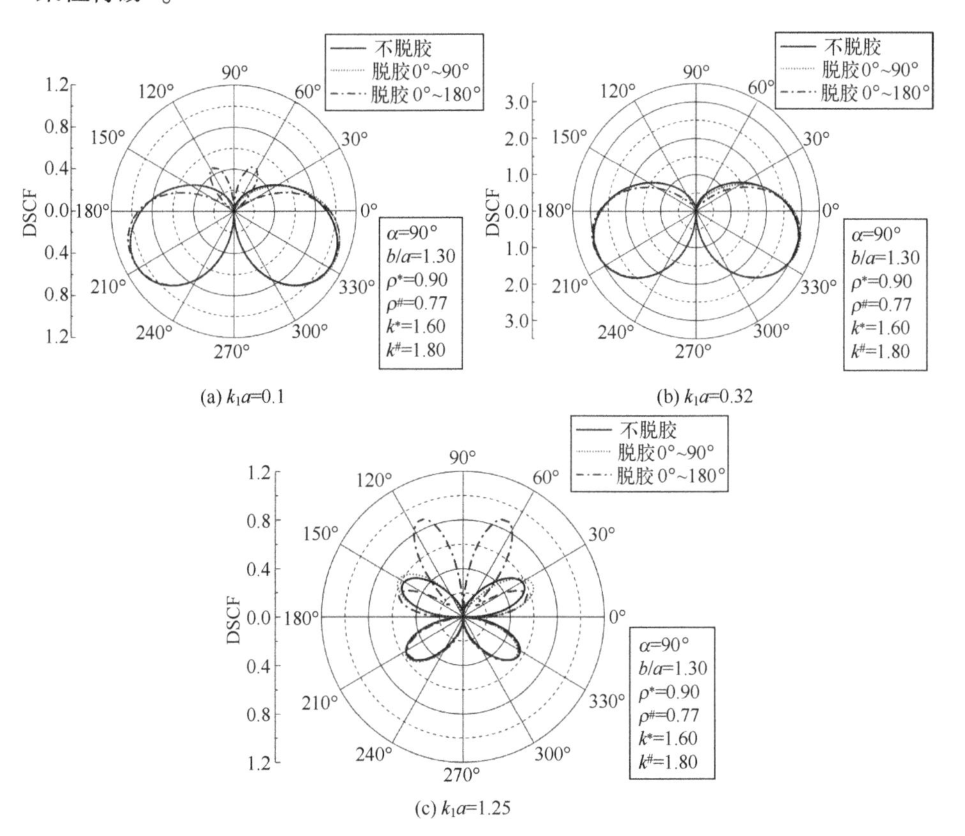

图 7.25　地质组合 A-C30 混凝土衬砌外壁的动应力集中系数

首先分析 DSCF 与入射波频率的变化关系。从图 7.25（a）中可以看出，当 $k_1a=0.1$，即低频入射时，衬砌外壁的 $\mathrm{DSCF}_{\max}$ 的位置均出现在约为 200°和 340°。从图 7.25（b）中可以看出，随着入射频率的增加，当 $k_1a=0.32$ 时，DSCF 的整体数值显著增大，但 $\mathrm{DSCF}_{\max}$ 的位置并未明显改变。从图 7.25（c）

中可以看出，当 $k_1a=1.25$，入射频率较高时，DSCF 整体数值变小，但分布形状变得更为复杂。

接下来分析脱胶对动应力集中因子的影响。从图 7.25 中可以看出，脱胶的存在不同程度地改变了衬砌 0°~180°区域的动应力集中情况。相比于非脱胶情况，衬砌存在脱胶时，外壁的 DSCF 均有不同程度的增大。当 $k_1a=0.1$、脱胶区域在 0°~180°时，衬砌外壁 DSCF 存在突变的现象。当 $k_1a=1.25$ 时，这种突变现象更为明显，此时脱胶的存在显著地增大了衬砌外壁的 DSCF，并显著改变了 DSCF 的分布形状。但在 $k_1a=0.32$ 时，脱胶对 DSCF 的改变并不明显。

综合分析图 7.25，可以看出 SH 波在“上软下硬”型复合地层内传播时，覆盖层中的混凝土脱胶衬砌对低频入射波的动力响应是较为敏感的，即结构与场地在低频阶段存在共振现象。脱胶的存在会影响衬砌外壁 DSCF 的分布。尤其当入射波为高频时，脱胶对于混凝土夹杂 DSCF 的分布形状和最大值位置影响最为明显。

图 7.26 给出了地质组合 A-SH 波由玄武岩层垂直入射到砂岩层时，砂岩层中部分脱胶的 Q345 钢衬砌外壁的动应力集中系数。参数 $\rho^*=0.90$，$\rho^\#=2.53$，$k^*=1.60$，$k^\#=1.27$。此时复合地层为“上软下硬”型，而衬砌为“刚性衬砌”。钢材相对比砂岩的密度和剪切模量要大很多，可以认为刚度更大，夹杂更“硬”。

从入射波频率的角度来分析对 DSCF 的影响时，可以得到和图 6.6 接近的变化规律。从图 7.26（a）中可以看出，当 $k_1a=0.1$ 时，衬砌外壁 $DSCF_{max}$ 的位置均出现在约为 200°和 340°。从图 7.26（b）中可以看出，当 $k_1a=0.32$ 时，DSCF 的整体数值显著增大，但 $DSCF_{max}$ 的位置并未明显改变。从图 7.26（c）中可以看出，当 $k_1a=1.25$ 时，DSCF 整体数值变小。Q345 钢衬砌的 DSCF 随着 k_1a 的增加，DSCF 由小变大，再变小，对低频入射波的动力响应最敏感。

对比图 7.25，从图 7.26 中可以看出，脱胶对于 Q345 钢衬砌外壁 DSCF 的影响比 C30 混凝土衬砌更为明显。当 $k_1a=0.1$，脱胶区域在 0°~180°时，脱胶区域的 DSCF 有明显的突变现象。尤其从图 7.26（b）和（c）中可以发现，在入射波频率增高后，衬砌在脱胶区域的 DSCF 存在较为明显的增大现象，且脱胶范围越大，动应力集中现象越明显。

此外，综合图 7.25 和图 7.26 还可以发现另一个现象，当脱胶区域在 0°~90°或者不存在脱胶时，Q345 钢衬砌的 DSCF 整体数值要小于 C30 混凝土衬砌的 DSCF。

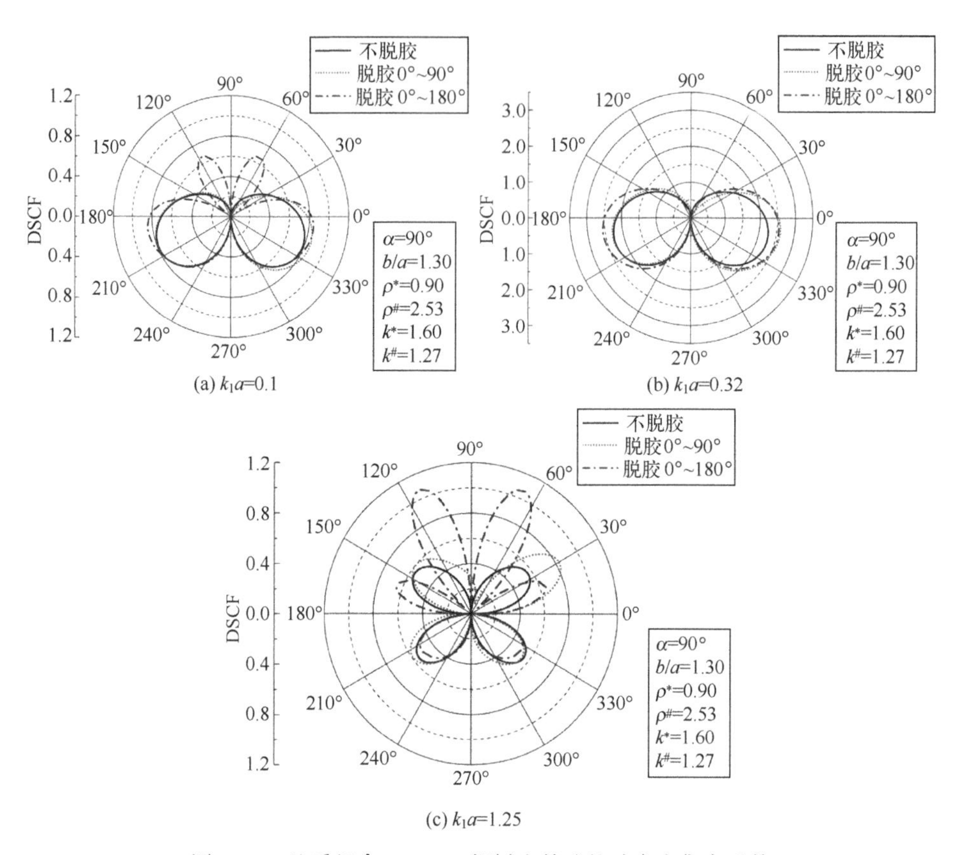

(a) k_1a=0.1

(b) k_1a=0.32

(c) k_1a=1.25

图 7.26　地质组合 A-Q345 钢衬砌外壁的动应力集中系数

图 7.27 分别给出了地质组合 A 时，砂岩层中存在部分脱胶的 C30 混凝土或 Q345 钢衬砌外壁的 $DSCF_{max}$ 随入射波 k_1a 变化的情况。此时与覆盖层材料相关的参数 $\rho^*=0.90$，$k^*=1.60$ 相同，而与衬砌材料相关参数的 $\rho^{\#}$ 与 $k^{\#}$ 不同，SH 波由较硬介质入射到较软介质。

场地的差异性对于不同频段的地震波传播有很大的影响。因此，从工程应用的角度出发，有必要结合地层和衬砌具体的材料参数进行综合分析，以找到衬砌对于入射波动力响应比较敏感的频率。将入射波频率从 $k_1a\approx0.1$ 到 $k_1a\approx1.5$ 划分为 99 段，100 个点，每计算一次，提取衬砌内壁一圈上的动应力集中因子的最大值。

从图 7.27 中可以发现，衬砌外壁的 $DSCF_{max}$ 均随 k_1a 的逐渐增大，在 $k_1a=0.3\sim0.4$ 时达到最大，并在此后振荡减小，所以在“上软下硬”型的复合地层中，中低频入射波对于衬砌的动应力集中影响是比较大的。

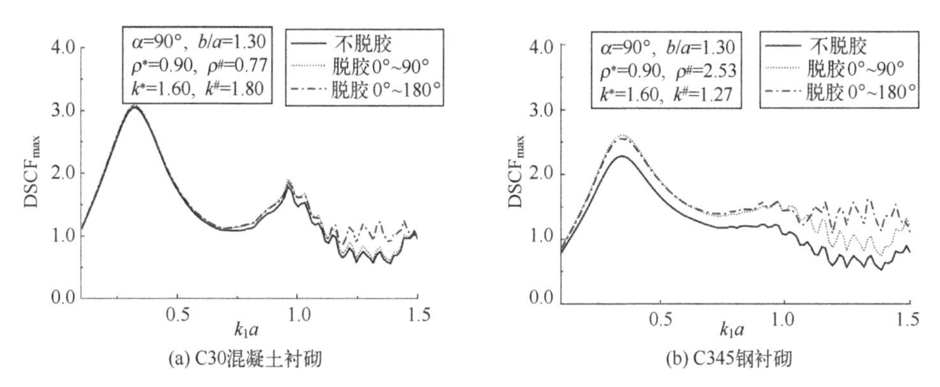

(a) C30混凝土衬砌　　(b) C345钢衬砌

图7.27　地质组合A中衬砌外壁的动应力集中系数最大值随 k_1a 的变化

从图7.27（a）中可以看出，$DSCF_{max}$峰值对应着 $k_1a\approx0.32$。在 $k_1a\leqslant0.7$ 时，脱胶对于C30混凝土衬砌 $DSCF_{max}$的影响不明显，而当入射频率增高后，脱胶区域的增大对 $DSCF_{max}$影响逐渐变大。尤其当 $k_1a\geqslant1.1$ 后可以发现，脱胶区域越大，$DSCF_{max}$越大。

在图7.27（b）中可以看出，$DSCF_{max}$的整体曲线值都要明显小于图7.27（a）中的曲线值，这说明衬砌的刚度增大对于减小动应力集中是有意义的。脱胶对于Q345钢衬砌 $DSCF_{max}$的影响十分明显，无论脱胶区域是0°~90°还是0°~180°时，均比非脱胶时的 $DSCF_{max}$要大。在 $k_1a\leqslant1.1$ 时两者较接近，但当 $k_1a\geqslant1.1$ 后，0°~180°脱胶衬砌的 $DSCF_{max}$比0°~90°时的更大。

图7.28给出了地质组合B-SH波由煤层垂直入射到砂岩层时，砂岩层中部分脱胶的C30混凝土衬砌外壁的动应力集中系数。参数 $\rho^*=1.90$，$\rho^\#\approx1.60$，$k^*=0.40$，$k^\#\approx0.50$。此时复合地层为“上硬下软”型，而衬砌为“柔性衬砌”。

从图7.28中可以看出，当 $k_1a=0.1$，衬砌不脱胶或者脱胶区域在0°~90°时，衬砌外壁 $DSCF_{max}$的位置均出现在约为200°和340°。当衬砌存在0°~180°脱胶时，脱胶区域的DSCF有明显的增大现象。由此现象可以说明脱胶范围的大小能够显著影响衬砌外壁的DSCF，甚至改变衬砌动应力响应所敏感的频率。

从图7.28（b）和（c）中可以看出，随着入射频率的增加，DSCF的整体数值有所增大，但 $DSCF_{max}$的位置并未明显改变。说明在此种地质组合下，入射波频率的改变和脱胶区域的大小对混凝土衬砌外壁DSCF的影响并不明显。

与图7.25相比，图7.28中的DSCF从整体上减小了很多。随着覆盖层土体剪切模量的增加，覆盖层内衬砌周边动应力集中系数整体减小。原因可能在于在“上硬下软”型复合地层中，刚度较大的覆盖层对下部土层中传来的 SH 波呈现出反射作用与能量的屏蔽作用，有效降低了衬砌周边的动应力集中情况。

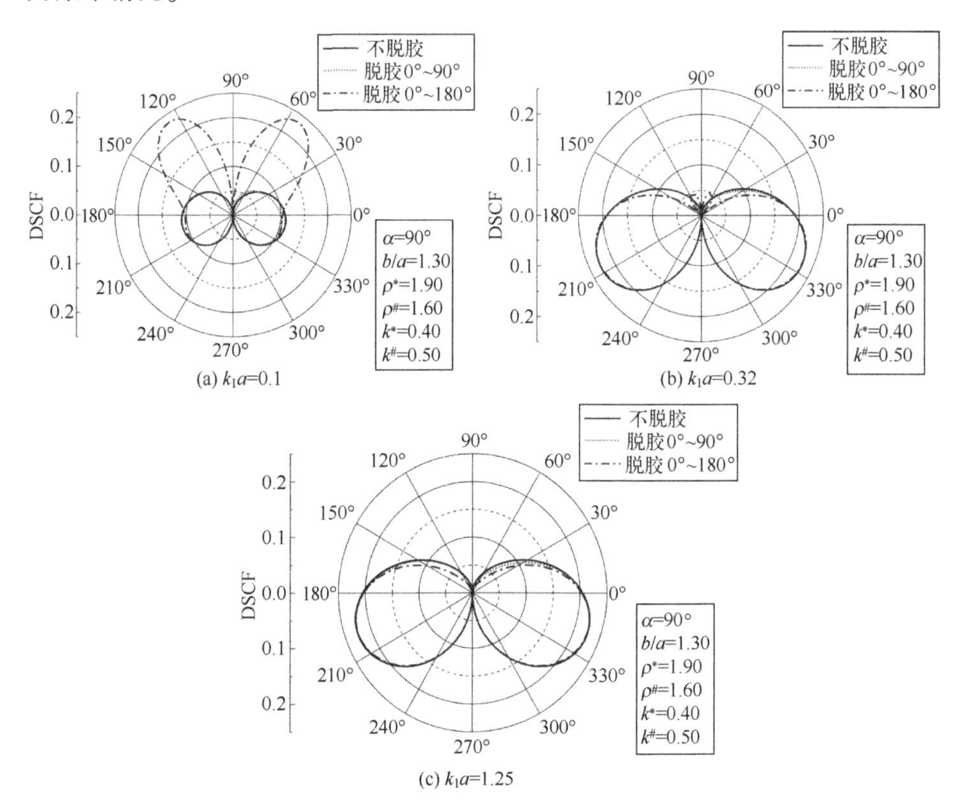

图 7.28 地质组合 B-C30 混凝土衬砌外壁的动应力集中系数

图 7.29 给出了地质组合 B-SH 波由煤层垂直入射到砂岩层时，砂岩层中部分脱胶的 Q345 钢衬砌外壁的动应力集中系数。参数 $\rho^*=1.90$，$\rho^\#\approx 5.20$，$k^*=0.40$，$k^\#\approx 0.30$。此时复合地层为“上硬下软”型，而衬砌为“刚性衬砌”。

从图 7.29（a）中可以看出，当 $k_1a=0.1$，衬砌外壁 $\mathrm{DSCF}_{\max}$ 的位置均出现在约为 200°和 340°。随着脱胶区域的增大，DSCF 存在略微减小的情况。由此现象同样说明脱胶的存在改变了衬砌动应力响应所敏感的频率。

从图 7.29（b）和（c）中可以看出，当 $k_1a=0.32$ 与 $k_1a=1.25$ 时，DSCF 的整体数值有所增大，但 $\mathrm{DSCF}_{\max}$ 的位置并未明显改变。但此时脱胶对于 DSCF 的影响更为明显。无论脱胶范围位于 0°~90°还是 0°~180°时，均明显增大了衬砌外壁的 DSCF。所以对于地质组合 B 中的钢衬砌在发生脱胶时，SH 波对其动应力集中的影响是值得注意的。此外，与图 7.26 中“上软下硬”型复合地层内的问题相比，可以看出刚度较大的覆盖层大幅降低了钢衬砌外壁的 DSCF。与图 7.28 中的同等地质条件下的混凝土衬砌相比，可以发现无论是否存在脱胶，钢衬砌外壁的 DSCF 都是要小于混凝土衬砌的。这也进一步证实了衬砌剪切刚度的增加对于降低动应力集中现象是有利的。

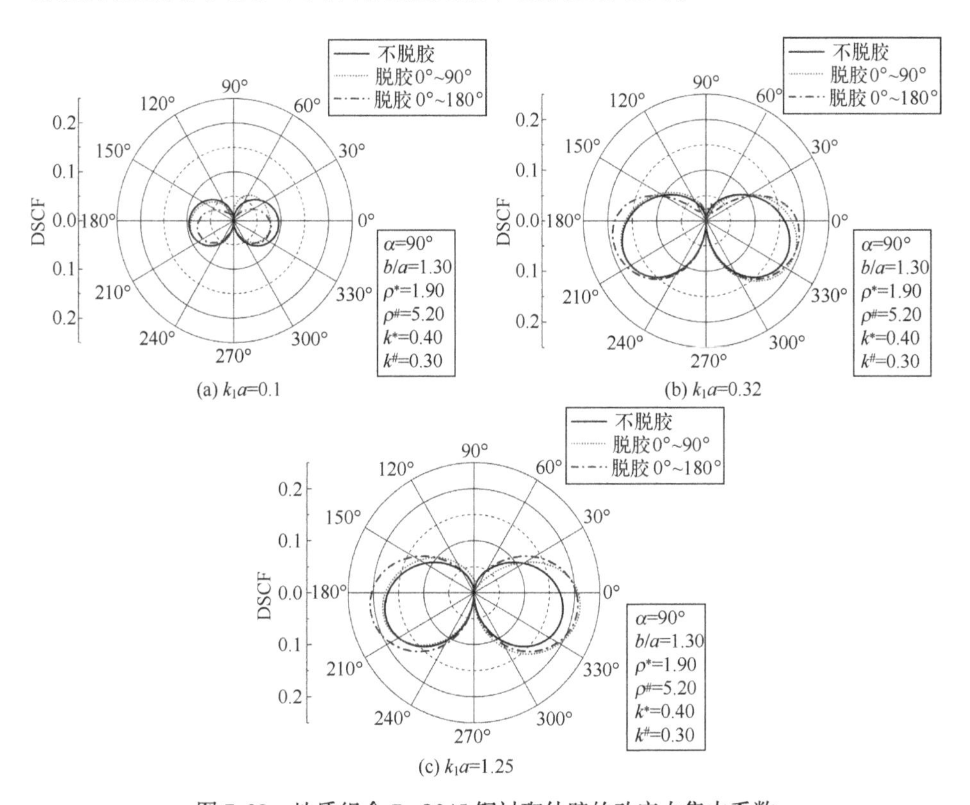

(a) k_1a=0.1　(b) k_1a=0.32　(c) k_1a=1.25

图 7.29　地质组合 B-Q345 钢衬砌外壁的动应力集中系数

图 7.30 分别给出了地质组合 B 时，砂岩层中存在部分脱胶的 C30 混凝土和 Q345 钢衬砌外壁的 $DSCF_{max}$ 随入射波 k_1a 变化的情况，此时与覆盖层材料相关的参数 $\rho^* \approx 1.90$，$k^* = 0.40$ 相同，而与衬砌材料相关参数的 $\rho^\#$ 与 $k^\#$ 不同，SH 波由较硬介质入射到较软介质。

与图 7.27 相对比，在图 7.30 中可以发现，由于覆盖层剪切模量相对于下部土层的更大，$DSCF_{max}$ 整体数值有明显的减小，两种衬砌的 $DSCF_{max}$ 在

$k_1a\approx0.25$ 出现峰值后，虽有减小的趋势，但频率增高后，$DSCF_{max}$仍有增大的趋势。因此，在“上硬下软”型复合地层中，高频入射波对脱胶衬砌动力特性的影响同低频一样值得重视。同时，从图 7.28 和图 7.31 也可以看出与半空间问题不同之处。覆盖层的刚度会显著影响衬砌动应力响应最大的频段，刚度较大的覆盖层对 SH 波有一定的屏蔽作用。

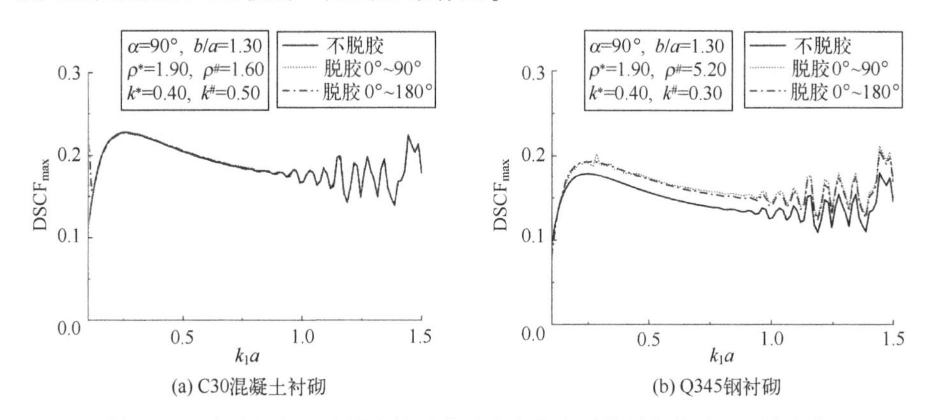

(a) C30混凝土衬砌　　(b) Q345钢衬砌

图 7.30　地质组合 B 中衬砌外壁的动应力集中系数最大值随 k_1a 的变化

从图 7.30（a）中可以看出，脱胶对于地质组合 B 中的混凝土衬砌影响并不大，仅在 $k_1a\approx0.1$ 时对 $DSCF_{max}$有放大作用。原因可能在于本章中混凝土衬砌的介质参数和砂岩较为接近，且剪切模量均大于下部刚度较小的土层，共同呈现出为对 SH 波的屏蔽效果。而从图 7.30（b）中则可以发现，钢衬砌的刚度相对于混凝土衬砌更大，所以 $DSCF_{max}$的整体数值更小，但脱胶对其影响不可忽略。与图 7.27（b）相比，两者相同之处在于，脱胶的存在普遍增大了钢衬砌外壁的 $DSCF_{max}$。但不同之处在于，当 $k_1a\geqslant1.1$ 时，“上软下硬”型复合地层中的钢衬砌脱胶区域越大，$DSCF_{max}$越大。而“上硬下软”型复合地层中的钢衬砌，脱胶区域的大小对 $DSCF_{max}$的影响比较微弱。

结论：

（1）刚度较小的覆盖层中的脱胶衬砌对于低频和中频阶段的入射波动力响应更为敏感，对 $DSCF_{max}$影响更大。刚度较大的覆盖层中的脱胶衬砌对于高频阶段入射波动力响应更为敏感，对 $DSCF_{max}$影响更大。不同土层和衬砌的介质参数、入射波频率、脱胶范围共同影响衬砌外壁的动应力集中系数。

（2）刚度较小的覆盖层对 $DSCF_{max}$有较为明显的放大作用，而硬质覆盖层对于 SH 波有反射和能量屏蔽的作用。衬砌相对于周围土体介质剪切模量越大，越能减小动应力集中现象。

（3）当覆盖层刚度较小，脱胶会影响 C30 混凝土衬砌外壁 DSCF 的分布，尤其当 $k_1a \geqslant 1.1$ 后可以发现，脱胶对于混凝土夹杂 DSCF 的分布形状和最大值位置影响最为明显。脱胶区域越大，$DSCF_{max}$ 越大。脱胶对于 Q345 钢衬砌 $DSCF_{max}$ 的影响也非常明显，无论脱胶区域是 0°~90°还是 0°~180°时，均比非脱胶时的 $DSCF_{max}$ 要大。

（4）当覆盖层刚度较大，脱胶对混凝土衬砌影响不大，仅在 $k_1a \approx 0.1$ 时对 $DSCF_{max}$ 有放大作用，但对钢衬砌有一定影响，脱胶的存在普遍增大了钢衬砌外壁的动应力集中系数。

参考文献

[1] 陆基孟，王永刚．地震勘探原理［M］．3 版．东营：中国石油大学出版社．2014.

[2] ZHANG N, ZHANG Y, GAO Y F, et al. Site amplification effects of a radially multi-layered semi-cylindrical canyon on seismic response of an earth and rockfill dam [J]. Soil Dynamics and Earthquake Engineering, 2019, 116 (1): 145-163.

[3] BRANDOW H P, LEE V W. Scattering and diffraction of plane P-waves in a 2D elastic half-space Ⅱ: shallow arbitrary shaped canyon [J]. Earthquake Engineering and Engineering Vibration, 2017, 16 (3): 459-485.

[4] LIU G, FENG X. Spatially variable seismic motions by a u-shaped canyon in a multi-layered half-space [J]. Journal of Earthquake Engineering, 2019, 25 (11): 1-24.

[5] 朱炳寅．建筑抗震设计规范应用与分析［M］．北京：中国建筑工业出版社，2011.

[6] LEE V W, KARL J. Diffraction of SV waves by underground, circular, cylindrical cavities [J]. Soil Dynamics and Earthquake Engineering, 1992, 11 (8): 445-456.

[7] CAO H, LEE V W. Scattering and differaction of plane P waves by circular cylindrical canyons with variable depth-to-width ratio [J]. Soil Dynamics, Earthquake Engineering, 1990, 9 (3): 141-150.

[8] DAVIS C A, LEE V W, BARDET J P. Transverse response of underground cavities and pipes to incident SV waves [J]. Earthquake engineering, structural dynamics, 2001, 30 (3): 383-410.

[9] 袁晓铭，廖振鹏．圆弧形凹陷地形对平面 SH 波散射问题的级数解答［J］．地震工程与工程振动，1993，13（2）：1-11.

[10] 林宏，刘殿魁．半无限空间中圆形孔洞周围 SH 波的散射［J］．地震工程与工程振动，2002，22（2）：9-16.

[11] 齐辉，王艳，刘殿魁．半无限空间界面附近 SH 波对圆形衬砌的散射［J］．地震工程与工程振动，2003，23（3）：41-46.

第8章　复合地层中多种组合结构对弹性波的散射

复合地层中多种组合结构对地震波的散射是土动力学、岩土工程和地震学等学科领域中的重要课题。关于这类问题的求解可采用数值法与解析法。数值法包括有限元法、有限差分法、积分方程法和离散波数法等。从原则上讲，数值法能够分析各种不规则地形，但是，解析法在问题本质分析上有着数值法不可替代的作用，而且还可以用于验证数值法的精度。解析法多用波函数展开法求解，凹陷地形较规则，且位于均匀半空间场地。数值法有有限差分法、有限元法、边界元法和离散波数法等，适用于不规则凹陷地形，场地可是均匀半空间，也可是层状场地。Trifunac 等[1]利用波函数展开方法首先得到了平面 SH 波的二维半圆形与半椭圆形河谷散射的解析解。此后，解决凹陷地形问题的研究方法得到了发展并逐步完善，但是由于波动问题的复杂性，局部地形对波散射问题的解析解多限于平面 SH 波的入射情况，对于 P 波、SV 波入射的情况，因存在波形转换问题，实际情况比 SH 波入射要复杂得多，Lee VW 和 Cao H[2]采用波函数展开方法给出了圆弧形凹陷地形对平面 SV 波、P 波的散射问题的解析解。梁建文等[3]给出了圆弧形层状沉积谷地对入射平面 P 波的散射解析解及圆弧形凹陷地形表面覆盖层对入射平面 SV 波的影响。以上这些研究地形较规则，均为半圆形或半椭圆形，解析法难以求解任意形状的凹陷场地。至今，凹陷地形仅有有限几个解析解：平面 SH 波入射下半圆形凹陷地形[4]；平面 SH 波入射下半椭圆形凹陷地形[5]；平面 SH 波、P 波和 SV 波入射下圆弧形凹陷地形[6-8]。为了数学上处理的方便，这些解析解均假定为单一凹陷地形，而实际凹陷地形多为层状，即单一凹陷地形表面有一层或多层沉积土层，从而形成层状凹陷地形。此后，Oravinski 利用间接边界积分法、Moeen-vzairi 和 Trifunac 利用边界离散与波函数展开法相结合，对层状沉积谷地进行了研究。Vogt 和 Wolf 用间接边界元法计算了层状场地中任意凹陷地形对地震波的散射，为研究波在层状场地中的传播奠定了基础。与均质弹性介质相比，复合地层对地震波的散射结果并不多。李伟华用傅里叶-贝塞尔级数展开法，得到了圆弧形凹陷饱和土场地对平面 P 波散射问题的解析解。梁建文等给出了具有两层沉积的凹陷地形在平面 SH 波入射下散射问题以及具有一层沉积的凹陷地形在平面 P 波与 SV 波入射下散射问题的解析解，并研究了层状凹陷地形中沉积层排列次序、软夹层刚度和厚度等因素对波散射的影响。但对于层状场地中任意凹陷地形对入射平面 P 波、SV 波的散射，至今少见报道。

8.1　引　　言

复合地层是指在地下工程开挖断面范围内和开挖延伸方向上，由两种或两种以上不同地层组成，且这些地层的岩土力学、工程地质和水文地质等特征相差悬殊的组合地层。

复合地层的组合方式多样，但总的来说有两大类：一类是在断面垂直方向上不同地层的组合；另一类是在水平方向上地层的不同组合。

（1）复合地层在垂直方向上的变化。最典型的垂直方向上的复合地层就是“上软下硬”地层，即隧道断面上部是松软土层，而下部是坚硬的岩石地层；或者上部是软弱的岩层而下部是硬岩层；或者是在硬岩层中夹软岩层；或者是软岩层中夹硬岩层；或者是岩石地层中夹破碎带、溶洞；等等。

（2）复合地层在水平方向上的变化。在一施工段当中，可能分布着不同时代、不同岩性、不同风化程度或不同层序的地层，从而表现出水平方向上工程地质性质的差异。

还有一些不良地质，属于特殊的复合地层，盾构施工遇到需要采取对应的措施。例如，广州、深圳、东莞、珠海、厦门等城市隧道施工经常碰到的花岗岩球状风化体，沈阳、长沙、贵阳等城市隧道施工遇到的溶洞，台北隧道施工碰到的流木，还有古墓、古井等特殊地质。

覆盖层为地质学专业术语，是指覆盖在基岩之上的各种成因的松散堆积、沉积物。例如，砂卵砾石层、砂土层和人工填筑的碎石土体等。大约在 200 年前，人们可能认为高山、湖泊和沙漠都是地球上永恒不变的特征。可现在我们已经知道高山最终将被风化和剥蚀为平地，湖泊终将被沉积物和植被填满，沙漠会随着气候的变化而行踪不定。地球上的物质永无止境地运动着。暴露在地壳表面的大部分岩石都处在与其形成时不同的物理化学条件下，而且地表富含氧气、二氧化碳和水，因而岩石极易发生变化和破坏。表现为整块的岩石变为碎块，或其成分发生变化，最终使坚硬的岩石变成松散的碎屑和土壤。岩石在太阳辐射、大气、水和生物作用下出现破碎、疏松及矿物成分次生变化的现象。导致上述现象的作用称为风化作用。

历史上多次地震都证明，复合地层和局部场地条件对近场的地震反应有很大的影响，具体表现为其对地震时的地运动有很强的放大与缩小效应，以及由此导致的震害分布区域化。这里说的局部场地条件包括山谷、河谷、凸起地形、地下孔洞和断层等情况。研究场地反应有两个主要目的：对已发生地震的地震动的局部放大及空间变化做出理论上的解释；对在将来地震发生时地震动的特征进行预测，以便为地震小区化等工作提供理论依据。此外，研究土与结构动力相互作用时，也必须先求得场地的响应。

复合凹陷地形是实际工程中常见的重要场地之一。例如，实际桥梁的动力计算，常将河谷简化为半圆凹陷地形桥简化为连续梁，桥墩简化为连续梁的支座。先计算凹陷地形在地震波作用下的动力响应，然后将它作为支座位移激励输入连续梁中，可计算该桥梁在地震作用下的动力反应。但此种场地多为饱和层状场地，且河谷形状各异。因此，研究饱和层状任意凹陷地形对入射地震波的散射具有重要的理论意义和工程价值。我国是多地震国家，大部分地区为地震设防区，随着地下结构建设规模的不断提高，地下结构的抗震设计及其安全性评价日益受到重视。尤其是近年来，我国一些大城市为缓解城市交通压力，普遍在市中心区域建设地铁工程。研究表明，大型地下隧道的建设对沿线设计地震动影响显著，进而影响沿线既有地面建筑物的地震安全性。地下隧道对沿线地震动的影响问题实质上是地下隧道对地震波的散射问题。对该影响进行定量估计，对既有地面建筑物的地震安全性的评估具有重要的理论意义。本章分三节为读者介绍复合地层中双层介质、多层介质和不均匀介质对平面 SH 波散射的有关问题。

8.2 双层圆弧形凹陷地形对平面 SH 波的散射问题

8.2.1 引言

复合地层对波的散射问题可以采用数值法或解析法求解。数值法包括有限元法、有限差分法、积分方程法和离散波数法等。解析法亦即波函数展开法。从原则上讲，数值法可应用于各种不规则地形，但是，解析法在问题本质分析方面有着数值法不可替代的作用，而且解析法还可以用来验证数值法的精度。但由于波动问题解析求解的困难，到目前为止，凹陷地形仅有有限几个解析解：平面 SH 波入射下半圆凹陷地形、平面 SH 波入射下半椭圆凹陷地形、平面 SH 波入射下圆弧形凹陷地形和平面 P 与 SV 波入射下圆弧形凹陷地形。值得注意的是，为了数学上处理的方便，所有这些解析解均假定为单一凹陷地形。而实际上，凹陷地形常常为层状，或在单一凹陷地形表面又沉积了土层，如河床等，从而形成层状凹陷地形。

本节利用傅里叶-贝塞尔级数展开法给出了圆弧形层状凹陷地形对平面 SH 波散射二维问题的一个解析解，推广了圆弧形单一凹陷地形解析解到层状凹陷地形，为进一步研究层状凹陷地形对平面 P 波、SV 波和瑞利波的散射奠定了基础，并研究了层状凹陷地形沉积排列顺序、软夹层刚度和厚度等因素对平面 SH 波散射的影响。结果表明，除入射波长和入射角度、凹陷地形宽度和深度等参数外，凹陷地形中沉积排列顺序、软夹层刚度和厚度等也是不可忽略的重要因素。本节中以凹陷地形表面有两层沉积情况为例进行分析。

8.2.2　问题模型

圆弧形层状凹陷地形的模型如图 8.1 所示。凹陷地形中有两层沉积（介质 1 和 2），模型的边界面由三个同心圆弧及半空间表面组成，三个同心圆的圆心在 o_1 点，其半径分别为 b_1、b_{12}和 b_2，三个圆弧的深度分别为 h_1、h_{12}和 h_2，半宽分别为 a_1、a_{12}和 a_2。变换比值 a_1/h_1 就可以得到从半圆情况（$a_1/h_1=1$）到浅圆情况（$a_1/h_1>1$）的解答。入射 SH 波为 w^i，其入射角为 α，圆频率为 ω_0。SH 波在三种不同介质中的传播速度分别为 c_S、c_{v2}和 c_{v1}，三种不同介质的剪切弹性模量分别为 μ_s、μ_{v2}和 μ_{v1}，三种介质均为弹性、均匀和各向同性。假定入射 SH 波的幅值为单位量 1，则它在坐标系 xoz 中的表达式为

$$v^i=\exp\left[-\mathrm{i}\omega\left(-\frac{x}{c_x}+\frac{z}{c_z}\right)\right] \tag{8-1}$$

式中：$c_x=c_S/\sin\alpha$，$c_z=c_S/\cos\alpha$，$c_x=c_S/\sin\alpha$，$c_z=c_S/\cos\alpha$，分别为 x 方向和 z 方向上的相速度。

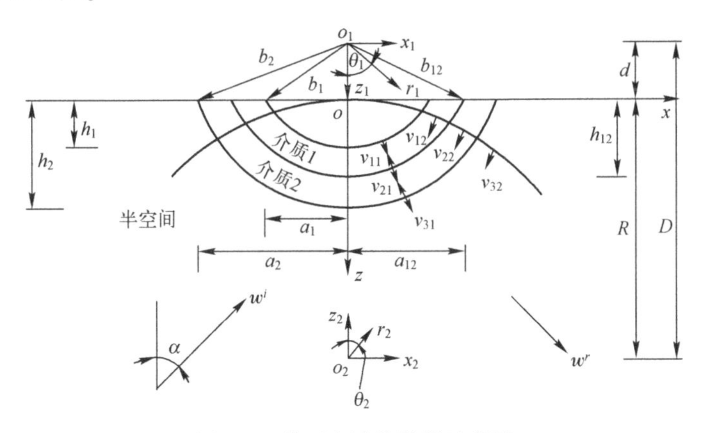

图 8.1　模型和波的散射示意图

整个位移场由半空间中位移场 w^s 及两层沉积介质中位移场 w^{v2}和 w^{v1}组成。

在坐标系 $r_1-o_1-\theta_1$ 中，w^s、w^{v2} 和 w^{v1} 均满足波动方程：

$$\frac{\partial^2 w}{\partial r_1^2}+\frac{1}{r_1}\frac{\partial w}{\partial r_1}+\frac{1}{r_1^2}\frac{\partial^2 w}{\partial \theta_1^2}=\frac{1}{c^2}\frac{\partial^2 w}{\partial t^2} \tag{8-2}$$

问题的边界条件包括自由表面零应力边界条件：

$$T_{2y}^{j}=0,\quad z=0$$
$$T_{1y}^{v1}=0,\quad r_1=b_1 \tag{8-3a}$$

和不同介质交界面连续条件：

$$w^{v1}=w^{v2},\quad r_1=b_{12}$$
$$T_{1y}^{v1}=T_{1y}^{v2},\quad r_1=b_{12} \tag{8-3b}$$

$$v^{v2}=v^{s},\quad r_1=b_2$$
$$T_{1y}^{v2}=T_{1y}^{s},\quad r_1=b_2 \tag{8-3c}$$

式（8-3a）中的上标 j 代表 s、v_1 和 v_2，即三种介质。

为了方便引入边界条件，仍采用与第 3 章相同的方法，即用一个半径非常大的圆弧来模拟半空间的表面，该圆弧的圆心在 o_2 点，其半径为 R，o_2 点与 o_1 点间的距离为 D。计算表明，当大圆弧半径足够大，如等于凹陷地形圆弧半径 b_1 的 100 倍时，该近似假定的误差很小，可以得到非常满意的结果。引入大圆弧后，零应力边界条件（8-3a）可写成

$$T_{2y}^{j}=0,\quad r_2=R$$

SH 波遇到层状凹陷地形会出现散射。半空间中位移由自由场和由于凹陷地形存在产生的散射波组成。在坐标系 xoz 中的自由场位移为

$$w^{i+r}=w^{i}+w^{r} \tag{8-4}$$

其中

$$w^{r}=\exp\left[-\mathrm{i}\omega\left(-\frac{x}{c_x}+\frac{z}{c_z}\right)\right] \tag{8-5}$$

为反射波。

半空间中散射波位移傅里叶-贝塞尔级数表达式为

$$w_{s1}^{R}=\sum_{n=0}^{\infty}H_n^{(1)}(k_s r_1)\left(A_{s1,n}^{R}\cos(n\theta_1)+B_{s1,n}^{R}\sin(n\theta_1)\right) \tag{8-6}$$

$$w_{s2}^{R}=\sum_{m=0}^{\infty}J_m(k_s r_2)\left(A_{s2,n}^{R}\cos(m\theta_2)+B_{s2,n}^{R}\sin(m\theta_2)\right) \tag{8-7}$$

式中：$k_s=\omega/c_s$ 为半空间介质中 SH 波波数；$J_m(x)$ 和 $H_n^{(1)}(x)$ 分别为第一类贝塞尔函数和汉克尔函数。从物理意义上讲，w_{s1}^{R} 代表从 o_1 点向外传播的柱面波，w_{s2}^{R} 则代表界面 $r_1=b_2$ 与“弯曲”的半空间表面 $r_2=R$ 之间的柱面驻波，它们在

无穷远处满足索末菲辐射条件。上述关于波的表达式是完备的，因为在以后的论述中将会看到，通过坐标转换可以将 w_{s2}^{R} 转换成坐标系 $r_1-o_1-\theta_1$ 中的贝塞尔级数的形式，这样在坐标系 $r_1-o_1-\theta_1$ 中波的表达式是完备的，因为序列 $J_n(kr_1)$ 和 $H_n^{(1)}(kr_1)$ 为方程（8-2）解一组基函数。

介质 2 中位移傅里叶-贝塞尔级数表达式为

$$w_{21}^{R}=\sum_{n=0}^{\infty}H_n^{(1)}(k_{v2}r_1)(A_{21,n}^{R}\cos(n\theta_1)+B_{21,n}^{R}\sin(n\theta_1)) \tag{8-8}$$

$$w_{21}^{T}=\sum_{n=0}^{\infty}J_n(k_{v2}r_1)(A_{21,n}^{T}\cos(n\theta_1)+B_{21,n}^{T}\sin(n\theta_1)) \tag{8-9}$$

$$w_{22}^{R}=\sum_{n=0}^{\infty}J_m(k_{v2}r_2)(A_{22,m}^{R}\cos(m\theta_2)+B_{22,m}^{R}\sin(m\theta_2)) \tag{8-10}$$

式中：$k_{v2}=\omega/c_{v2}$是沉积介质 2 中 SH 波波数。从物理意义上讲，w_{21}^{R}代表从 o_1 点向外传播的柱面波，w_{22}^{R}和 w_{21}^{T}则表示介质 2 中的柱面驻波。与前面相同论述可知介质 2 中的波的表达式是完备的。

介质 1 中位移傅里叶-贝塞尔级数表达式为

$$w_{11}^{R}=\sum_{n=0}^{\infty}H_n^{(1)}(k_{v1}r_1)(A_{11,n}^{R}\cos(n\theta_1)+B_{11,n}^{R}\sin(n\theta_1)) \tag{8-11}$$

$$w_{11}^{T}=\sum_{n=0}^{\infty}J_n(k_{v1}r_1)(A_{11,n}^{T}\cos(n\theta_1)+B_{11,n}^{T}\sin(n\theta_1)) \tag{8-12}$$

$$w_{12}^{R}=\sum_{m=0}^{\infty}J_m(k_{v1}r_2)(A_{12,m}^{R}\cos(m\theta_2)+B_{12,m}^{R}\sin(m\theta_2)) \tag{8-13}$$

式中：$k_{v1}=\omega/c_{v1}$是沉积介质 1 中 SH 波波数；w_{11}^{R}代表从 o_1 点向外传播的柱面波；w_{12}^{R}和 w_{11}^{R}则表示介质 1 中的柱面驻波。同样可知介质 1 中的波的表达式也是完备的。

以上各式中，$A_{sl,n}^{R}\sim B_{12,m}^{R}$为待定系数。可以验证上式均满足波动方程（8-2），由此整个位移场可描述为

$$w^{s}=w^{i+r}+w_{s1}^{R}+w_{s2}^{R}(\text{半空间}) \tag{8-14}$$

$$w^{v2}=w_{21}^{R}+w_{21}^{T}+w_{22}^{R}(\text{介质 2}) \tag{8-15}$$

$$w^{v1}=w_{11}^{R}+w_{11}^{T}+w_{12}^{R}(\text{介质 1}) \tag{8-16}$$

引入边界条件，求得待定系数，即可得到问题的解。在引入边界条件之前，借助于展开公式：

$$\exp(\pm \mathrm{i}kr\cos\theta)=\sum_{n=0}^{\infty}\in(\pm \mathrm{i})^{n}J_n(kr)\cos(n\theta) \tag{8-17}$$

及 Graf 加法公式：

$$C_n(kr_1)\begin{Bmatrix}\cos(n\theta_1)\\ \sin(n\theta_1)\end{Bmatrix}=\sum_{m=-\infty}^{+\infty}J_m(kr_2)C_{m+n}(kD)\begin{Bmatrix}\cos(m\theta_2)\\ \sin(m\theta_2)\end{Bmatrix},\quad r_2<D \tag{8-18a}$$

$$C_m(kr_2)\begin{Bmatrix}\cos(m\theta_2)\\ \sin(m\theta_2)\end{Bmatrix}=\sum_{n=-\infty}^{+\infty}J_n(kr_1)C_{n+m}(kD)\begin{Bmatrix}\cos(n\theta_1)\\ \sin(n\theta_1)\end{Bmatrix},\quad r_1<D \tag{8-18b}$$

式中：$C_n(x)$和$C_m(x)$代表贝塞尔函数或汉克尔函数，上式可写成

$$w^{i+r}=\sum_{n=0}^{\infty}J_n(k_s r_1)(A_{0,n}\cos(n\theta_1)+B_{0,n}\sin(n\theta_1)) \tag{8-19}$$

$$w_{s1}^R=\sum_{m=0}^{\infty}J_m(k_s r_2)(A_{s1,m}^{R*}\cos(m\theta_2)+B_{s1,m}^{R*}\sin(m\theta_2)) \tag{8-20}$$

$$w_{s2}^R=\sum_{n=0}^{\infty}J_n(k_s r_1)(A_{s2,n}^{R*}\cos(n\theta_1)+B_{s2,n}^{R*}\sin(n\theta_1)) \tag{8-21}$$

$$w_{21}^R=\sum_{m=0}^{\infty}J_m(k_{v_2} r_2)(A_{21,m}^{R*}\cos(m\theta_2)+B_{21,m}^{R*}\sin(m\theta_2)) \tag{8-22}$$

$$w_{21}^T=\sum_{m=0}^{\infty}J_m(k_{v_2} r_2)(A_{s1,m}^{T*}\cos(m\theta_2)+B_{s1,m}^{T*}\sin(m\theta_2)) \tag{8-23}$$

$$w_{22}^R=\sum_{n=0}^{\infty}J_n(k_{v_2} r_1)(A_{22,n}^{R*}\cos(n\theta_1)+B_{22,n}^{R*}\sin(n\theta_1)) \tag{8-24}$$

$$w_{11}^R=\sum_{m=0}^{\infty}J_m(k_{v_1} r_2)(A_{11,m}^{R*}\cos(m\theta_2)+B_{11,m}^{R*}\sin(m\theta_2)) \tag{8-25}$$

$$w_{11}^T=\sum_{m=0}^{\infty}J_m(k_{v_1} r_2)(A_{11,m}^{T*}\cos(m\theta_2)+B_{11,m}^{T*}\sin(m\theta_2)) \tag{8-26}$$

$$w_{12}^R=\sum_{n=0}^{\infty}J_n(k_{v_1} r_1)(A_{12,n}^{R*}\cos(n\theta_1)+B_{12,n}^{R*}\sin(n\theta_1)) \tag{8-27}$$

其中

$$\begin{Bmatrix}A_{0,n}\\ B_{0,n}\end{Bmatrix}=\in_n \mathrm{i}^n\begin{Bmatrix}\cos(n\alpha)\\ \sin(n\alpha)\end{Bmatrix}[\pm(-1)^n\mathrm{e}^{\mathrm{i}k_s d\cos\alpha}+\mathrm{e}^{-\mathrm{i}k_s d\sin\alpha}] \tag{8-28}$$

$$\begin{Bmatrix}A_{s1,m}^{R*}\\ B_{s1,m}^{R*}\end{Bmatrix}=\frac{\in_m}{2}\sum_{n=0}^{\infty}\begin{Bmatrix}A_{s1,n}^{R}\\ B_{s1,n}^{R}\end{Bmatrix}H_{mn}(k_s D) \tag{8-29}$$

$$\begin{Bmatrix}A_{s2,n}^{R*}\\ B_{s2,n}^{R*}\end{Bmatrix}=\frac{\in_n}{2}\sum_{m=0}^{\infty}\begin{Bmatrix}A_{s2,m}^{R}\\ B_{s2,m}^{R}\end{Bmatrix}J_{mn}(k_s D) \tag{8-30}$$

$$\begin{Bmatrix}A_{21,m}^{R*}\\ B_{21,m}^{R*}\end{Bmatrix}=\frac{\in_m}{2}\sum_{n=0}^{\infty}\begin{Bmatrix}A_{21,n}^{R}\\ B_{21,n}^{R}\end{Bmatrix}H_{mn}(k_{v2} D) \tag{8-31}$$

$$\begin{Bmatrix} A_{21,m}^{T*} \\ B_{21,m}^{T*} \end{Bmatrix} = \frac{\in_m}{2} \sum_{n=0}^{\infty} \begin{Bmatrix} A_{21,n}^{T} \\ B_{21,n}^{T} \end{Bmatrix} J_{mn}(k_{v2}D) \tag{8-32}$$

$$\begin{Bmatrix} A_{22,n}^{R*} \\ B_{22,n}^{R*} \end{Bmatrix} = \frac{\in_n}{2} \sum_{m=0}^{\infty} \begin{Bmatrix} A_{22,m}^{R} \\ B_{22,m}^{R} \end{Bmatrix} J_{mn}(k_{v2}D) \tag{8-33}$$

$$\begin{Bmatrix} A_{11,m}^{R*} \\ B_{11,m}^{R*} \end{Bmatrix} = \frac{\in_m}{2} \sum_{n=0}^{\infty} \begin{Bmatrix} A_{11,n}^{R} \\ B_{11,n}^{R} \end{Bmatrix} H_{mn}(k_{v1}D) \tag{8-34}$$

$$\begin{Bmatrix} A_{11,m}^{T*} \\ B_{11,m}^{T*} \end{Bmatrix} = \frac{\in_m}{2} \sum_{n=0}^{\infty} \begin{Bmatrix} A_{11,n}^{T} \\ B_{11,n}^{T} \end{Bmatrix} J_{mn}(k_{v1}D) \tag{8-35}$$

$$\begin{Bmatrix} A_{12,n}^{R*} \\ B_{12,n}^{R*} \end{Bmatrix} = \frac{\in_n}{2} \sum_{m=0}^{\infty} \begin{Bmatrix} A_{12,m}^{R} \\ B_{12,m}^{R} \end{Bmatrix} J_{mn}(k_{v1}D) \tag{8-36}$$

其中

$$H_{mn}(kD) = H_{m+n}^{(1)} \pm (-1)^n H_{m-n}^{(1)}(kD), \quad J_{mn}(kD) = J_{m+n}(kD) \pm (-1)^n J_{m-n}(kD)$$

由边界条件，可得

$$\begin{Bmatrix} A_{12,m}^{R} \\ B_{12,m}^{R} \end{Bmatrix} = -\begin{Bmatrix} A_{11,m}^{R*} \\ B_{11,m}^{R*} \end{Bmatrix} - \begin{Bmatrix} A_{11,m}^{T*} \\ B_{11,m}^{T*} \end{Bmatrix} \tag{8-37}$$

$$\begin{Bmatrix} A_{22,m}^{R} \\ B_{22,m}^{R} \end{Bmatrix} = -\begin{Bmatrix} A_{21,m}^{R*} \\ B_{21,m}^{R*} \end{Bmatrix} - \begin{Bmatrix} A_{21,m}^{T*} \\ B_{21,m}^{T*} \end{Bmatrix} \tag{8-38}$$

$$\begin{Bmatrix} A_{s2,m}^{R} \\ B_{s2,m}^{R} \end{Bmatrix} = -\begin{Bmatrix} A_{s1,m}^{R*} \\ B_{s1,m}^{R*} \end{Bmatrix} \tag{8-39}$$

$$\begin{Bmatrix} A_{11,n}^{T} \\ B_{11,n}^{T} \end{Bmatrix} + \begin{Bmatrix} A_{12,n}^{R*} \\ B_{12,n}^{R*} \end{Bmatrix} = -GV11_n \begin{Bmatrix} A_{11,n}^{R} \\ B_{11,n}^{R} \end{Bmatrix} \tag{8-40}$$

其中

$$GV11_n = \frac{H_n^{(1)}(k_{v1}b_1)}{J_n(k_{v1}b_1)} \tag{8-41}$$

将式（8-29）~式（8-36）代入式（8-37）~式（8-39）中，得

$$\begin{aligned} \begin{Bmatrix} A_{12,n}^{R*} \\ B_{12,n}^{R*} \end{Bmatrix} = &- \sum_{j=0}^{\infty} \left[\sum_{m=0}^{\infty} F_{nm}^{\pm}(k_{v1}) F_{mj}^{\pm *}(k_{v1}) \right] \begin{Bmatrix} A_{11,j}^{R} \\ B_{11,j}^{R} \end{Bmatrix} \\ &- \sum_{j=0}^{\infty} \left[\sum_{m=0}^{\infty} F_{nm}^{\pm}(k_{v1}) F_{mj}^{\pm}(k_{v1}) \right] \begin{Bmatrix} A_{11,j}^{T} \\ B_{11,j}^{T} \end{Bmatrix} \end{aligned} \tag{8-42}$$

$$\begin{Bmatrix} A_{22,n}^{R*} \\ B_{22,n}^{R*} \end{Bmatrix} = -\sum_{j=0}^{\infty}\left[\sum_{m=0}^{\infty} F_{nm}^{\pm}(k_{v2}) F_{mj}^{\pm *}(k_{v2})\right]\begin{Bmatrix} A_{21,j}^{R} \\ B_{21,j}^{R} \end{Bmatrix} - \sum_{j=0}^{\infty}\left[\sum_{m=0}^{\infty} F_{nm}^{\pm}(k_{v2}) F_{mj}^{\pm}(k_{v2})\right]\begin{Bmatrix} A_{21,j}^{T} \\ B_{21,j}^{T} \end{Bmatrix} \tag{8-43}$$

$$\begin{Bmatrix} A_{s2,n}^{R*} \\ B_{s2,n}^{R*} \end{Bmatrix} = -\sum_{j=0}^{\infty}\left[\sum_{m=0}^{\infty} F_{nm}^{\pm}(k_{v2}) F_{mj}^{\pm *}(k_{v2})\right]\begin{Bmatrix} A_{s1,j}^{R} \\ B_{s1,j}^{R} \end{Bmatrix} \tag{8-44}$$

其中

$$\begin{cases} F_{nm}^{\pm}(k) = \dfrac{\in_n}{2}\left[J_{n+m}(kD) \pm (-1)^m J_{n-m}(kD)\right] \\ F_{mj}^{\pm *}(k) = \dfrac{\in_m}{2}\left[H_{m+j}^{(1)}(kD) \pm (-1)^j H_{m-j}^{(1)}(kD)\right] \end{cases} \tag{8-45}$$

应用边界条件式（8-3c）和式（8-3d）及式（8-40），可得

$$GV21_n \begin{Bmatrix} A_{21,n}^{R} \\ B_{21,n}^{R} \end{Bmatrix} + GV22_n \begin{Bmatrix} A_{21,n}^{T} + A_{22,n}^{R*} \\ B_{21,n}^{T} + B_{22,n}^{R*} \end{Bmatrix} = \begin{Bmatrix} A_{11,n}^{R} \\ B_{11,n}^{R} \end{Bmatrix} \tag{8-46}$$

$$GV23_n \begin{Bmatrix} A_{21,n}^{R} \\ B_{21,n}^{R} \end{Bmatrix} + GV24_n \begin{Bmatrix} A_{21,n}^{T} + A_{22,n}^{R*} \\ B_{21,n}^{T} + B_{22,n}^{R*} \end{Bmatrix} = \begin{Bmatrix} A_{11,n}^{R} \\ B_{11,n}^{R} \end{Bmatrix} \tag{8-47}$$

$$\begin{Bmatrix} A_{21,n}^{T} \\ B_{21,n}^{T} \end{Bmatrix} + \begin{Bmatrix} A_{22,n}^{R*} \\ B_{22,n}^{R*} \end{Bmatrix} = -GV25_n \begin{Bmatrix} A_{21,n}^{R} \\ B_{21,n}^{R} \end{Bmatrix} \tag{8-48}$$

其中

$$\begin{cases} GV21_n = \dfrac{H_n^{(1)}(k_{v2}b_{12})/J_n(k_{v1}b_{12})}{H_n^{(1)}(k_{v1}b_{12})/J_n(k_{v1}b_{12}) - GV11_n} \\ GV22_n = \dfrac{J_n(k_{v2}b_{12})/J_n(k_{v1}b_{12})}{H_n^{(1)}(k_{v1}b_{12})/J_n(k_{v1}b_{12}) - GV11_n} \\ GV23_n = \dfrac{\mu_{v2}k_{v2}}{\mu_{v1}k_{v1}}\dfrac{H_n^{(1)}(k_{v2}b_{12})/J_n(k_{v1}b_{12})}{H_n^{(1)}(k_{v1}b_{12})/J_n(k_{v1}b_{12}) - GV11_n} \\ GV24_n = \dfrac{\mu_{v2}k_{v2}}{\mu_{v1}k_{v1}}\dfrac{H_n^{(1)}(k_{v2}b_{12})/J_n(k_{v1}b_{12})}{H_n^{(1)}(k_{v1}b_{12})/J_n(k_{v1}b_{12}) - GV11_n} \\ GV25_n = (GV23_n - GV21_n)/(GV24_n - GV22_n) \end{cases} \tag{8-49}$$

应用边界条件式（8-3e）和式（8-3f）及式（8-48），可得

$$GS1_n\begin{Bmatrix}A_{s1,n}^R\\B_{s1,n}^R\end{Bmatrix}+GS2_n\begin{Bmatrix}A_{s2,n}^{R*}+A_{0,n}\\B_{s2,n}^{R*}+B_{0,n}\end{Bmatrix}=\begin{Bmatrix}A_{21,n}^R\\B_{21,n}^R\end{Bmatrix}\tag{8-50}$$

$$GS3_n\begin{Bmatrix}A_{s1,n}^R\\B_{s1,n}^R\end{Bmatrix}+GS4_n\begin{Bmatrix}A_{s2,n}^{R*}+A_{0,n}\\B_{s2,n}^{R*}+B_{0,n}\end{Bmatrix}=\begin{Bmatrix}A_{21,n}^R\\B_{21,n}^R\end{Bmatrix}\tag{8-51}$$

$$GS5_n\begin{Bmatrix}A_{s1,n}^R\\B_{s1,n}^R\end{Bmatrix}+\begin{Bmatrix}A_{s2,n}^{R*}\\B_{s2,n}^{R*}\end{Bmatrix}=-\begin{Bmatrix}A_{0,n}\\B_{0,n}\end{Bmatrix}\tag{8-52}$$

其中

$$\begin{cases}GS1_n=\dfrac{H_n^{(1)}(k_sb_2)/J_n(k_{v2}b_2)}{H_n^{(1)}(k_{v2}b_2)/J_n(k_{v2}b_2)-GV25_n}\\GS2_n=\dfrac{J_n(k_sb_2)/J_n(k_{v2}b_2)}{H_n^{(1)}(k_{v2}b_2)/J_n(k_{v2}b_2)-GV25_n}\\GS3_n=\dfrac{\mu_sk_s}{\mu_{v2}k_{v2}}\dfrac{H_n^{(1)}(k_sb_2)/J_n(k_{v2}b_2)}{H_n^{(1)}(k_{v2}b_2)/J_n(k_{v2}b_2)-GV25_n}\\GS4_n=\dfrac{\mu_sk_s}{\mu_{v2}k_{v2}}\dfrac{J_n(k_sb_2)/J_n(k_{v2}b_2)}{H_n^{(1)}(k_{v2}b_2)/J_n(k_{v2}b_2)-GV25_n}\\GS5_n=(GS3_n-GS1_n)/(GS4_n-GS2_n)\end{cases}\tag{8-53}$$

将式（8-44）代入式（8-52），得

$$\begin{cases}[PA_{n,j}]\{A_{s1,j}^R\}=\{WA_n\}\\[PB_{n,j}]\{B_{s1,j}^R\}=\{WB_n\}\end{cases}\tag{8-54}$$

其中

$$\begin{cases}\begin{Bmatrix}PA_{nj}\\PB_{nj}\end{Bmatrix}=GS5_n\delta_{nj}-\begin{Bmatrix}RA_{nj}\\RB_{nj}\end{Bmatrix}\\\begin{Bmatrix}RA_{nj}\\RB_{nj}\end{Bmatrix}=\sum\limits_{m=0}^{\infty}F_{nm}^{\pm}(k_s)F_{mj}^{\pm*}(k_s)\\\begin{Bmatrix}WA_n\\WB_n\end{Bmatrix}=-\begin{Bmatrix}A_{0,n}\\B_{0,n}\end{Bmatrix}\\\delta_{nj}=\begin{cases}1,n=j\\0,n\neq j\end{cases}\end{cases}\tag{8-55}$$

求解方程组（8-54）就可以确定系数 $A_{s1,n}^R$，$B_{s1,n}^R$，通过式（8-55）求出 $A_{s2,n}^R$，$B_{s2,n}^R$，再通过式（8-50）可求出 $A_{s2,n}^{R*}$，$B_{s2,n}^{R*}$，然后利用式（8-55）求出

$B_{s1,n}^{R}$，$B_{s1,n}^{R}$；同理，其他系数也可求得。至此，在坐标系 $r_1-o_1-\theta_1$ 中所有波函数中的待定系数均已求出，从而整个位移场便确定了。

当沉积介质 1、介质 2 与半空间介质相同时，上述解退化为单一凹陷复合地形的解。

8.2.3 结果分析

引入无量纲频率 η，将其定义为入射波的波长与凹陷地形宽度之间的比值，即

$$\eta=\frac{2a_1}{\lambda}=\frac{2a_1}{c_S T}=\frac{\omega a_1}{c_S \pi} \tag{8-56}$$

模拟半空间表面的大圆弧半径 R 取建议值 $R=100b_1$。计算表明，$R=100b_1$ 的大圆弧可以足够精确地模拟半空间表面，且 R 不宜取得太大，因为这样就会使 $J_n(kD)$ 和 $H_n^{(1)}(kD)$ 的值过小，易引起系数矩阵的奇异。

在求解待定系数时，需要截取傅里叶-贝塞尔级数中的有限项来进行计算(m、$n=1,2,\cdots,N$)，涉及计算项数的截取问题。取不同的项数进行计算，并观察相邻计算项数之间的误差，当该误差小于预先设定的精度时，即用此项数作为实际收敛计算项数。由于随着计算项数的增大，贝塞尔函数的取值急剧下降，会导致方程组系数矩阵奇异使计算溢出，从而对入射波的最大频率有一定的限制，即使如此，解析法所能计算的入射波的频率也超过一般的数值法。

图 8.2 给出了浅圆凹陷地形($a_1/h_1=2.0$)在不同频率的 SH 波入射下的地表位移幅值。两个沉积土层的厚度均为 $0.25h_1$，SH 波在不同土层中的传播速度分别为 $c_{v1}/c_{v2}/c_S=200/300/400$，各土层的密度比为 $\rho_{v1}/\rho_{v2}/\rho_S=1.6/1.7/1.8$，入射角分别为 0°、30°、60°和 90°，参数 $\eta=0.25$，1 .0，1 .5 和 2.0。图中的横坐标为地面点位置坐标与 a_1 之间的比值，横坐标±1 处即为凹陷地形与地表面的交点。由图可见，随着参数 η 逐渐增大，亦即入射波频率逐渐增大，凹陷地形中的地表位移幅值逐渐增加，而且地表位移分布由简单逐渐变得复杂。因此可知，单一凹陷地形地表位移峰值一般不会超过 4，出现在左角点 $x/a_1=-1$，亦即常说的凹陷地形的屏障作用；而层状凹陷地形却远远超过 4，甚至超过 8，而且峰值偏离左角点向凹陷地形中心偏移。峰值显著增加以及峰值的偏移说明沉积土层的存在大大降低了凹陷地形的屏障作用，由此说明凹陷地形表面的沉积土层对波的散射作用是不可忽视的。

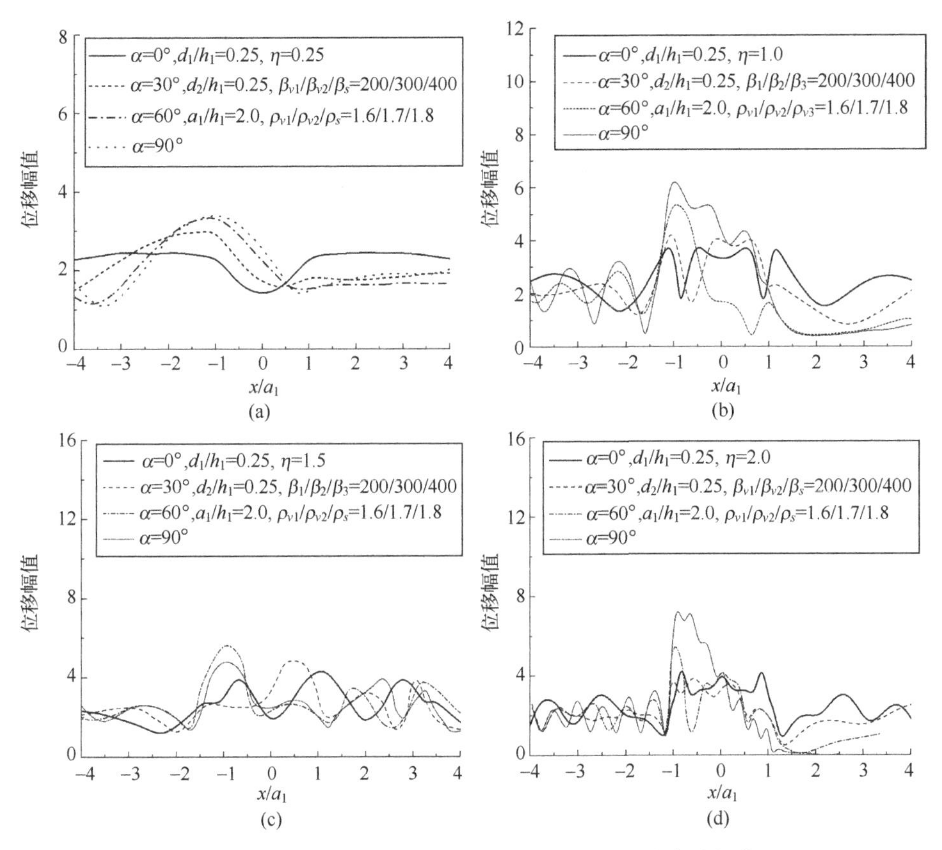

图8.2　层状凹陷地形在不同频率波入射下地表位移幅值

为了说明沉积土层排列顺序对地面运动的影响，图8.3给出了在入射角为0°和90°情况下，对应于两个沉积土层的不同排列次序，凹陷地形的左角点（$x/a_1=-1.0$）、中心点（$x/a_1=0$）、右角点（$x/a_1=1.0$）三处位移幅值与参数η之间的关系。两种情况下，凹陷地形的几何参数相同，均为浅圆$a_1/h_1=2.0$，两个沉积土层的沉积厚度均为$0.25h_1$，半空间的介质常数保持不变。一般来讲，正常沉积的顺序是随着深度的增加，土层刚度逐渐增大，但实际工程中也经常因河道的淤积以及河道的变迁等原因出现非正常沉积，如工程中常常遇到的软夹层。从图中可以看出，当波垂直入射时（$\alpha=0°$），软夹层会对较低频率（$\eta<1.2\sim1.4$）的入射波产生放大作用，对较高频率（$\eta>1.2\sim1.4$）的波会产生屏蔽作用；而在水平入射时（$\alpha=90°$），软夹层对较低频率（$\eta<1.2\sim1.3$）的影响很小，对较高频率（$\eta>1.2\sim1.3$）的波会产生屏蔽作用，但在某些频率段仍然会因软夹层的存在产生放大作用。同时还可看出，沉积土层排列顺序不同，凹陷地形的共振频率会发生显著变化。这说明沉积土层排列顺序对地面运动有着重要影响。

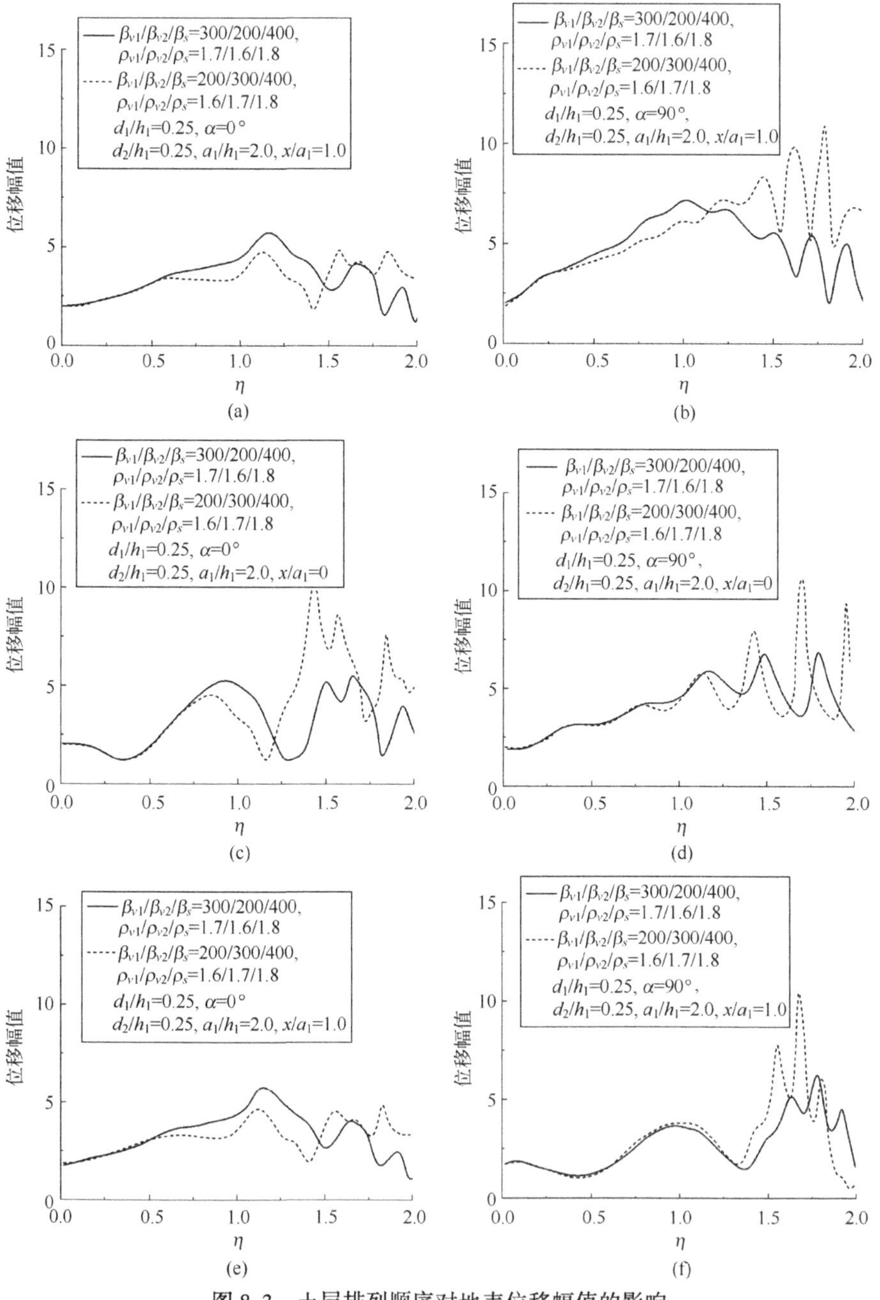

图 8.3　土层排列顺序对地表位移幅值的影响

下面分析软夹层刚度和厚度影响。从图 8.3 知道当入射波频率较小（如 $\eta=0.5$）时，土层的不同排列顺序对位移幅值影响不大，但若改变软夹层刚度和厚度，则会有影响。图 8.4 给出了当 $\eta=0.5$ 时不同的软夹层刚度对位移幅值的影响。从图中可以看出，在凹陷地形几何形状和沉积厚度均不变的情况下，随着软夹层刚度的逐渐减小，凹陷地带的地表位移幅值逐渐增大，而且对于不同入射角度，变化趋势相同。对于剪切波速为 100m/s 的软夹层（图中实线），幅值增加近 1 倍，说明软夹层刚度的影响是不可忽视的。考虑到剪切波速 100m/s 左右的砂层在古河道地带还是常见的，需要引起足够重视。

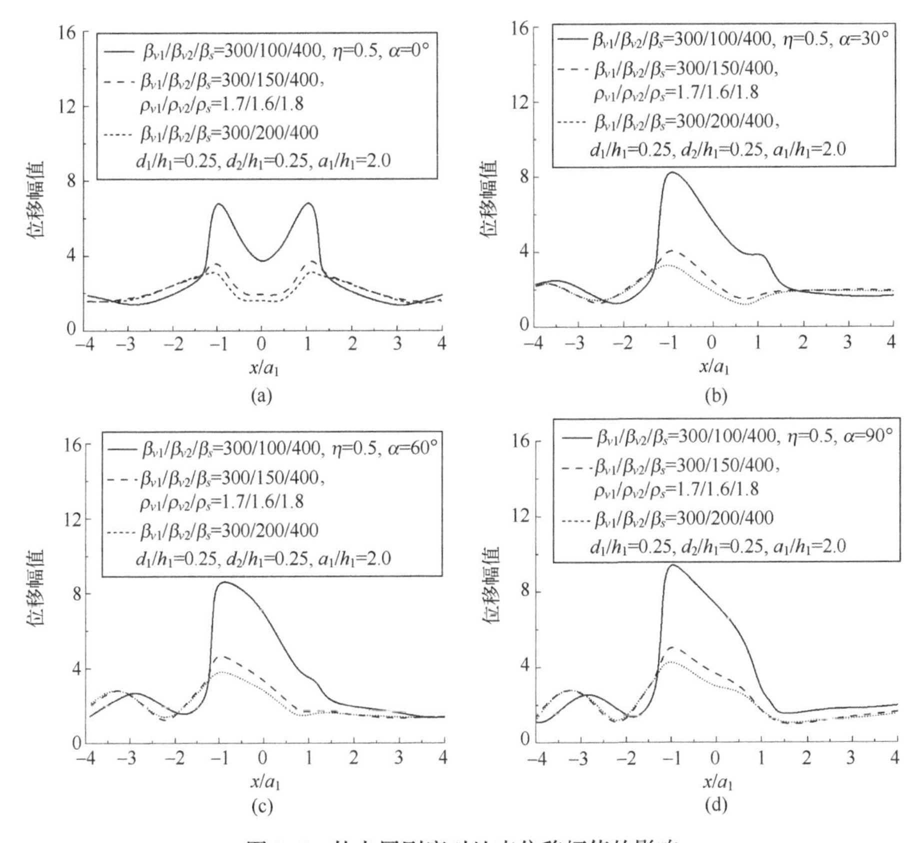

图 8.4　软夹层刚度对地表位移幅值的影响

图 8.5 给出了当参数 $\eta=0.5$ 时软夹层厚度变化对地表位移幅值的影响。为了便于比较，假定凹陷地形几何形状（浅圆 $a_1/h_1=2.0$）不变，两个沉积土层总厚度为 $d_1+d_2=h_1$ 保持不变，而用变化 d_1/d_2 的值来表示两个夹层厚度的相对变化，软夹层的剪切波速为 100m/s。从图中可以看出，当软弱夹层厚度

增加时，它对地表位移的放大作用也随着增加，而且在水平入射时尤为显著；比较图 8.5 和图 8.4 还可以看出，当波水平入射时，凹陷地带的位移峰值由左侧移向右侧，这说明，随着软夹层厚度的增加，波在软夹层层间向右的传播越来越显著。

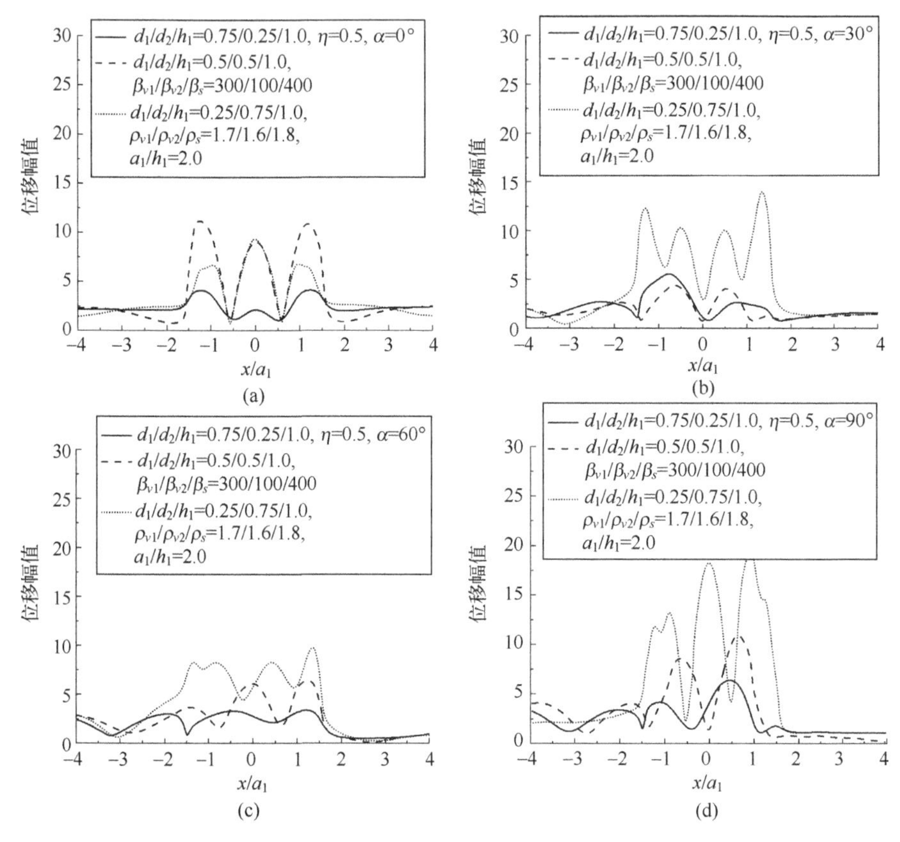

图 8.5　软夹层厚度对地表位移幅值的影响

最后，分析凹陷地形表面只有一层沉积而且厚度很薄的情况。当该层沉积土层刚度很小（如剪切波速 100m/s）时，可以将其看作河床的淤泥或松软的砂层，而当其刚度很大（如剪切波速为 800m/s）时，可看作沟槽的表面衬砌。图 8.6 给出了两种情况的地表位移幅值。两种情况下凹陷地形的几何形状均为浅圆（$a_1/h_1=2.0$），沉积土层厚度 $h_1/8$，半空间介质参数相同，波速均为 400m/s。从图中可以看出，即使很薄的一层软弱沉积，对凹陷地形地表位移影响也是非常大的，当波水平入射时，地表位移幅值可达到 15；相反，很薄的一层衬砌，却有很强的屏蔽作用。

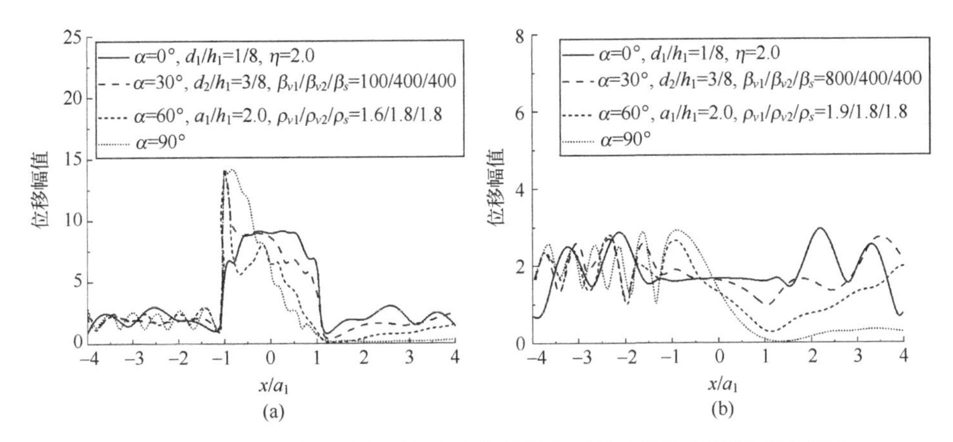

图 8.6　凹陷地形表面薄软弱沉积和刚性衬砌对地表位移幅值影响的差别

8.2.4　本节小结

本节利用傅里叶-贝塞尔级数展开法给出了圆弧形层状凹陷地形对平面 SH 波散射的一个解析解，推广了单一凹陷地形对 SH 波散射的解析解，为进一步研究层状凹陷地形对 P 波、SV 波和瑞利波的散射奠定了基础，该解还适用于圆弧形带衬砌沟槽对 SH 波的散射。利用该解析解分析了凹陷地形中沉积土层排列顺序、软夹层刚度和厚度等因素对 SH 波散射的影响，得出以下一些结论：

凹陷地形表面松软沉积会大大降低凹陷地形本身对入射波的屏障作用，即使在沉积厚度很薄的情况下。由于沉积土层的存在，导致层状凹陷地形存在多个共振频率，而且共振频率主要分布在高频域内。凹陷地形中土层排列顺序的不同会影响共振频率的分布，当波垂直入射时，软夹层的存在会对较低频率的入射波产生放大作用，对较高频率的波会产生屏蔽作用；而在水平入射时，软夹层的存在对较低频率的波影响很小，对较高频率的波会产生屏蔽作用，但在某些高频段仍然会因软夹层的存在产生很大的放大作用。软夹层刚度和厚度的变化会显著改变软夹层的屏蔽作用或放大作用，尤其是当软夹层刚度很小而厚度较大时。

8.3　多层圆弧形沉积凹陷地形对平面 SH 波的散射问题

8.3.1　引言

复合地层中对地震波的散射问题是工程地震中颇为引人注目的研究课题之

一，问题的求解可采用数值法与解析法。数值法包括有限元法、有限差分法、积分方程法和离散波数法等。从原则上讲，数值法能够分析各种不规则地形，但是，解析法在问题本质分析上有着数值法不可替代的作用，而且解析法还可以用于验证数值法的精度。至今，凹陷地形仅有有限几个解析解：平面 SH 波入射下半圆形凹陷地形；平面 SH 波入射下半椭圆形凹陷地形；平面 SH 波、P 波和 SV 波入射下圆弧形凹陷地形。为了数学上处理的方便，这些解析解均假定为单一凹陷地形，而实际凹陷地形多为层状，即单一凹陷地形表面有一层或多层沉积土层，从而形成层状凹陷地形。梁建文等给出了具有两层沉积的凹陷地形在平面 SH 波入射下散射问题以及具有一层沉积的凹陷地形在平面 P 波与 SV 波入射下散射问题的解析解，并研究了层状凹陷地形中沉积层排列次序、软夹层刚度和厚度等因素对波散射的影响[9]。

本文利用波函数展开法给出了含多个沉积层凹陷地形对平面 SH 波散射二维问题的一个解析解，将具有两个沉积层的凹陷地形对平面 SH 波散射问题的解析解推广到任意多层情况。并以具有三个沉积层的凹陷地形为例讨论了沉积层的排列次序、沉积层的刚度、厚度等因素对平面 SH 波散射的影响。

8.3.2 问题模型及理论公式的推导

含多个沉积层凹陷地形的模型如图 8.7 所示。凹陷地形中有 $N-1$ 层沉积，加上半空间介质，模型共有 N 种介质。模型的边界面由 N 个同心圆弧及半空间表面组成，所有圆弧的圆心在 o_1 点；圆弧的半径、深度与半宽分别为 b_p, h_p 与 a_p，其中 $p=1,2,\cdots,N$。入射 SH 波在介质中的传播速度、弹性剪切模量及密度分别为 β_p，μ_p 与 ρ_p；所有介质均为弹性、均匀和各向同性。假定入射 SH 波的幅值为单位 1，其圆频率为 ω，入射角为 α，则它在坐标系 xoz 中的表达式为

$$w^i=\exp[-\mathrm{i}\omega(t-x/c_x+z/c_z)] \tag{8-57}$$

式中：$c_x=c_N/\sin\gamma$，$c_z=c_N/\cos\gamma$，分别为 x 方向和 z 方向上的相速度。

整个位移场由半空间中位移场 $w^{(N)}$ 与沉积介质中的位移场 $w^{(p)}$ $(p=1,2,\cdots,N-1)$ 组成。在坐标系 $r_1-o_1-\theta_1$ 中，两者均满足波动方程：

$$\frac{\partial^2 w}{\partial r_1^2}+\frac{1}{r_1}\frac{\partial w}{\partial r_1}+\frac{1}{r_1^2}\frac{\partial^2 w}{\partial \theta_1^2}=\frac{1}{c^2}\frac{\partial^2 w}{\partial t^2} \tag{8-58}$$

问题的边界条件包括自由表面零应力边界条件：

$$\begin{cases}\tau_{zy}^{(p)}\big|_{z=0}=0, \quad p=1,2,\cdots,N \\ \tau_{r_1 y}^{(1)}\big|_{r_1=b_1}=0\end{cases} \tag{8-59}$$

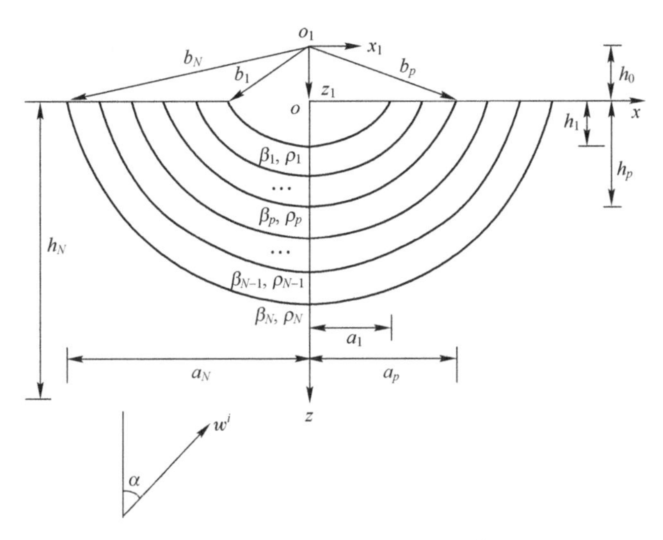

图 8.7　圆弧形多层凹陷地形的模型

与不同介质交界面的连续条件为

$$\begin{cases} w^{(p)}\big|_{r_1=b_{p+1}}=w^{(p+1)}\big|_{r_1=b_{p+1}}, & p=1,2,\cdots,N-1 \\ \tau_{r_1y}^{(p)}\big|_{r_1=b_{p+1}}=\tau_{r_1y}^{(p+1)}\big|_{r_1=b_{p+1}}, & p=1,2,\cdots,N-1 \end{cases} \tag{8-60}$$

为了方便引入边界条件，仍采用与上节相同的方法来确定散射波函数，即用一个半径非常大的圆弧来模拟半空间的表面，如图 8.8 所示，该圆弧的圆心在 o_2 点，其半径为 R，o_2 点与 o_1 点间的距离为 D。计算表明，当大圆弧半径足够大，如等于凹陷地形半径 b_1 的 $10^3\sim10^5$ 倍时，该近似假定的误差很小，可以得到非常满意的结果。引入大圆弧后，零应力边界条件式可写为

$$\tau_{r_2y}^{(p)}\big|_{r_2=R}=0 \tag{8-61}$$

SH 波遇到层状凹陷地形会出现散射，散射波见图 8.8。半空间波动场的位移表达式为

$$w^{(N)}=w^{i+r}+w_1^{(N)}+w_3^{(N)} \tag{8-62}$$

式中：w^{i+r}代表远离凹陷地形的运动，即自由场位移，由入射波 w^i 和反射波 w^r 组成，即

$$w^{i+r}=w^i+w^r \tag{8-63}$$

其中

$$w^r=\exp[-\mathrm{i}\omega(t-x/c_x-z/c_z)] \tag{8-64}$$

w^{i+r}自然满足 $z=0$ 处的零应力条件。半空间中散射波位移的波函数表达式为

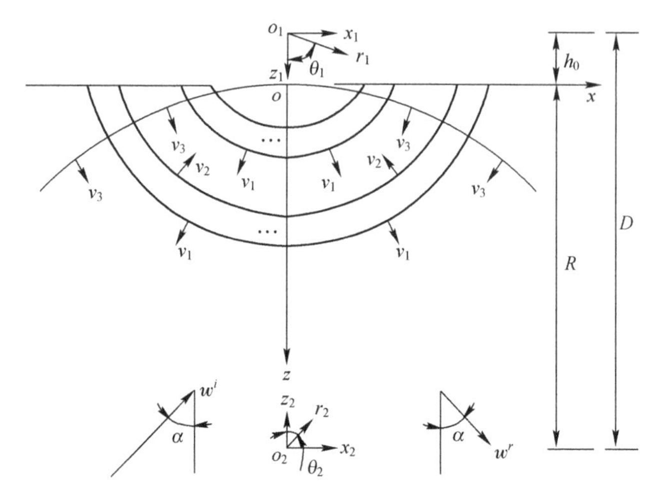

图 8.8　波的散射图

$$w_1^{(N)} = \sum_{n=0}^{\infty} H_n^{(1)}(k_N r_1)(A_{11,n}^{(N)}\cos(n\theta_1) + B_{11,n}^{(N)}\sin(n\theta_1)) \tag{8-65}$$

$$w_3^{(N)} = \sum_{n=0}^{\infty} J_m(k_N r_2)(A_{32,n}^{(N)}\cos(m\theta_2) + B_{32,m}^{(N)}\sin(m\theta_2)) \tag{8-66}$$

式中：$k_N=\omega/c_N$ 为半空间介质中的 SH 波波数；$J_m(x)$ 和 $H_n^{(1)}(x)$ 分别为第一类贝塞尔函数和汉克尔函数。$w_1^{(N)}$ 和 $w_3^{(N)}$ 在无穷远处满足索末菲辐射条件。

介质 $p(p=1,2,\cdots,N-1)$ 中位移的表达式为

$$w^{(p)}=w_1^{(p)}+w_1^{(p)}+w_3^{(p)} \tag{8-67}$$

式（8-67）中各波函数表达式为

$$w_1^{(p)} = \sum_{n=0}^{\infty} H_n^{(1)}(k_p r_1)(A_{11,n}^{(p)}\cos(n\theta_1) + B_{11,n}^{(p)}\sin(n\theta_1)) \tag{8-68}$$

$$w_2^{(p)} = \sum_{n=0}^{\infty} J_n(k_p r_1)(A_{21,n}^{(p)}\cos(n\theta_1) + B_{11,n}^{(p)}\sin(n\theta_1)) \tag{8-69}$$

$$w_3^{(p)} = \sum_{m=0}^{\infty} J_m(k_p r_2)(A_{32,m}^{(p)}\cos(m\theta_1) + B_{32,m}^{(p)}\sin(m\theta_1)) \tag{8-70}$$

式中：$k_p=\omega/c_{\mathrm{P}}$ 为沉积介质 $p=(p=1,2,\cdots,N-1)$ 中 SH 波波数。

可以验证，式（8-65）~式（8-70）均满足波动方程。各式中 A 和 B 为待定系数，可以通过引入边界条件确定。在引入边界条件之前，需要对上述波函数进行坐标变换。为此需要借助展开公式：

$$\exp(\pm \mathrm{i}kr\cos\theta) = \sum_{n=0}^{\infty} \varepsilon_n(\pm \mathrm{i})^n J_n(kr)\cos(n\theta) \tag{8-71}$$

及 Graf 加法公式：

$$\begin{cases} C_n(kr_1)\begin{Bmatrix}\cos(n\theta_1)\\ \sin(n\theta_1)\end{Bmatrix}=\sum\limits_{m=-\infty}^{\infty}J_m(kr_2)C_{m+n}(kD)\begin{Bmatrix}\cos(m\theta_2)\\ \sin(m\theta_2)\end{Bmatrix} \\ C_m(kr_2)\begin{Bmatrix}\cos(m\theta_2)\\ \sin(m\theta_2)\end{Bmatrix}=\sum\limits_{n=-\infty}^{\infty}J_n(kr_1)C_{m+n}(kD)\begin{Bmatrix}\cos(n\theta_1)\\ \sin(n\theta_1)\end{Bmatrix}\end{cases} \tag{8-72}$$

式中：$C_n(x)$代表任何一类贝塞尔函数或汉克尔函数。当 $C_n(x)$ 为 $H_n(x)$ 时，对式（8-72）无任何限制；当 $C_n(x)$ 为 $H_n(x)$ 时，限制分别是 $r_2<D$ 和 $r_1<D$。ε_n 的表达式为

$$\varepsilon_n=\begin{cases}1, n=0\\ 2, n\geqslant 1\end{cases} \tag{8-73}$$

应用上述公式后，自由场位移 w^{i+r}可以写成

$$w^{i+r}=\sum_{n=0}^{\infty}J_n(k_N r_1)(A_{0,n}\cos(n\theta_1)+B_{0,n}\sin(n\theta_1)) \tag{8-74}$$

其中

$$\begin{Bmatrix}A_{0,n}\\ B_{0,n}\end{Bmatrix}=\varepsilon_n \mathrm{i}^n[\pm(-1)^n\mathrm{e}^{\mathrm{i}k_N h_0\cos\alpha}+\mathrm{e}^{-\mathrm{i}k_N h_0\cos\alpha}]\begin{Bmatrix}\cos(n\alpha)\\ \sin(n\alpha)\end{Bmatrix} \tag{8-75}$$

式（8-65）、式（8-66）、式（8-68）~式（8-70）所示各层介质中的散射波函数分别可以写成

$$w_1^{(p)}=\sum_{m=0}^{\infty}J_m(k_p r_2)(A_{12,m}^{(p)}\cos(m\theta_2)+B_{12,m}^{(p)}\sin(m\theta_2)) \tag{8-76}$$

$$w_2^{(p)}=\sum_{m=0}^{\infty}J_m(k_p r_2)(A_{22,m}^{(p)}\cos(m\theta_2)+B_{22,m}^{(p)}\sin(m\theta_2)) \tag{8-77}$$

$$w_3^{(p)}=\sum_{n=0}^{\infty}J_n(k_p r_1)(A_{31,n}^{(p)}\cos(n\theta_1)+B_{31,n}^{(p)}\sin(n\theta_1)) \tag{8-78}$$

其中

$$\begin{Bmatrix}A_{12,m}^{(p)}\\ B_{12,m}^{(p)}\end{Bmatrix}=\sum_{n=0}^{\infty}TH_{mn}^{\pm}(k_p D)\begin{Bmatrix}A_{11,n}^{(p)}\\ B_{11,n}^{(p)}\end{Bmatrix} \tag{8-79}$$

$$\begin{Bmatrix}A_{22,m}^{(p)}\\ B_{22,m}^{(p)}\end{Bmatrix}=\sum_{n=0}^{\infty}TB_{mn}^{\pm}(k_p D)\begin{Bmatrix}A_{21,n}^{(p)}\\ B_{21,n}^{(p)}\end{Bmatrix} \tag{8-80}$$

$$\begin{Bmatrix}A_{31,n}^{(p)}\\ B_{31,n}^{(p)}\end{Bmatrix}=\sum_{m=0}^{\infty}TB_{nm}^{\pm}(k_p D)\begin{Bmatrix}A_{32,m}^{(p)}\\ B_{32,m}^{(p)}\end{Bmatrix} \tag{8-81}$$

在以上各式中，式（8-77）、式（8-80）中 $p=1,2,\cdots,N-1$，其余各式

$p=1,2,\cdots,N$。此外，有

$$TH_{mn}^{\pm}(x)=\frac{\varepsilon_m}{2}[H_{m+n}^{(1)}(x)\pm(-1)^n H_{m-n}^{(1)}(x)] \tag{8-82}$$

$$TB_{mn}^{\pm}(x)=\frac{\varepsilon_m}{2}[J_{m+n}(x)\pm(-1)^n J_{m-n}(x)] \tag{8-83}$$

对于$p(p=1,2,\cdots,N-1)$层沉积来说，零应力边界条件式（8-61）可写成

$$\mu_p\frac{\partial}{\partial r_2}(w_1^{(p)}+w_2^{(p)}+w_3^{(p)})\big|_{r_2=R}=0 \tag{8-84}$$

将式（8-70）、式（8-76）、式（8-77）、式（8-79）~式（8-81）代入可得

$$\begin{Bmatrix}A_{31,n}^{(p)}\\B_{31,n}^{(p)}\end{Bmatrix}=\sum_{j=0}^{\infty}TBH_{nj}^{(p)\pm}\begin{Bmatrix}A_{11,j}^{(p)}\\B_{11,j}^{(p)}\end{Bmatrix}+\sum_{j=0}^{\infty}TBB_{nj}^{(p)\pm}\begin{Bmatrix}A_{21,j}^{(p)}\\B_{21,j}^{(p)}\end{Bmatrix} \tag{8-85}$$

其中

$$TBH_{nj}^{(p)\pm}=-\sum_{m=0}^{\infty}TB_{nm}^{\pm}(k_pD)TH_{mj}^{\pm}(k_pD) \tag{8-86}$$

$$TBB_{nj}^{(p)\pm}=-\sum_{m=0}^{\infty}TB_{nm}^{\pm}(k_pD)TB_{mj}^{\pm}(k_pD) \tag{8-87}$$

由于自由场位移w^{i+r}自动满足地表零应力边界条件，故在半空间介质中引入零应力边界条件后可得

$$\begin{Bmatrix}A_{31,n}^{(N)}\\B_{31,n}^{(N)}\end{Bmatrix}=\sum_{j=0}^{\infty}TBH_{nj}^{(\mathrm{N})\pm}\begin{Bmatrix}A_{11,j}^{(N)}\\B_{11,j}^{(N)}\end{Bmatrix} \tag{8-88}$$

此外，将式（8-68）、式（8-69），以及式（8-78）代入零应力边界条件式（8-61）可得

$$\begin{Bmatrix}A_{11,n}^{(1)}\\B_{11,n}^{(1)}\end{Bmatrix}=CC_n^{(1)}\left(\begin{Bmatrix}A_{21,n}^{(1)}\\B_{21,n}^{(1)}\end{Bmatrix}+\begin{Bmatrix}A_{31,n}^{(1)}\\B_{31,n}^{(1)}\end{Bmatrix}\right) \tag{8-89}$$

其中

$$CC_n^{(1)}=-J_n'(k_1b_1)/H_n^{(1)'}(k_1b_1) \tag{8-90}$$

下面引入连续条件。首先，令

$$\begin{Bmatrix}A_{21,n}^{(N)}\\B_{21,n}^{(N)}\end{Bmatrix}=\begin{Bmatrix}A_{0,n}\\B_{0,n}\end{Bmatrix} \tag{8-91}$$

当$p=2,3,\cdots,N$时，将式（8-65）、式（8-68）、式（8-69）、式（8-74）、式（8-79）以及式（8-91）代入连续条件式（8-60）中可得

$$\begin{aligned}&CC11_n^{(p)}\begin{Bmatrix}A_{11,n}^{(p)}\\B_{11,n}^{(p)}\end{Bmatrix}+CC12_n^{(p)}\left(\begin{Bmatrix}A_{21,n}^{(p)}\\B_{21,n}^{(p)}\end{Bmatrix}+\begin{Bmatrix}A_{31,n}^{(p)}\\B_{31,n}^{(p)}\end{Bmatrix}\right)\\&\quad=CC13_n^{(p)}\left(\begin{Bmatrix}A_{21,n}^{(p-1)}\\B_{21,n}^{(p-1)}\end{Bmatrix}+\begin{Bmatrix}A_{31,n}^{(p-1)}\\B_{31,n}^{(p-1)}\end{Bmatrix}\right)\end{aligned}\tag{8-92}$$

$$\begin{aligned}&CC21_n^{(p)}\begin{Bmatrix}A_{11,n}^{(p)}\\B_{11,n}^{(p)}\end{Bmatrix}+CC22_n^{(p)}\left(\begin{Bmatrix}A_{21,n}^{(p)}\\B_{21,n}^{(p)}\end{Bmatrix}+\begin{Bmatrix}A_{31,n}^{(p)}\\B_{31,n}^{(p)}\end{Bmatrix}\right)\\&\quad=CC23_n^{(p)}\left(\begin{Bmatrix}A_{21,n}^{(p-1)}\\B_{21,n}^{(p-1)}\end{Bmatrix}+\begin{Bmatrix}A_{31,n}^{(p-1)}\\B_{31,n}^{(p-1)}\end{Bmatrix}\right)\end{aligned}\tag{8-93}$$

其中

$$\begin{cases}CC11_n^{(p)}=\dfrac{H_n^{(1)}(k_pb_p)}{J_n(k_{p-1}b_p)}\\CC12_n^{(p)}=\dfrac{J_n(k_pb_p)}{J_n(k_{p-1}b_p)}\\CC13_n^{(p)}=1+\dfrac{CC_n^{(p-1)}H_n^{(1)}(k_{p-1}b_p)}{J_n(k_{p-1}b_p)}\\CC21_n^{(p)}=\dfrac{\mu_pk_pH_n^{(1)'}(k_pb_p)}{\mu_{p-1}k_{p-1}J_n'(k_{p-1}b_p)}\\CC22_n^{(p)}=\dfrac{\mu_pk_pJ_n'(k_pb_p)}{\mu_{p-1}k_{p-1}J_n'(k_{p-1}b_p)}\\CC23_n^{(p)}=1+\dfrac{CC_n^{(p-1)}H_n^{(1)'}(k_{p-1}b_p)}{J_n'(k_{p-1}b_p)}\end{cases}\tag{8-94}$$

合并式（8-92）和式（8-93）可得

$$\begin{Bmatrix}A_{11,n}^{(p)}\\B_{11,n}^{(p)}\end{Bmatrix}=CC_n^{(p)}\left(\begin{Bmatrix}A_{21,n}^{(p)}\\B_{21,n}^{(p)}\end{Bmatrix}+\begin{Bmatrix}A_{31,n}^{(p)}\\B_{31,n}^{(p)}\end{Bmatrix}\right)\tag{8-95}$$

其中

$$CC_n^{(p)}=-\frac{CC\,22_n^{(p)}/CC\,23_n^{(p)}-CC\,12_n^{(p)}/CC\,13_n^{(p)}}{CC\,21_n^{(p)}/CC\,23_n^{(p)}-CC\,11_n^{(p)}/CC\,13_n^{(p)}}\tag{8-96}$$

自式（8-90）出发，利用式（8-94）和式（8-96）可以递推求得系数 $CC_n^{(p)}(p=1,2,\cdots,N)$。当 $p=N$ 时，根据式（8-91）和式（8-95）可写为

$$\begin{Bmatrix} A_{11,n}^{(N)} \\ B_{11,n}^{(N)} \end{Bmatrix} - CC_n^{(N)} \begin{Bmatrix} A_{31,n}^{(N)} \\ B_{31,n}^{(N)} \end{Bmatrix} = CC_n^{(N)} \begin{Bmatrix} A_{0,n} \\ B_{0,n} \end{Bmatrix} \tag{8-97}$$

将式（8-88）代入式（8-97）中可得

$$\sum_{j=0}^{\infty} P_{nj}^{\pm} \begin{Bmatrix} A_{11,j}^{(N)} \\ B_{11,j}^{(N)} \end{Bmatrix} = q_n^{\pm} \tag{8-98}$$

其中

$$\begin{cases} P_{nj}^{\pm} = \delta_{nj} - CC_n^{(N)} TBH_{nj}^{(N)\pm} \\ q_n^{\pm} = CC_n^{(N)} \begin{Bmatrix} A_{0,n} \\ B_{0,n} \end{Bmatrix} \end{cases} \tag{8-99}$$

式中：当 $n=j$ 时，$\delta_{nj}=1$；当 $n\neq j$ 时，$\delta_{nj}=0$。

将无穷级数在 N 项处截断之后，可以通过求解方程式得到系数 $A_{11,n}^{(N)}$ 与 $B_{11,n}^{(N)}$；将其代入式（8-97）中即可得到系数 $A_{31,n}^{(N)}$ 与 $B_{31,n}^{(N)}$。当 $p=N-1, N-2, \cdots, 1$ 时，利用式（8-92）和式（8-95）可以得到系数 $A_{11,n}^{(p)}$ 与 $B_{11,n}^{(p)}$；之后，再利用式（8-95）和式（8-85）可得

$$\sum_{j=0}^{\infty} P_{nj}^{\pm} \begin{Bmatrix} A_{21,j}^{(p)} \\ B_{21,j}^{(p)} \end{Bmatrix} = q_n^{\pm} \tag{8-100}$$

$$\begin{cases} P_{nj}^{\pm} = CC_n^{(\mathrm{p})} \delta_{nj} + CC_n^{(\mathrm{p})} TBB_{nj}^{\pm} \\ q_n^{\pm} = \sum_{k=0}^{\infty} (\delta_{nk} - CC_n^{(\mathrm{p})} TBH_{nk}^{\pm}) \begin{Bmatrix} A_{11,k}^{(N)} \\ B_{11,k}^{(N)} \end{Bmatrix} \end{cases} \tag{8-101}$$

求解方程式（8-100）得到系数 $A_{21,n}^{(p)}$ 与 $B_{21,n}^{(p)}$ 之后，利用式（8-95）即可得到系数 $A_{31,n}^{(p)}$ 与 $B_{31,n}^{(p)}$。

至此，在坐标系 $r_1-o_1-\theta_1$ 中散射波函数的待定系数均已求出，整个位移场确定。

8.3.3 数值结果与分析

引入无量纲频率 η，其定义为凹陷地形宽度与入射波的波长之间的比值，即

$$\eta = \frac{2a_1}{\lambda} = \frac{2a_1}{c_N T} = \frac{\omega a_1}{\pi c_N} \tag{8-102}$$

因篇幅限制，下面以具有三个沉积层的凹陷地形为例，重点讨论沉积层的排列次序对平面 SH 波散射的影响。将凹陷地形中沉积层取为 3 层，连同半空

间介质，共有 4 种介质；凹陷为浅圆凹陷($h_1/a_1=1/2$)，三个沉积层的厚度均为 $0.25h_1$。

从图 8.9 中可以看出，对应于不同的排列次序以及不同的入射角度，层状凹陷地形的左角点、中心点和右角点三处的位移幅值随入射频率的变化而发生显著变化，对应最大位移幅值的频率称为凹陷地形的卓越频率；可以看出，波以 0°入射时，对应正常沉积情况的位移幅值高达 82.7，而其他三种排列次序的位移幅值均小很多，这说明，凹陷地形中沉积层的排列次序会显著改变凹陷地形的卓越频率，沉积层的某个（些）排列次序有可能对入射波产生巨大的放大作用。从图还可以看出，在低频范围内（$0<\eta<0.6$），两种非正常沉积地形的位移幅值均高于单层沉积与正常沉积，而且在 $0<\eta<0.4$ 的频段内，非正常沉积Ⅱ的幅值略高于非正常沉积Ⅰ的幅值，在 $0.5<\eta<0.6$ 的频段内，非正常沉积Ⅰ的幅值高于非正常沉积Ⅱ的幅值。高频范围内（$0.6<\eta<2.0$），

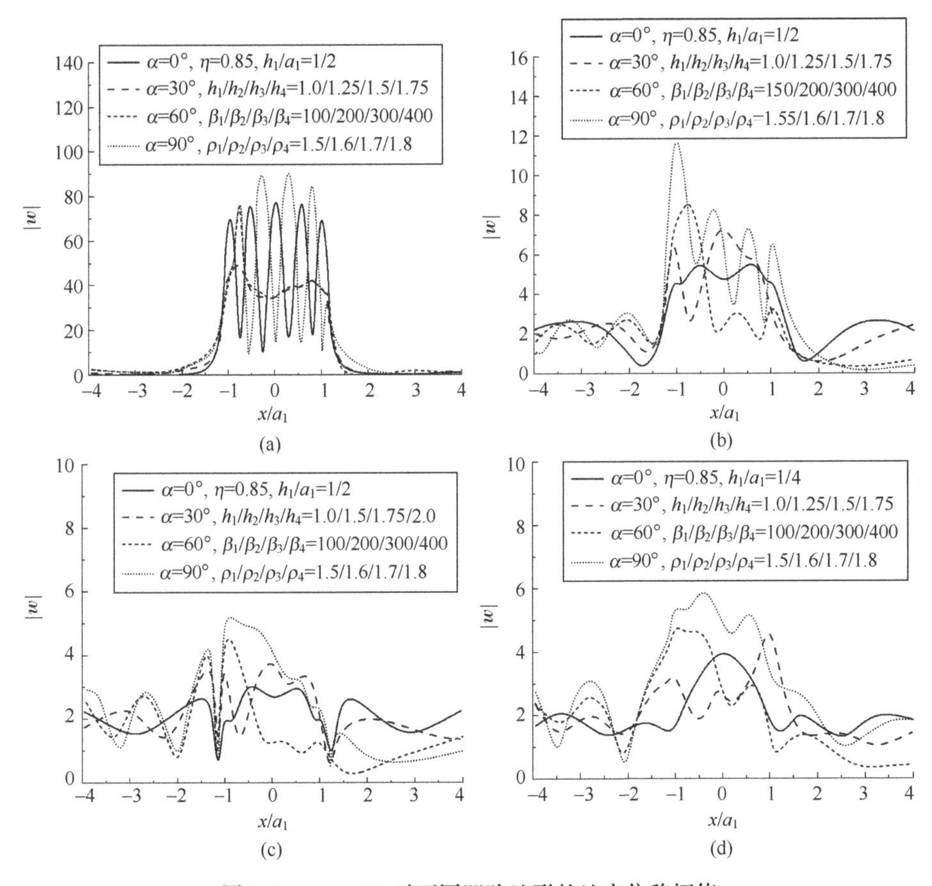

图 8.9　$\eta=0.85$ 时不同凹陷地形的地表位移幅值

在大部分频段中，正常多层沉积地形的地表位移幅值高于其他三种沉积地形；而在每种沉积各自的卓越频率处，其地表位移幅值高于其他沉积，如对应于入射角为90°，凹陷右角点($x/a_1=1$)的位移幅值,在$\rho=1.5$、1.6、1.7与1.8处单层沉积地形的位移幅值达到极大值，其值明显高于其他沉积情况，而在$\rho=1.55$处，非正常沉积Ⅱ的地表位移幅值明显高于其他沉积情况。

从图8.9中可以看出，当$\eta=0.85$时，多层正常沉积凹陷地形的地表位移变得非常高。$\eta=0.85$时，对应于入射角为0°，30°，60°与90°的多层正常沉积凹陷地形的地表位移幅值如图8.9（a）所示，可以看出，入射波的频率与多层凹陷地形的卓越频率相当，从而导致凹陷地形的地表位移相应变得非常大。图8.9（b）其他参数与图8.9（a）相同，只是地表软土层的波速与密度分别增加为150与1.55；图8.9（c）其他参数与图8.9（a）相同，只是地表软土层的厚度由0.25增加为0.5；图8.9（d）其他参数与图8.9（a）相同，而凹陷的深度与半宽之比x/a_1由1/2变为1/4。从图8.9（b）~（d）中可以看出，在$\eta=0.85$的情况下，其他三种凹陷地形地表位移幅值并未变得非常高。这说明了在多层正常沉积的情况下，改变地表软土层的刚度、厚度以及凹陷地形的形状均可以改变多层凹陷地形对SH波的放大效应。

8.3.4 本节小结

本节利用波函数展开法给出了含多个沉积层凹陷地形对平面SH波散射问题的一个解析解，为进一步研究层状凹陷地形对P波、SV波和瑞利波的散射奠定了基础。利用该解析解，本节以3层沉积为例重点讨论了凹陷地形中沉积层的排列次序对SH波散射的影响，并得出了如下结论：沉积层不同的排列次序将导致层状凹陷地形卓越频率的显著改变，沉积层的某个（些）排列次序有可能对入射波产生很大的放大作用，这与单一凹陷地形有着本质的差别；在低频段内，非正常沉积地形的放大效应高于正常沉积情况，而在高频范围内，在除去非正常沉积凹陷地形的卓越频率之外的大部分频段中，正常沉积地形对SH波的放大效应高于非正常沉积情况，单层沉积地形的放大效应基本上介于二者之间；此外，沉积层的刚度、厚度以及凹陷地形的深宽比等均影响着多层凹陷地形的卓越频率。

8.4 层状不均匀形沉积凹陷地形对平面 SH 波的散射问题

8.4.1 引言

沉积凹陷地形对弹性波的放大作用一直是工程地震学中颇为引人关注的课题之一。问题可采用解析法和数值法求解。解析法主要有波函数展开法，数值法主要有边界积分法、有限元法、有限差分法等。

值得指出的是，以上这些研究均假定沉积谷地位于均匀半空间中，实际上近地表场地多是层状的，而且土层的自振特性对地震动的幅值和频谱均有显著的影响，因此，研究层状半空间中沉积谷地对弹性波的放大作用，具有重要的工程指导意义。

Wolf 建立了弹性土层和半空间的精确动力刚度矩阵，形成了解决层状场地中波的传播问题一套完整的理论[10]；由于刚度矩阵是精确的，非常适合于波动问题的求解，并可以获得非常高的计算精度。本节对 Wolf 理论进行拓展，使之可解决层状半空间中沉积谷地对波的散射问题，并以基岩上单一土层为例，研究了层状弹性半空间中沉积谷地对入射平面 SH 波的放大问题，结果表明，层状半空间中沉积谷地与均匀半空间中沉积谷地有着本质的差别，土层自振特性不仅影响沉积地表位移的大小，还会影响沉积地表位移的频谱。

8.4.2 问题模型及理论公式的推导

图 8.10 所示为层状半空间中一任意形状沉积谷地。首先，在平面 SH 波入射下自由场（层状半空间，但无沉积谷地存在）进行反应分析，求得地表各点的位移及假想沉积谷地边界 S 上各单元的应力和位移反应；其次，分别计算层状半空间和沉积谷地的格林影响函数，即在沉积谷地边界 S 的各个单元上分别施加虚拟分布荷载时，求得层状半空间和沉积谷地地表位移和 S 上各单元的应力和位移反应；根据沉积谷地边界 S 上各单元的加权平均应力和位移连续条件（边界条件）来确定虚拟分布荷载；最后，将入射 SH 波自由场地表位移反应和虚拟分布荷载产生的反应叠加起来，即得到问题的解答。

首先进行自由场的计算，层状半空间自由场反应可由直接刚度法[11]求得。对于基岩上单一土层，在平面 SH 波入射下，其位移场的确定公式为

$$w(z,x)=[A_{\mathrm{SH}}\exp(\mathrm{i}ktz)+B_{\mathrm{SH}}\exp(-\mathrm{i}ktz)]\exp(-\mathrm{i}kx) \tag{8-103}$$

剪应力幅值为

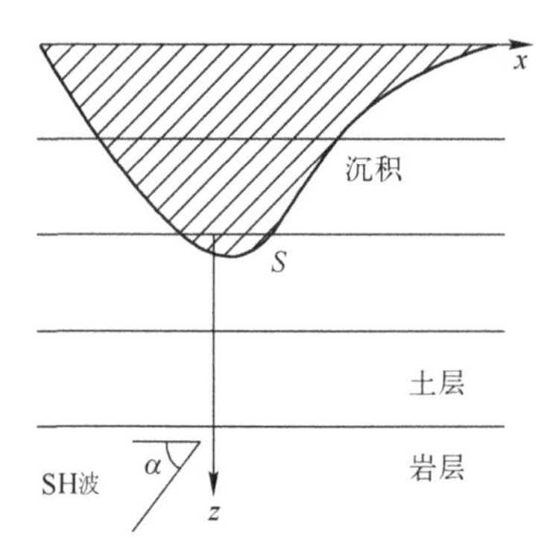

图 8.10　层状半空间中任意形状沉积谷地模型

$$\tau_{yz}(z)=G^* w_z=iktG^*\left[A_{SH}\exp(iktz)-B_{SH}\exp(-iktz)\right] \tag{8-104}$$

土层和基岩的动力刚度矩阵 $\boldsymbol{S}_{SH}^L$ 和 $\boldsymbol{S}_{SH}^R$ 满足

$$\begin{Bmatrix} Q_1 \\ Q_2 \end{Bmatrix}=\boldsymbol{S}_{SH}^L V=\frac{ktG^*}{\sin(ktd)}\begin{bmatrix} \cos(ktd) & -1 \\ -1 & \cos(ktd) \end{bmatrix}\begin{Bmatrix} v_1 \\ v_2 \end{Bmatrix} \tag{8-105}$$

$$Q_0=\boldsymbol{S}_{SH}^R v_0=iktG^* v_0 \tag{8-106}$$

式（8-103）~式（8-106）中：A_{SH} 和 B_{SH} 分别表示入射波和反射波幅值；k 为波数；d 为土层厚度；G^* 为复剪切模量，$G^*=G(1+2\zeta i)$（ζ 为介质阻尼比）；$t=-i\sqrt{1-\frac{1}{m_x^2}}$；$m_x=\cos\alpha$，$\alpha$ 为入射角；土层顶面和底面的荷载值 Q_1 和 Q_2 按整体坐标系给出，$Q_1=-\tau_{yz}(0)$，$Q_2=\tau_{yz}(d)$；c_s 为波速；v_1 和 v_2 分别表示土层顶面和底面的位移值；基岩表面荷载和位移分别为 Q_0 和 v_0。

组集各土层和基岩的动力刚度矩阵和荷载向量，可求得各层的位移，进而求得地表和沿线 S 上各点的位移及应力 $w_f(s)$ 和 $t_f(s)$。

格林影响函数是在自由场（无沉积谷地存在）内部某一点作用一单位荷载时，自由场任一点的反应。由于荷载 $q(s)$ 只作用在某一土层上，需在单元结点处引入一个附加交界面。首先，假定作用分布荷载的土层固定在两个交界面上，计算满足这样条件的相应反力（外力），该分析仅在作用荷载的土层上进行。其次，将反力以相反的方向作用到总体系上，总反应即是上述各结果的叠加。总体系对作用在交界面上的荷载的反应，可根据直接刚度法计算。

在具体计算时，取分布荷载为均布荷载 $q(s)=q$。研究表明，该简化可以在精度损失很小的情况下大大降低计算量。

将荷载沿水平方向展开为关于 $\exp(-ikx)$ 的傅里叶积分（k 为波数）：

$$q(k,z)=\frac{1}{2\pi}\int_{-\infty}^{\infty}q(x,z)\exp(\mathrm{i}kz)\mathrm{d}x=\frac{q}{2\pi}\exp(\mathrm{i}k\cot(\alpha z)) \tag{8-107}$$

式中：α 为沿线 S 与水平方向的夹角；z 表示距上层附加交界面的距离。

设 $w(k,z,x)=w(k,z)\exp(-\mathrm{i}kx)$，则以 $w(k,z)$ 表示的简谐运动动力平衡方程为

$$G^*[-k^2w(k,z)+w_{zz}(k,z)]=-\rho\omega^2w(k,z)-q(k,z) \tag{8-108}$$

式中：G^* 和 ρ 分别是剪切模量（复型）和质量密度。方程（8-108）的特解为

$$w^p(k,z)=\frac{q\exp(\mathrm{i}kz\cot\alpha)}{2\pi G^*k^2(\cot^2\alpha-t^2)} \tag{8-109}$$

式（8-109）中令 $z=0$，即可求得在顶部和底部的位移幅值 w_1^p 和 w_2^p。利用位移特解可求得土层顶部和底部的外荷载幅值（固定端面反力）为

$$Q_1^p(k)=-\frac{\mathrm{i}q\cot\alpha}{2\pi k(\cot^2\alpha-t^2)},\quad Q_2^p(k)=-\frac{\mathrm{i}q\cot\alpha\exp(\mathrm{i}kd\cot\alpha)}{2\pi k(\cot^2\alpha-t^2)} \tag{8-110}$$

为了使土层上下端面固定，特解还必须加上与负的 w_1^p 和 w_2^p 相应的齐次解（以 h 表明）。并利用式（8-103）可求得

$$w^h(k,z)=\frac{-q[\sin(kt(d-z))+\exp(\mathrm{i}kt\cot\alpha)\sin(ktz)]}{2\pi G^*k^2\sin(ktd)(\cot^2\alpha-t^2)} \tag{8-111}$$

同样可得：$w_1^h=w^h(k,0)$、$w_2^h=w^h(k,d)$。外荷载（固定端面反力）可采用 $\boldsymbol{S}_{\mathrm{SH}}^L$ 及 $w^h(k,z)$ 加以确定，进而得

$$\begin{cases}Q_1^h=\dfrac{-qt[\cos(ktd)-\exp(\mathrm{i}kd\cot\alpha)]}{2\pi k\sin(ktd)(\cot^2\alpha-t^2)}\\[2ex] Q_2^h=\dfrac{qt[1-\cos(ktd)-\exp(\mathrm{i}kd\cot\alpha)]}{2\pi k\sin(ktd)(\cot^2\alpha-t^2)}\end{cases} \tag{8-112}$$

于是，作用到总体系上的总外荷载 Q_1 和 Q_2 为

$$Q_j=-Q_j^p-Q_j^h,\quad j=1,2 \tag{8-113}$$

利用直接刚度法可得各点的位移 $w(k)$ 和应力 $t_y(k)$。这些计算在波数域内进行，需进行逆变换：

$$F(x)=\int_{-\infty}^{+\infty}F(k)\exp(-\mathrm{i}kx)\mathrm{d}k \tag{8-114}$$

式中：F 代表 $w(k)$ 或 $t_y(k)$。最后得到地表和沿线 S 上的位移 $w_g(x)$ 及沿线 S 上的应力 $t_g(s)$ 为

$$w_g(x)=g_v(x)p \tag{8-115}$$

$$t_g(s)=g_t(s)p \tag{8-116}$$

而 $g_v(x)$ 和 $g_t(s)$ 即为所求的位移和应力的格林影响函数。

沿线 S 上的应力和位移连续条件可表示为

$$\int_s w(s)^T[w_g(s) + w_f(s)]\mathrm{d}s = \int_s w(s)^T w_g^v(s)\mathrm{d}s \tag{8-117}$$

$$\int_s w(s)^T[t_g^L(s) + t_f(s)]\mathrm{d}s = \int_s w(s)^T t_g^v(s)\mathrm{d}s \tag{8-118}$$

式中：$w(s)$ 为权函数，可取为单位矩阵，使积分在每个单元上都能独立进行。

将式（8-115）和式（8-116）代入式（8-117）和式（8-118）得

$$T_p^L p_1 + T_f = T_p^v p_2 \tag{8-119}$$

$$V_p^L p_1 + V_f = V_p^v p_2 \tag{8-120}$$

其中

$$T_p^L = \int_s w(s)^T g_t^L(s)\mathrm{d}s T_p^V = \int_s w(s)^T g_t^V(s)\mathrm{d}s T_f = \int_s w(s)^T t_f(s)\mathrm{d}s \tag{8-121}$$

$$V_p^L = \int_s w(s)^T g_v^L(s)\mathrm{d}s V_p^V = \int_s w(s)^T g_v^V(s)\mathrm{d}s V_f = \int_s w(s)^T v_f(s)\mathrm{d}s \tag{8-122}$$

式中：$g_v^L(s)$、$g_v^V(s)$、$g_t^L(s)$ 和 $g_t^V(s)$ 分别为层状半空间与沉积谷地的位移和应力格林函数，p_1 和 p_2 分别为计算层状半空间和沉积谷地格林影响函数矩阵所施加的虚拟分布荷载。

由式（8-119）和式（8-120）可求得 p_1 和 p_2，结合式（8-115），最后可求得地表位移 $w(x)$，即沉积外：$w(x)=w_f(x)+w_v^L(x)p_1$；沉积内：$w(x)=g_v^V(x)p_2$。

8.4.3 方法验证

以均匀半空间中半圆沉积谷地和凹陷地形以及半椭圆沉积谷地和凹陷地形对入射平面 SH 波散射解析解为例验证本节方法。图 8.11 所示为本节计算结果（取阻尼比 $\zeta=0.001$）与参考文献［12］解析解（半圆沉积谷地、半圆凹陷地形、半椭圆沉积谷地、半椭圆凹陷地形）的比较。可以看出，本节计算结果与参考文献解析解答完全重合，说明本节方法的计算精度与参考文献解析解相当。原因在于土层刚度矩阵是精确的，只要土层划分足够细，积分区间划分足够密，计算结果精度就可以保证。这也是本节模型的显著特点之一。需要指出的是，本节半圆凹陷地形和半椭圆凹陷地形的计算结果，是在半圆沉积谷地和半椭圆沉积谷地基础上，取沉积介质剪切波速为半空间介质剪切波速的 1/100 而得到的。

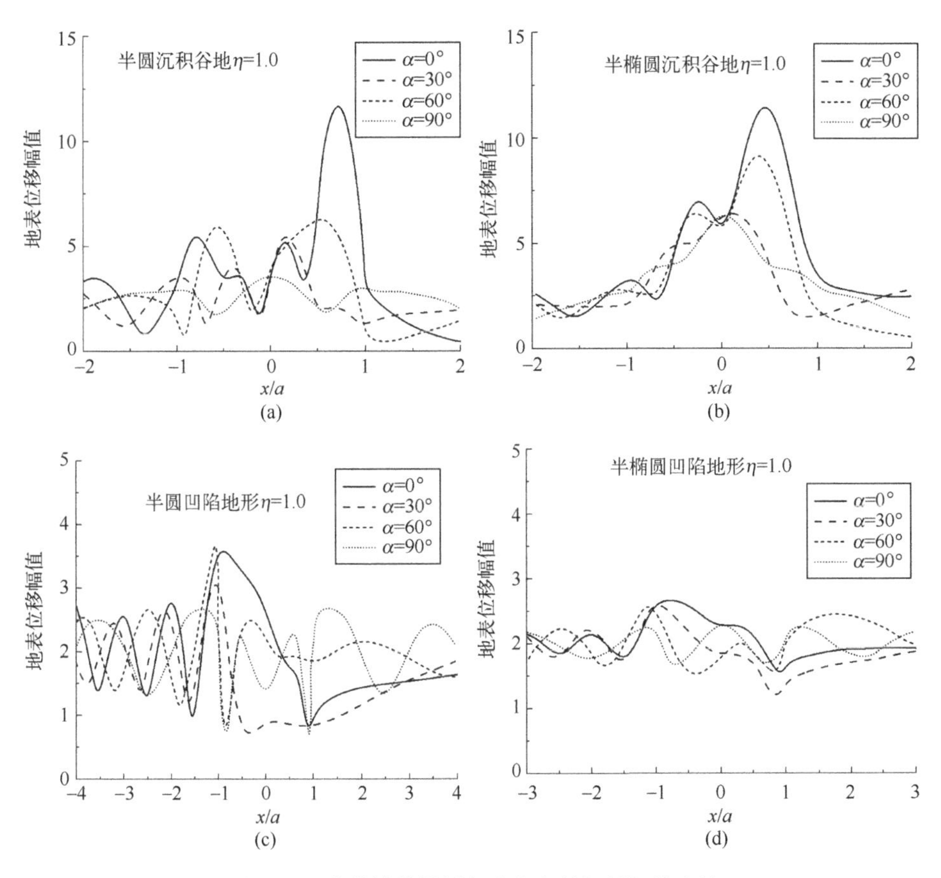

图 8.11　本节计算结果与参考文献解析解的比较

8.4.4　算例与分析

以基岩上单一土层中半圆沉积谷地为例，图 8.12 给出了沉积附近地表位移幅值。基岩介质由其剪切波速 c_{sR} 和质量密度 ρ^R 确定，土层和沉积介质的剪切波速与质量密度，分别为 c_{sL} 和 ρ^L 与 c_{sV} 和 ρ^V，基岩、土层和沉积的阻尼比分别为 ζ^R、ζ^L 和 ζ^V，土层厚度为 H。定义 $\eta=2a/\lambda^L$，λ^L 为土层中剪切波波长。计算参数如下：土层厚度与半圆沉积谷地半径之比 $H/a=2.0$，沉积与土层剪切波速比 $c_{sV}/c_{sL}=0.5$、质量密度比 $\rho^V/\rho^L=1.0$，基岩与土层剪切波速比 $c_{sR}/c_{sL}=2.0$、剪切波速比 $\rho^R/\rho^L=1.0$，沉积、土层和基岩阻尼分别为 $\zeta^V=0.05$、$\zeta^L=0.05$、$\zeta^R=0.02$，波入射角度分别为 $\alpha=5°$、30°、60°和 90°，波入射频率分别为 $\eta=0.25$、0.5、1.0、1.5、2.0 和 3.0。

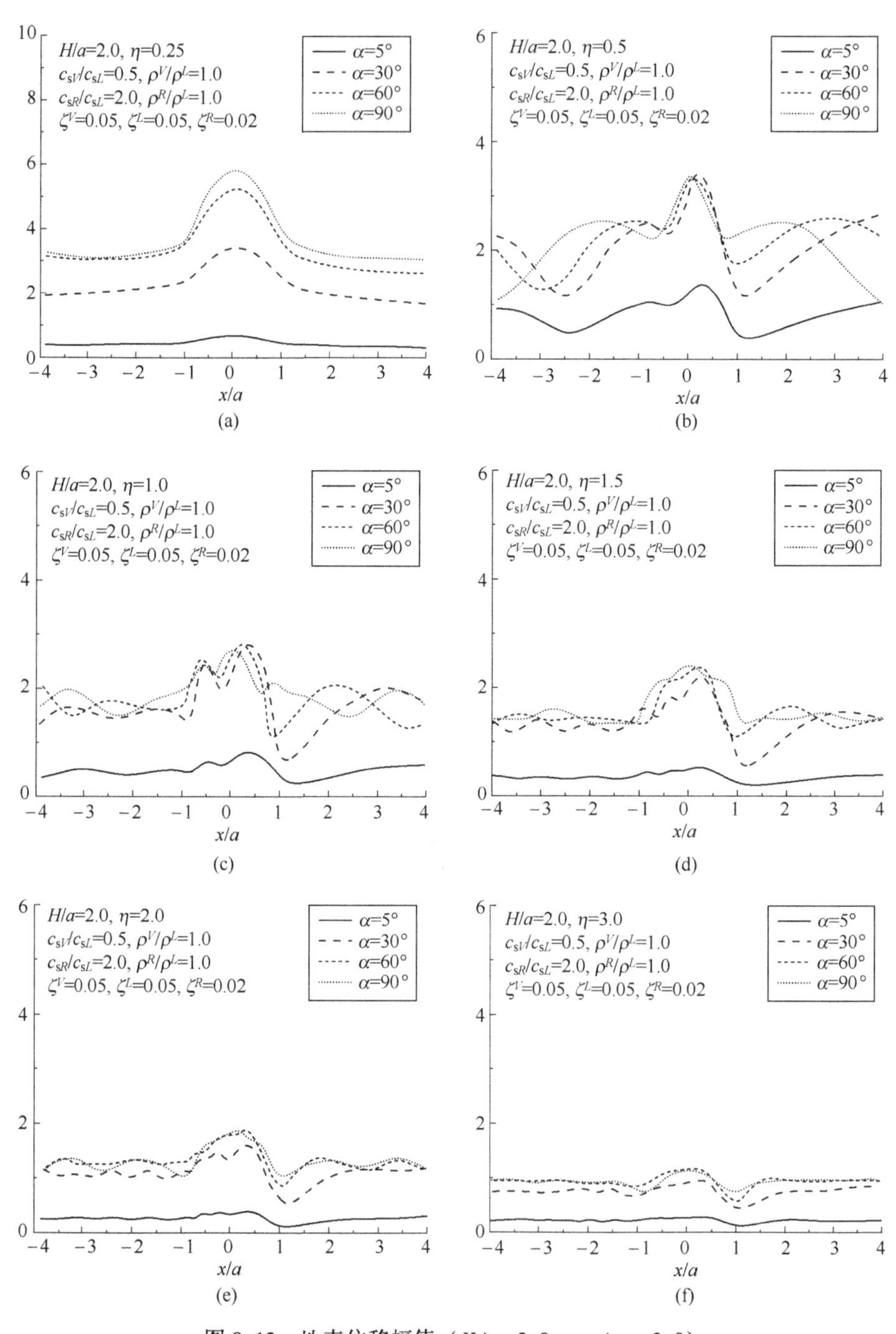

图 8.12 地表位移幅值（$H/a=2.0$，$c_{sR}/c_{sL}=2.0$）

从图 8.12 可以看出，沉积($-1\leqslant x/a\leqslant 1$)及附近地表位移幅值相对较大，入射波近端地表位移相对比较复杂，而远端相对比较简单；随着入射频率的逐渐增大，地表位移幅值逐渐变得复杂；这些特征与均匀半空间沉积谷地相同。但是，沉积地表位移幅值与均匀半空间沉积谷地地表位移幅值相比均有显著降低，这是因为本节模型考虑了基岩、土层以及沉积的阻尼，而阻尼可以显著降低波在干涉（共振）情况下地表位移幅值的峰值。考虑阻尼的影响是本节模型的显著特点之一。

从图 8.12 还可以看出，在 $\eta=0.25$、0.5 情况下，自由场位移幅值较大，这是因为基岩上单一土层存在多个共振频率：

$$\omega_i=\frac{2i-1}{2}\pi\frac{C^L}{H\sin\theta},\quad i=1,2,3,\cdots$$

而当 $H/a=2.0$ 时，$\eta=0.25$、0.5 即分别对应土层的 4 个共振频率。可以看出，当 $\eta=0.25$ 且 $\alpha=90°$（波垂直入射）时，沉积地表位移幅值达到 6.0，自由场达到 3.45，二者均远大于均匀半空间沉积谷地相应情况的地表位移幅值。考虑场地自振动力特性，是本节模型的另外一个显著特点，这也是本节与均匀半空间中沉积谷地在模型上的最重要差别。

另外，对于基岩上单一土层，由于基岩面的原因，波垂直入射时自由场地表位移幅值最大，随着入射角度的减小，地表位移幅值逐渐降低；基岩上单一土层中沉积地表位移幅值峰值多出现在波垂直入射或大角度入射情况(图 8.12)。然而，均匀半空间中沉积地表位移幅值峰值均出现在波水平入射情况。实际场地无疑是存在基岩面的，因此本节结论对工程更具有指导意义。

8.4.5　本节小结

本节对 Wolf 理论进行了拓展，使之可解决沉积谷地对波的散射问题，进而利用间接边界元法，研究了层状弹性半空间中沉积谷地对入射平面 SH 波的放大作用。本节模型的显著特点是考虑了层状半空间的动力特性以及层状半空间和沉积谷地的阻尼，从而修正了现有均匀半空间中沉积谷地的解答，对工程更具有指导意义。本节模型的另外一个显著特点是计算精度非常高，计算精度与参考文献解析解相当。最后，以基岩上单一土层中沉积谷地对入射平面 SH 波的放大作用为例进行了数值计算分析，并得出一些有益的结论：

土层自振特性对层状半空间中沉积附近地表位移影响很大，不仅影响沉积地表位移幅值的大小，还影响沉积地表位移幅值的频谱。

由于阻尼的作用，无论是层状半空间还是均匀半空间，随着入射频率的逐渐升高，沉积附近地表位移幅值整体上均逐渐减小，且将逐渐衰减至零，这与无阻尼均匀半空间中沉积谷地有着本质的不同。

最后，值得指出的是，文中仅以基岩上单一土层中半圆沉积谷地为例进行了分析，但本节模型可以适用于半空间多个土层和任意形状的层状沉积谷地。

参考文献

[1] TRIFUNAC M D. Surface motion of a semi-cylindrical Alluvial Valley for incident plane SH waves [J]. Bulletin of the Seismological Society of America, 1971, 61 (6): 1755-1770.

[2] LEE V W, CAO H. Diffraction of SV Waves by Circular Canyons of Various Depths [J]. Journal of Engineering Mechanics, 1989, 115 (9): 2035-2056.

[3] 梁建文，严林隽，LEE V W. 圆弧形层状沉积谷地对入射平面 P 波的散射解析解 [J]. 地震学报，2001，23 (2)：167-184.

[4] LEE V W, KARL J. Diffraction of Elastic Plane P Waves by Circular [J]. Underground Unlined Tunnels, 1993, 6 (1): 29-36.

[5] CAO H, LEE V W. Scattering of plane SH waves by circular cylindrical canyons withvariabledepthtoWidth [J]. Euro J of Earthq Eng, 1989, 3 (2): 29-37.

[6] YUAN X, LIAO Z. Scattering of plane SH waves by a cylindrical canyons ofcircular-arccross-section [J]. Soil Dynam Earthq Eng, 1994, 13: 407-412.

[7] CAO H, LEE V W. Scattering and diffraction of plane Pwaves by circular cylindrical canyons withvariabledepth-to-width ratio [J]. Soil Dynam Earthq Eng, 1989, 9: 141-150.

[8] ABRAMOWITA M, STEGUN I A. Handbook of mathematical functions, with formulas [J]. Graphs and Mathematical Tables. New York: Dover Publisher, 1972.

[9] 梁建文，张郁山，Lee V W. 圆弧形层状凹陷地形对平面 SH 波的散射 [J]. 振动工程学报，2003，16 (2)：158-165.

[10] WOLF J P. Dynamic Soil - Structure lnteraction [M]. Englewood C liffs, Prentice - Hall, 1985.

[11] TODOROVSKA M I, LEE V W. Surface motion of shallow circular alluvial valleys for incident plane SH waves [J]. Analytical Solution. Soil Dynam. and Earthq. Eng., 1991, 4: 192-200.

[12] TRIFUNAC M D. Surface motion of a semi-cylindrical Alluvial Valley for incident plane SH waves [J]. Bulletin of the Seismological Society of America, 1971, 61 (6): 1755-1770.

附录　常见的数学符号及意义

符号	意义
c_{P}	纵波波速
c_{S}	横波波速
$\mathrm{grad}\psi$ 或$\nabla\psi$	梯度
$\mathrm{div}u$	散度
$\mathrm{rot}u$	旋度
∇	哈密顿算子（梯度算子）
τ_i	一阶张量
τ_{ij}	二阶张量
$\tau_{i\cdots j}$	n 阶张量
Ω	有界闭合区域
vv	两矢量并矢积
ρ	线单位密度
$F(x,t)$	线单位横向外力
δ_{ij}	克罗内克函数
Ξ	体应变
Θ	体积应力
u_i	位移场变量
v_i	速度场变量
ε_{ij}	应变场变量
σ_{ij}	应力场变量
I	能量强度
E	能流通量
T	总剪切力
S	总抗剪力
$X(x)\mathrm{e}^{\pm\mathrm{i}\omega t}$	时间简谐波
ω	时间简谐波的圆频率
A	波的振幅
$\boldsymbol{k}$	波矢量

c_s	圆孔（圆柱）夹杂中心坐标
a_s	圆孔（圆柱）夹杂中心半径
α	入射角度
ρ_i	密度
μ_s	剪切模量
k_1	SH 波波数
h	土层厚度
Γ_{u}	覆盖层上边界
Γ_{d}	覆盖层下边界
Γ_{c1}	脱胶区域
Γ_{c2}	非脱胶区域
θ_1	脱胶区域起始角度
θ_2	脱胶区域终止角度
w	位移辐值
$\tau_{rz}^{(\mathrm{ST})}$	径向应力
$\tau_{\theta z}^{(\mathrm{ST})}$	切向应力
$w^{(i)}(z_i,\bar{z}_i)$	位移场
$w^{(\mathrm{Si})}$	散射波
$\dot{\Gamma}_{\mathrm{u}}$	圆弧形边界

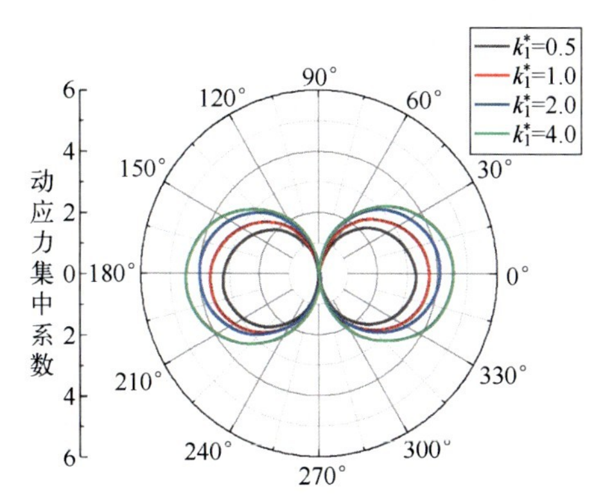

图 4.3　$k_1=0.1$ 时孔边动应力集中系数

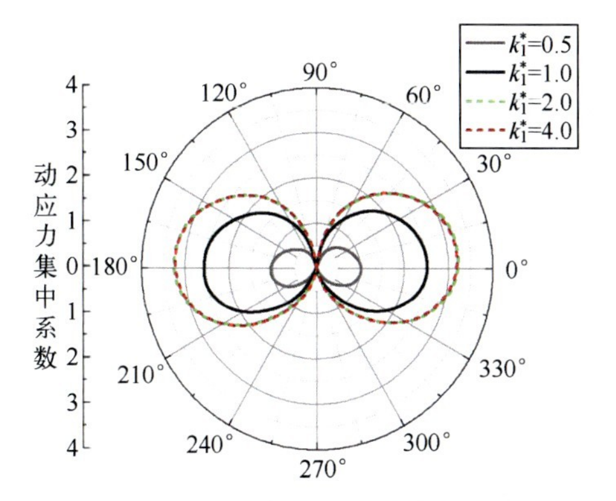

图 4.4　夹杂周边动应力集中系数

($k_1=0.1$，$k_3=0.5$，$\mu_1^*=2.0$，$\mu_2^*=0.25$，$l=2.5$)

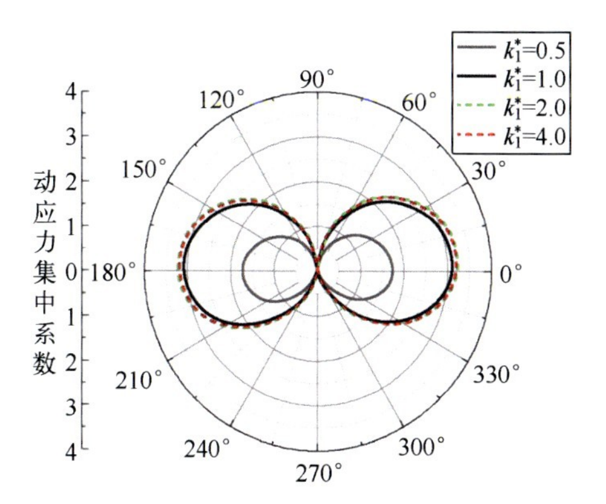

图 4.5　夹杂周边动应力集中系数

($k_1=0.1$，$k_3=0.5$，$\mu_1^*=5.0$，$\mu_2^*=0.25$，$l=2.5$)

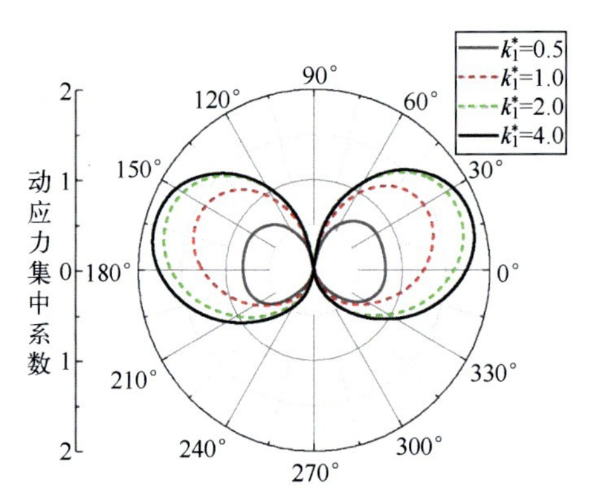

图 4.6　夹杂周边动应力集中系数

（$k_1=0.5$，$k_3=0.5$，$\mu_1^*=2.0$，$\mu_2^*=0.25$，$l=2.5$）

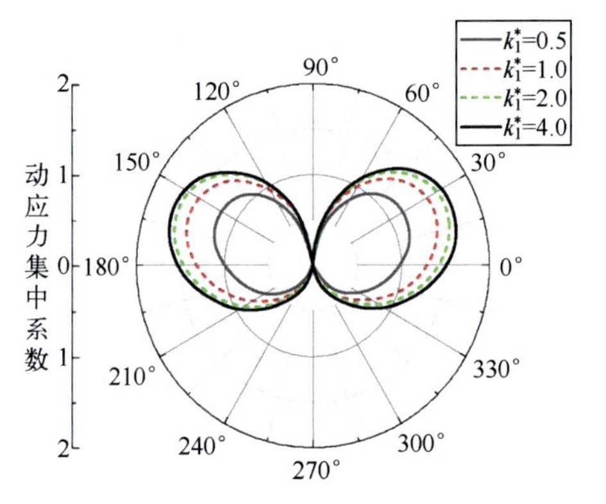

图 4.7　夹杂周边动应力集中系数

（$k_1=0.5$，$k_3=0.5$，$\mu_1^*=5.0$，$\mu_2^*=0.25$，$l=2.5$）

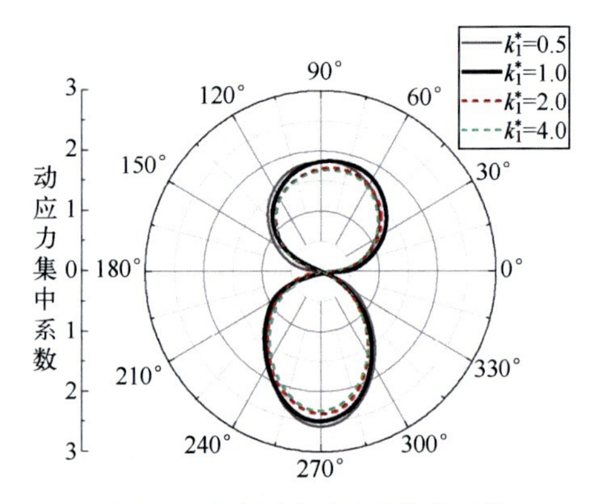

图 4.8　夹杂周边动应力集中系数

（$k_1=0.1$，$k_3=0.5$，$\mu_1^*=2.0$，$\mu_2^*=0.25$，$l=2.5$）

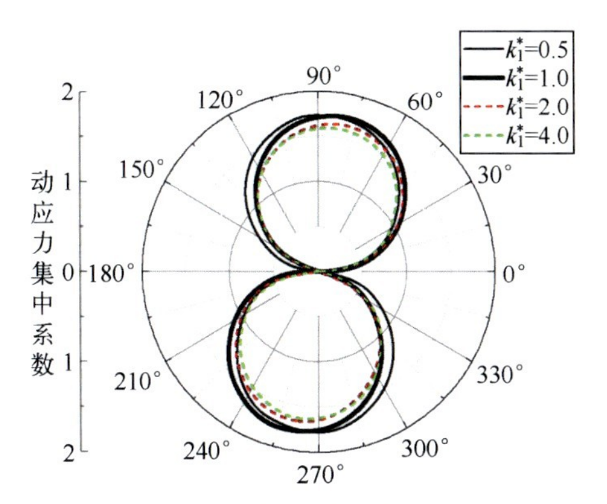

图 4.9　夹杂周边动应力集中系数

（k_1=0.1，k_3=0.5，μ_1^*=2.0，μ_2^*=0.25，l=5.0）

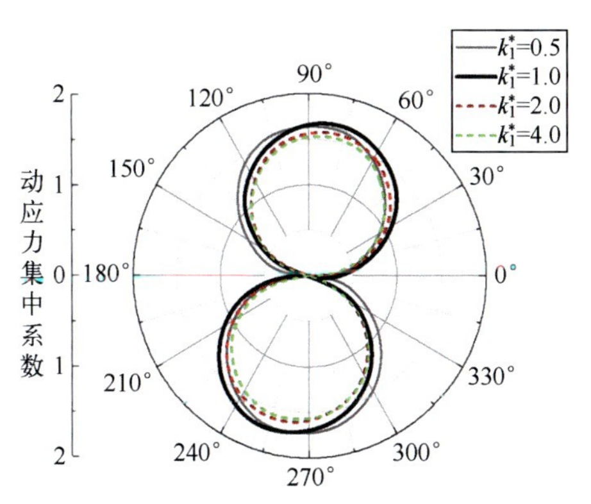

图 4.10　夹杂周边动应力集中系数

（k_1=0.1，k_3=0.5，μ_1^*=2.0，μ_2^*=0.25，l=10.0）

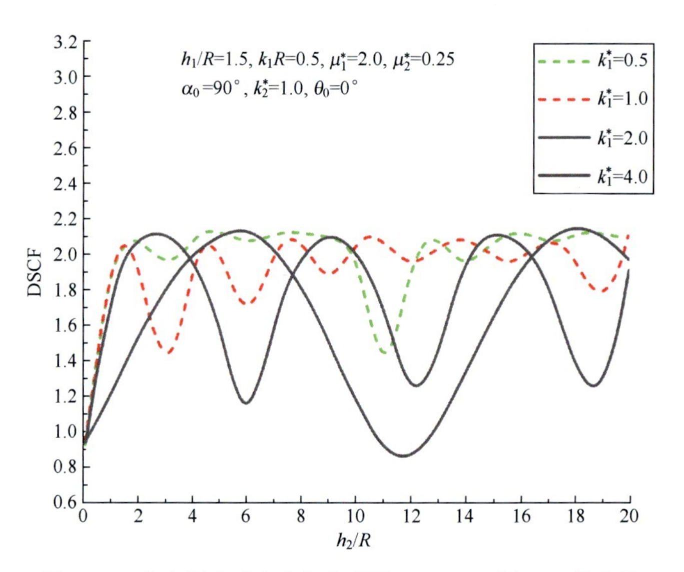

图 4.11　夹杂周边动应力集中系数（DSCF）随 h/R 的变化

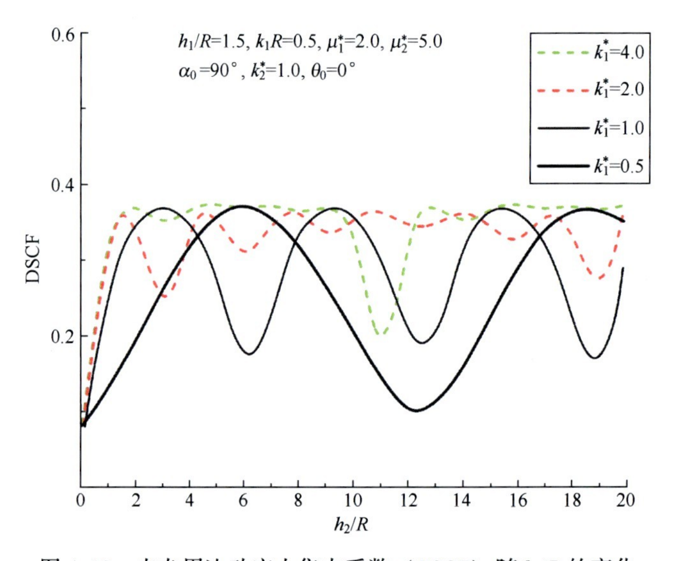

图 4.12　夹杂周边动应力集中系数（DSCF）随 h/R 的变化